Geographie und Geschichte
für die
Jugend der Bürger
und für
Bürgerschulen.

---

von

Villaume.

Erster Theil in zwey Abtheilungen.

Geographie und besondre Geschichte

Erste Abtheilung.

Mit Landcharten.

Leipzig, 1792.
bei G. J. Göschen.

Vorrede.

Von dem geographischen Theile dieses Werkes ist wenig zu sagen; es ist eine Geographie, wie man sie in Bürgerschulen brauchen kann, und die vielleicht zu manchen nützlichen Betrachtungen über die Gegenstände Veranlassung giebt. Die Geschichte aber erfodert wohl, daß die Absicht des Verfassers dabey näher entwickelt werde.

Es sollte ein Lehrbuch der Geschichte für den Bürgerstand seyn, der zur Bildung seines Geistes einige Muße und Gelegenheit hat, und woraus, wenns möglich wäre, der Bürger selbst sich und seine Söhne unterrichten könnte. Was ist aber Geschichte für diese Klasse? Zeitrechnungen, Namenregister, Thronfolgen, Kriege, Schlachten, Bündnisse haben für den Menschen und Bürger, als solchen, kein Interesse. Menschen und deren Schicksale kennen, beurtheilen lernen, nachdenken über die Angelegenheiten

des

des menschlichen Geschlechts; dieß allein scheint der Mühe werth zu seyn, daß man es zum Zweck seines Fleißes mache. Aus diesem Grunde hat dieses Buch die ungewöhnliche Gestalt bekommen, unter welcher es erscheint.

Der Beschreibung eines jeden etwas wichtigen Staates ist das Merkwürdigste aus der Geschichte desselben angehängt worden, um den Gang der allgemeinen Weltgeschichte zu erleichtern.

In der allgemeinen Geschichte ist alles, so viel als möglich, unter Einen Gesichtspunkt gebracht, und eine Uebersicht des Ganzen gegeben worden. Hier war es nicht möglich andre, als die Hauptbegebenheiten, zu detailliren.

Das Werk, wenn es seine Bestimmung erreichen sollte, muß sich in enge Schranken zusammen pressen, so daß manches wegbleiben mußte, was sonst wohl einen Raum darin verdient hätte. — In wenige Bogen eine Universalgeschichte zu concentriren, das ist keine leichte Aufgabe.

Geographie.

Einleitung.

Das Wort Geographie heißt Erdbeschreibung.

An der Erde ist vielerley zu beschreiben.

1) Ihre Gestalt, Größe, Bewegung, die Jahreszeiten, Tag und Nacht, die Dauer und Ursache derselben. Die Beschreibung davon heißt die mathematische Geographie; weil man dabey die Mathematik braucht, welche die Kunst zu zählen und zu messen ist.

2) Die Verschiedenheit der Erdtheile, Gewässer, Land, große und kleine Stücke Landes, Producte, Wärme und Kälte: die Beschreibung dieser Merkwürdigkeiten der Erde heißt physische Geographie, weil die Physik eine Wissenschaft von dem Zustande der Natur (Naturwissenschaft, Naturlehre) ist.

3) Die Abtheilung der Erde nach den Völkerschaften, Regierungen, Kaiserthümern, Königreichen, Fürstenthümern; und dieß heißt politische Geographie: weil die Politik die Lehre von den Staaten ist.

Die Geographie lehrt uns also, wie groß die Erde ist, wie Tag und Nacht, Sommer und Winter entstehen; woher die verschiedenen Producte, als z. B. Zucker, Kaffee, Tobak, Gold, Eisen, Hering, Thran, Pelze, Stockfisch und alle dergleichen Sachen kommen, die man uns von so weit herbringt. Wir lernen also daraus, wie viele Menschen daran arbeiten, welche Mühe sie ausstehen, welche Noth und Gefahren sie leiden, und wie viele ihr Leben wagen und hingeben, um uns Zucker, Pfeffer, Hering, Tabak, und dergleichen mehr, zu verschaffen.

Der Kaufmann kann ohne Geographie keine Handlung treiben; der Bücherliebhaber kann ohne Geographie keine Reisebeschreibung, keine Geschichte verstehen. Der Wanderer kann ohne Geographie nicht fortkommen: denn wenn er reisen will, muß er doch ohngefähr wissen, auf welcher Seite und wie weit der Ort liegt, wohin die Reise geht. Er fragt sich durch; freylich. Aber was ist dieses Durchfragen? Es ist weiter nichts als eine Lection in der Geographie; und wenn der, welchen er fragt, kein

Stück

Stück Geographie nicht recht weiß, so ist der arme Wandrer übel berathen.

Noch viele Andre, als Generale, die eine Armee kommandiren; Statsminister, die über die Rechte der Völker und Fürsten wachen müssen; diejenigen, welche die Natur studiren wollen, können alle die Geographie nicht entbehren.

Die Geographie lehrt die mannigfaltige Beschaffenheit der Erde, die Grösse, den Reichthum, die Fruchtbarkeit derselben. Sie ist also gewiß zur Erkenntniß Gottes und zur wahren Andacht sehr nützlich. Gott sollen wir aus seinen Werken kennen; da sehen wir seine Macht, seine Weisheit, seine Güte. Die Geographie aber lehrt uns die großen Werke Gottes kennen.

Sie lehrt uns auch den Menschen besser kennen, denn sie erzählt die Sitten, die Gebräuche verschiedener Völker. Kurz, es ist wohl nicht gut möglich, ohne Geographie recht vernünftige und vollständige Begriffe zu haben.

Die Geschichte ist, besonders zur Kenntniß des Menschen, eben so nothwendig, als die Geographie, und noch weit nützlicher; denn hier ist das Thun und Lassen der Menschen nicht, so wie in der Geographie, mit den Wirkungen der Natur vermischt; so, daß man weit besser einsehen kann, daß wir durch Klugheit oder Thorheit mehrentheils die Urheber unsers eignen Wohls oder Unglücks sind.

Der Nutzen der Geschichte besteht nicht darin, Verzeichnisse von den regierenden Personen und bestimmte Jahrzahlen anzugeben. Diese, und selbst die Kriege, Eroberungen, Friedenstractate, die der Politiker freylich wissen muß, dienen dem Liebhaber der Geschichte nur in so fern, als sie zur gehörigen Aufklärung wichtiger Begebenheiten nöthig sind.

Das Wichtige in der Geschichte ist 1) die Kenntniß des Menschen, und 2) die Ursachen und Mittel, wodurch die Menschen von dem ursprünglichen Zustande der Roheit und Freyheit zu dem jetzigen Zustande der Bildung und Unterwürfigkeit gebracht worden sind.

Nur Schade, daß die Geschichte dieß sehr unvollkommen leistet! Den ursprünglichen Zustand der Menschen muß man errathen, weil rohe Völker keine Bücher schrieben; und selbst die Geschichte gebildeter Völker ist manchmal sehr unzuverlässig, da oftmals ein Nachbar nicht gewiß wissen kann, was sein Nachbar thut, und da man selten mit Zuverlässigkeit anführt, was heut in unsrer Straße vorgegangen ist.

Erklä-

Erklärung der Wörter, die in der Geographie vorkommen.

Die Erde ist von der Natur in Land und Wasser abgetheilt. Ueberhaupt ist das Wasser von grösserem Umfange; als das Land; es nimmt ohngefähr zwey Drittel von der Oberfläche der Erde ein.

Wenn recht große Stücken Landes so zusammenhängen, daß sie von keinem Gewässer zerschnitten werden, nennt man sie festes Land.

Wenn sie, bey geringerer Grösse, ganz von großem Gewässer umgeben sind, so bekommen sie den Namen Inseln oder Eylande.

Ist das Stück Landes von Wasser umgeben, doch aber so, daß es von einer Seite mit einem grösseren Lande zusammenhängt, so heißt es eine Halbinsel.

Hat es, bey einer geringen Breite, eine ziemliche Länge, so nennt man es eine Landzunge.

Wenn eine erhabene Landspitze in ein Gewässer vorrückt, ist es ein Vorgebirge oder Kap.

Ein schmaler Strich Landes zwischen zwey großen Gewässern, der zwey grössere Stücke Landes mit einander verbindet, heißt eine Landenge.

Eine ansehnliche Erderhöhung heißt ein Hügel; wenn er an die tausend Fuß Höhe hat, ein Berg; mehrere Berge, die an einander hängen, eine Bergkette oder Gebirge. Große Steinmassen auf einem Berge sind Felsen. Die Tiefe zwischen Bergen heißt ein Thal; wenn sie eng ist, eine Kluft, die, wenn sie sehr tief ist, ein Abgrund genannt wird. Eine große Strecke Landes ohne Berge und Hügel ist, was man eine Ebne nennt. Wird sie von Flüssen durchwässert, so bekommt sie den Namen einer Aue.

Eine große Strecke Landes, wo wenig wächst, und die nicht von Menschen bewohnt und bebaut ist, heißt eine Wüste. Eine große, unangebaute Strecke Landes, wo wenige, oder gar keine Menschen wohnen, heißt ebenfalls eine Wüste, im nördlichen Asien eine Steppe; wenn der Boden aus Sand besteht und gar nichts hervorbringt, eine Sandwüste. Kleinere Wüsten nennt man Haiden.

Wenn ein weitläuftiger Theil des Landes mit Bäumen bedeckt ist, nennt man ihn einen Wald.

Ein großes nach allen Seiten weit ausgedehntes Gewässer heißt ein Meer; eine See, wenn

wenn es mehrere hundert Meilen lang oder breit ist.

Hat es nur einige Meilen Länge und Breite, so nennt man es einen **See**. Also ist zwischen einem See und einer See ein großer Unterschied. Der See, wenn er sehr klein ist, und nur einige Meilen im Umfange hat, heißt auch ein **Landsee**.

Ein Theil der See, der tief ins Land eingeht, heißt eine **Bucht**; wenn er groß ist, eine **Bay**; und noch größer, ein **Meerbusen**.

Ein schmaler Wasserstrich zwischen zwey Stücken Landes, von einem Meer zum andern, heißt eine **Meerenge**.

Eine Bucht, wenn sie so beschaffen ist, daß die Schiffe in derselben landen, und vor Wind und Sturm sicher liegen können, wird ein **Hafen** genannt. Die nächste Gegend um den Hafen aber die **Rhede**.

Erderhöhungen, Berge in der See, die so hoch ins Wasser steigen, daß die Schiffe daran stoßen können, heißen **Bänke**, auch **Sandbänke**. Wenn's Felsen sind, nennt man sie **Klippen**. Eine Meeresstrecke, wo viele solche Bänke und Klippen sind, heißt ein **Riff**; laufen sie längst der Küste hin, so werden sie **Scheeren** genannt.

Das große Meer, welches unsere Erde umgiebt, heißt das **Weltmeer**, der **Ocean**; bekommt aber in seinen Theilen besondere Namen, nach den Erdtheilen, denen es angränzt. Der Rand des Landes am Wasser heißt das **Ufer** oder das **Gestade**; das am Meeresufer gelegene Land die **Küste**. Der **Strand** ist das ebene Ufer, welches von der Fluth überschwemmt wird. Die am Strande von den Wellen zusammengespielten Sandhügel heißen **Dünen**.

Fließende Gewässer haben nach ihrer verschiedenen Größe auch verschiedene Namen. Alle die, die keine Kähne tragen, heißen **Bäche**; wenn sie Kähne tragen, **Flüsse**. Ein **Strom** ist ein schnellfließendes Wasser; wenn er nur zuweilen fließt, kein sichres Bett hat, und heftig ist, heißt er ein **Waldstrom**. Ein Strom bedeutet oft auch so viel, als ein großer Fluß, der mehrere kleine aufnimmt, und sich zuletzt ins Meer ergießt.

Alle fließende Gewässer kommen von Bergen oder doch von höheren Gegenden, fließen nach niederen Gegenden hin, ergießen sich in andre Bäche oder Flüsse, und zuletzt ins Meer. Durch die Vereinigung vieler Bäche entstehen die großen Flüsse: denn kein Fluß ist so groß am Anfange wie am Ende. Die Elbe, die Oder, der Rhein, die so groß sind, sind zu

Anfang

Anfang ganz kleine Bäche, die man mit der Hand aufhalten würde. Je weiter aber sie kommen, desto größer werden sie, weil eine Menge kleiner Bäche und mehrere Flüsse sich mit ihnen vereinigen.

Der Ort, wo ein fließendes Gewässer aus der Erde kommt und anfängt, sichtbar zu werden, heißt die Quelle; und der Ort, wo es sich in ein anderes Gewässer ergießt, heißt die Mündung.

Wenn man fragt: „Wo ist die Quelle der Elbe?" so fragt man ganz unrichtig; denn die Elbe hat nicht Eine Quelle, sondern viele tausend.

Die Berge verrichten den Dienst eines Schwammes. Der Körper des Berges füllt sich durch Regen, Schnee, Wolken, die daran liegen, mit Wasser. Dieses Wasser senkt sich in dem Berge nach und nach, und quillt allmählich da heraus, wo es eine Oeffnung findet. Weil aber der Berg eine Menge Wassers enthält, und von dem Regen und Schnee oft einen neuen Vorrath bekömmt, so fließen die Quellen beständig, und so können auch die Flüsse beständig fließen, ob sie gleich eine ungeheure Menge Wassers ausgießen.

Das Wasser fließt immer nach niedrigeren Gegenden; kein Wasser, kein Bach, kein Fluß kann steigen. Wenn also keine Berge wären, hätten wir auch keine Flüsse, keine Fische, keine Schifffahrt, keine Wassermühlen. Und doch hat man lange Zeit die Berge für Fehler in der Gestalt der Erde angesehen. Aber so ists, wenn man nur eine Seite des Gegenstandes, nicht aber das Ganze betrachtet. Berge sind rauh, oben kalt, beschwerlich, unfruchtbar, unzugänglich zuweilen. Man hat nur auf diese Unannehmlichkeiten, und nicht auf den großen Nutzen gesehen, den nur sie allein gewähren und gewähren können.

Das Nöthige aus der mathematischen Geographie.

Die Erde ist eine Kugel. Die Beweise davon sind: ihre Aehnlichkeit mit den andern sogenannten Himmelskörpern, ihr runder Schatten bey Mondfinsternissen, und die Reisen um die Erde. Schiffe, z. B. die von Europa, so viel möglich, immer nach Westen zu fahren, können von Osten her wieder an denselben Ort kommen, von dem sie abreisten. Dieß würde unmöglich seyn, wenn die Erde keine runde Gestalt hätte; wär sie eine ebene Fläche, so würde man sich durch eine solche westliche Fahrt immer weiter von Europa entfernen. — Es ließ sich eine ähnliche Reise über den Südpol um die Erde herum nach dem Nordpol und von

von da an den Ort der Abreise zurück machen, wenn es die große Kälte in der Gegend beyder Pole erlaubte.

Sie hat, als ein Weltkörper, zwey Hauptbewegungen.

Die erste, daß sie sich immer herumdreht, wie ein Mühlenstein in der Mühle, als wenn sie ebenfalls eine Axe hätte, wie der Mühlenstein. Deswegen sagt man auch, sie habe eine Axe, und drehe sich um ihre Axe.

Diese Bewegung, die in vier und zwanzig Stunden einmal rund herum geht, macht den Tag und die Nacht.

Sie scheint langsam zu gehen, und geht freylich an der Axe so langsam, daß man sie nicht mit den Augen bemerken würde, eben so wenig als man die Bewegung des Stundenzeigers an einer Uhr bemerkt, der sich doch in zwölf Stunden rundum bewegt. Aber der höchste Theil der Kugel in der Mitte geht in einer Stunde 225 Meilen, und in vier und zwanzig Stunden fünf tausend vierhundert Meilen. Wir in Deutschland, wir machen ohngefähr 140 Meilen in der Stunde.

Die Erde wird von der Sonne beschienen; und da sie eine Kugel ist, so ist sie immer halb im Lichte und halb im Schatten; da sie nun keinen

keinen Augenblick still steht, ist auf derselben in einem fort Morgen, Abend, Tag, Nacht, Mittag. Die ganze Erde hat immer alle vier und zwanzig Stunden zugleich; nur die verschiedenen Orte bekommen sie nach einander. Z. B. wenn wir in Deutschland Mittag haben, hat man in Polen und Rußland schon Nachmittag, eins, zwey Uhr; Frankreich hat eilf Uhr Vormittags, Spanien zehn Uhr; Amerika den Morgen drey oder vier Uhr; weiter hin ist es Mitternacht, und so weiter.

Licht und Schatten sind also auf der Erde zu gleichen Theilen vertheilt. Was die Tage z. B. im Sommer bey uns länger sind, um so viel sind sie im Winter kürzer; so daß, wenn wir alle Tage des ganzen Jahres zusammen rechnen, wir finden werden, daß wir gerade die Hälfte Tag, und die Hälfte Nacht gehabt haben.

Licht und Finsterniß, sagt man, hat Gott zu gleichen Theilen ausgetheilt. Das Licht ist eine Wohlthat; daher manche die Finsterniß für ein Uebel ausgeben wollen; und dann haben sie gesagt, Uebel und Gutes sey in gleichen Theilen auf der Erde vertheilt. Allein die Rechnung ist falsch. Wir haben mehr Licht als Finsterniß: denn — erstlich haben wir die schönen langen Dämmerungen am Morgen und Abend, die uns lange ohne Sonne Licht geben; dann haben

haben wir den Mond, manchmal auch ein schönes Sternenlicht; und dann, wenn der liebe Gott uns auch unmittelbar kein Licht giebt, hat er uns doch die Mittel gegeben, uns welches zu verschaffen.

Möchte es wohl nicht mit allem Guten und allem Uebel eben so seyn? Es ist mehr Licht als Finsterniß, mehr Gutes als Uebel in der Welt; und wir können ja das Böse abwenden, und das Gute befördern und vermehren. Ist das Klagen über Uebel nicht unbillig, wenn man sich's gut machen kann?

Jeder Ort nennt die Gegend, wo man die Sonne aufgehen sieht, Morgen oder Osten; wo die Sonne ihm untergeht, Abend oder Westen; wo die Sonne am Mittage steht, Süden oder Mittag; und die entgegengesetzte, Norden, oder Mitternacht.

Die zweyte Bewegung der Erde ist ihre Bewegung oder ihr Umlauf um die Sonne. Hier kann man die Erde mit einem Rade vergleichen, welches sich um seine Axe dreht und daran fest bleibt, und dabey auf seinem Wege immer weiter fortgeht. Die Bewegung um die Sonne geht in einem Jahre, d. h. in 365 Tagen 6 Stunden weniger einige Minuten, ganz herum. Diese Bewegung ist ganz ungeheuer groß, denn sie beträgt an die hundert und zwanzig

Millionen, in einer Stunde ohngefähr funfzehntausend Meilen.

Da jedes Jahr über 365 Tage noch ohngefähr 6 Stunden hat, so muß alle vier Jahre ein Tag zugesetzt oder eingeschaltet werden; und ein solches Jahr von 366 Tagen heißt ein Schaltjahr. Da aber an den sechs Stunden einige Minuten fehlen, muß in hundert Jahren ein Schaltjahr wegfallen. Wenn man die Jahrzahl mit 4 dividirt, und es bleibt nichts übrig, so ist das Jahr ein Schaltjahr; z. B. 1792 geht mit 4 auf, folglich ist dieß Jahr ein Schaltjahr.

Ein Rad geht auf seinem Wege gerade; das thut die Erde nicht; sie rollt hingegen auf ihrer Bahn so, daß ihre Axe auf einer Seite hoch und auf der andern niedrig geht. Dieß nennt man die Senkung oder Neigung der Axe gegen die Bahn; und daher entsteht die Verschiedenheit der Jahreszeiten und die verchiedene Länge der Tage und Nächte. —

Wenn die Erde gerade ginge, so würde die Sonne gerade auf die Mitte derselben beständig scheinen; wir hätten das ganze Jahr hindurch immer gleiche Wärme oder Kälte, und die Tage und Nächte wären an allen Orten auf der Erde das ganze Jahr hindurch gleich, jedes von zwölf Stunden.

Freylich

Freylich möchten wir wohl gern immer Sommer haben; allein den hätten wir bey dem geraden Gange der Erde nicht; sondern das ganze Jahr hindurch wäre in unsern Gegenden ohngefähr solche Kälte, wie in der Mitte des Octobers; und damit würde uns wenig gedient seyn. Der Sommer, wenn er beständig dauert, macht die Menschen ungesund, matt und träge. Es wird also wohl so am besten seyn, wie es der Schöpfer gemacht hat.

Auf der Mitte der Erde denkt man sich rund um in gleicher Entfernung von beyden Polen einen Strich oder eine Linie, die man den **Aequator**, die Mittellinie oder die Linie nennt.

Bey dem schiefen Gange der Erde scheint zuweilen die Sonne gerade auf den Aequator, zuweilen aber auch auf die eine oder die andere Seite. Da wo die Sonne von beyden Seiten am weitesten vom Aequator gerade auf die Erde scheint, denkt man sich wieder Linien, welche die Grenzen vorstellen; und die man **Wendezirkel** nennt. Der breite Strich der Erde zwischen beyden Wendezirkeln, heißt der **heiße Erdgürtel**; weil die Sonne beständig auf irgend einen Ort in demselben gerade scheint, und ihn sehr heiß macht. Diese **Zone** oder Erdgürtel

geht

geht um die Erde herum in einer Breite von 705 Meilen.

Die Punkte an beyden Enden der Erde, wo die Axe heraus kommen würde, wenn die Erde eine Axe hätte, heißen die **Pole**, die bey der täglichen Umdrehung nie aus ihrer Stelle kommen. Um die Pole herum ist ein großer Theil der Erde, den die Sonne von der einen Seite ganz und gar nicht, und von der andern Seite immer bescheint, wenn die Erde gegen die Sonne schief steht. Diese Theile der Erde denkt man sich wieder mit Linien umschlossen, welche **Polarzirkel** genannt werden. Die Erdscheibe, die jeder Palarzirkel einschließt, hat 705 Meilen im Durchmesser, und heißt **Eiszone** oder **Eisgürtel, kalter Erdgürtel**, weil es dort sehr kalt ist.

Zwischen dem Wendezirkel und Polarzirkel auf jeder Seite der Erde ist ein breiter Strich Erde rund um die Kugel, 645 Meilen breit, der keinen Tag das Sonnenlicht ganz hat oder vermißt; man nennt ihn die **gemäßigte Zone**, den **gemäßigten Erdgürtel**.

Es sind also fünf Zonen oder Erdgürtel; ein heißer, in der Mitte; zwey gemäßigte, auf jeder Seite einer; und um jeden Pol ein kalter.

Der Aequator theilt die Erde durch die Mitte in zwey Halbkugeln, welche **Breiten** heißen; die auf unsrer Seite heißt die **Nördliche Breite**, die andre die **Südliche Breite**. Auf der Nordseite heißt der Wendekreis der **Wendekreis des Krebses**, der Polarzirkel der **Nordpolarzirkel**, der Pol der **Nordpol**, die Zonen die **nördlichen Zonen**; auf der Südseite heißt der Wendezirkel der **Wendezirkel des Steinbocks**, und alles übrige **südlich**.

An jedem Orte denkt man sich eine Bogenlinie, die über den Kopf von einem Pol zum andern geht, und die Erde in zwey gleiche Hälften theilt, wovon die eine die **Abendseite**, die andere die **Morgenseite** ist. Diese Linie heißt der **Meridian** oder die **Mittagslinie**, weil wir Mittag haben, wenn die Sonne darauf steht. Alle Orte also, die zu gleicher Zeit Mittag haben, liegen unter einerley Meridian. Jeder etwas mehr nach Ost oder West gelegene Ort hat einen andern Meridian; es giebt daher eine Menge Meridiane.

Der Aequator, die Wendezirkel und Polarzirkel sind ganze Zirkellinien; die Meridiane sind Halbzirkel, weil sie nur um die halbe Erde, von einem Pol zum andern, gehen.

Jeden Zirkel, er sey groß oder klein, denkt man sich in dreyhundert sechzig Theile getheilt, die man **Grade** nennt.

Um dieß recht zu begreifen, muß man sich eine Scheibe denken, die durch gerade Linien von dem Mittelpunkt aus nach dem Rand in 360 Stücke, wie Keile, eingetheilt ist. Jeder solcher Theil oder Keil heißt ein Grad. Daraus sieht man, daß der Zirkel oder die Scheibe so groß und so klein seyn können, als sie wollen, und doch immer gleich viele Grade haben. Der Unterschied zwischen einem größeren und einem kleineren Zirkel besteht darin, daß die Keile oder Grade am Rande des größeren Zirkels breiter seyn werden.

Die Grade werden wieder jeder in 60 Theile getheilt, die man Minuten nennt, und diese noch in 60 **Sekunden.** Der Kürze wegen drückt man dieses mit Zeichen aus: ° heißt Grad, ' Minute, '' Sekunde. Also 50° 40' 6'' heißt: 50 Grad, 40 Minuten, 6 Sekunden.

Alle Zirkel auf der Erde werden auf dieselbe Art eingetheilt, in 360 Grade; die Erde ist aber so groß, daß jeder Grad des Aequators und eines Meridians funfzehn Deutsche Meilen ausmacht.

Einen Grad vom Umfange der Erde kann man genau nach der Stellung der Sterne bestimmen. Wenn man nun aber sich den Grad in 15 gleichen Theilen gedenkt, und diese Theile geographische Meilen nennt, so weiß man dadurch noch nicht die eigentliche Größe desselben.

Um

Um diese zu bestimmen hat man weitläuftige Messungen angestellt, nach welchen man ausgerechnet hat, daß der Mittelgrad des Erdbodens (denn es ist einige Verschiedenheit zwischen der Größe eines Grades vom Aequator und eines Grades vom Meridian in der Gegend des Pols) 57106 Französische Klafter enthält. Demnach hätte eine sogenannte geographische oder Deutsche Meile 3807 Klafter oder 32842 Franz. Fuß, welches so viel ist als 23642 Rheinl. Fuß. Rechnet man nun den Grad zu 15 Meilen, so beträgt der ganze Umkreis der Erde 5400 Meilen. Nach dem Umkreise berechnet man den Durchmesser zu 1719 oder 1720 Meilen, die Oberfläche zu 9,282,600 Quadratmeilen, und den körperlichen Inhalt zu 2,659,464,900 kubischen Meilen.

Durch diese Grade bestimmt man die Lage eines Orts. Man sagt z. B. Berlin liegt unter dem 53sten Grade der Breite, und zwar der nördlichen. Das heißt, es ist mehr als 52 Grad von der Mitte der Erdoberfläche oder oder von dem Aequator entfernt; und da ein Grad funfzehn Meilen beträgt, so macht es mehr als 780 Meilen von dem Aequator bis nach Berlin. Diese Entfernung vom Aequator ists auch, die man **Polhöhe** nennt. Also sagt man: Die Polhöhe von Berlin beträgt über 52 Grad. Diese Grade sind auf den Charten und Globen an einem der Meridiane bezeichnet.

Wenn man einen gewissen Hauptmeridian oder ersten Meridian annimmt, so heißt die Entfernung von demselben die Länge; nach dem Morgen zu, die östliche Länge; nach dem Abend aber, die westliche. Sie wird auf den Aequator gezeichnet. Auf unserer Weltkarte ist der Meridian der Insel Ferro als der erste angenommen worden. Nach diesem liegt Berlin im 31°, 2', 30'', Wien im 34°, 2, 30'', Constantinopel im 46°, 36' der östlichen Länge.

Man nennt Horizont einen Zirkel, den man sich um die Erde denkt, und der das, was wir von der Erde und dem Himmel sehen, von dem, was wir nicht sehen, trennt. Daher sagt man: Die Sonne ist unter oder über dem Horizonte; dieses ist, was wir in der mathematischen Geographie Tag nennen, jenes Nacht.

Unter dem Aequator sind die Tage und Nächte durchgehends gleich und 12 Stunden lang; d. h. die Sonne ist genau 12 Stunden über, und 12 Stunden unter dem Horizonte.

Dieses reicht bis zum 9ten Grad der Breite, und heißt das erste Klima.

Von dem 9ten bis in den 17ten Grad ist der längste Tag im Sommer und die längste Nacht im Winter um eine Viertelstunde des Morgens und eben so viel des Abends länger; also 12½ Stunde: das ist das zweyte Klima.

Man

Man nennt also Klimate die Abtheilungen der Erde vom Aequator nach dem Pol zu, nach der Dauer des längsten Tages und der längsten Nacht im Jahre; jede Abtheilung beträgt eine halbe Stunde mehr, nämlich Morgens eine Viertelstunde und Abends eben so viel.

Das 3te Klima geht vom 17° bis zum 24°, hat 13 Stunden.

— 4 — — — 24 — — 31, — 13½ —
— 5 — — — 31 — — 37, — 14 —
— 6 — — — 37 — — 42, — 14½ —
— 7 — — — 42 — — 46, — 15 —
— 8 — — — 46 — — 50, — 15½ —
— 9 — — — 50 — — 52, — 16 —
— 10 — — — 52 — — 55, — 16½ —
— 11 — — — 55 — — 57, — 17 —
— 12 — — — 57 — — 59, — 17½ —
— 13 — — — 59 — — 60, — 18 —
— 14 — — — 60 — — 62, — 18½ —
— 15 — — — 62 — — 63, — 19 —
— 16 — — — 63 — — 64, — 19½ —
— 17 — — — 64 — — 65, — 20 —
— 18 — — — 65 — — 65, — 20½ —
— 19 — — — 65 — — 66, — 21 —
— 20 — — — 66 — — 66, — 21½ —
— 21 — — — 66 — — 67, — 22 —
— 22 — — — 67 — — 67, — 22½ —
— 23 — — — 67 — — 67, — 23 —
— 24 — — — 67 — — 67, — 23½ —

Hier kommen wir bis an den Polarzirkel, der im 67sten Grade der Breite liegt. Von hier bis an den Pol nehmen die Tage und Nächte nicht mehr Stundenweise, sondern Tageweise zu, und man macht die Abtheilungen nach Monaten. Man findet deren sechs.

Das erste Klima vom Polarzirkel bis in den 68sten Grad hat einen Monat lang immer Tag, und einen Monat lang beständig Nacht.

Das 2te Klima bis zum 70sten Grad, 2 Monate.
— 3 — — — 74 — — 3 —
— 4 — — — 79 — — 4 —
— 5 — — — 84 — — 5 —
— 6 — — — 90 — — 6 —

Das heißt, dieses letztere hat in dem ganzen Jahre nur Einen Tag und Eine Nacht. — Deutschland liegt im 8ten und 10ten Klima; Berlin im 10ten, Leipzig im 9ten, Wien im 8ten Klima.

Die Jahreszeiten entstehen folgendermaßen.

Da die Erde auf ihrer Bahn und gegen die Sonne schief steht, so geschiehts, daß, wenn sie auf der einen Seite der Sonne ist, sie den Nordpol gegen dieselbe zukehrt, und den Südpol von ihr abwendet. Dann hat die Nordbreite den Sommer, und die Südbreite den Winter. Dieses geschieht zwischen dem 19ten

März

März und 22sten September. Der Nordpol hat beständig Tag und sieht die Sonne rund um sich herum gehen. — Wenn die Erde am andern Ende ihrer Bahn ist, ist das alles umgekehrt. Es geschieht zwischen dem 19ten März und dem 22sten September.

Die beyden Punkte und Zeiten, wo die Erde am äußersten Ende ihrer Bahn ist, den 19 — 22 Junius und December, nennt man die Sonnenstillstände (Solstitia), den Sommersonnenstillstand und den Wintersonnenstillstand; weil die Sonne in ihrem Laufe näher zu uns oder von uns ab, still zu stehen und wieder zurück zu gehen scheint.

Zwischen diesen beyden äußersten Punkten kommt die Erde so vor die Sonne zu stehen, daß diese gerade auf die Mitte derselben (auf den Aequator) scheint. Dann ist Tag und Nacht auf der ganzen Erde gleich, jedes von zwölf Stunden. Deswegen nennt man diese Punkte die Nachtgleichen (Aequinoctia); die eine am 19 — 22sten März die Frühlingsnachtgleiche; die andre am 19 — 22 September die Herbstnachtgleiche.

Der Zirkel, welcher den Aequator in zwey entgegengengesetzten Punkten, unter einem Winkel von 23° 29' durchschneidet, heißt die Ekliptik, und stellt die Entfernung und Annäherung

rung der Sonne von dem Aequator und zu denselben vor.

Die Ekliptik wird nicht nur, wie alle Zirkel in 360 Grade abgetheilt, sondern auch nach unsern Monaten in 12 gleiche Theile oder Zeichen. Jeder von diesen Theilen hat also 30°, wenn sich auch gleich die Sonne in einem Zeichen nicht so lange aufhält, als in dem andern. Diese Theile oder Zeichen haben ihre Namen von den Sternbildern, welchen die Sonne vor ohngefähr zweytausend Jahren nahe war.

Die zwölf Sternbilder, in welchen man damals die Sonne während ihres jährlichen Laufes bemerkte, und welche gröſstentheils den Namen gewisser Thiere haben, (weſswegen die Ekliptik auch der Thierkreis genannt wird,) sind folgende mit ihren gewöhnlichen Zeichen:

Gegen Norden

Widder, Stier, Zwillinge, Krebs, Löwe, Jungfrau;
♈ ♉ ♊ ♋ ♌ ♍

Gegen Süden

Wage, Skorpion, Schütze, Steinbock, Wassermann, Fische.
♎ ♏ ♐ ♑ ♒ ♓

In den drey ersten Zeichen befindet sich die Sonne vom 21sten März bis zum 21sten Junius; daher heiſsen sie die Frühlingszeichen. Aus eben der Ursache, nennt man die drey folgenden die Sommerzeichen; die nächstfolgenden

den Herbstzeichen; und die drey letzten Winterzeichen.

Gegenwärtig macht man einen Unterschied zwischen den Zeichen und den Sternbildern selbst, weil diese nicht mehr an demselben Orte stehen, sondern ohngefähr 30 Grad weiter gerückt sind. Wenn man jetzt sagt, die Sonne stehe im Widder, so meint man damit das Zeichen; denn in der That steht sie alsdann im Sternbilde der Fische, und kommt erst in das Sternbild des Widders, wenn sie in das Zeichen des Stiers tritt. Diese Vorrückung der Zeichen, oder die Aequinoctialpunkte geht immer fort, und beträgt in 72 Jahren einen Grad.

Die verschiedene Stellung der Erde gegen die Sonne macht die Verschiedenheit der Wärme und Kälte aus. Je gerader und länger die Sonne über einem Orte steht, desto mehr erwärmt sie ihn, je schiefer aber und je kürzere Zeit, desto weniger kann sie ihn erwärmen.

Geographische Maße.

Die gewöhnlichsten Maße sind das Rheinländische und das Französische königliche Maß.

Die Rheinländische Ruthe besteht aus 12 Rheinl. Fuß; ein Fuß hat 12 Zoll, ein Zoll 12 Linien. Der Französische Fuß ist etwas länger; 100 Französische Fuß machen $103\frac{1}{2}$

Rheinl. Fuß; oder die Rheinl. Ruthe enthält, in Pariser Maß, 11 Fuß, 7 Zoll, 2 Linien.

Die gemeine Deutsche oder geographische Meile, deren 15 auf einen Grad des Aequators gehen, hat 23661 Rheinl. Fuß, oder 22869 Franz. Fuß, oder 3811 Franz. Toisen; eine Toise ist so viel als eine Klafter, nämlich 6 Fuß. Ein Grad vom mittleren Umfange der Erde ist zu 29576 Rheinl. Ruthen bestimmt worden. Nach diesem Maße ist das Verhältniß der bekanntesten Meilen, nach welchen man in den verschiedenen Ländern rechnet, in folgender Tabelle nach alphabetischer Ordnung angegeben.

Meilen	auf einen Grad gehen	jede ist lang Rheinl. Fuß.
Arabische	$56\frac{3}{5}$	6263
Böhmische . . .	$16\frac{1}{10}$	22017
Chinesische (Li) . .	193	1835
Dänische	$14\frac{4}{5}$	24000
Deutsche kleine	$17\frac{4}{5}$	20000
Deutsche gemeine	15	23661
Egyptische (Schönus)	18	18779
Französische gem. (Lieues)	25	14197
— Seemeilen . .	20	17745
Englische	$69\frac{1}{8}$	5135
— Seemeilen . .	60	5915
Holländische . . .	19	18680
Indostanische (Koß) .	$42\frac{1}{11}$	8312
Irländische . . .	54	6536
Italiänische . . .	60	5915

Lithauische

Meilen.	auf einen Grad gehen	jede ist lang Rheinl. Fuß.
Lithauische	$12\frac{1}{2}$	28530
Persische (Fiersang) .	$23\frac{1}{10}$	15774
Polnische	20	17745
Portugiesische . . .	18	19717
Preußische	$14\frac{1}{3}$	24700
Russische (Werste) .	104	3402
Sächsische Polizeymeilen v. 16000 Dresdner Ellen	$12\frac{3}{10}$	28878
Schlesische von 11250 Schles. Ellen . .	$17\frac{1}{6}$	20658
Schottländische . .	$49\frac{9}{10}$	7119
Schwedische	$10\frac{2}{5}$	34094
Schweizerische . .	13	26688
Siamesische	29	12235
Spanische oder Castilianische	$26\frac{4}{5}$	13328
Türkische Seemeilen .	86	4179
— gewöhnliche (Berri)	$66\frac{7}{10}$	5323
Ungarische Meilen .	$13\frac{1}{3}$	26625
Churbraunschweigische Polizeymeilen . . .	$10\frac{1}{2}$	33737
Burgundische Meilen .	19	18016
Hamburgische . . .	$14\frac{4}{5}$	24000

Im gemeinen Leben weichen indessen die Meilen in allen Ländern sehr von ihrer bestimmten Größe ab.

Physische

Physische und Naturhistorische Geographie.

Die physische Geographie lehrt den Zustand der Dinge auf der Erde, in so fern die Dinge als Theile eines Weltkörpers angesehen werden; die naturhistorische aber handelt von den Dingen, die man nicht als zum Weltkörper gehörig, sondern für sich bestehend denkt.

Zur physischen Geographie gehört die Lehre von der Luft, vom Wasser, vom Feuer, und von den Wirkungen derselben; von den Gebirgen und Vulkanen, von der Wärme und Kälte. Die naturhistorische handelt von den Producten und Bewohnern der Erde.

Die Luft ist ein flüssiger Körper, und man kann sie als eine Art von dünnem Wasser ansehen.

In jedem flüssigen Körper schwimmt ein andrer, fester oder flüssiger Körper, nach folgenden Gesetzen:

1) Wenn der schwimmende Körper, in gleicher Masse, gerade eben so schwer ist, als der tragende; das heißt, wenn der schwimmende Körper eben so viel wiegt, als das Wasser, das er in seinem Umfang enthalten könnte, so schwimmt er mit der Oberfläche des Wassers gleich.

2) Wenn er schwerer ist, geht er zu Grunde.

3) Wenn

3) Wenn er leichter ist, ragt er über die Flüssigkeit hervor.

Eisen fällt im Wasser zu Grunde, schwimmt aber auf Quecksilber; weil ein Stück Eisen wie ein Eimer groß schwerer ist als ein solcher Eimer Wasser. Ein Eimer voll Quecksilber würde aber weit schwerer seyn.

Holz schwimmt im Wasser, weil es leichter ist als das Wasser.

Oel vermischt sich mit Wasser nicht, weil das Oel leichter ist, und also immer oben schwimmt.

Die Dünste und der Rauch steigen in der Luft auf, weil sie leichter sind.

Die Wolken sind Dünste, leichter als die Luft; bleiben also hoch, bis sich die Dünste wieder in Regentropfen zusammendrängen und niederfallen, weil sie nun schwerer als die Luft geworden sind.

Die Vögel erheben sich in der Luft. Ihr Körper ist zwar schwerer als die Luft; mit ihren Flügeln nehmen sie aber eine große Luftfläche ein. Ob ein Vogel hoch oder niedrig fliegt, kommt auf die Schwere seines Körpers und die Größe und Stärke seiner Flügel an.

Wenn ein fester Körper leichter ist, als die Luft, muß er aufsteigen.

Wenn wir also einen festen Körper finden können, der leichter als die Luft, und so beschaffen ist, daß wir uns darauf verlassen können,

nen, so wird es uns auch vergönnt seyn, wie die Vögel in der Luft zu fliegen.

Diese Kunst hat vor einigen Jahren ein Franzose, Namens Montgolfier, erfunden. Er füllte nämlich mit einer leichteren Luft einen ungeheuer großen von leichtem Zeuge gemachten Ball, der in die Höhe stieg, und woran er einen Sessel für sich befestigte, und so mit in die Luft gehoben wurde. Wer weiß, wozu man noch diese schöne Kunst wird gebrauchen können!

Die Luft ist schwer, kann andre Körper drücken, fortstoßen und heben.

Sie drückt auf alle Körper; dieß ist besonders am Wasser sichtbar. Beym Trinken thun wir weiter nichts, als daß wir die Luft aus dem Munde zurück in die Lunge ziehen. Die auf das Getränk drückende Luft drängt es dann in den Mund, und wir schlucken es hinunter. Das kann auch an den Pumpen bemerkt werden. Denn die Pumpen schöpfen nicht, wie mit einem Eimer, das Wasser aus dem Brunnen; der Stempel reicht gar nicht bis auf die Oberfläche des Wassers; er schöpft nur die Luft aus, die das Wasser niederhält; dann steigt das Wasser von selbst in die Röhre, wo es dann der Stempel erst faßt und höher hinauf treibt.

Keine Pumpe aber, deren Stempel höher über der Oberfläche des Wassers als 32 bis 33

Fuß

Fuß steht, kann Wasser geben: weil die Wassersäule, welche in die Röhre bis 33 Fuß steigt, nun eben so stark auf die Oberfläche des Wassers drückt, als die Luft, und daher alles fernere Steigen des Wassers verhindert.

Daraus schließt man, daß die Luft über uns gerade so schwer ist, als eine Masse von Wasser, die 32 bis 33 Fuß hoch wäre.

Die Luft ist so schwer als eine Masse Quecksilbers von 27 bis 29 Zoll Höhe. Darauf beruht die Einrichtung des **Barometers**, eines Instruments, womit man die Schwere der Luft bestimmt. Es besteht aus zwey unterwärts durch eine Krümmung zusammenhängenden Glasröhren, wovon die eine, mit Quecksilber gefüllte, sehr kurz und offen ist. Die Luft drückt dadurch auf das Quecksilber, und treibt es in der längeren luftleeren Röhre hinauf, bis daß das Quecksilber in der langen Röhre gerade so stark drückt, als die Luft, d. h. gleich schwer ist.

Die Luft ist elastisch; d. h. sie kann zusammengedrückt werden, und dehnt sich wieder aus, sobald der Druck aufhört. Daraus lassen sich alle Wirkungen der Windbüchsen und der Feuerröhre erklären. In letzteren dehnt das Feuer mit schneller Gewalt die Luft aus einander, woraus Knall und Wurf der Kugeln entsteht. Die Erdbeben haben eine ähnliche Ursache.

Die

Die Luft ist allen Thieren zum Leben und dem Feuer zum Brennen nothwendig. Selbst die Fische haben Athem. Alle Thiere müssen sterben, wenn man ihnen die Luft entzieht. Das ist der Grund, warum Menschen und Landthiere sterben, wenn sie ins Wasser fallen oder gehenkt werden, und warum das Feuer ausgeht, wenn man Wasser darauf gießet, oder es mit trocknen oder nassen Tüchern deckt. Brennendes Fett kann man deßwegen mit Wasser nicht löschen, weil das Fett leichter als das Wasser ist, gleich oben auf schwimmt, und der Luft also nicht beraubt wird. Ohne Luft kann man nicht einmal Pulver anzünden.

Die Luft ist nothwendig zum Schall und zum Hören. Ohne Luft klingt keine Glocke.

Es ist Luft in allen Körpern, im Holz, im Metall, im Wasser. Das Kochen ist weiter nichts als das Aufsteigen und Verfliegen der Luft, die durch die Hitze ausgedehnt und aus dem Wasser gelöset wird. Das Rauschen und Schäumen des Bieres, Weines und andrer Getränke rührt eben daher.

Diese Luft, so lange sie in den Körpern ist, heißt fixe Luft.

Aus den verschiedenen Körpern zieht man verschiedene Arten von Luft; einige sind leichter, andre schwerer, als die gemeine Luft. Man nennt

nennt sie Gas. Einige sind heilsam, andere schlechterdings tödtlich. Letztere nennt man mephitisch. Man erkennt die Schädlichkeit der Luft daran, daß ein Licht ausgeht, wenn man es darein hält. Mit Strohfeuer oder einem Schuß Pulver macht man sie wieder gut.

Die Luftlage, mit Dünsten beladen, um unsre Erde, heißt die Atmosphäre oder der Dunstkreis, dessen ganze Höhe auf 35362 Klafter (ohngefähr 9 Meilen) geschätzt wird. Das ist es, was uns blau scheint, und was wir Himmel nennen. Je höher man in der Luft kommt, desto leichter wird sie: folglich kann man die Höhen mit dem Barometer messen.

Zu einer gewissen Höhe, die man zwischen einer halben und drey Viertel Meile schätzt, friert es unaufhörlich, auch in den heißesten Sommertagen. Bis zu dieser Höhe nennt man die Luft die untere Luft oder die untere Region der Luft (Region heißt so viel als Gegend); von da an, so hoch als die Wolken reichen, ist die mittlere Region der Luft, bis zu ohngefähr anderthalb Meilen in die Höhe. Die obere Region der Luft ist beständig rein, ohne Dünste und Wolken.

Die Wolken gehen, je nachdem sie leicht oder schwer sind, höher oder niedriger, und zuweilen so niedrig, daß man auf einem mittelmäßitelmäßigen Berge von zwey bis dreytausend Fuß Höhe, die Wolken, Donner, Blitz und Regen unten sieht, und oben den schönsten Sonnenschein hat.

So lange die Dünste nicht schwerer als die Luft sind, bleiben sie in derselben; werden sie schwerer, so fallen sie; in ausgedehnter Dunstgestalt sind sie Nebel und Thau, die aus der Erde steigen; zusammengezogen in Wassertropfen, Regen; der Frost macht sie zu Reif, Schnee und Hagel. Wolkenbrüche sind ein außerordentlich starker Platzregen von dicken Tropfen; sie können großen Schaden thun.

Die Wärme dehnt die Körper aus; Kälte zieht sie zusammen. Daher zeigt das Thermometer die Wärme und Kälte an.

Die Feuchtigkeit oder Trockenheit der Luft wird durch das Hygrometer erkannt.

Der Wind ist nichts anders als eine Bewegung in der Luft, die entsteht, wenn die Luft auf der einen Seite schwerer oder leichter als auf der andern wird. Man mißt die Stärke des Windes mit einem Instrumente, welches Anemometer heißt.

Der Wind ist jederzeit doppelt: einer unten, z. B. aus dem Morgen; der andre oben, gerade entgegen, vom Abend. Ganz natürlich. Der Wind treibt eine Menge Luft weg, verdrängt die Luft, die hier ist; diese Luft muß in in die Höhe steigen, und sich dahin giessen, wo der erste Stoß Platz gemacht hat.

Rühret mit einer Schaufel ein grosses Gefäß voll Wasser, von der Rechten zur Linken durch die Mitte, so machet ihr in der Mitte einen Strom von der Rechten zur Linken; an den Rändern des Gefäßes aber wird ein entgegen gesetzter Strom entstehen, nämlich von der Linken zur Rechten. So ist es mit dem Winde auch.

Daher kommt es, daß Wolken und Gewitter gegen den Wind gehen können, oder so zu gehen scheinen; sie sind in dem Oberwinde, und da ists kein Wunder; wenn sie in dem Unterwinde wären, würden sie so gehen, wie der Wind, den wir fühlen.

Daher kommt es, daß zu gleicher Zeit Wolken nach Abend ziehen können, wenn andre Wolken nach dem Morgen ziehn. Sie sind in verschiedenen Winden.

Langsame Winde gehen in einer Sekunde kaum 8 Fuß weit, das ist etwa zweymal so geschwind, als ein Mann mit mäßigem Schritt geht. Es giebt aber heftigere, die in einer Sekunde 24, 32, ja, wohl gar 70 Fuß weit gehen. Diese heißen Stürme oder Orkane.

Der Wind geht zuweilen von oben gerade herunter, wenn er von dem Druck einer schweren Wolke entsteht. Dann dreht sich die Luft im Kreise herum, und macht, was wir einen Wirbelwind nennen.

Solche Wirbelwinde, wenn sie stark sind, nehmen alles mit sich, was sie ergreifen, reißen Bäume aus den Wurzeln, Dächer von den Häusern, und werfen sie weit weg. Menschen können nicht sicher im Freyen stehen.

Auf dem Meere nehmen sie eine große Menge Wassers auf, heben es in die Höhe, und lassen es dann auf einmal niederfallen. Ein Schiff ist unglücklich, wenn ein solcher Wind- und Wasserwirbel, den man eine Wasserhose, Wassertrompete nennt, es faßt, die Segel werden zerrissen, die Mastbäume zerbrochen, das Schiff von dem Wasser bedeckt, gefüllt, in den Boden gedrückt. Die Seefahrer wissen sich davor zu schützen; sie schießen mit den Kanonen darnach, der Schall giebt der Luft eine andre Bewegung, der Wirbel wird zerstört, das Wasser fällt nieder, und dann ist keine Gefahr mehr. Was der Mensch nicht alles thun kann!

Es giebt Winde, die so heftig wehen, daß sie den Menschen ersticken; andere, in gewissen heißen Ländern, sind so brennend, daß sie den Menschen in einem Augenblick verbrennen und tödten. So ist der Sirocco in Italien; der Samum in Persien, Arabien, Syrien; der Harmatan in Guinea.

Auf dem Weltmeere, in der Gegend von Indien, Südamerika und Südafrika ist der

Wind

Wind beständig östlich, und heißt Passatwind. In andern Gegenden sind die Winde nach den Jahreszeiten immer dieselben: man nennt diese Moussons.

Der Passatwind wird durch die Umdrehung der Erde um ihre Axe verursacht. Die aus dieser Umdrehung entstehende Bewegung ist auf beyden Seiten des Aequators am schnellsten, weil hier der Umkreis am weitesten von der Axe entfernt ist. Da nun die Luft, als ein flüssiger Körper, dieser Bewegung, die von Westen nach Osten geht, nicht in derselben Schnelligkeit folgt, so hat sie eine Bewegung von Osten nach Westen. Hierzu kommt noch besonders, daß die im heißen Erdstriche von den senkrecht einfallenden Sonnenstralen erwärmte und ausgedehnte Luft aufwärts steigt, wie der Dunst des kochenden Wasses, sich dann auf die benachbarten Luftlagen ergießt, und den Druck derselben vermehrt. Das Gleichgewicht ist nun aufgehoben; es strömt von Süd und Nord die kühlere und dichtere Luft beständig herbey und drängt die leichtere in die Höhe. Der Luftstrich nach Abend zu wird unterdessen der Sonne immer mehr ausgesetzt, und der nach Morgen ihr entzogen und abgekühlt. Letztere muß sich daher beständig in einem Strome von Morgen nach Abend ergießen.

Der Wind reißt Bäume nieder, wirft die Früchte unreif ab, verursacht Ueberschwemmungen, wenn er den Lauf des Wassers aufhält; das Meer wird unruhig, Schiffe gehen zu Grunde, werden zerschlagen; Feuersbrünste greifen um sich: kurz, der Wind thut vielen Schaden.

Er thut aber noch mehr Gutes. Ich will nicht einmal sagen, daß er Windmühlen bewegt, Schiffe treibt; das ist Kleinigkeit. Er kühlt die Luft ab — ein großer Dienst im Sommer; aber auch das ist noch nicht die Hauptsache.

Er vertheilt die Wolken, und bringt den Regen über alle Theile der Erde. Wollten wir den Regen entbehren? die Wolken, die vom Meere aufsteigen, dort lassen, und mit unsern wenigen Dunstwolken, die vom Lande aufsteigen, vorlieb nehmen?

Er reinigt die Luft. — Stehendes Wasser fault, wird stinkend, ungesund, ekelhaft; fließendes Wasser bleibt rein, klar, gesund. Eben so die Luft. Wenn sie steht, verfault sie; der Wind setzt sie in Bewegung und erhält sie rein und gut. — Es ist, wie mit dem Menschen. Beständige Ruhe macht ihn faul und träge, ungesund, schwächlich; Arbeit macht ihn munter, gesund, thätig, stark.

Die

Die Luft ist warm oder kalt, je nachdem sie still oder bewegt, hoch oder niedrig ist, nach dem Stand der Sonne gegen die Erde, nach dem Boden, wie dieser trocken oder feucht, sandig, steinig, lehmig, sumpfig, kahl oder mit Gewächsen, mit Kräutern oder Bäumen besetzt, mehr oder weniger mit Salz und Salpeter vermischt ist. Die Gegend, entweder nach Süden oder Norden, thut noch mehr; gegen Osten, je weiter wir kommen, ist die Luft immer kälter, in Amerika am kältesten.

Alles was in der Atmosphäre vorgeht, heißt ein Meteor oder eine Lufterscheinung. Man theilt sie in wäßrige und feurige. Zu den wäßrigen haben wir nur noch das Eis und den Regenbogen nachzuholen. Letzterer ist ein Widerschein der Sonnenstralen, den wäßrige Dünste zurückwerfen; — den Heiderauch oder Landrauch, welches ein feiner Nebel ist, der von den Dünsten der Erde entsteht.

Man sieht zuweilen, besonders auf dem Meere, zwey Sonnen, oder zwey Monde, zuweilen noch mehrere; man nennt sie Nebensonnen, Nebenmonde. Auch erscheinen zuweilen um diese Körper grosse Zirkel, die man einen Hof nennt. Die Abend- und Morgenröthe. Alle diese Erscheinungen haben eine und dieselbe Ursache; sie sind das Spiel des Lichts in wäßrigen Dünsten.

Die Abend- und Morgendämmerung entsteht von dem Lichte der Sonne in der Luft. Einige Zeit vor dem Aufgang und nach dem Untergang der Sonne werden ihre Stralen in unserm Dunstkreise gebrochen und zurückgeworfen, wodurch der Schein in der Luft entsteht, der des Morgens in Osten vor der Sonne hergeht, und des Abends in Westen ihr nachfolgt. Im Monat Junius ist es bey heiterem Wetter im Norden immer helle, weil die Sonne dann nicht so tief unter den Horizont kommt, daß die Brechung ihrer Stralen sich verlieren sollte.

Die feurigen Lufterscheinungen sind folgende: Gewitter. Sie entstehen durch die Elektricität der Wolken. Eine elektrische Wolke bleibt ruhig, so lange sie nicht von einer andern, oder durch hohe Körper, als Thürme, Bäume rc. in Bewegung gesetzt wird. Wenn aber dieß geschieht, entladet sie sich von der elektrischen Materie. Ist die Bewegung nicht heftig, so blitzt sie; eine heftige Bewegung macht sie zugleich donnern. Der Donner ist nur Lerm und unschädlich, fährt zugleich mit dem Blitz aus der Wolke, wie Blitz und Knall aus einer Kanone. Der Blitz allein ist schädlich; er zerschmettert, zündet, tödtet. Sobald man also den Blitz gesehn hat, ist die Gefahr vorbey; wer Zeit sich zu fürchten hat, hat nichts zu fürchten. Man weiß den Blitz durch

Wetter-

Wetterableiter so zu führen, daß er keinen Schaden thut; während eines Gewitters aber muß man einem Ableiter nicht zu nahe kommen. An der Zwischenzeit zwischen Blitz und Donner kann man die Entfernung der Gewitterwolke berechnen; zehn bis eilf Sekunden machen eine halbe Meile. Das kommt daher, weil man den Blitz und jedes Licht in sehr großer Entfernung in dem Augenblicke sieht, in welchem es leuchtet; den Schall aber hört man nicht sogleich, als er geschieht, und er bleibt desto länger aus, je weiter man von dem Ort entfernt ist, wo er entsteht.

Die **Nord- und Südlichter** sind leichtere Gewitterwolken, oder Bewegung der elektrischen Materie in der höheren, feineren Luft, die man den **Aether** nennt. Man sieht die Nordlichter bloß in den nördlichen Ländern. Sie müssen sehr hoch in der Luft, noch über dem Dunstkreise vorgehen, da man sie in einer so großen Entfernung, von 100 und mehr Meilen, sehen kann: denn sie entstehen in den Gegenden nahe am Pol.

Feuerkugeln, Sternschnuppen sind weder Drachen noch Sterne, sondern Entzündungen von brennbaren Materien in der Atmosphäre. **Irrlichter** kommen aus der Erde, besonders aus Sümpfen und stehenden Gewässern; es sind Auflösungen von brennbarer Luft.

Die Oberfläche der Erde ist sowohl in Ansehung der Höhe, als des Bodens und der Fruchtbarkeit sehr verschieden. Allein auch den schlechtesten Boden kann der Fleiß des Menschen fruchtbar machen, so wie seine Kunst Flüsse und Meere beschränkt, Sümpfe austrocknet, Seen ableitet, Gewässer hinleitet, wo keine waren, und das Klima milder macht.

Die größten Flächen auf der Erde sind: in Asien, die Sandwüste Kobi oder Chamo, an beyden Seiten der Gebirgkette Imaus oder Mustag; in Amerika, die Fläche an beyden Seiten des Amazonenflusses, welche die höchste auf dem Erdboden ist.

Die Gebirge, die mehr als 600 bis 900 Fuß hoch sind, sind mit ewigem Schnee und Eise bedeckt. Unter dieser Höhe sind sie, wo der Felsen nicht nackt ist, mit Gewächsen besetzt, die aber je höher je kleiner und nothdürftiger werden. Von da an bis an den Gipfel sind sie ganz unfruchtbar. Große Eisfelder auf und zwischen den Bergen heißen Gletscher. Manche bestehen aus nackten Felsen, die steil und fast senkrecht hinauf gehen. An manchen Orten findet man sie in Gestalt einer Mauer, die sich nicht selten meilenweit erstreckt.

Viele Berge sind inwendig hohl und mit ewig brennenden Materien angefüllt. Sie heißen

ßen Vulkane. Wenn die Materien stark angehäuft und die Feuersbrunst heftig ist, strebt die Glut hinaus, ergießt sich in große Feuerströme, die Meilen Landes bedecken, Städte und Dörfer überziehn; oder wenn sie nicht Oeffnung genug hat, erschüttert und zerreißt sie den Boden, verursacht Erdbeben, verschlingt Wohnungen, versetzt Hügel, wirft Städte um, und setzt ganze Provinzen in Schrecken. Die Mündung eines Vulkans heißt der **Krater** oder **Schlund**. Vulkane geben immer Rauch.

Die Vulkane scheinen mit einander in Verbindung zu stehen. Das Erdbeben von Calabrien im Jahr 1783 fühlte man in Island und in Constantinopel; zugleich mit dem Vesuv in Italien wütheten in Island die dortigen Vulkane. Die Communication scheint unter Frankreich und Spanien durchzugehen; noch mehr vielleicht unter Portugal, welches mehrmals schreckliche Erdbeben erlitten hat. Das ganze mittelländische Meer scheint über einem solchen Feuerkessel zu liegen; es hat eine Menge Vulkane, in Sicilien, Italien, in dem Venetianischen Meerbusen und in den Türkischen Inseln.

Da die Berge auf ihren verschiedenen Höhen verschiedene Grade der Wärme und Kälte, in sehr kleinen Zwischenräumen mehrere Klimata und Jahrszeiten vereinigen, so vereinigt derselbe

selbe Berg oftmals die Producte verschiedener Erdstriche, viele heilsame und wohlriechende Kräuter. Selbst die Felsen bedecken sich zuweilen mit nützlichen Moosen.

Durch Winde, Waldströme, Quellen verlieren die Berge immer etwas von ihrer Masse; aber Jahrtausende gehen hin, ohne daß der Verlust merklich werde.

In den Bergen findet man Metalle, Steine, Edelgesteine (die wenig Nutzen haben), Steinkohlen; auf den moorigen, Torf; in vielen ganze Lagen, ja ganze Klumpen von versteinerten Thieren, Gerippen, Muscheln, Fischen u. dergl. mehr.

Die höchsten Berge auf der ganzen Erde sind die Anden oder Cordilleras in Südamerika; man giebt ihre beträchtlichste Höhe zu 22000 Fuß, beynahe eine Deutsche Meile, an.

Die Gewässer sind von sehr verschiedener Art; merkwürdig sind solche Quellen, welche das Wasser in die Höhe werfen, wie in Island; die warmes, heißes, siedendes Wasser geben; die mineralisches Wasser führen; und die, deren Wasser mit einer brennbaren Fettigkeit, Bergöl, Bergfett, vermischt ist.

Große Flüsse führen eine erstaunliche Menge Wasser ins Meer. Das muß uns nicht wundern; denn Regen, Schnee rc. geben zehnmal mehr Wasser,

Wasser, als alle Flüsse zusammen wegführen; und diese sind nur als Kanäle anzusehen, wodurch die Erde sich der überflüssigen Feuchtigkeit entledigt.

Das Wasser ist so bewohnt, wie die Erde und die Luft. Fische, Muscheln, Gewürme von aller Art, Gestalt und Größe, vierfüßige Thiere finden darin Nahrung und Aufenthalt. Der Boden fast aller Gewässer ist mit Pflanzen, und im Meere mit großen Bäumen besetzt; Auch Berge, Mineralien sind darin zu finden.

Die Tiefe des Meeres ist sehr verschieden; an manchen Orten kaum 40 Fuß; bey Norwegen und Schottland höchstens 375; zwischen Amerika und Afrika fand man mit 1500 Fuß noch keinen Grund.

Mitten auf dem Meere kann man vor Durst umkommen. Das Meereswasser ist wegen seines Salzes nicht trinkbar, nicht einmal zum Kochen zu gebrauchen. Es ist an manchen Orten so salzig, daß ein Pfund Wasser 4 Loth Salz giebt. — Die salzige Eigenschaft des Meerwassers bewahrt es vor Fäulniß, die dem Menschengeschlechte Krankheit und Tod bringen würde, und macht es zur Schifffahrt geschickter. Salzwasser ist schwerer als süßes Wasser, und kann daher auch größere Lasten tragen.

Das Meer friert nur tief im Norden zu; und daher schwimmen große Eismassen, eine halbe Meile lang und breit, die nach Grönland rc. schwimmen, Bären mitbringen, und eine Menge großer Bäume ans Ufer treiben.

Das Meer, welches nicht fließt, hat seine eigne Bewegung, als wenn es hin und her gewiegt würde; wodurch es, sowohl als durch sein Salz, vor Fäulniß geschützt wird. In 24 Stunden 49 Minuten steigt es zweymal ans Ufer, und weicht zweymal davon weg. Ersteres heißt die Fluth; letzteres die Ebbe. Man schreibt die Ursache dieser Bewegung dem Monde zu.

Die Erde, die Luft und das Wasser sind nie leer, sondern voll von Bewohnern, Menschen und Thieren; selbst in den Steinen und in den ewigen Eisen der nördlichen Gegenden lassen sich welche finden. Ueberall erzeugt die Erde sowohl als das Wasser und die Luft Producte. Man rechnet aber auch zuweilen die Bewohner zu den Producten; welche dann in drey Classen oder Reiche der Natur getheilt werden, in das Mineralreich, Pflanzenreich und Thierreich.

Alles was existirt, wird als Stoff zu Wesen, oder als Wesen angesehen. Ersteres nennt man Elemente, und zählt dahin Feuer, Luft, Wasser, Erde, weil diese Dinge wirklich in allen Wesen

zu

zu finden sind. Die Elemente sind die Bestandtheile aller Dinge; man findet sie aber in der Natur nie unvermischt und für sich bestehend. Doch besitzen wir die Kunst, jedes Ding in seine Bestandtheile oder Elemente aufzulösen. Man nennt sie die Scheidekunst oder Chymie. Auch die sogenannten vier Elemente, die Erde, das Wasser, das Feuer und die Luft sind nicht reine Elemente, sondern müssen erst durch die Chymie dazu gemacht werden. Durch diese Kunst findet man aber noch weit mehrere als die genannten vier.

Die Natur ist beständig mit Hervorbringung beschäftigt; auf dem kahlen Felsen bildet sie Wiesen, Moose, die, durch ihre Zerstörung, zu edleren Wesen den Stoff hergeben, den sie dazu vorbereitet haben. Das Pflanzenreich scheint dazu bestimmt zu seyn, die rohen Stoffe der Natur und das Mineralreich zum Gebrauch des Thierreiches geschickt zu machen; denn kein Thier scheint von Erde, Wasser und Luft leben zu können. Manche, die vielleicht feiner organisirt sind, können nicht einmal Pflanzen gebrauchen, sondern bedürfen animalischer Substanzen.

So scheint es, daß die Natur ihre Substanzen veredelt, um sie zum Dienste edlerer Wesen geschickt zu machen. Dieß kann aber nie ohne Zerstörung geschehen; das Wesen, welches

ches nur die Stoffe vorbereitete, muß durch seinen Untergang seine Absicht erfüllen. So befahl es der Schöpfer, daß Thiere die Pflanzen, und andre Thiere diese Thiere zu ihrem Raube machten und zerstörten.

Mehrern Thieren gab die Natur Waffen; schwerlich um sie dem Tode, ihrer Bestimmung, zu entreißen; sondern vermuthlich nur um ihren gänzlichen Untergang zu verhüten, damit die Art erhalten würde, und immerfort den Zweck der Schöpfung erfüllen könnte.

Das Mineralreich, ohne scheinbares Leben, ohne Sinne und Genußfähigkeit, scheint die unterste Stufe gebildeter Wesen auszumachen.

Das Pflanzenreich hat Organisation und Leben. Was würden ihm aber Sinn und Gefühl nützen, da die Pflanzen sich nicht bewegen, keinem unangenehmen Eindruck ausweichen, keinen angenehmen suchen, herbeyschaffen können, und allen Angriffen der lebendigen Wesen wehrlos ausgesetzt sind?

Diese beyden Reiche scheinen also in sich keine Absicht ihres Daseyns zu haben, und nur als Mittel für andre Wesen zu existiren.

Die Thiere, mit Sinnen, Gefühl, Bewegung ausgerüstet, genießen ihr Daseyn, und können schon für sich existiren. Doch scheinen die schwächeren weidenden Thiere für die stärkeren

ren fleischfressenden da zu seyn. Letztere, die nicht anders leben können, sind vom Schöpfer selbst auf die ersteren angewiesen.

Aber der Mensch, der die mehreste Genußkraft, die größte Macht Genuß an sich zu reißen, besitzt, dem alle Thiere weichen oder dienen, der scheint — nicht zwar der einzige — doch aber der Hauptzweck der Natur zu seyn, weil er doch der einzige ist, der alles in der Natur zu gebrauchen weiß.

Im Mineralreiche zählt man ohngefähr 500 Arten von Wesen; im Pflanzenreiche über 28,000; im Thierreiche 16000. Dieses letztere ist besonders von einem wunderbaren Reichthume. Keine Gegend des Erdballs, kein Element, das Feuer wahrscheinlich ausgenommen, ist ohne lebende und genießende Wesen. Jede Pflanze hat ihre Art Insekten; viele sogar haben deren mehrere; an den Wurzeln, auf den Zweigen, an und in den Blättern, unter der Rinde, im Holze, leben und vermehren sich Thiere. Ja, Leben ist auf Leben gehäuft. Jedes Thier ist wiederum der Wohnplatz andrer Thiere, eine Welt im Kleinen. Auf dessen Haut, unter derselben, in allen Eingeweiden, wohnen mehrere Gattungen.

Die Vermehrung der Pflanzen ist unsäglich. Viele Gewächse können sich durch jeden

Theil ihrer selbst, durch eine einzige Wurzel, durch ein Reis, durch jedes Blatt vermehren. Andre, als Mais, Hirse, Eichen, Apfelbäume, würden in wenigen Jahren die ganze Erde bedecken, wenn alle ihre Saamenkörner zur Entwickelung kämen, und nicht einer Menge Thiere zur Nahrung dienen müßten.

Mit vielen Thieren ist es eben so. Eine einzige Mutterbiene erzeugt in einem Jahre 30,000 Junge; ein Hering, ein Karpfen giebt mehr als 100,000 Eyer, der Kabliau über eine Million. Nur zehn Jahre ohne Zerstörung, so würde das große Weltmeer ganz angefüllt seyn, sein Wasser würde stehen, Hunger, Erstickung und Fäulniß würden den ganzen Ocean zu einem vergifteten Sumpf umschaffen. Allein der Schöpfer begabte diese Thiere mit einer solchen Fruchtbarkeit, damit ihr Ueberfluß einer Menge anderer zur Nahrung diente.

Thiere und Pflanzen haben jedes sein Klima; die Fichte, die Eiche wachsen nur in kalten oder gemäßigten Gegenden; die Palme, der Brodfruchtbaum, das Zuckerrohr können keine Kälte vertragen. Eben so leben der Elephant, der Löwe, der Tieger, der Affe rc. nur unter den brennenden Himmelsstrichen; der Hund will gemäßigte Witterung haben; das Rennthier, der weiße Bär befinden sich nur im Schnee und unter Eisschollen wohl. Alle Gegenden

genden sollten mit Leben angefüllt werden; und vielleicht konnte die Natur diese Geschöpfe nicht so vollkommen organisiren, daß sie in allen Klimaten leben konnten, oder hielt es der Mühe nicht werth, so viel Kunst an ihnen zu verschwenden. In der That hat der Norden an dem Bären, Luchs und Rennthiere genug; er braucht den Löwen, den Tieger, das Kameel nicht. Ein Thier thut ohngefähr die Dienste, die ein andres leisten kann.

Den Menschen aber kann keine andre Gattung ersetzen. Auch erhob ihn die Natur zu aller körperlichen Vollkommenheit, die sie ihm vermuthlich geben konnte. Der Mensch wohnt, lebt, genießt, befindet sich wohl in allen Gegenden. Brennende Sandwüsten in Süden, und Eisberge in Norden schrecken ihn nicht ab, und schaden seinem Wohlseyn wenig oder gar nicht. Wenn er in einigen extremen Klimaten ausgeartet scheint, so mag es wohl weniger an dem Klima, als an dem Mangel der Bildung liegen. Wenn der Grönländer und Hottentot nur Grönländer und Hottentot sind, so ist der Europäer, der unter ihnen wohnt, immer noch ein Europäer. Thiere, die man in ein fremdes Klima versetzt, arten sehr bald aus, wie auch die Gewächse.

Die Natur scheint einigermaßen des Menschen zu bedürfen, und ihm die größere Vervollkommnung ihrer Werke überlassen zu haben. Dieses gilt besonders von der Fruchtbarkeit und Einrichtung des Erdbodens, und von der Vollkommenheit, Mannigfaltigkeit und dem Reichthum der Pflanzen. Eine wilde Gegend ist rauh, unzugänglich; die Fruchtbarkeit wird durch ihre eigne Verschwendung erstickt oder unnütz gemacht.

Das aber ist gewiß, daß der Mensch nach dem Klima verschieden ist. Farbe, Gestalt und Geschicklichkeit wechseln nach dem Himmelsstrich und dem Boden. Die mittleren Europäer und Asiaten sind weiß; die mittleren Afrikaner schwarz, zum Theil mit wollichtem Haar auf dem Kopfe; im nördlichen Theile von Afrika, von Schwarz und Weiß mehr oder weniger vermischt. Die südlichen Asiaten sind olivenfarbig; die nördlichen, braungelb; die nördlichsten Europäer und Amerikaner und Asiaten, gelbbraun; und die Amerikaner rothbraun. Kakerlaken, Blafards und Albino's, die unterfarbige Menschen weiß wie Leinwand sind, werden für bloße Kranke gehalten. Nach mehreren Generationen nehmen Kolonisten die Farbe des Klima's mehr oder minder an.

In den gemäßigten und an's Kalte gränzenden Gegenden sind die Menschen am größten; tief im Norden zieht die Kälte die Fasern so zusammen, daß der Mensch wenig wachsen kann.

Die

Die Grönländer, Lappländer, Samojeden, Eskimo's sind wenig höher als vier Fuß. In den heißesten Gegenden ist der Mensch zu schlaff, verliert durch den Schweiß zu viel Säfte, als daß er ansehnlich groß werden könnte. Menschen von sieben Fuß sind eine Seltenheit; Riesen von 10 oder 12 Fuß eine Fabel.

In den heißen Klimaten ist der Mensch aus Schwachheit träge; in den vorzüglich fruchtbaren faul, weil die Natur ihm ohne Arbeit alles darreicht. Eben deßwegen weiß man in beyden von Künsten und Wissenschaften nichts, und der unentwickelte Verstand scheint seine Fähigkeiten verloren zu haben. In den äußerst kalten, wo strenge Natur den ganzen Menschen mit den ersten Bedürfnissen beschäftigt und ihm die Mittel zur ferneren Ausbildung versagt, ist der Mensch gerade so geschickt und so klug, als es seine Lage und Bedürfnisse fordern, im übrigen aber äußerst unwissend und roh.

Nur in den mittleren Gegenden, wo die fruchtbare Natur der Kunst des Menschen bedarf, um ihm ihre Schätze mitzutheilen, wo Land mit Wasser, Wälder mit Aeckern, Wiesen mit Sümpfen, Ebenen mit Gebirgen, Wohl mit Weh abwechseln und einander recht fühlbar machen, dem Menschen allerley Gegenstände zeigen, allerley Mittel und Werkzeuge darbieten, und wo Gefahren von Ueberschwemmunmungen, wilden Thieren und noch gefährlichern Nachbarn, ihn zur Wachsamkeit, zum Fleiß und Nachdenken veranlassen und auffordern: da ist der Mensch gebildet, da blühen Künste, und bey dem Ueberfluß, den diese geben, Wissenschaften.

Politische Geographie.

Die politische Geographie wechselt sehr oft, und zuweilen in sehr kurzer Zeit, so daß ein Lehrbuch derselben in einigen Jahren schon unrichtig seyn kann. Das kommt daher, weil Könige und Fürsten, wenn sie können, Eroberungen machen, woran sie noch weniger wohl thun, als wenn wir mit gewaffneter Hand in des Nachbars Haus gingen, ihm seinen Beutel oder sein Pferd zu rauben; denn die eroberten Menschen können doch nicht, wie Geld oder ein Pferd, ein Eigenthum seyn.

Alle Veränderungen der Geographie können wir nicht bemerken; da wir aber auch die Geschichte damit verbinden wollen, müssen wir auch das nothwendigste aus der alten Geographie anführen.

Die Erde wird zur bequemern Uebersicht in fünf Hauptabtheilungen getheilt; 1. Europa; 2. Asia; 3. Afrika; 4. Amerika; und 5. Südindien.

Europa.

In Europa wohnen wir, und das Land, in welchem wir sind, heißt Deutschland. Neben diesem sind — gegen Abend, die vereinigten Niederlande, England, Frankreich, Spanien, Portugall — — gegen Mittag, die Schweiz und Italien, nebst den dazu gehörigen Inseln — — gegen Norden, Dänemark, Norwegen mit Island, Schweden mit Finnland und Lappland — — gegen Morgen, Rußland, Kurland, Preußen, Polen und Litthauen, Ungarn und die europäische Türkey.

Europa ist als eine Halbinsel anzusehen, welche sich zwischen zwey Meeren erstreckt, und gegen Morgen an Asien hängt. Die Gränzen, welche es von Asien trennen, sind nicht in die Augen fallend. Das schwarze Meer, die Meerenge von Constantinopel, begränzen es gegen Osten; gegen Mittag ist das Mittelländische Meer, welche zwischen Europa und Afrika liegt, und durch die Meerenge von Gibraltar sich mit dem großen Weltmeere verbindet; gegen Abend und Norden das Weltmeer und der Theil desselben im Norden, den man das Eismeer nennt.

Man nennt Quadratmeile ein viereckte s Stück Landes, welches eine Meile breit und eine Meile lang ist. Man schätzt die ganze Größe von Europa auf hundert und zwey und funfzig tausend (152,000) solche Quadratmeilen. Einwohner aber rechnet man hundert und siebenzig Millionen (170,000,000). Wenn also die Menschen in allen Theilen von Europa gleich verbreitet wären, würden auf einer Quadratmeile eilfhundert und achtzehn (1118) Menschen wohnen. Die Vertheilung ist aber sehr ungleich.

Alle diese Menschen leben, brauchen Nahrung, Kleidung, Wohnung, Feurung, Werkzeuge. Alles kommt ursprünglich aus der Erde; Korn, Kräuter, Baumfrüchte zum Essen; zur Kleidung, Flachs, Baumwolle; zum Getränke, Wein, Bier; zum Bau, Holz und Steine; zu Werkzeugen, Holz, Steine, Eisen, Silber, Gold und andre Metalle; zur Feurung, Holz, Torf, Oel, Steinkohlen, Stroh, Mooß. Selbst, was die Erde nicht unmittelbar liefert, als Fleisch, Knochen, Häute, Pelze, Seide, Talg, Thran, die alle von Thieren genommen werden, müssen doch ursprünglich von der Erde kommen, denn die Thiere leben meistentheils von den Erdfrüchten, und die reißenden Thiere leben von andern Thieren, die von der Erde ihre Nahrung nehmen. Man kann also die Erde billig als die Mutter und Nährerin nicht allein der Menschen, sondern auch aller Thiere ansehen.

Einen

Einen Theil, aber den geringsten Theil dieser Bedürfnisse giebt die Erde umsonst; den größeren Theil muß man ihr mit Arbeit abkaufen oder abzwingen. Wir wollen einen ohngefähren Anschlag von den Bedürfnissen dieser Menge Menschen machen.

Das Brod. Ob gleich nicht alle Europäer Brod essen, so sind doch die, welche kein Brod haben, nur wenige, und dann muß etwas anders die Stelle vertreten.

Kleine Kinder essen wenig, dafür aber essen Erwachsene und stark arbeitende viel; daher kann man in einander genommen rechnen, daß ein jeder ein Pfund Brod täglich isset. Also verzehrt Europa täglich 170,000,000 Pfund Brod.

Ein Scheffel guten Roggens giebt ohngefähr neunzig Pfund Brod; wir wollen zur Bequemlichkeit der Rechnung 100 (hundert) annehmen, macht täglich eine Million siebenmal hundert tausend Scheffel (1,700,000), den Wispel, wie man ihn in der Handlung annimmt, zu 25 Scheffel gerechnet, gibt 425,000 (vier hundert und fünf und zwanzig tausend) Wispel.

Ein Wispel ist die Last eines guten vierspännigen Wagens; also brauchen die Europäer täglich an Brod 425,000 vierspännige Fuder Korn. Jährlich 155,125,000.

Das Korn für Mehl, Kuchen, Puder, Bier, Futter fürs Vieh, Aussaat, macht wenigstens eben so viel. Also trägt der Boden von Europa wenigstens 310,250,000 Wispel Getreide.

Das Getreide ist die Hauptnahrung, aber nicht die einzige. Gemüse, Kräuter, Kohl, Rüben, Wurzeln, Zwiebeln, Kartoffeln, Salat, Obst, als Aepfel, Birnen, Kirschen, Pflaumen, werden in großer Menge verzehrt, und es werden wenigstens zwanzig Millionen Fuder angenommen werden müssen.

Wenn wir auf zehn Menschen täglich ein Pfund Fleisch rechnen, haben wir 17,000,000 Pfund Fleisch

Wir rechnen ein Pfund auf zehn Menschen, weil viele Kinder keines essen, und weil eine Menge Armen sehr wenig genießen können. Denn es giebt arme Leute, die kaum zehnmal im Jahre Fleisch haben.

Man rechnet im Durchschnitt den Ochsen zu 400 Pfund, das Schwein zu 100, den Hammel zu sechzig. Gesetzt nun man esse zu gleichen Theilen von den drey Arten, macht ohngefähr

5,700,000	Pfund Rindfleisch	14,250	Ochsen	alle Tage
5,700,000	— Schweinefl.	57,000	Schw.	
5,700,000	— Hammelfl.	95,000	Hamm.	

Jährlich 5,201,250 Ochsen; 20,805,000 Schweine; und 34,675,000 Hammel. Diese alle hat die Erde ernähren müssen.

Sie

Sie hat Holz, Flachs, Hanf geliefert. Man bedenke, wie viel Holz verbraucht wird. Wenn wir auch jährlich auf drey Personen nur ein Fuder zum Heitzen, Kochen, Backen, Brauen, Töpfe- Ziegel- Backsteine- und Kalkbrennen, zum Bauen ꝛc. rechnen, so bekommen wir eine Summe von 57,000,000 Fuder Holz.

Nun rechne man, was an Flachs und Hanf zu Hemden, Tüchern, Säcken, Segeln, Bindfaden, Stricken, Schiffstauen und anderm Gebrauch consumirt wird!

Dieß alles liefert die Erde alle Jahr; im vorigen Jahre war das nicht da; es ist dieses Jahr aus ihr entstanden; und künftiges Jahr wird eben so viel wieder entstehen. Die Erde wird nicht alt, sie erschöpft sich nicht. Wie geht das zu, wie ist sie so reich, daß sie schon seit so vielen Jahrtausenden unablässig geliefert hat?

Der Schöpfer hat es so weise eingerichtet, daß sich die Erde nicht erschöpfen kann; indem alles aus der Erde kommt, und alles darein wieder zurückkehrt. Wenn die Nahrungssäfte den Pflanzen und Thieren zum Leben gedient haben, gehen sie wieder in die Erde, um neue Pflanzen und Thiere zu nähren. Thiere, Menschen, Pflanzen, geben durch ihren Abgang, und durch die Zerstörung ihres Körpers der

Erde

Erde einen Dünger, das heißt, Säfte, die sie wieder fruchtbar machen.

Außer einigen sehr geringen Horden, leben alle diese 170 Millionen Menschen von der Arbeit, und es bekommt niemand etwas umsonst. Die mehresten sind Ackerleute. Zu dem Preußischen Lande rechnet man 4,200,000 auf dem platten Lande; und 1,200,000 in den Städten. Also über 3 gegen 1. Freylich giebt es auf dem Lande einige Wollen- Flachs- und Baumwollen-Spinnereyen, einige Webereyen und Metallarbeiter; in den Städten sind aber auch sehr viele Ackerleute, Pflanzer, Gärtner; also daß man es bey der Angabe der Ackerleute bewenden lassen kann: drey gegen einen, der ein anderes Gewerbe treibt.

In Berlin, wo man alles in allem ohngefähr 150,000 Menschen rechnet, findet man:

Lederarbeiter . . .	330
Die Kleidungsstücke machen, Schneider, Schuster, Schuhmacher .	3591
Die an den Wohnungen arbeiten, Maurer, Schlosser ꝛc. . . .	2346
Holzarbeiter, Tischler, Böttcher, Brunnenmacher	478
Metallarbeiter . . .	900
Für Speise und Trank, Ackerleute, Gärtner, Brauer, Köche . .	3982

Künst-

Künstler, Uhrmacher, Maler, Musici, Friseurs (allein 605.) .	2408
Sticker, Kantenmacher, Blumenmacher . . .	423
Buchdrucker, Buchbinder, Papiermacher, Federbereiter . . .	251
Handeltreibende . . .	2161
Transportirende . . .	3861
Zusammen	20,731

Man kann hier nur Mannspersonen rechnen. Es giebt aber eben so viel Personen des weiblichen Geschlechts, als des männlichen; also kann man in Berlin nur 75,000 Personen männlichen Geschlechts rechnen.

Sie sind aber nicht alle erwachsen; mehr als die Hälfte sind Kinder, die noch nicht arbeiten; also werden nur 32,500 arbeitende Männer in Berlin seyn.

Es bleiben uns also noch ohngefähr 12,000 Mann, die kein Handwerk treiben. Die werden in folgendem zu finden seyn. — Soldaten, wovon ein Theil wenig arbeitet, die übrigen arbeiten für Tagelohn; Aerzte, Schulleute, Kirchenbediente, Gelehrte, Personen bey den Gerichten, bey der Policey; Reiche und Vornehme, die nichts thun, als daß sie essen, trinken, Visiten machen, Karten spielen, und mit ihren Equipagen

gen die Leute auf den Straßen in Schrecken setzen; denn ein vornehmer Herr, der essen oder trinken soll, hat ja nicht Zeit langsam zu fahren, und der gemeine Kerl der eine Last trägt, oder zur Arbeit geht, kann ja wohl Platz machen, oder warten, oder sich umrennen lassen.

Bald hätte ich die unnützesten aller Menschen, die Lakayen, vergessen.

Lehrer der Jugend allerley Art, ohngefähr	550
Prediger und andere Kirchenbediente	160
Bey dem Finanzwesen, Kammer und Accise	400
Bey dem Postwesen . . .	50
Die von Renten leben, d. h. die nichts thun	1507
Arme in den Hospitälern und Waisenhäusern . . .	7000
In den bürgerlichen Gefängnissen etwa	100

wovon ohngefähr die Hälfte wegen Schulden, die andern ihrer Vergehungen wegen im Gefängnisse sitzen. Es ist also von 300 Einwohnern Berlins Einer, der Verbrechen begeht, und Einer, der seine Schulden nicht bezahlen kann. Man muß aber nicht glauben, daß alle die andern, die nicht sitzen, gute Leute sind, keine Schulden haben, oder ihre Schulden bezahlen.

Man

Man kann freylich von den Einwohnern Berlins auf alle Einwohner von Europa keinen Schluß ziehen. Allein wir sehen doch ohngefähr daraus, wie das menschliche Leben beschaffen ist, und was die Menschen für eine Lebensart führen.

Unter den Menschen ist, in Ansehung der Glücksumstände, ein erstaunlicher Unterschied. Einige wohnen in Palästen; mehrere in großen und prächtigen Häusern, haben ansehnliche Gärten, einträgliche Landgüter, große Kapitalien. Andere haben gar nichts, als was sie auf dem Leibe tragen oder in den Mund stecken. Diese leben von ihrer Arbeit, die auch sehr verschieden ist. Mancher arme Mann muß vom Morgen bis in den Abend schwere Arbeit thun, um etliche Groschen zu verdienen; ein anderer erwirbt mit leichterer Arbeit von einem Paar Stunden mehrere Thaler oder Louisd'or. Der Kaufmann gewinnt zuweilen mit einem einzigen Briefe ein paar hundert Thaler. Der Mann im Amte hat zuweilen für wenige Arbeit tausend Thaler Gehalt, noch öfter Sklavenarbeit für einige hundert. Der Goldschmid, dessen Arbeit keinem Menschen nützt, kann reich werden, wenns aber die Mode will, auch verhungern. Der Schuster und Leineweber, welche die ersten Bedürfnisse besorgen, bleiben bey ihrer Mittelmäßigkeit, wenn sie sich ja aus der Armuth helfen.

helfen. Ueberall haben die unentbehrlichen und schweren Arbeiten einen sparsameren Lohn, als die unnützen und leichten. Die allgemeinen Bedürfnisse, Schuhe, Leinwand, Brod, müssen auch wohlfeil seyn, damit alle Menschen leben können.

Die arbeitende Armuth hat aber auch andere Vortheile. Der reiche Müßiggänger hat oftmals Langeweile, und weiß nicht was er anfangen soll; darüber wird er träge, schläfrig, mißvergnügt. Er sucht Vergnügungen, ißt, trinkt, aus Langerweile übermäßig, schweift aus, verwöhnt sich an Leckereyen, Weichlichkeit, verdirbt seine Gesundheit, und verkürzt sein Leben. Von diesem allen weiß der fleißige Arme nichts.

Wer durch unnütze Arbeiten reich werden kann, kann auch verhungern; denn man kann Goldarbeiten missen, Schuhe und Leinwand aber nicht; also ist der Schuster und Leinweber seines Brodes gewiß.

Wer nichts hat, wird durch nichts gehalten; wenn es ihm hier nicht gefällt, schnürt er sein Bündel und geht weiter. Wer aber Haus, Kapitalien, Landgüter hat, ist ein Sklave, der bleiben muß, es mag ihm gefallen, oder nicht.

Unter diesen Menschen sind viele, die nicht arbeiten können, Kranke, Kinder, sehr alte

Leute.

Leute. Diese muß man erhalten; man muß für sie arbeiten.

Vater und Mutter versorgen ihre Kinder; die Familien verpflegen ihre Alten, Kranken, Wahnwitzigen. Wenn aber bey armen Leuten die Eltern, besonders aber der Vater, der das Brod schafft, krank werden oder sterben, wenn viele Kinder da sind, wenn die Leute alt, gebrechlich werden, dann können sie ihre Bedürfnisse nicht befriedigen, und müssen zu Andern, die sie nicht kennen, ihre Zuflucht nehmen. Ehemals gingen sie auf die Straßen und bettelten die Leute an, und dieß geschieht noch an vielen Orten; an andern aber sorgt die Regierung dafür, sie giebt Almosen, baut Hospitäler für Kranke, Verpflegungshäuser für Unvermögende, Waisenhäuser für verlassene Kinder, und untersagt das Betteln.

Man rechnet das menschliche Leben im Durchschnitt auf dreyßig Jahr. Denn wenn auch viele 40, 50, 80 und mehrere Jahre alt werden, so stirbt die Hälfte der Menschen vor dem zehnten Jahre, und zwar zum großen Theil, weil die Eltern sie verwahrlosen und verderben, und weil die Menschen sich das Leben selbst verkürzen.

Einige Handwerke sind gefährlich; da sie aber nothwendig sind, kann man den Menschen keinen Vorwurf daraus machen, (z. B. Ziegeldecker, Seefahrer).

Der Krieg nimmt eine Menge Menschen weg. Friedrich zählt, daß der siebenjährige Krieg 886,000 Menschenleben gekostet hat.

Allein dieses ist nicht alles. Der Krieg verbreitet Schrecken, und mag dadurch manchen Menschen früher ins Grab bringen; er verheert, brennt, zerstört, plündert; die armen Geplagten kommen vor Bedürfniß um; die Väter können ihren Familien nichts schaffen; die Mütter geben den Kindern eine schlechte Nahrung in ihren ausgetrockneten Brüsten, oder wohl gar eine durch Kummer und Angst giftig gewordene Milch; die Kinder kommen um. Müßte man nicht vielleicht zu jenen 886,000, noch einige 100,000 rechnen?

Und wozu das? was gewinnt man dabey? Nichts. Die Geschichte erzählt diese Thaten, und rühmt die Thäter mit großem Geschrey. — Warum rühmt sie denn nicht auch den, der bey dem Nachbar Thür und Fenster einwirft, ins Haus dringt, die Menschen lahm schlägt, das Haus in Brand steckt, und sich dabey selbst Arme und Beine zerbrechen läßt?

Von den 170 Millionen Menschen in Europa wollen wir annehmen, daß der Krieg in 30 Jahren weg-rafft . . 1,000,000

Nach

Nach genauen Sterbelisten hat man gefunden, daß von 270,000, (welches ungefehr der 630ste Theil von 170,000,000 ist) Menschen gestorben sind.

Kinder. An Cholik und Würmern 2030, welche meistentheils aus zu vielen und schlechten Nahrungsmitteln entstehen; so daß die Eltern ihren Kindern, aus Armuth oder Unwissenheit den Tod zuwege gebracht haben. Wir nehmen 1000 an; macht auf 170,000,000 630,000

An dem Blattern — 20000 — das 13. Kind. An der Einimpfung und guter Behandlung stirbt nicht eins von 100. Also von acht sterbenden kommen 7 auf die Rechnung der Menschen, folglich von 20,000 – 17,500. Wir wollen nur 15,000 annehmen; macht durch ganz Europa = = 9,450,000

An Masern 2000. Die Masern sind an sich nicht gefährlich, und nur ihre Folgen können durch üble Behandlung tödtlich wer-

 den.

den. Wir wollen nur die Hälfte annehmen, nehmlich 1000. Macht für ganz Europa 630,000

Englische Krankheit — 800. Diese entsteht immer aus einem durch Verfütterung verdorbenen Magen. Auf ganz Europa . 504,000

Kinder also durch Verwahrlosung und üble Behandlung getödtet . . 11,214,000

An Auszehrung 40,000. Die mehresten ziehn sie sich zu durch Wein, Branntwein. Erhitzung und Erkältung, Tanzen, Schwärmen; wir wollen nehmen, daß nur die Hälfte ihren Tod verschuldet hat 20,000 macht für Europa 12,600,000

Fieber, Husten, Pleuresie, 30,000. Wir wollen nur den 10ten Theil nehmen 3000; auf ganz Europa . . 1,890,000

An Wassersucht, einer Folge hitziger Getränke, starker Gewürze, zu vielen Essens 20,000. Wir nehmen das Viertel 5000; für ganz Europa . . 3,150,000

An Ueberladung des Magens ohngefähr 2000; für Europa 1,260,000

Dieß

Dieß mag genug seyn, ob wir gleich unsre Berechnung weiter führen könnten.

Erwachsene, die sich zu Tode gegessen, getrunken oder vergnügt haben . . 18,9000,000

Zusammen, die durch Thorheit der Menschen umgekommen sind:

1)	Im Kriege . .	1,000,000
2)	Kinder . .	11,214,000
3)	Erwachsene . .	18,900,000
	In allem . .	31,114,000

Der Mensch klagt, das Leben sey kurz. Gott hatte ihm ein längeres Leben zugedacht; er will aber nicht sein ganzes Leben ausleben.

Die ganze Masse der Menschheit stirbt in 30 Jahren. Also sterben alle Jahre in Europa etwas mehr als 5 und eine halbe Million: jeden Tag 15,342, also zehn in einer Minute. Das Sterben geht also ununterbrochen fort, wie ein Fluß immer fort fließt.

Der Tod betrübt die Familie. Sollte die Traurigkeit auch nur drey Tage währen, und jede Familie nur aus drey Ueberlebenden bestehen, so würden beständig ohngefähr hundert und funfzig tausend Menschen betrübt seyn, alle andre Ursachen der Traurigkeit, der Angst und des Jammers ungerechnet.

Gesetzt es werde jeder in seinem Leben nur zweymal krank und jedesmal nur vierzehn Tage, so liegen beständig darnieder über vierhundert und funfzig tausend Menschen.

Eben so aber würde man eine Menge froher und vergnügter Menschen herausbringen.

Der Aufenthalt in den Städten ist der Gesundheit nachtheilig; das Landleben begünstiget sie. In den Städten herrschen gewöhnlich mehr Weichlichkeit, Ueppigkeit und Schwelgerey, als auf dem Lande. Die Menschen wohnen dort enger beysammen, schädliche Ausdünstungen häufen sich an, und der Durchzug reinigender Luft wird gehemmt; ansteckende Krankheiten; können sich leichter verbreiten, als in den einzelnen Wohnungen des frugalen und im Freyen arbeitenden Landmannes. Manche Arbeiten des Städters schaden auch geradezu dem körperlichen Wohlseyn.

Man kann ungefähr annehmen, daß von dritthalbtausend Einwohnern einer großen, volkreichen Stadt 100 Personen, einer mittelmäßigen und kleinern 83 ein Raub des Todes werden, indessen auf dem Lande von einer gleich großen Anzahl kaum 62 oder gar nur 52 Personen sterben.

Wir wollen wieder setzen, daß sich in den Städten der Preußischen Lande 1,200,000 Menschen

schen aufhalten, und daß von 2,500 Stadtbewohnern nur 20 mehr sterben, als auf dem platten Lande, so beträgt diese größere Sterblichkeit für die Preußische Monarchie in jeder Generation 41,840, in 100 Jahren 139,467 Menschen.

Was bewog aber den Menschen sich Fürsten zu wählen, deren Leidenschaften nicht selten Tausende ihrer Mitbürger aufgeopfert wurden? Welche Gründe vermochten ihn, die freyen Fluren mit allen ihren Vortheilen zu verlassen, und hinter Wall und Mauer Krankheiten oder frühern Tod zu erwarten? Darauf antwortet die Geschichte. Sie wird uns anschauend lehren, wie theils Noth, theils überwiegende Vortheile die wilden Jäger unter einem Anführer vereinigten, aus ihnen herumziehende Hirten oder ruhige Ackerer machten; wie sich diese immer mehr in Gesellschaften verbanden, um sich mit vereinten Kräften nachdrücklicher zu vertheidigen, oder ihre Rechte gegen Fremde zu behaupten, und ihre Angelegenheiten unter sich nach gemeinschaftlichen Regeln zu berichtigen.

Eine solche Gesellschaft nennt man einen Staat; jedes einzelne Mitglied desselben ist Bürger des Staats.

In dieser Bedeutung ist der Bauer eben so gut Bürger des Staats, als jeder Bewohner der Stadt.

Je zahlreicher eine Gesellschaft ist, desto nöthiger wird es, daß sich einer oder mehrere vorzüglich mit den Angelegenheiten derselben be-

bekannt machen, und für das Wohl des Ganzen sorgen, oder regieren.

Wenn die versammelten Bürger, (das Volk) über das Wohlseyn des Staats Berathschlagungen anstellen, die nöthigen Anordnungen beschliessen, oder Gesetze geben, und diejenigen erkennen, die für Ausführung und Beobachtung derselben Sorge tragen, so ist der Staat eine Demokratie, ein Volksstaat. Ist dieses Recht in den Händen einiger Wenigen, so wird er eine Aristokratie genannt.

Beyde, die Demokratie und die Aristokratie, heißen Freystaaten oder Republiken.

Von dem republikanischen ist der monarchische Staat unterschieden, in welchem sich die höchste Gewalt in den Händen eines Einzigen, des Monarchen, befindet.

Die Monarchen haben mancherley Titel: in großen Staaten heißen sie Kaiser, Zar, Großsultan, König, Padischach; in kleinen nennt man sie Fürst, Herzog, Landgraf, Graf, Kazike, Sultan, Schach ꝛc.

Die Fürsten großer Staaten bekommen auch vorzugsweise den Titel eines Monarchen.

In einigen Monarchien wird der Nachfolger des abgegangenen Fürsten durch die Wahl des Volks oder einiger Edeln im Volke bestimmt; in andern erhält oder erbt sein nächster Anverwandter die Regierung, und die Unterthanen dürfen nichts dagegen einwenden, wenn er auch seines Unverstandes oder fehlerhaften Charakrakters wegen derselben unwürdig wäre; jener Staat heißt ein Wahlreich, dieser eine erbliche Monarchie oder ein Erbreich.

In den Patrimonialreichen findet keines von beyden Statt, sondern da ernennt sich der Fürst nach Belieben einen Nachfolger.

Es giebt Regenten, die an gar keine Gesetze gebunden sind, die willkürlich befehlen oder verbieten können, was ihnen beliebt; wo das Statt findet, da ist die Regierungsform despotisch. In den meisten Europäischen Staaten sind die Fürsten an gewisse Grundgesetze gebunden, die sie bey Regierungsangelegenheiten beobachten, und außerdem in wichtigen Fällen gewisse Stellvertreter des Volks oder die Landesstände zu Rathe ziehen müssen; dieß sind eingeschränkte Monarchien; uneingeschränkte oder souveraine heißen sie, wenn keine eigentlichen Landstände da sind.

Ein Monarch kann in Beziehung auf seine Unterthanen uneingeschränkt seyn, und ist doch von einem andern Staate wieder abhängig, und in so fern nicht souverain.

Die Priester sind in manchen Gegenden durch Schenkungen oder durch andere günstige Ereignisse zu dem Besitz ganzer Länder und Herrschaften gelangt, die sie nun als Magus, Mogul, oder Papst, oder als Erzbischöfe, Bischöfe, Aebte, Prälaten 2c. beherrschen. Man nennt diese Fürsten geistliche Herren.

Deutschland.

Deutschland, oder das Deutsche Reich, auch das heilige Römische Reich Deutscher Nation, wird in zehn Kreise eingetheilt, wozu noch einige Länder, als verbundene, gezählt werden.

Die Kreise sind 1. der Oestreichische, 2. der Schwäbische, 3. der Baierische, 4. der Fränkische, 5. der Obersächsische, 6. der Niedersächsische, 7. der Oberrheinische, 8. der Churrheinische, 9. der Westphälische, und 10. der Burgundische.

Die mitverbundenen Länder sind, das Königreich Böhmen, die Markgrafthümer Mähren und Lausitz, ein Theil des Herzogthums Schlesien, und einige kleine Herrschaften.

Deutschland ist Ein Land, enthält eine einzige Nation, ist aber nicht unter einer einzigen Regierung. Vielmehr enthält es ohngefähr dreyhundert Staaten, wovon einige, wie man sich vorstellen kann, sehr klein sind, und in einem einzigen unbedeutenden Städtchen, oder wohl gar nur einem Dorfe bestehen. Sie stehen alle in einer Oberverfassung zusammen, das heißt, alle diese Staaten erkennen zwischen sich eine gewisse Verbindung, über sich ein gewisses Oberhaupt, den Kaiser, und gewisse Tribunäle,

oder

oder Gerichtshöfe, den Reichshofrath in Wien, und das Reichskammergericht in Wetzlar.

Vor dieses Oberhaupt und diese Tribunäle bringen die Reichsherrschaften ihre Klagen gegen einander, die regierenden Herren ihre Beschwerden gegen ihre Unterthanen; und die Unterthanen gegen ihre regierenden Herren. Es versteht sich, daß dieß nur die schwächeren thun und leiden; die mächtigeren machen ihre Sache mit dem Degen aus, bringen ihre Unterthanen durch das Militair zur Ruhe, und würden es diesen sehr übel nehmen, wenn sie klagen wollten. Auch ist den Unterthanen vieler mächtigen Reichsfürsten das Recht, die letzte Entscheidung ihrer Rechtssachen von diesen Tribunälen zu verlangen, genommen oder sehr eingeschränkt worden.

Wenn eine von den Deutschen Herrschaften gegen den Kaiser, oder gegen die Reichsgerichte sich widerspänstig bezeigt, wird sie in die Acht erklärt; das heißt, man erklärt sie für einen Feind des gesammten Reichs; alle Stände des Reichs werden aufgeboten, ihre Kriegsmacht gegen dieselbe in Bewegung zu setzen, wenn es eine mächtige Herrschaft ist. So wurde Friedrich im Jahre 1757 in die Reichsacht erklärt; er nahm sich aber die Freyheit, sich nicht daran zu kehren und die Reichsarmee, als Executionstionstruppen, zu schlagen. Wenn es nur eine kleine Herrschaft ist, so wird die Execution einer oder einem Paar Mächten aufgetragen. So wurden im Jahr 1790 gegen Lüttich ein Paar Fürsten der Gegend aufgeboten.

Nach dem Kaiser sind die vornehmsten Fürsten des Deutschen Reichs die Churfürsten, das heißt, diejenigen, welche einzig und allein das Recht haben einen Kaiser zu wählen und zu ernennen, so daß alle andere sich die Entscheidung der Churfürsten gefallen lassen müssen. Es sind deren acht: die geistlichen, die Erzbischöfe zu Mainz, Trier und Cöln; die weltlichen, die von Böhmen, von Pfalz-Baiern, von Sachsen, von Brandenburg, und von Braunschweig-Luneburg. Man weiß nicht bestimmt, wie und wann diese Herren ihre Vorrechte bekommen haben. Die goldne Bulle, ein sogenanntes Reichsgrundgesetz, hat sie ihnen jedoch bestätiget.

Nach dem Tode des Kaisers, und bis man einen andern gewählt hat, besorgen die Churfürsten von Baiern und Sachsen die Reichsgeschäfte, und heißen deswegen Reichsverweser.

Dem Kaiser, wenn er gewählt worden ist, wird eine Wahlcapitulation, d. h. Bedingungen die er beobachten soll, vorgelegt. Er muß sie unterschreiben und beschwören. Man hat aber bemerkt, daß viele sie gebrochen haben, wenn sie konnten.

Nach

Nach angetretener Regierung bezeiget der Kaiser durch eine Gesandtschaft dem Papste seine Ehrerbietung; der Papst aber verlangt Gehorsam.

Er wird in seinen Titeln unüberwindlichster genannt, ob er gleich manchmal ist überwunden worden. Auch heißt er Römischer Kaiser, ob er gleich in Rom nicht ein Haus hat.

1. Reichsstände, d. h. diejenigen, welche in Reichsangelegenheiten ihre Stimme haben, sind alle unmittelbaren Glieder des Reichs, und keinem andern Fürsten, als dem Kaiser unterworfen. Sie sind in drey Classen getheilt, wovon die erste die Churfürsten sind.

2. Die Reichsfürsten, worunter die Herzoge, Pfalzgrafen, Markgrafen, Landgrafen, Burggrafen, Fürsten, gefürstete Grafen, Grafen, Herren, Erzbischöfe, Bischöfe, Aebte, Pröpste gehören.

3. Die Reichsstädte, d. h. die Deutschen Republiken, die unmittelbar unter dem Kaiser und den Reichsgerichten stehen, ohne einen Landesherrn zu haben. Sie sind auf dem Reichstage in zwey Bänke vertheilt, in die Rheinische, und die Schwäbische.

Außer diesen giebt es noch unmittelbare Glieder des Reichs, die keine Reichsstände sind. Dahin gehören, die freye Reichsritterschaft, in in Schwaben, Franken und am Rhein, und einige unmittelbare Reichsdörfer in Franken und in Schwaben.

Die Regierung des Reichs geschieht durch den Reichstag; der Kaiser hat die eine Hälfte der Macht, die Stände die andre. Der Kaiser beruft die Stände zusammen, und hat den Vorsitz. Kaiser und Stände erscheinen in Person, oder durch Gesandte. Der jetzige Reichstag zu Regensburg währt schon seit 1663. Ein Schluß der Stände heißt ein Reichsgutachten; wenn es der Kaiser bestätiget, ein Reichsschluß; und wenn es als ein Gesetz publicirt wird, ein Reichsabschied.

Die vornehmsten Gesetze worauf sich die Reichsverfassung gründet, sind:

1. Die Goldne Bulle Carls IV. von 1356, welche hauptsächlich die Wahl des Kaisers und die Rechte der Churfürsten bestimmt.

2. Die kaiserliche Wahlcapitulation, die bey der Wahl Carls V. entworfen, nachher aber bey jeder neuen Kaiserwahl verändert und erweitert wurde.

3. Der Landfriede 1495 von Kaiser Maximilian I. zur Unterdrückung der Fehden, oder des Faustrechts, wo den Reichsständen untersagt wird, einander eigenmächtig anzugreifen, oder feindlich mit gewaffneter Hand zu begegnen.

4. Der Religionsfriede, eigentlich schon im Passauer Vertrage 1553 enthalten, aber

1555

1555 zu Augsburg bestätiget, zur Sicherheit der Protestanten.

5. Der Westphälische Frieden 1648 zu Münster und Osnabrück; das wichtigste unter allen Reichsgesetzen.

Die Staatsreligion von Deutschland ist die christliche, welche hier aus 2 Hauptgesellschaften besteht, nämlich aus den Römisch-katholischen und protestantischen Christen. Letztere theilen sich wieder in Lutheraner und Reformirte oder Calvinisten. In einigen Provinzen ist der öffentliche Gottesdienst und die Kirchenverfassung bloß nach katholischen, in andern nach protestantischen Grundsätzen eingerichtet, und so sagt man die herrschende Religion sey die Katholische, die Lutherische, die Reformirte; oder sie ist vermischt, wenn beyde Theile gleiche Rechte haben.

Man schätzt Deutschland zu zwölftausend Quadratmeilen und dreyßig Millionen Einwohner, zweytausend dreyhundert Städte, noch mehr Marktflecken, und über zwey und achtzigtausend Dörfer, 38 Universitäten 2c.

Deutschland ist an allerley Gewächsen, besonders an Getreide, sehr fruchtbar, und führt jährlich eine ansehnliche Menge aus. Freylich hat es auch minder fruchtbare und einige fast ganz unfruchtbare Striche, z. B. die Lüneburger Heide, und den größten Theil von Westphalen. In den südlichen Theilen, an der Donau, dem

Main,

Main, dem Rhein, dem Neckar, der Mosel, wächst sehr guter Wein. In Tyrol, Holstein, Ostfriesland ꝛc. ist das Rindvieh, in Holstein, Magdeburg, Hessen ꝛc. die Pferde; im Brandenburgischen und Sächsischen die Schafe in Ansehung der Wolle sehr gut. Von reißenden Thieren kennt man in Deutschland fast nur den Fuchs und kleinere; die Wölfe sind höchst selten, und die Bären, wo nicht ganz ausgerottet, doch nur etwa in den hohen südlichen Gebirgen zu finden. In Franken, Sachsen und Böhmen werden Perlen gefischt.

An Mineralien hat Deutschland, außer allerley Arten brauchbarer Erden und Thone, vielerley Steine, Marmor, Stein- und Quellsalz, viele mineralische Gewässer, etwas Gold, viel Silber, alle Arten von Metallen.

Auch durch Fleiß und Industrie zeichnet sich Deutschland aus, besonders durch Leinen- und Wollenmanufacturen. Die Deutschen haben auch viele Erfindungen gemacht, vornehmlich in allerley mechanischen Künsten; zu Nürnberg ist z. B. das Schießpulver und die Buchdruckerey erfunden worden.

Der Oestreichische Kreis.

Es ist der größte Kreis von Deutschland, und macht den ganzen südlichen Theil desselben aus; hat 2025 Quadratmeilen, und über vier Millionen Einwohner. Man theilt ihn in

1. das eigentliche Erzherzogthum Oestreich oder Niederöstreich; 2. Inneröstreich welches die Herzogthümer Steyermark, Kärnthen, Krain ꝛc. enthält. 3. Oberöstreich oder die Grafschaft Tyrol.

Das Erzherzogthum liegt östlich an beyden Ufern der Donau.

An der Donau liegt Wien, die Haupt- und Residenzstadt des Erzherzogs, der auch seit langer Zeit gewöhnlich zum Kaiser erwählt wird. Es ist die größte Stadt in Deutschland, enthält über 250,000 Einwohner, und über hundert Kirchen. Die Häuser sind hoch, die Straßen eng, krumm, winklicht, und beständig voll Menschen und Wagen, so daß viel Geräusch ist, und fast alle Jahre einige Menschen todt gefahren werden ohne die, welche mit Verletzungen und Verstümmelungen davon kommen. — Das ist schändlich. Es giebt Häuser zu fünf und sechs Geschoß. Das dritte gehört dem Kaiser, der darin frey einquartirt wen er will. Die Hausmiethen sind theuer; eine Wohnung von zehn oder eilf Zimmern gilt an die 800 Gulden. Die gewöhnlichen Mahlzeiten bestehen in zehn bis zwölf Schüsseln und viererley Weinen. In einem Seminarium, welches auf Kosten des Staates errichtet ist, haben die Zöglinge, wie es in dem Berichte heißt, nur mäßige Kost; zu Mittage 3 oder 4, und zu Abend 2 oder 3 Gerichte. In einem Waisenhause giebt es drey Schüsseln zu Mittage und zwey am Abend. Die Titel sind häufig, und der Stolz groß. Wer nicht einen adelichen Namen hat, wird nirgends aufgenommen. Vor nicht gar langer Zeit noch durfte kein bürgerlicher auf einem gewissen Spaziergange (dem Prater) sich sehen lassen. (Joseph hat das abgeschafft.) Die Fürsten geben den Adel. Was sie damit für einen innern Werth geben, ist schwer zu begreifen; dennoch gilt dieser Werth mehr, als der Werth, der dem Menschen angeboren ist, Verstand, Muth, Arbeitsamkeit, Geschicklichkeit, Kraft, die Gott giebt. Die Menschen sind ja gegen die Fürsten recht gefällig, daß sie die Geschenke derselben so hoch achten. Aber die Fürsten, die ihren Gaben vor den göttlichen den Vorzug geben, sind sie gegen Gott ehrerbietig?

Die Stephanskirche, die vornehmste in Wien, ist merkwürdig; ihr Thurm und ihre große Glocke sind die größten in ganz Deutschland. Der Thurm ist 445 Fuß hoch; die Glocke wiegt, ohne den Klöppel, 354 Centner, andre sagen 402. Ist es nicht zu bewundern, daß der Mensch, der kaum den achtzigsten Theil jener Höhe, und an dem hundertsten Theil der Glocke seine Last hat, den Thurm bauen und die Glocke da oben hinauf bringen und so befestigen konnte, daß sie geschwungen werde, und in ihrem

ihrem gewaltigsten Schwunge den Thurm nicht erschüttre?

Wien hat unterirdische Kanäle (Kloaken) welche die Unreinigkeiten in die Donau abführen. Die Policey läßt die Straßen durch Tagelöhner oder durch Züchtlinge reinigen. — Man könnte es auch durch Arme verrichten lassen, die dadurch ihr Almosen verdienen würden. — Sobald die Straßen kothig werden, wird gefegt; im Sommer, wenn Staub ist, wird gesprengt, und bey großer Dürre zweymal den Tag; der Schnee wird bey Seite geschafft. Die Straßen sind mit Laternen erleuchtet. Das Wasser in den Quellen und Brunnen ist nicht gut. Eine Quelle nur ist trinkbar; wer weit davon wohnt, muß das Trinkwasser kaufen.

Es darf kein Todter begraben werden, ehe ein Policeyverordneter den Leichnam besichtiget hat. Dieß geschieht in der Absicht, Mord, Vergiftung, und das Lebendigbegraben zu verhüten.

In Wien ist, sowohl wie an vielen andern Orten, eine Zahlenlotterie gewesen, die 1750 angelegt, alle drey Wochen gezogen wurde, und jede Ziehung der Obrigkeit eilf tausend Gulden gab. In 19 Jahren von 1750 bis 1769 soll sie ein und zwanzig Millionen Gulden eingenommen, und sieben Millionen an Gewinsten ausgezahlt haben. Sie hat also die zwey Drittel für sich behalten. Wer kann also noch einsetzen, da man offenbar die zwey Drittel seines Einsatzes wegwirft? Lotterien sind überhaupt schädlich. Durch die Hoffnung des Gewinnes und die Unbekanntschaft mit der Einrichtung der Lotterie wird das arme Volk getäuscht, trägt sein Geld hin, was es oftmals aufgeborgt hat, verliert es, und stürzt sich tiefer in Armuth. Es versäumt seine Zeit, läuft nach der Ziehung, quält sich mit Erwartungen, macht sich Hoffnung, wird getäuscht, betrübt; alle diese Empfindungen stören es in der Arbeit; die Begierde wird rege, man macht neue Schulden, um wieder zu setzen, und Geld zu verlieren. — Wenn man gewinnt, ists nicht besser: man arbeitet nicht, man schwelget, das Geld geht zu Ende, und nun schmeckt die schlechte Kost nicht mehr, und die Arbeit noch weniger. Das Glück der Lotterie ist also ein wahres Unglück, und die Lotterie eine verderbliche Stiftung. Dazu muß man noch die unanständige List nicht vergessen, womit man das einfältige Volk ködert. Der unbedeutendste Gewinn wird in den Zeitungen ausposaunt; man sagt aber nicht wie viel eingenommen worden ist, und folglich wie viel die Interessenten verloren haben.

In der Lotterie wird der Auszug mit funfzehnmal den Satz ausgezahlt. Er könnte aber mit achtzehn bezahlt werden. Doch, das ist wenig.

Die Ambe wird mit 270 bezahlt; sie müßte mit 400 bezahlt werden.

Die

Die Terne wird mit 5,300 bezahlt; müßte mit 11,746 bezahlt werden.

Die Quaterne wird mit 60,000 bezahlt; müßte mit 511,030 bezahlt werden, wenn Gewinn und Verlust gleich seyn sollten. Wer es versteht und rechnen kann, setzt nicht ein.

Man sagt, daß die Policey in den Häusern, Spaziergängen, Gasthäusern eine Menge Aufpasser haben soll, welche auf die Leute, auf Reden und Handlungen lauern, um alles bey der Policey anzugeben. Es ist eine Erfindung der Inquisition; ein Policeypräsident, Namens Herr von Sartine, führte deren Gebrauch bey der Policey ein, wenn ich nicht irre. Er that einige gute Wirkungen, verscheuchte aber alles Vertrauen, und machte die Bürger zu furchtsamen Sklaven.

Der Oestreichische Staat hat Schulden. Schon 1568 soll Kaiser Maximilian der Zweyte zwey Millionen Goldstücke schuldig gewesen seyn. Er trug den Landständen an, selbige zu übernehmen; diese thaten es, und erhielten dafür die Religionsfreyheit. Kaiser Ferdinand der Zweyte nahm ihnen diese Freyheit, ließ ihnen aber die Schulden.

Landstände nennt man einige Reiche, Grosse, oder Obrigkeiten, welchen die Regenten das Recht gelassen haben, die der ganzen Nation natürlicher Weise gehört, in einigen Staatsangelegenheiten mitzusprechen, oder doch wenigstens Vorstellungen zu machen. Das übrige Volk muß sich stillschweigend alles gefallen lassen, was die Regenten befehlen, es mag sich dabey wohl oder übel befinden.

Die Römischkatholischen Christen machen im Oesterreichischen Kreise die herrschende Religionsparteу aus. Ehmals war man daselbst gegen die übrigen christlichen Glaubensgenossen ziemlich unduldsam. Kaiser Joseph der Zweyte aber machte einen glücklichen Anfang, den Verfolgungsgeist zu verbannen und bey seinen katholischen Unterthanen dem religiösen Aberglauben Einhalt zu thun. Unter seiner Regierung wurde die übermäßige Anzahl der Klöster vermindert.

Die **Klöster** sind Häuser, in welchen mehrere Personen einerley Geschlechts (Mönche oder Nonnen) in frommen Müßiggange beysammen wohnen. Ihre gewöhnliche Arbeit ist Beten und Singen. In alten Zeiten erwarben sie sich mehr Verdienste durch den Unterricht der Jugend ihrer unwissenden Mitbürger.

Solcher Klöster gab es in den Oesterreichischen Staaten über 2000, die für 300,000,000 Rfl. Güter besaßen. Joseph der Zweyte hat sie bis auf 1100 aufgehoben.

Die Abgaben sollen hier ungemein stark seyn; der reiche Adel soll über drey Viertel seiner Einnahme abgeben. Die Lasten des Bauern und Bürgers machen beynahe die Hälfte ihrer

ihrer Einnahme aus. Auf dem Lande wird unter einem einzigen Namen 30 von 100 gegeben. Der Bürger giebt den siebenten Theil seiner Einnahme von Häusern und Gewerbe; dazu kommen Zoll, Accise auf die Waaren, Salz, Tabak, die Hofquartiere und andre mehr. Nach dieser Berechnung braucht der Regent so viel allein, als die ganze Nation zusammen.

An Sonn- und Festtagen hat man hier zum Vergnügen Thierhetzen, wo Thiere gegen einander und gegen Hunde kämpfen, und zerrissen werden; und daran findet man ein großes Vergnügen. Vermuthlich denkt man nicht daran, daß die armen Thiere leiden. Diese Schauspiele werden von Herrn und selbst von den zärtlichsten Damen, die keine Taube schlachten könnten, besucht.

Ehemals waren solche Thiergefechte häufig; jetzt aber sieht man sie nur in Spanien, in England und in Wien.

Rühmlicher als die Thierhetzen ist eine Anstalt in Wien, wo man die Taubstummen sprechen, lesen und schreiben lehrt. Sollte man wohl glauben, daß die Menschen die Kunst hätten einen Stummen redend zu machen? Und doch ist es so. Diese Kunst war vor zwanzig Jahren noch unbekannt; nun aber wird sie in Wien, in Paris, in Leipzig und an andern Orten ge-

getrieben. Die mehresten Stummen sind nur deswegen stumm, weil sie nicht hören, und also unsre Töne, wenn wir sprechen, nicht vernehmen und nicht nachsprechen können. Es kommt bey diesen also nur darauf an, ihnen die Töne hörbar zu machen. Dieß kann man durch den Mund. Die Lehrer der Taubstummen brauchen auch noch andre Hülfsmittel, z. B. die Zeichensprache.

Es ist in Wien eine öffentliche Bibliothek. Es ist aber vom Papste bey Kirchenbann verboten worden, Bücher daraus zu verleihen.

Die Kleiderpracht ist sehr groß. Weiber und Töchter der Handwerksleute kleiden sich in Seide. Es giebt Kaufleute, die wie Grafen leben. Acht und zwanzig tausend Gulden für seine Haushaltung brauchen, ohne die Hausmiethe und Nebenausgaben, heißt mäßig leben. Spiel, Bälle und Feste nehmen unglaubliche Summen weg. Die Schlittenequipage eines Grafen kostet an die dreyßig tausend Gulden. Man sieht Kammerjungfern, die ihre eigne Equipage und Bedienten haben, jedes Kleid nur ein paarmal tragen, und wohl gar Mahlzeiten auf silbernem Service geben. Wenn viele so prächtig leben, wie viele müssen wohl hungern? Wie viele müssen für die vornehmen Herren und Damen arbeiten, um ihnen die Summen zu verdienen, die diese so verschleudern? Zehn tausend arbeiten sich zu Krüppeln, zehn tausend werden von Hunger abgezehrt, damit ein Faulenzer in Vergnügungen Langeweile habe, und sich zu Tode schwelge

Man kann wohl denken, daß es um Wien mehrere Lustschlösser, und im Lande eine Menge Städte giebt. Es würde uns aber nichts helfen, und zu viel Zeit wegnehmen, wenn wir alles kennen lernen wollten.

Die Donau ist ein großer Fluß, der das Besondre hat, daß er von Abend nach Morgen fließt, da fast alle übrigen mehr oder weniger ihren Lauf von Osten nach Westen haben. Die Schifffahrt darauf ist wegen der Klippen und des reißenden Stroms unbequem und gefährlich. Die Schiffe darauf werden mehrentheils von Menschen gezogen; und da dieß eine schwere Arbeit ist, so werden Verbrecher die sonst mit dem Tode bestraft werden würden, dazu verurtheilt.

In Oestreich findet man große Salzbergwerke, wo das Salz unter der Gestalt eines Steines gefunden wird. Es wird mit vieler Mühe von dem Felsen losgehauen, in Wasser aufgelöset, um es zu reinigen, und dann aus dem Wasser wieder ausgesotten — d. h. man läßt es so lange kochen, bis das Wasser alles verdämpft ist, und das Salz trocken am Boden des Kessels bleibt.

Ein solches Salzwerk ist zu Hall am Innfluß, in der Grafschaft Tyrol, welches jährlich auf 200,000 Rthl. reinen Gewinn giebt.

Linz, an der Donau, ist noch zu merken. Es enthält 10,000 Einwohner und besitzt eine blühende Wollenmanufactur, die mehr als 27,000 Personen im Lande und in Böhmen mit Spinnen, Weben und andern Zubereitungen beschäftiget.

Steyermark

enthält 20 Städte, 97 Flecken, und 3500 Dörfer, und ist wegen seines vortreflichen Eisens berühmt. Es ist voll von Gebirgen, giebt Marmor, Steinkohlen, Torf, Bley und etwas Silber. Das Land ist rauh, wie alle Berggegenden, und wenig fruchtbar. Die Einwohner sind aber desto fleißiger und aufmerksamer, jedes kleine Fleckchen Landes zwischen den Felsen zu nützen, wo sie den Dünger in Körben hinauf tragen müssen; und so gewinnen sie doch so viel Früchte als das Land braucht. Es wachsen hier Kastanien und Wein in Ueberfluß. — Alle Jahr werden die Einwohner in ihre Gebirge durch den Schnee eingesperrt. — Auf ebnem Lande sind zwey Fuß Schnee sehr viel, und es ist Schwierigkeit und Gefahr genug dabey; denn man kommt nicht weit, wenn man bey jedem Schritt bis übers Knie sinkt; man sieht keinen Weg und verirrt sich; man geräth über Gruben, Graben und Bäche, man sinkt hinein und kann umkommen. Viel fürchterlicher aber ist es in Gebirgen. Da es dort mehr, als in der Ebene schneyet, und der Schnee von den Bergen in die

die Thäler fällt, wächst er zu zehn, zwölf Fuß und noch höher an, und bedeckt Häuser bis über das Dach. Die Schneelavinen d. h. große Klumpen, die von den Bergen herunter rollen, reißen Bäume, Häuser und Dörfer nieder, zertrümmern und begraben sie.

Grätz ist die Hauptstadt. Sie wird von mehr, als 35,000 Menschen bewohnt. Mariazell, eine Abtey, hat ein berühmtes wunderthätiges Marienbild, zu welchem gewallfahrtet wird. Die Wallfahrten sind in den katholischen Ländern noch immer Mode. Alte und Junge wandern zu gewissen Zeiten nach irgend einem heiligen Ort, um dort Vergebung ihrer Sünden oder Heilung von körperlichen Gebrechen zu erkaufen. Man nennt solche fromme Wanderer auch Pilger.

In einigen Theilen von Steyermark ist der Mangel an Menschen so groß, daß der reichste Bauer nur mit Mühe Gesinde findet, vieles Angeld geben, und die geringste Dienstmagd, die zu ihm zieht, wenn sie auch im nächsten Hause wohnte, mit einem Wagen abholen muß. Anderswo ist es dem Gesinde eine Ehre, lange bey Einer Herrschaft zu bleiben; hier gilt es für Schande; man sagt, es traue sich nicht weiter. Und deswegen zieht, nach einem Jahre, das Gesinde aus, wenn es auch noch so zufrieden ist. Auch gewöhnt sich kein Dienstbote an ein Haus, die Herrschaften müssen immer

immer neue Leute anlernen, und die Dienstboten, wenn sie alt werden, haben niemanden, der sich ihrer annimmt. Die Einwohner kennen keine andern Erwerbmittel als den Ackerbau; wenn dieser nicht geht — und der Winter ist lang — wenn sie zum Feldbau zu alt oder zu jung sind, gehen sie müßig.

Kärnthen

enthält 12 Städte, 22 Flecken, und ist voll Berge, die allerley Metalle liefern. Dörfer sind nicht da; die Landleute wohnen nur zu drey oder vier Höfen zusammen. Auf den steilen Bergen gehören vier Menschen zu einem Pfluge und ein Paar Ochsen. Ihre Wohnstube ist zugleich Backstube und Rauchkammer. Die Hauptstadt ist Klagenfurt.

Die Krain

ist noch rauher; die hohen Berge sind das ganze Jahr hindurch mit Schnee bedeckt, und die Einwohner können nur mit Schneeschuhen fortkommen. Alle Nahrung muß mehrere Meilen weit da oben hinauf geschleppt werden, und der Transport macht, daß die armen Leute, die schon der Naturfreuden wenig genießen, ihre kümmerliche Speisung doppelt theuer bezahlen. Es giebt hier reiche Bergwerke, und besonders eine Quecksilbergrube zu Hydria. In den Thälern wachsen Kastanien, Oliven, Citronen, Feigen, Mandeln, Wein; es giebt warme Bäder. Man erzählt hier von einem fischreichen See, den man den

Cirk-

Cirknitzer See nennt, und der an drey Meilen im Umfang hat, daß er manchmal ganz abläuft, wo man denn erstlich eine gute Heuernte hat, nach welcher er mit Hirse besäet wird, und endlich noch allerley Wild liefert.

Triest und Fiume sind ansehnliche Handelsstädte am Adriatischen Meere, mit vielen Manufacturen, um welche zu befördern eine große Menge ausländischer Waaren, als baumwollne Zeuge, Eisen, Fayence, Glas, Schachteln, Besen, Kupfergeschirr, Leinwand ꝛc. verboten, und die erlaubten mit schweren Abgaben belegt sind. Diese Verbote beweisen, daß die ausländischen Fabricate besser, oder der Fracht ohnerachtet wohlfeiler, als die inländischen sind.

Tyrol

ist voll hoher Berge und Felsen, die man Alpen nennt. Auch sind ganze Schnee- und Eisberge von mehreren Meilen zwischen den andern; man nennt sie Gletscher. Dennoch findet man noch fruchtbares Land, und die dürren Berge geben Metalle und Marmor, Edelgesteine, Salzquellen und warme Bäder.

Man findet hier das berühmte Murmelthier, welches den ganzen Winter hindurch schläft, und von den Tyrolern und Savoyarden zum Tanzen, wie der Bär, abgerichtet wird, allerley wilde Ziegen, Bären, ꝛc.

Die

Die Tyroler wandern häufig aus, weil das Land seine Bewohner nicht beschäftigen und ernähren kann.

Inspruck, eine geringe, aber bekannte Stadt, ist der Hauptort. Die Häuser sind nach Italiänischer Bauart mit platten Dächern versehen. Die Zahl der Einwohner beträgt nicht völlig 10,000 Personen.

Der Paß Kofel ist deswegen berühmt, weil es ein schmaler Weg ist, der zwischen einem Felsen und einem Abgrunde, vom Venetianischen ins Oestreichische führt. Es ist hier ein Pestlazareth. Die Pest bekommt man, wenigstens in Europa, nur durch Ansteckung. Man sucht diese also zu verhindern. Deswegen muß ein Fremder, der aus einem unsichern Orte kommt, erst in einem Hospitale an der Gränze vierzig Tage bleiben. Dieser Aufenthalt heißt die Quarantaine. Seit dem die Regierungen diese und andre Vorsichten angewandt haben, ist die Pest etwas unerhörtes. Wo man alles gehn und laufen läßt, da kommt die Pest noch immer, und zuweilen sehr oft. Die Menschen können, wenn sie nur wollen, viele Gefahren von sich abwenden.

Trient oder Trident ist in der Geschichte der Reformation durch seine Kirchenversammlung oder sein Concilium 1546 — 1563 sehr berühmt.

Zum

Zum Oestreichischen Kreise gehören noch einige Herrschaften, als die Bisthümer Brixen, und Trient, und einige Balleyen des Deutschen Ritterordens; ferner einige im Schwäbischen Kreise zerstreute Länder, als Breisgau am Rhein, worin Freyburg und Altbreisach; die sogenannten Waldstädte: Lauffenburg, Rheinfeld, Seckingen und Wildshut.

Eine Stunde südwärts von Wien fängt der Kalenberg an, ein Gebirge, welches sich wohl funfzig Meilen weit bis in die Krain erstreckt. 1754 ward eine reiche Silbergrube in diesem Gebirge entdeckt. Weiter hin gegen Abend ist der Wienerwald, eine große Waldung voll Wild.

An der Nordseite der Donau ist der Manhardtsberg.

Das Land ist überhaupt in den Ebnen heiß; man erntet schon im Junius, hat aber wenig Viehweide. Der westliche Theil des Erzherzogthums bringt keinen Wein, und ist das erste Bierland, vom Morgen an gerechnet. Oestreich hat, im Ganzen genommen, nicht Korn genug, und muß aus Ungarn jährlich über 16000 Wispel holen. Die mehresten Quellen sind salzig, und lassen auf dem Grase und Moose, worüber sie fließen, einen Schlamm zurück, der in einem Jahr zu Stein wird. Wenn mehrere

solche

solche Lagen verhärtet sind, bricht man die Steine und braucht sie zum Bauen.

In einem Theile des Erzherzogthums ist der Landmann sehr arbeitsam, und daher mehrentheils wohlhabend; man findet Bauern die 30, 00 Gulden besitzen. Die Kleidung des Landvolks ist in jedem Lande verschieden, und jeder bleibt bey seiner alten Tracht. Wer nicht Einsicht genug hat, das Beßre zu erkennen und zu brauchen, der bleibt bey dem einzigen, das er zu brauchen weiß, beym Alten.

Der Javornick, ein Theil des Birnbaumerwaldes, in der Krain, enthält eine Menge Grotten und Höhlen. Es giebt unter andern eine, die ohngefähr 200 Klafter lang und 80 bis 100 Klafter tief ist. Inwendig hat sie verschiedene Wasserfälle, und ein ganzer Bach fließt durch. Eine andre ist weit schöner, und sieht wie das Gemäuer eines verfallenen Schlosses aus; die Säulen sind von Tropfstein, und stehen theils ganz, theils zerbrochen da.

Der Birnbaumerwald ist ein großes felsiges Gebirge; der höchste Berg darin, Terglou genannt, ist 15,419 Schuh hoch.

Ueberhaupt sind die Gebirge die Gegenden, wo die Natur sich in ihrer größten, und nicht selten furchtbaren, Pracht zeigt. Ungeheure Felsen, steile Berge, unten fruchtbar, oben mit ewigem

ewigem Eis und Schnee bedeckt; hohle, schmale Wege, wo kaum die Sonne sichtbar wird, Quellen, Wasserfälle, Abgründe, schwindlige Fußsteige, Grotten, Höhlen, Berggruben, wilde Thiere, seltene und mannigfaltige Pflanzen, Winter und Sommer in Einem Blicke, schreckliche Donner, Waldströme, die von den Bergen herabstürzen, Seen, Bäche, Wiesen, Aecker, Wälder, kurz, hier drängt sich alles zusammen.

Es finden sich noch hin und wieder Ueberbleibsel von Völkern, die eine ganz andre Sprache und ganz andre Sitten, als die Deutschen, haben; Wenden, Slaven, Illyrier, Uskoken, Wallachen, Gottscheer, und andre mehr, die alle ihre alten Gebräuche beybehalten haben.

Der Aberglaube ist noch hier zu Hause. Die Gottscheer halten das Gewitter für eine Wirkung der Zauberey, deswegen beten sie während desselben unter freyem Himmel mit großem Geschrey, und schlagen und stechen mit Besen und Mistgabeln gegen die schwarze Wolke, um dem Teufel Trotz zu bieten. Gelehrte Völker machen Ableiter.

Die Uskoken taufen ihre Kinder erst, wenn diese erwachsen sind, und beichten nicht eher als im dreyßigsten Jahre. Ihre Todten begraben sie am ersten bequemen Orte, geben ihnen ein Stückchen Brod und eine kleine Münze mit. (Die alten Griechen gaben ihren Todten auch ein Stück Geldes mit, damit sie den Schiffer bezahlen konnten, der sie über den Höllenfluß in die andre Welt übersetzte.) Den Priester geben sie vier Gulden für die Seelenmessen, wodurch die abgeschiedene Seele von den Qualen des Fegefeuers erlöset wird. Wenn der Verstorbene ein Schurke war, sollte wohl Gott sich durch Messen vom Priester die Seligkeit des Taugenichts abtrotzen oder abquälen lassen? Und wenn er ein guter Mann war, muß denn der Priester erst dem lieben Gott dessen Seligkeit abbetteln? Muß man dem Priester die Seligkeit abkaufen? — Beym Begräbnisse eines Kindes trägt die Mutter die Wiege mit zum Grabe, und schimpft dabey grimmig auf den Tod. „Du gräßlicher Tod, sagt sie, hast „du mein Kind gefressen, so nimm auch die „Wiege dazu; stopfe dir den Rachen damit, „daß dir alle Zähne abbrechen mögen.“

Wenn die Kroaten einen Vertrag mit einander schließen, so zieht der eine seinen Pelz aus, und läßt den andern darauf schlagen; diese Ceremonie ist ihnen so heilig und unverbrüchlich als ein Eid. Fünf, sechs Familien wohnen in Einer Hütte beysammen, und leben einträchtig. Bey den Leichenbegängnissen dingen

gen sie ein altes Weib, das den Todten beweinen und erzählen muß, was der Wohlselige Rühmliches gethan hat, und noch hätte thun können.

Eine Liburnierin ist im Stande einem Eimer Wein in einem ledernen Sack auf dem Kopfe zu Markte zu bringen, und dazu ein Kind auf dem Rücken zu tragen, und unterweges zu spinnen. Dabey ist sie fröhlich und singt. Die Arbeit wird dem nur schwer, der keine Kraft dazu hat, oder daran nicht gewöhnt ist.

In Tyrol hat man nach 1782 in öffentlicher Kirche Teufel ausgetrieben; die Gemeine hat aber keinen einzigen gesehen.

Die Oestreichischen Münzen sind:

Ein Thaler . . 90 Kreuzer.
Ein Gulden oder Floren . 60 Kreuzer.
Ein Silbergroschen oder Kaisergroschen . . 3 Kreuzer.
Zwey Thaler 75 Kreuzer ein Ducaten.

Das Oestreichische Haus ist eben so wenig, als irgend ein andres fürstliches Haus, von jeher so mächtig gewesen, als es jetzt ist. Ein Graf Rudolph von Habsburg, (welches Habsburg ein Schloß in der Schweiz, im Canton Bern ist,) wird als der Stammvater des Oestreichischen Hauses angesehen. 1273 wurde er zum Kaiser erwählt; 1282 bekam sein Sohn Oestreich, Steyermark und Krain, die er dem Böhmischen Könige genommen hatte; 1331 bekam das Haus Kärnthen, und gelangte im Jahr 1736 zum ruhigen Besitze desselben; nachher Tyrol; einige kleine Provinzen durch Kauf. Maximilian der Erste erheirathetete sich die Niederlande gegen das Ende des funfzehnten Jahrhunderts. Ferdinand der Erste erwarb sich die Königreiche Ungarn und Böhmen in der ersten Hälfte des sechzehnten Jahrhunderts. Karl der Sechste machte 1713 die sogenannte goldne Bulle, die ein Erbgesetz ist, und mit der goldnen Bulle des Deutschen Reichs nicht verwechselt werden darf, vermöge welcher die Oestreichischen Erblande ewig unzertrennt bey einander bleiben sollten. Dieses Gesetz kann höchstens die Erben verpflichten, die Länder nicht mehr, wie es sonst geschah, unter sich zu theilen: die Ansprüche eines andern kann es nicht aufheben, und noch weniger eine Eroberung verhindern, wie man es im Jahre 1741 in dem ersten Schlesischen Kriege gesehen hat.

Das Haus Habsburg erlosch mit Karls des Vierten Tode; seine Tochter, Maria Theresia, heirathete Franzen, den Herzog von Lothringen, und brachte also dieses Haus in die Oestreichischen Lande und auf den Kaiserthron. Nach dem Tode dieser seiner Eltern regierte Joseph

der

der Zweyte; und nun folgt ihm Leopold der Zweyte, sein Bruder, im Jahre 1790 als Beherrscher der Oestreichischen Monarchie, und 1791 als neuerwählter Römischer Kaiser.

Die Könige und Fürsten sind Führer der Völker; also sind sie für die Völker da, und man sollte glauben, daß die Führer es abwarten müßten, bis die Völker sie beriefen und wählten, und von ihnen geführt seyn wollten. Nach dem Gebrauche zu urtheilen aber, da die Fürsten Länder erobern, kaufen, erheirathen, erben, Verträge unter sich darüber machen, und Erbgesetze geben, sollte man glauben, die Völker wären eine Herde oder eine Meierey.

Der Schwäbische Kreis

hat 720 Quadratmeilen. In diesem Kreise giebt es eine Menge Herrschaften und Fürstenthümer, man zählt deren 85, worunter 31 Reichsstädte. Die merkwürdigsten sind: das Herzogthum Würtemberg, die Markgrafschaft Baden, die Hohenzollerschen Lande, und die Reichsstadt Augsburg.

Das Herzogthum Würtemberg.

Stuttgard ist die Hauptstadt und Residenz des Herzogs, jetzt Karl Eugen, der sich um die Erziehung der Jugend verdient gemacht, und eine berühmte, seit 1782 zur Universität erhobene, Militärschule gestiftet hat. — Die Stadt ist weder groß noch schön gebaut; enthält aber doch auf 20,000 Einwohner, und liegt in einer herrlichen Gegend, eine Stunde vom Neckar.

Tübingen, eine unansehnliche, in einer bergigen Gegend gelegene Stadt am Neckar, mit einer Universität und ungefähr 9 bis 10,000 Einwohnern. Sie ist die zweyte Hauptstadt des Landes.

Würtemberg, das Stammhaus der jetzigen Herzoge, oder ehemaligen Grafen von Würtemberg. Es ist ein altes, verfallnes Bergschloß, unweit des Neckars.

Hohenstaufen, nur ein Dorf, aber deswegen berühmt, weil die Familie Hohenstaufen, die Kaiser unter ihren Verwandten zählt, daher entstanden ist.

Cantstadt hat wichtige Salzquellen, die aber, nebst denen zu Sulz, noch lange nicht das ganze Herzogthum mit dem nöthigen Salze versorgen; das mehrste wird aus Baiern und aus dem Oestreichischen eingeführt. Man hat hier einige tausend Knochen von allerley Thieren, und eine Mauer aus der Erde gegraben; ein Beweis, daß das Land ehemals niedriger gewesen ist. —

Calw

Calw (spr. Kalb), ein kleiner, aber nahrhafter, munterer Ort im Schwarzwalde, mit guten Wollenmanufacturen.

Der Neckarfluß und die Donau nehmen hier ihren Ursprung.

Das Herzogthum enthält 68 Städte. Die Landesreligion ist die Lutherische; der Herzog ist aber Römischkatholisch.

Würtemberg ist mit Bergen umgeben, die zum Theil in die innern Gegenden hereinlaufen, und sehr fruchtbare Thäler bilden. Aus dem südlichen Schwaben zieht sich ein hohes, waldiges Gebirge, der Schwarzwald, auf der Abendseite bis nahe an die Baden-Durlachische Grenze. Nach Südost stößt er an ein anderes Gebirge, die rauhe Alb genannt, die dann zum Theil weiter nach Nordost über 10 Meilen weit fortgeht, und größtentheils mit Laubholz bewachsen ist.

Der Schwarzwald ist der Ueberrest einer ungeheuern Wildniß, die sich aus dem südlichen Deutschlande durch ganz Ungarn, bis nach Siebenbürgen erstreckte.

Er enthält eine Reihe Tannen- und Fichtenwälder, in denen man mehrere Dörfer und selbst einige Städte findet. Die Armuth der Bauern auf dem Schwarzwalde, selbst im Würtembergischen Antheil, macht mit dem Wohlstande des Landmannes in dem übrigen Würtemberg einen auffallenden Contrast.

Der Herzog von Würtemberg besitzt außer dem eigentlichen Herzogthume noch einige kleine Distrikte, namentlich die Herrschaften Justingen und Welsheim. Die Bevölkerung ist merkwürdig und nimmt noch jährlich zu. Man schätzt sie in allen drey Landschaften auf 600,000 Menschen, die auf einem Flächeninhalte von ungefähr 200 Quadratmeilen beysammen wohnen. Die Weine des Landes heißen Neckarweine.

Die Schäfer pflegen sich auf den Schafmärkten mit ihren Mädchen zu versammeln, und mit Bändern geziert, um die Wette zu laufen. Der Preis ist ein Hammel, Strümpfe, Tücher; nach dem Laufe wird getanzt; das Fest beginnt aber mit einem Kirchgange, wo der Prediger eine Predigt vom guten Hirten hält.

In einigen Ortschaften hatte man eine besondre Gewohnheit, um den Frieden zwischen Eheleuten zu erhalten. Von den vernünftigsten Bauern wurde heimlich ein ehrlicher und gesetzter Mann gewählt, den man den Datten (den Vater) nannte, und der zwey Gehülfen nahm. Wenn diese nun erfuhren, daß Ehegatten uneinig lebten, klopften sie die Nacht an die Thür, und riefen: der Datte kommt, gingen aber sogleich wieder weg. Half dieß nicht, so kamen sie zum zweytenmale; und wollte dieß

dieß auch nicht anschlagen, so kamen sie zum drittenmale, und prügelten den Schuldigen tüchtig ab. Es soll viel geholfen haben, sagt man; da aber einmal der Datte ein wenig zu eifrig sein Amt versehen hatte, wurde Klage geführt, und der Brauch ward von der Obrigkeit abgeschafft.

Viehzucht und Ackerbau sind in blühendem Zustande. Man versendet jährlich eine große Anzahl Rinder und Schweine in die benachbarten Gegenden. Die Schweizer ersetzen ihren Mangel an Getreide zum Theil aus den Würtenbergischen Kornkammern. Die von den zahlreichen Herden jährlich gewonnene Schafwolle wird größtentheils im Lande selbst verarbeitet. Der Flachsbau ist ansehnlich. An Obste hat man Ueberfluß.

Die Markgrafschaft Baden

hatte bis 1771 zwey Landesherren, den Markgraf von Baden-Baden und den Markgraf von Baden-Durlach. Seit diesem Jahre gehört das ganze Land Einem Herrn, dem vortrefflichen Markgrafen Karl Friedrich, der zu Karlsruhe, einer seit 1715 erbauten Stadt von 400 Häusern, residirt. Sie liegt im Hartwalde durch den vom Schlosse, aus dem Mittelpunkte der Stadt, 32 Alleen, nach der Gegend der Winde, geschlagen, und in 9 derselben die Gassen in gerader Linie erbaut sind. Ehemals war die Residenz in Durlach, einem nahrhaften Fabrikstädtchen, von dem eine Hälfte der sonst getheilten Markgrafschaft den Namen Baden-Durlach erhalten hat. Einige beträchtliche Stücke derselben, das Durlacher Oberland genannt, liegen weiter südwärts am Rhein hinauf. Hier ist Kehl, eine verfallene Reichsfestung am Rhein, wo man auch aus dem Rheinsande Gold wäscht. In der obern Markgrafschaft, oder im Baden-Badenschen, bemerken wir Baden, die ehemalige Residenz und Hauptstadt der ausgestorbenen markgräflichen Linie. Sie hat den Namen von ihren warmen Bädern.

In Baden-Durlach ist die evangelische, in Baden-Baden die katholische Kirche die herrschende; das regierende Haus ist evangelisch-lutherisch. Die Badenschen Länder gehören zu den fruchtbarsten und bevölkertsten in Deutschland. Man berechnet die wahrscheinliche Anzahl der Einwohner auf 200,000 Köpfe. Flachs, Wein, Getreide, Obst ꝛc. werden in großer Menge und von vorzüglicher Güte gebaut. Die Viehzucht ist beträchtlich; weniger einträglich der Bergbau, die Eisengruben ausgenommen, welche das ganze Land versorgen, und noch eine Ausfuhr von einigen tausend Centnern des besten Eisens möglich machen.

Zu

Zu den vielen wohlthätigen Bemühungen des regierenden Markgrafen für die Beglückung seiner Unterthanen gehört auch eine verbesserte Erziehung des Landmanns, wovon man im Durlachischen den besten Erfolg bemerkt; im katholischen Baden herrscht dagegen noch mancher Aberglaube. An einigen Orten ist z. B. der Gebrauch, die Felder mit Weihwasser zu besprengen, um die Hexen wegzuscheuchen.

Die Leibeigenschaft drückte vor kurzem noch den Badenschen Landmann. Markgraf Karl Friedrich sah die Ungerechtigkeit davon ein und schaffte sie ab.

Die Leibeigenschaft besteht darin, daß der Bauer und seine Kinder als ein Zubehör des Hofes oder Gutes angesehen werden, dieses, ohne Erlaubniß von dem Gutsherrn, nicht verlassen, und sich anders wohin als Bauer wenden, oder ein Handwerk lernen, oder in Dienst gehen, ja nicht einmal heirathen dürfen, und am Hofe gewisse Zeit für einen sehr geringen Lohn dienen müssen. Vor dem Sklaven hat er so viel voraus, daß dieser gar kein Eigenthum hat, und alles, was er erwirbt, seinem Herrn gehört; er aber, wenn er etwas erübriget, dieses als sein Eigenthum besitzt.

Das Fürstenthum Hohenzollern

mit seinem verwüsteten Bergschlosse Hohenzollern, hat nichts merkwürdiges, als daß

das

das Preußische Haus daher stammt. — In dem kleinen Orte Grosselfingen wird jährlich einmal ein sogenanntes Narrengericht gehalten. Die Einwohner verkleiden sich wie Harlekine, und haben die Freyheit, einem jeden, der ihnen in den Wurf kommt, derbe Wahrheiten zu sagen und eine Strafe aufzulegen. Der Ursprung dieser Gewohnheit ist unbekannt.

Die Landgrafschaft Baar ist wegen Doneschingen, eines Städchens, welches der Donau den Namen giebt, merkwürdig.

Reichsstädte.

Mit den Reichsstädten überhaupt hat es ungefähr folgende Bewandtniß: nämlich, es sind Städte, welche mächtig oder glücklich genug gewesen sind, ihre Freyheit gegen die Angriffe der Fürsten und Grafen zu erhalten, und nur unter dem Reiche zu stehen.

In Schwaben fehlte es nun besonders nicht an günstigen Umständen, sich reichsfrey zu machen. Denn als in der Mitte des dreyzehnten Jahrhunderts die Herzoge von Schwaben ausstarben, so wurde es nicht nur vielen, bisher schwachen Familien leicht, einzelne Stücke dieser zu einem unmittelbaren Reichslande gemachten Provinz an sich zu bringen; sondern auch viele Städte entzogen sich allmählich der Landeshoheit ihren ohnmächtigen Fürsten, und erkannten bloß den Kaiser und das gesammte

sammte Reich als ihr Oberhaupt. Das wurde ihnen um so weniger schwer, da sie durch vermehrte Betriebsamkeit und angehende Handlung zu einem schon merklichen Grad von Wohlstand und Macht gelangt waren. Daraus läßt sich dann auch die Zerstückelung des Schwäbischen Kreises in so viele kleine Fürstenthümer, Grafschaften, Herrschaften, Prälaturen und Abteyen, nebst der Menge der Schwäbischen Reichsstädte, erklären.

Costanz oder Costnitz am Bodensee und Rhein, war ehemals eine freye Reichsstadt. Kaiser Karl der Fünfte erklärte sie aber in die Acht 1548, weil sie von dem Römischkatholischen Glauben zur Lutherischen Confession übergegangen war. Ferdinand der Erste, Karls Bruder, brachte das folgende Jahr die Stadt unter Oestreichische Gewalt, worunter sie noch jetzt steht. 1414 bis 1418 wurde hier eine große Kirchenversammlung gehalten.

Solcher Kirchenversammlungen sind ehemals viele gehalten worden. Sie bestanden aus den Deputirten der Päpste, den vornehmsten Geistlichen der ganzen Christenheit, und den Gesandten aller christlichen Mächte. Oftmals waren die Fürsten, der Kaiser und der Papst in eigner Person zugegen. Diese Concilien maßten sich das Recht an, über Wahrheit zu entscheiden, und Glauben zu gebieten. Es hieß, denn

sie

sie sagten es selbst, sie wären untrüglich, weil der heilige Geist, den sie zu Anfang einer jeden Sitzung anriefen, ihnen ihre Schlüsse eingäbe. Wer also nicht glauben wollte, hieß ein Feind und Verrächter des Geistes Gottes, und dennoch widersprachen sich diese Kirchenversammlungen (Concilien) nicht selten in ihren eignen Beschlüssen.

Der durch den Rhein gebildete Bodensee ist drey bis vier Stunden breit und sechzehn lang. Er enthält einige kleine Inseln, ist fischreich, und begünstigt besonders die Communication zwischen der Schweiz und den Deutschen Provinzen.

Augsburg hat mit Nürnberg die Ehre, die Handwerke und Künste in Deutschland zuerst betrieben zu haben, indem schon im dreyzehnten Jahrhundert der Kunstfleiß daselbst rege war. Die Betriebsamkeit verfiel aber im siebzehnten Jahrhundert während des dreyßigjährigen Krieges, und weil die Holländer ihre Handlung verbreiteten. Schon 1322 war hier eine Sägemühle. 952 ward hier ein Concilium gehalten, wo den Priestern die Ehe nochmals schlechterdings verboten wurde. 1530 überreichten hier die Protestanten auf dem Reichstage ihr Glaubensbekenntniß, welches deswegen auch die Augsburgische Confession heißt. Die Stadt soll 36,000 Seelen zählen. Die

Steuern

Steuern betragen wenig, ungefähr 18 Groschen von 100 Thalern jährlicher Einnahme. Gute Armenstalten machen, daß kein Bettler die Straßen belagert. Die Almosen betrugen

im Jahr	Einnahme.	Guld.	Ausg.	Guld.
1782	—	38,701	—	33,574
1783	—	34,541	—	35,437
1784	—	38,778	—	39,995
1785	—	43,082	—	40,165

Die Reichlichkeit der Almosen macht immer mehr Bettler, weil jeder Faulenzer und Schwelger sich darauf verläßt. Manche Waisenhäuser und Schulen, in der guten Absicht, die Jugend zu bilden, gewöhnen diese nur an Müßiggang.

Die Stadt ist, nebst dem ganzen Magistrat, theils protestantisch, theils katholisch. Bey den Katholiken wird die Ohrenbeichte für so wichtig gehalten, daß ein besondrer Mann dazu bestellt ist, die Communions- und Beichtattestate von jedem einzufodern und an die Behörde einzuschicken. Wer nicht beichtet und communicirt, wird mit Strafen bedroht. Kann ein solcher Zwangdienst Gott gefällig und den Menschen heilsam seyn?

In Augsburg hat sich eine Familie recht merkwürdig gemacht: die Fugger. 1370 kam der Stammvater derselben aus einem Dorfe nach Augsburg, wo er das Weberhandwerk trieb. Ungefähr 100 Jahr darauf, als die

die Familie Vermögen erworben hatte, trat sie in die Kaufmannsgilde, und erwarb großen Reichthum. Gegen das Ende des funfzehnten Jahrhunderts heiratheten die Fuggers Frauen aus den vornehmsten Familien. 1505 verpfändete ihnen der Kaiser Maximilian für 70,000 Gulden ein paar Reichsherrschaften, die ihnen nachher abgetreten wurden, und sie wurden Reichsfreyherrn. Jetzt sind sie Grafen, und besitzen eine Menge Herrschaften. In Augsburg selbst haben sie ein ganzes Revier von 106 kleinen Häusern, wo sie arme Leute für eine geringe Miethe aufnehmen. So weit können Fleiß und Sparsamkeit es bringen, wenn die Umstände günstig sind.

Noch verdient die freye Reichsstadt Ulm an der Donau einer besondern Erwähnung; theils wegen ihres ansehnlichen Gebietes von ungefähr 17 Quadratmeilen, theils wegen ihres ehmaligen Reichthums, der sie in den Rang der ersten Städte des südlichen Deutschlands erhoben hatte. Jetzt ist sie zwar nicht mehr so wohlhabend, nährt sich aber immer noch gut. Getreidebau, Flachsbau und Leinweberey sind ihre beträchtlichsten Nahrungszweige. Sie ist befestiget, enthält 2000 Häuser, und doch höchstens nur 15,000 Einwohner. Im ganzen Gebiete leben außerdem noch 23,000 Menschen. Die evangelische Religion ist die herrschende.

Unter den 31 Reichsstädten des Schwäbischen Kreises hört man noch zuweilen folgende nennen: Rothweil, Nördlingen, Halle, (in Schwaben, mit wichtigen Salzquellen) Heilbronn, Kaufbeuern, und Kempten.

Der Baierische Kreis.

Er enthält 1020 Quadratmeilen, 1,600,000 Seelen und 24 Herrschaften. Die merkwürdigsten sind: das Herzogthum Baiern, die Oberpfalz, das Erzstift Salzburg, das Hochstift Passau, die freye Reichsstadt Regensburg.

Baiern.

Oberbaiern, gegen Süden, ist bergig, waldig, sumpfig, voller Seen, hat Viehzucht, wenig Ackerbau. Niederbaiern ist eben und fruchtbar. Das Land hat Bley, Silber, Kupfer, Marmor, Salz, Bäder, Holz, und in der Donau und andern Flüssen Gold, 34 Städte, 80 Flecken, 1478 Dörfer.

Man macht von diesem Lande eine traurige Schilderung. Diebstahl, Raub und Mord sind häufig, sagt man, und daher die Menge Galgen selten leer. Die Policey soll schlecht seyn, die Nahrung oftmals fehlen, viele Menschen müßig gehen, wenig Schulen seyn. Das

Wild wird gehegt, und zerstört die Felder, und wenn die armen Bauern es todtschlagen, werden sie hart bestraft. Das Wild gehört nur dem Fürsten und den Gutsherren. Im Jahre 1775 wurden in München allein manchmal in einer Woche 2 bis 3 Personen gerichtet; und doch sind in Baiern und in der Oberpfalz zusammen genommen 28,709 Kirchen und Kapellen. Die Baiern sind sehr andächtig; der Sonntag wird heilig gehalten, so daß, wenn das Korn oder das Heu liegt, man am Sonntage nicht einfahren würde, wenn auch ein Ungewitter am Himmel stände; man läßt lieber das Korn verregnen, und spielt, aus Frömmigkeit, den ganzen Tag Kegel.

Zwischen 1770 und 1780 ward ein gewisser Hirsel Wilddieb, dann Straßenräuber; er war klug, entschlossen, und that dabey gern wohl. Er schrieb an den Churfürsten, daß er nur aus Mangel dieses Handwerk triebe, und niemals gemordet hätte; er erbot sich, wenn ihm der Fürst einen Dienst nur von 70 Gulden jährlich gäbe, als ein rechtschaffner Mann zu dienen. Sein Gesuch ward abgeschlagen, Hirsel gerieth in Verzweiflung, mordete und starb auf dem Rade.

Es liegt im Lande manches Feld ungebaut, Manufacturen und Fabriken werden vernachlässigt, und man sagt, daß es die Regierung lieber

lieber dabey läßt, als daß sie Ketzer (d. h. Nichtkatholiken) ins Land aufnähme. Sollte ein katholischer Faulenzer dem Lande nützlicher seyn, als ein fleißiger Ketzer?

München ist die Hauptstadt. Die Pracht soll im Schlosse und in den Kirchen außerordentlich groß seyn. Man spricht von einer Tapete in einem Zimmer des Schlosses, die an 500,000 Gulden gekostet hat; von einer Kapelle, die einige Millionen an Werth enthält; von einer Orgel, ganz von Silber mit Edelgesteinen. Die Kirchen und Klöster nehmen den dritten Theil der Stadt ein; man zählt funfzehn Klöster, 1250 Bettler und überhaupt 37,840 Einwohner.

Aemter in Baiern im Jahre 1783.

Kammerherrn 431; Kammerdiener 91; Trompeter 21; Kapläne 52; für die churfürstliche Tafel sorgen 181 Personen; für den Stall 178; Hofmusici 130; Leibärzte 21; wirkliche Geheimeräthe 91. Titulargeheimeräthe 58; Geheimsecretäre 41; Gesandten an auswärtige Höfe 61. — Was bleibt dem armen Bürger und Bauer zu seinen Bedürfnissen übrig?

Unter den unzählbaren Brüderschaften, welche die Geistlichkeit begünstiget, soll auch in Landshut eine Saufbrüderschaft seyn. Liebt jemand den Trunk, so bekommt er dazu die

Freyheit mit vollkommnem Ablasse (d. h. Vergebung) wenn er sich beym Pater Promotor meldet, sich einschreiben läßt, und vier Kreuzer erlegt. Zur Tilgung der Saufsünden wird zu gewissen Zeiten eine Messe gelesen. Und das ist Religion!

Zu bemerken sind noch Nymphenburg, ein prächtiges Lustschloß; Ingolstadt, eine Festung mit einer Universität; Reichenhall, mit sehr wichtigen Salzquellen, und Donauwärth, eine ehmalige freye Reichsstadt an der Donau.

Oberpfalz.

Das Land ist gut gebaut, bringt allerley Früchte; Steinbrüche und Eisenbergwerke sind der Hauptreichthum der fleißigen Einwohner; Berge und Wälder bedecken das Land.

Amberg, eine unbedeutende Stadt, ist der Hauptort.

Salzburg.

Das Land ist bergig, zum Theil mit Eis und Schnee bedeckt; nur ein kleiner Theil ist fruchtbar, und die Einwohner holen ihre Bedürfnisse aus Baiern. Vieh, Salz, Metalle sind die Hauptproducte.

Die Salzburger Bauern, welche in glücklicher Zufriedenheit ihre Thäler bewohnen, können

nen auch jederzeit als Soldaten zur Vertheidigung des Landes gebraucht werden. Sie sind durchgehends mit Gewehr versehen, und als gute Scharfschützen bekannt. Ungeachtet das Land bergig ist und nicht über 240 Quadratmeilen enthält, so wird die Zahl seiner Bewohner doch auf 300,000 Seelen angegeben. Die Bevölkerung würde noch beträchtlicher seyn, hätte nicht ein unduldsamer Erzbischof im Jahre 1732 auf 30,000 Protestanten aus dem Lande vertrieben.

Salzburg, die Hauptstadt, ist von drey Seiten durch hohe Berge eingeengt, und hat 14,000 Einwohner, 31 Kirchen, 7 Klöster, 5 Hospitäler. Die Kirchen sind sehr prächtig; der Erzbischof hat aber durch einen Hirtenbrief im Jahre 1782 den Aufwand an denselben einzuschränken gesucht, und gelehrt, daß es besser sey, Nothleidenden zu helfen, als Kirchen prächtig auszuschmücken. Auch hat er dem Volke anbefohlen, die Bibel fleißig zu lesen, was die Katholiken sonst nicht thun dürfen.

Passau.

Passau an der Donau ist die Hauptstadt; sie ist wegen des Religionsvertrages, der 1553 hier zwischen den Katholiken und Protestanten gestiftet wurde, merkwürdig. In der Ilz, einem kleinen Flüßchen, werden Perlen gefischt.

Die Perlen wachsen in Muscheln, und man glaubt, sie seyen eine Krankheit des Thieres. Sie steigen im Werthe bis zu mehreren tausend Thalern das Stück. Wozu nützen sie?

Es wurde zu Anfang dieses Jahrhunderts hier ein großer Vielfraß, Namens Kolnick, geboren. Sein Vater, ein Bauer, aß ungemein viel, und seine Mutter war vor Hunger unsinnig geworden. Kaum sättigten ihn 30 Pfund Fleisch auf ein paar Stunden, nur Steine hielten ziemlich wider, und erhielten ihn wohl ein paar Tage ohne andre Speisen.

Regensburg.

Eine freye Reichsstadt, an der Donau; lutherisch. Der Reichstag wird hier gehalten. Ein hiesiger Prediger, Namens Schäfer, hat durch Versuche gezeigt, daß alle Arten von Pflanzen, Blättern, Wurzeln, Holzarten Papier geben können.

Der Fränkische Kreis.

Er enthält 484 Quadratmeilen, 1,000,000 Einwohner und 24 Herrschaften, worunter 5 freye Reichsstädte. Der Thüringer Wald, ein Gebirge, nimmt hier seinen Anfang und erstreckt sich in den Obersächsischen Kreis. Auch ist

ist hier der Fichtelberg, mit den Quellen des Main's. Die vornehmsten Länder sind: die Markgrafschaften Bareuth (oder Culmbach,) und Anspach (oder Onolzbach,) die Hochstifter Eichstädt, Würzburg und Bamberg, die Grafschaft Henneberg, das Großmeisterthum Mergentheim, das Fürstenthum Hohenlohe, die Reichsstadt Nürnberg.

Bareuth oder Baireuth.

Bareuth, die Hauptstadt, hat 10,000 Einwohner, ehemals war es Culmbach.

Erlangen, eine schöne Stadt, mit einer Universität und 8000 Einwohnern, die lebhafte Nahrung treibt. Das Markgrafthum gehört jetzt dem Könige von Preußen, dem es der Markgraf, noch bey seinem Leben, 1792 abgetreten hat.

Anspach.

Gehört seit 1792 ebenfalls dem Könige von Preußen.

Anspach, die ehemalige Residenz, hat 12,000 Einwohner. Außer einer Porcellanfabrike, findet man hier keine eigentlichen Fabriken oder Manufacturen.

Schwabach, ist wegen der Schwabacher Druckschrift berühmt, die hier erfunden worden ist. Der hier herrschende Kunstfleiß erhält die Einwohner in gutem Wohlstande. Das Nadelmachen allein beschäftiget an 600 Perso-

 nen,

nen, die jährlich für mehr als 120,000 Gulden allerley Nadeln verfertigen und in ganz Europa versenden.

Fürth, ein wegen seiner vielen Künstler und Fabrikanten recht merkwürdiger Flecken. Die Zahl der Einwohner beläuft sich schon auf 16,000 Menschen, von welchen die Hälfte aus Juden besteht, und immer lassen sich noch neue Ankömmlinge aus Nürnberg und andern Orten hier nieder.

Heilbrunn, oder Heilbronn, hat Gesundbrunnen.

Eichstädt.

Eichstädt ist die Hauptstadt und Residenz des Bischofes.

Würzburg.

Würzburg, die Hauptstadt. Das Land ist fruchtbar, enthält 35 Städte, hat gute Frankenweine. Es liegt an den Ufern des Main's.

Bamberg.

Eines der schönsten Länder in Deutschland, hat Viehzucht, Getreide, Wein, Baumfrüchte, Safran, Süßholz, Feigen, Citronen, Pomeranzen, Wälder, Fische im Main. Es enthält 18 Städte, in der größten Länge 15 und in der größten Breite 10 Meilen.

Fol-

Folgende Geschichte zeigt uns, wie es vor alten Zeiten in Deutschland zuging, wie die Fürsten sich gegen einander verhielten, wie das Reich mit ihnen verfuhr, und in welchen Ehren man die Geistlichkeit hielt. Das Bambergische gehörte gewissen Grafen von Babenberg. Einer von ihnen hinterließ zwey Söhne, Reinhard und Albrecht, die den Bischof von Würzburg mit Krieg bezogen. Reinhard ward in der Schlacht im Jahre 902 von einem Grafen Conrad, der dem Bischof beystand, erstochen. Albrecht rächte seinen Bruder und tödtete Conraden. Darauf ward er von Conrads Bruder vor dem Reichsgerichte verklagt, stellte sich aber nicht. Conrad bezog ihn mit Krieg, belagerte ihn, ward seiner Person habhaft und ließ ihn enthaupten. Da Albrecht keine Erben hinterließ, fielen seine Besitzungen dem Reiche zu, und wurden in ein Bisthum (oder Hochstift) verwandelt, dessen Bischof sehr vornehme Bedienten bekam; denn es wurden vom Kaiser und Reich der König von Böhmen (jetzt der Kaiser) zum Oberschenken, der Churfürst von der Pfalz zum Obertruchseß, (der die Schüsseln auf den Tisch setzt,) der Churfürst von Sachsen zum Obermarschall, und der Churfürst von Brandenburg zum Oberkämmerer seiner Hochwürden Gnaden ernannt. Christus und Petrus hatten keine so vornehme Hausofficianten.

Bamberg ist die Hauptstadt und Residenz. Man will sagen, daß wenig Betriebsamkeit im Lande ist. Es kann daher kommen, weil der Boden, durch seine große Fruchtbarkeit, die Einwohner ohne Mühe ernährt; denn der Mensch überhebt sich der Arbeit gern sobald er kann, wenn er nicht schon, durch lange Gewöhnung, an der Arbeit so viel Vergnügen findet, daß sie ihm zum Bedürfniß geworden ist.

Die gefürstete Grafschaft Henneberg.

Sie theilt sich unter sieben Herren. Die merkwürdigsten Orte sind: Schmalkalden, eine ziemlich große Stadt, und Meiningen oder Meinungen.

Schmalkalden ist in der Kirchengeschichte berühmt, weil die Glaubensartikel des Doctor Luthers hier als ächte Wahrheit und Glaubensregel anerkannt wurden. Auch war es hier, daß die protestantischen Fürsten mit einander den berühmten Schmalkaldischen Bund 1531 machten, um sich vor den Angriffen der katholischen Mächte und besonders des mächtigen Kaisers, Karls des Fünften, zu schützen. Die Stadt mit ihrem Gebiete gehört dem Landgrafen von Hessen-Cassel.

Im Lande wurden in 79 Jahren, von 1597 bis 1676, 197 Hexen verbrannt, (wie viele mochten bloß gestäupt worden, oder auf der Tortur

Tortur gestorben seyn?) 1611 allein wurden 34 auf den Scheiterhaufen gebracht. Es ist wunderbar, daß Hexen, die sich nach Belieben verwandeln, die durch die Luft, durch verschlossene Thüren fahren, Leute von fern tödten konnten, sich fangen, foltern, stäupen, verbrennen ließen, und keinen Richter oder Henker etwas anthaten.

1717 wollte ein Fürst reformirte Franzosen aufnehmen, und hatte schon Befehle dazu gegeben. Allein ein Consistorialrath achtete es seiner schweren Pflicht und seinem Gewissen gemäß, dem Fürsten vorzustellen: „Daß er, „der Fürst, die Religion im Herzen habe, und „wohl erkenne; daß nur Eine Wahrheit sey „(was wohl richtig ist;) daß in seinen Landen „die allein seligmachende lutherische Wahr„heit in besonderm Segen allein gelehrt und „getrieben worden; daß er keine Seele seiner „Unterthanen in Gefahr setzen, und auf seine „Seele keine Verantwortung am jüngsten Tage „laden werde; daß, wenn gleich von den „Fremden dem Handel und den Gewerben „Vortheil erwachsen könnte, man doch nicht „Böses thun müsse, damit Gutes daraus „entstehe. Die Reformirten, sagte er, verläug„nen die Lehre Christi; und wer in der Lehre „Christi nicht bleibt, der hat keinen Gott.“ (Also haben die Juden auch keinen Gott.)

1715 schrieb ein Fürst folgendes Rescript an seine gesammten Unterthanen:

„— Nachdem nächst künftigen Freytag „eine sichtbare Sonnenfinsterniß seyn wird, „mithin dem Vieh sehr schädlich fallen dürfte, „wenn selbiges alsdann auf die Weide getrie„ben würde: so ist hiermit Unser gnädigster „Befehl, daß alles Vieh an gedachtem Freytag „in den Ställen gehalten werde.“

Mergentheim.

Der deutsche Ritterorden wurde 1190 zu Jerusalem gestiftet. Die Muhamedaner vertrieben ihn; die Ritter flüchteten nach Venedig, dann nach Marburg in Hessen, von da nach Marienberg in Preußen, dessen sie sich bemächtigten, und es nachher wieder verloren. Nun hat der Orden noch einige Besitzungen in Deutschland, wozu Mergentheim gehört, welches der Sitz des Großmeisters, d. h des Oberhauptes des Ordens, ist. Die Absicht seiner Stiftung war, das Christenthum in dem Jüdischen Lande gegen die Muhamedaner zu beschützen; jetzt ist das Geschäft der Ritter, ihre Pfründen zu verzehren. Dieses wichtige Amt zu besorgen, werden nur Herren vom hohen Adel angenommen.

Hohenlohe.

Dieses kleine Fürstenthum, das zehn Städtchen enthält, ist unter sechs Fürsten getheilt. Es

Es ist hier eine Salzquelle, die alle Stunden 60 Tonnen Sole giebt.

Nürnberg.

Eine grosse, alte Stadt, mit engen und krummen Gassen, eine der berühmtesten in Deutschland wegen ihres Kunstfleisses. Vor diesem besass sie in den Handwerken und Künsten manche Geheimnisse, die nunmehr aber allgemein bekannt sind; allein der Zwang, den die Zünfte deswegen den Meistern und Gesellen auflegten, um die Geheimnisse nicht verbreiten zu lassen, sind geblieben. Die mehresten Landcharten sind bisher von Nürnberg gekommen. Die vorzüglichste Geschicklichkeit der Nürnberger bestand in Metallarbeiten; sie haben den Caffeebrenner und die Caffeemühle erfunden; sie treiben einen starken Handel mit Canarienvögeln nach Deutschland, Holland, England und der Türkey. Der starken Concurrenz ungeachtet erhält sich der Nürnbergsche Handel noch immer; das kommt von ihren billigen Preisen, und diese erhalten sich durch die Mässigkeit und Arbeitsamkeit, und durch die Erfindung der Maschinen, die man in Nürnberg viel früher gemacht hat, als irgendwo. Manche Waaren, z. B. Saitendrat lässt man noch immer aus Nürnberg kommen, weil man ihn nirgends so wohlfeil bekommt. — Schon im dreyzehnten Jahrhundert gab es hier Gold- und Messerschmieschmiede, ꝛc. im vierzehnten machte man Papier aus Lumpen, Drat, Stecknadeln, Karten, Pulver und Geschütz. 1517 wurde hier das Schloß zu den Schießgewehren erfunden; 1540 erfand Ehrmann die Thürschlösser, die man von beyden Seiten öffnen und schließen kann; 1560 ward die Windbüchse erfunden.

Bis zu Anfang des sechzehnten Jahrhunderts trugen die Franzosen langes Haar. Franz der Erste ließ sich die Hare abstumpfen, und jedermann stumpfte sich die Haare ab. Nachher wurde das lange Haar so beliebt, daß man es mit falschem verlängerte; die Perücken entstanden, und die Mode ward so herrschend, daß 1626 alle artige Herren, und 1660 die Geistlichen selbst Perücken trugen. Jetzt darf ein Geistlicher kaum sein eignes Haar behalten. 1518 wurden in Nürnberg schon Perücken gemacht, und ein Herzog zu Sachsen bestellte dort eine, die hübsch kraus und geel wäre. 1500 heißt es noch in einer Schrift: „Weib, erschrickst du nit, wann du frembd „Haar zu Nacht auf deinem Kopf hast, und „etwa von einer todten Frau, zum Schaden „deiner Seele?“ In einem andern Buche heißt es: „Ist das nicht eine lose Leichtfertig„keit? Diese lange Haare, also herunterhan„gend, sind rechte Diebeshaar; und von den „Wälschen, (den Franzosen) welchen, um eine

„Misse-

„Missethat willen ein Ohr abgeschnitten, er„dacht worden, damit sie es bedecken mögen.“ 1703 verbot der Papst den Geistlichen die Perücken. 1716 wurde die erste Perückenmacherinnung errichtet.

In Nürnberg ward die erste Dratziehermaschine erfunden; den Namen des Erfinders weiß man nicht, er verdient aber unsern Dank.

Die Stadt enthält 30,000 Einwohner; ehemals hatte sie mehr. Obgleich die Stadt eine freye Reichsstadt ist, ist der Bürger doch nicht frey, sondern nur der Unterthan der Patricier (d. h. der Edelleute.) Nur 19 Familien können zur Würde eines Rathsherrn gelangen. Die Rathsherren regieren unumschränkt, sind den Bürgern keine, und nur dem Kaiser, in eigner Person, Rechnung abzulegen schuldig. Sie verordnen die Auflagen, die sie unter sich theilen; sie treiben kein Gewerbe. Diese Einrichtung, die man aristokratisch nennt, hat 1198 ihren Anfang genommen.

Die Abgaben der Bürger sind 1. die Losung, bestehend in dem hundertsten Theile des ganzen Vermögens, die zuweilen bis auf den doppelten Ertrag erhöhet wird.

2. Jährlich 4 Floren, um das Bürgerrecht zu behalten. —

Es giebt noch andre starke Abgaben. Eine mittelmäßige Leiche kostet 500 bis 600 Gulden; eine Hochzeit 800 bis 1200; eine Kind-

taufe

taufe 100. Dabey muß man eine Menge Leute bezahlen, man mag sie brauchen oder nicht. Wer Wein in seinen Keller legen will, muß fürs erste das Recht dazu theuer bezahlen; dann darf er es mit seinen eignen Leuten nicht hinunter bringen, sondern er muß die vom Rathe dazu bestellten Leute bezahlen; dann kommen Visitatoren, die er bewirthen muß. Am Neujahrstage kommen wieder alle Kirchen-, Accise-, Policey- ꝛc. Bediente, die für ein Geschenk gratuliren.

Die Strafen waren vormals hier, wie überall, sehr strenge. 1550 wurde ein Jude, aus Gnade, enthauptet, weil er sich für einen Christen ausgegeben hatte. — 1560 ward ein Notarius lebendig verbrannt, weil er ein falsches Testament gemacht hatte.

Den Nürnbergern ist es bey schwerer Strafe verboten, nach den benachbarten Dörfern in fremden Gebiet, spazieren zu gehen und etwas zu verzehren. Es wird aber darüber — wie über unvernünftige Gesetze gemeiniglich — nicht gehalten. Aber so lernt der Unterthan die Gesetze verachten.

Altorf, eine Stadt mit einer Universität, gehört Nürnberg. Hier erfand ein Mann, Namens Prätorius, im Jahr 1580, den Meßtisch.

Der

Der Obersächsische Kreis.

Er enthält 2000 Quadratmeilen, 3,700,000 Einwohner und 16 Herrschaften. Die vornehmsten sind: die Mark Brandenburg, das Herzogthum Pommern, das Fürstenthum Anhalt, das Churfürstenthum Sachsen.

Die Mark Brandenburg.

Sie wird in die Churmark, westwärts von der Oder, und Neumark, ostwärts, getheilt; erstere wiederum in die Mittelmark Uckermark, Altmark und Priegnitz Die Flüsse darin sind: die Oder, die Spree, die Havel und die Elbe, die mit einander durch Canäle verbunden sind. Sie enthält 664 Quadratmeilen, über 1,000,000 Seelen, 137 Städte, und über 3000 Dörfer.

In der Mittelmark bemerken wir Berlin, Potsdam, Spandau, Brandenburg, Neustadt, Eberswalde, Frankfurt an der Oder.

Berlin, eine große Stadt, von ungefähr 150,000 Seelen, an der Spree, soll, im Ganzen genommen, die schönste Stadt in Europa seyn. Anfänglich, im zwölften Jahrhunderte, war es ein bloßes Fischerdorf. Unter den letzten Regierungen erst ist es so groß und prächtig geworden. Man zählt darin 32 Kirchen, 268 Straßen, wovon die eine beynah eine halbe Meile lang ist, 10,000 Wohnhäuser, 36 Brücken, 13 Thore, eine Menge Paläste und öffentliche Gebäude, worunter das Schloß, das Zeughaus und das Opernhaus die schönsten sind. Es sind hier allerley Manufacturen und Fabriken.

Potsdam, eine große Stadt von 28,000 Einwohnern, an der Havel, fast ganz neu und prächtig gebaut. Sie hat allerley Merkwürdigkeiten: 1. eine große Säbel- und Gewehrfabrike; 2. den Obst- und Weinbau; es werden an 800 Oxhoft Wein jährlich gekeltert; 3. das große Waisenhaus, in welchem mehr als 5000 Soldatenkinder erzogen werden. Es hat 21 Lehrer; braucht jährlich über 2000 starke Fuder Holz; alle Tage einen Wispel Mehl zu Brod; zu einer Mahlzeit 40 Scheffel Mohrrüben. Vor allen Dingen aber ist Potsdam dadurch berühmt, daß Friedrich der Zweyte seine Residenz daselbst hatte.

Spandau, eine Festung am Zusammenfluß der Havel und der Spree.

Brandenburg, an der Havel, hat der ganzen Mark seinen Namen gegeben.

Plauen ist wegen seines Canals merkwürdig. Dieser Canal, der die Havel mit der Elbe verbindet, wurde 1743 angelegt; er ist über vier Meilen lang.

Fehr-

Fehrbellin ist durch den Sieg Friedrich Wilhelms über die Schweden 1675 berühmt.

Unweit Fehrbellin ist der sogenannte Königshorst, ehedessen ein morastiger unzugänglicher Wald, 5 Meilen lang und anderthalb breit. König Friedrich Wilhelm ließ ihn 1719 bis 1738 urbar machen. Man fand Bernstein, und 14 Schuh tief in der Erde ganze Eichbäume. Nun ist es guter Acker und vortreffliche Viehweide. So sind in der Mark viele Sandwüsten und Moräste in nützliche Wiesen und fruchtbare Aecker umgeschaffen worden.

Neustadt Eberswalde hat große Messerfabriken, Kupfer- und Blechhammer. Hier ist der Finowcanal, der die Havel mit der Oder verbindet; er wurde 1743 gemacht.

Freyenwalde, an der Oder, hat Bäder und ein Alaunenwerk.

Frankfurt an der Oder, eine Universität und der Ort einer großen Messe. In dieser Gegend, beym Dorfe Kunersdorf, wurde Friedrich den 12ten August 1759 von den Russen geschlagen. Den 27ten Aprill 1785 überschwemmte die Oder plötzlich ihre Ufer. Der Prinz Leopold von Braunschweig, Chef des dortigen Regiments, suchte für die Leute Hülfe, die in der Ueberschwemmung in Gefahr waren, und fand niemanden, der es wagte, zu helfen. Da sprang er selbst in einen Kahn, um Rettung zu versuchen, und andern Muth zu machen, ward aber umgeworfen, und verlor das Leben.

Neustadt an der Dosse, mit seiner Spiegelfabrike, Teltow und Ruppin sind noch ziemlich bekannt.

In der Altmark ist Stendal; in der Priegnitz Havelberg; in der Uckermark der Uckersee, Prenzlow, und Schwedt zu bemerken.

Die Neumark, überaus sandig, ist durch den Fleiß der Einwohner zu einem ziemlich fruchtbaren Lande umgeschaffen worden. Küstrin, am Zusammenfluß der Oder und Warte, eine Festung, die 1758 von den Russen ganz eingeäschert, nachher aber prächtiger aufgebaut wurde, ist der vornehmste Ort. Hierbey liegt das Dorf Zorndorf, wo die Russen 1758 geschlagen wurden. Die Madue ist ein See, wo außerordentlich große Muränen, die man nur in Italien wieder findet, gefischt werden. Sonnenburg ist das Heermeisterthum des Johanniter Ritterordens, der auch zu Jerusalem gestiftet wurde, und auch Maltheserorden, und Jerusalems Ritterorden genannt wird. Züllichau hat ein berühmtes Waisenhaus.

Pom-

Pommern.

Die Oder theilt es in Vor und Hinterpommern. Ein Theil von Vorpommern gehört dem König von Schweden; das übrige dem König von Preussen. Es enthält 507 Quadratmeilen, 500,000 Seelen, 54 Städte und 2238 Dörfer.

Die Oder bildet hier den See, **Haf** genannt, die beyden Inseln **Usedom** und **Wollin**, und fällt bey **Penamünde** und **Swinemünde** ins Baltische Meer.

In Schwedisch Pommern bemerken wir **Stralsund**, die Hauptstadt, und die Insel **Rügen**.

In Vorpommern **Stettin**, die Hauptstadt, eine Festung, ein Haven und Handelsplatz; und **Anklam**.

In Hinterpommern, **Stargard**, **Camin**, **Colberg**, die Herzogthümer **Cassuben** und **Wenden**.

Stettin treibt eine ziemliche Seehandlung, versorgt mit allerley Waaren Pommern, die Mark, Schlesien, und bringt inländische Waaren ins Ausland. Im Jahr 1786 wurde in Stettin eingeführt:

Franzwein	26,868	Oxhoft.
Materialwaaren	12,372	Centner.
Thee	12,868	Pfund.

Syrup	63,975	Centner.
Rosinen	9,770	—
Talg, Licht, Seife	23,100	—
Farbeholz	30,522	—
Heering	16,394	Tonnen.
Thran	14,625	—
Salz	30,520	—
Leinsaat	20,180	—
Tabak	11,106	Centner.

Ausgeführt:

Tabak	22,099	Centner.
Holz für	556,737	Thaler.
Salz	146,952	Tonnen.?
Mauersteine	2,416	Hundert.
Etamine	2,228	Stück.
Tuch	3,366	Stück.
Glas für	11,873	Thaler.
Obst	5,779	Tonnen.

Preußische Münzen:

Friedrichdor	5 Rthlr. Sächsisch.
Ducaten	2 Rthlr. 18 bis 20 Gr.
Thaler	24 Gr.
Groschen	12 Pfenn.

Das Preußische Currant steht unter dem Sächsischen; für 5 Thaler Sächsisch giebt man 5 Thaler 8 oder 10 Groschen Preußisch.

Geschichte.

Geschichte.

Das Preußische oder vielmehr Churbrandenburgische Haus, ist wegen seiner besondern Schicksale, seines schleunigen Wachsthums und mehrerer berühmten Regenten, merkwürdig.

Jetzt besitzt dieses Haus, außer der Mark und dem größten Theile von Pommern, Preußen, ein Stück von Polen, den größten Theil von Schlesien, die Herzogthümer Magdeburg, Cleve, Geldern, die Fürstenthümer Halberstadt, Minden, Mörs, Ostfriesland, Neuenburg und Valengin, die Abtey Quedlinburg, die Grafschaften Wernigerode, Hohenstein, Ravensberg, Tecklenburg und Lingen, Mark und einen Theil von Mansfeld. Insgesammt ungefähr 3600 Quadratmeilen, 550 Städte, 20,000 Dörfer, und etwa 6,000,000 Seelen. Diese Macht ist zwar an und für sich mittelmäßig, und mit der Macht des Oestreichischen Hauses, von England, Frankreich, Polen, Rußland gar nicht zu vergleichen. Dem ungeachtet hat Preußen eine große Rolle in Europa gespielt, weil es mehrere Regenten von vorzüglichen Eigenschaften gehabt hat.

Es ist nicht immer so gewesen wie jetzt. Das Land war, wie fast ganz Deutschland, eine Wildniß, Berlin ein Fischerdorf. Der Kaiser Karl der Große führte einige Policey ein, nachdem er die rohen Brennen, Bewohner der Mark, im achten Jahrhundert überwunden hatte. Kaiser Otto der Erste stiftete 949 das Bisthum Brandenburg, und andre, das Volk zum Christenthum zu bringen. 928 erhob Kaiser Heinrich der Vogelsteller die Mark zu einem Markgrafthum, d. h. zu einem Gränzgouvernement. 1133 ward Albrecht der Bär zum Churfürsten ernannt; er fing an Berlin zu bauen.

Im Jahr 1415 gab Kaiser Siegmund dem Grafen von Hohenzollern, Friedrich dem Ersten, die Mark Brandenburg. Dieser ist der Stammvater der jetzigen Könige. Er hatte weiter nichts in dieser Gegend, als die Mittel- und Altmark und Priegnitz. Die Herzoge von Pommern hatten die Uckermark erobert, und die Neumark war an die Deutschen Ritter in Preußen verpfändet. In seinen Landen hatte Friedrich wenig Macht; der Adel widerstand ihm, und er mußte denselben mit seiner grossen Kanone, seinem einzigen Stück Geschütz, zum Gehorsam bringen. Er eroberte die Uckermark wieder.

Friedrich der Zweyte, bekam die Niederlausitz, die ihn zu ihrem Oberherrn wählte; schlug die Kronen von Böhmen und Polen aus, die ihm angeboten wurden; lösete die Neumark aus, und erbte die Grafschaft Wernigerode.

Johann Siegmund erbte 1618 einen Theil von Preußen, Cleve, und die Grafschaften Mark und Ravensberg, nahm die Lehre

Cal-

Calvins 1614 an. Ihm folgte 1619 sein unglücklicher Sohn, Georg Wilhelm. 1618 war der dreyßigjährige Krieg schon ausgebrochen; er heißt so, weil er 30 Jahre bis 1648 währte, wo er durch den Westphälischen, oder Osnabrückischen Frieden geendigt wurde. Er entstand wegen Böhmen, verwandelte sich aber einigermaßen in einen Religionskrieg. Der Kaiser, Ferdinand der Zweyte, nebst den andern katholischen Mächten Deutschlands, griff die meisten protestantischen Fürsten an, und war mehrentheils glücklich. In dem Clevischen waren die Holländer mit den Spaniern handgemein. Wilhelm war erst auf die Seite des Kaisers getreten; die geschlagenen Feinde plünderten die wehrlose Mark. Die Polen schlugen sich zur kaiserlichen, Dänemark und Schweden zur protestantischen Partey.

Gustav Adolph, König von Schweden, landete in Pommern, und das nächste war ihm die Mark. Wilhelm ließ geschwind Wälle vor den Thoren Berlins aufwerfen, Kanonen darauf pflanzen und die Bürger bewaffnen. Gustav kam vor die Thore, ließ den Churfürsten um seine Festungen Küstrin und Spandau ersuchen; Wilhelm berief seinen Rath zusammen, und das Ende jeder Berathschlagung war: Was wollen wir anfangen? Sie haben Kanonen. Man ließ Gustav ein, der die

Thore und das Schloß besetzte, und die Schlüssel zu den Festungen bekam.

Gustav wollte Magdeburg entsetzen, kam zu spät, Tilly eroberte und zerstörte es den 10ten May 1631. Gustav blieb in der Mark, Wilhelm mußte die kaiserliche Partey verlassen; kaum war dieß geschehen, so verlor Gustav in der Schlacht bey Lützen in Sachsen das Leben. Brandenburg und andre Städte wurden binnen 6 Wochen von den Kaiserlichen, als Feinden, einmal, und von ihren Freunden, den Schweden, zweymal geplündert; man denke sich, wie das platte Land aussah.

Zu der Zeit starb der Herzog von Pommern, und dieß Land fiel dem Churfürsten zu; aber die Schweden nahmen es in Besitz. Georg Wilhelm, der bey den Schweden keinen Schutz fand, ging wieder zum Kaiser über, und die Schweden überschwemmten die Mark. So gings bis der Churfürst 1640 starb.

Friedrich Wilhelm, sein Sohn und Nachfolger, war 20 Jahr alt. — Pommern und ein großer Theil der Churmark waren in den Händen der Schweden, Cleve von den Holländern und Spaniern überschwemmt und zerrüttet; die Commandanten von Küstriu und Spandau wollten dem Churfürsten nicht gehorchen; dieser hatte also fast nichts in Händen. Den Commandanten von Spandau ließ Friedrich Wilhelm auffangen und enthaupten; dieses

Bey-

Beyspiel brachte den von Küstrin zur Ordnung; den Schweden gab er Geld um seine Provinzen zu räumen. Der Westphälische Friede stellte die Ruhe in Deutschland und Holland wieder her; Wilhelm bekam Hinterpommern, und für Vorpommern, welches die Schweden behielten, bekam er Hohenstein, Minden, Halberstadt, Camin, und die Anwartschaft auf Magdeburg.

Heinrich der Vierte von Frankreich hatte im Jahre 1598 zu Nantes ein Edict gegeben, wodurch er den Calvinisten in seinem Lande Religionsfreyheit gewährte; 1685 hob Ludwig der Vierzehnte dieses Edict auf. Die Calvinisten sollten bey Galeeren- und Todesstrafe ihre Gottesverehrung nicht mehr feyern, und man versuchte sie durch Zwang zur katholischen Kirche zu bringen. Viele tausend Französische Calvinisten verließen ihr Vaterland, ihre Familien und Vermögen, und zogen nach der Schweiz, nach England, Holland, und etwa 20,000 in die Mark, die sie bevölkerten und mit ihrer Betriebsamkeit bereichern halfen.

Churfürst Friedrich Wilhelm war der erste in Brandenburg, der eine stehende Armee errichtete. Sie war freylich noch klein. Er regierte 48 Jahr, und starb 1688.

Friedrich der Dritte, sein Sohn, nahm den Titel eines Königes von Preußen 1701 an. Er heißt.

heißt als solcher, Friedrich der Erste. Die Akademie der Wissenschaften in Berlin dankt ihm ihre Stiftung. 1707 kaufte er die Grafschaft Tecklenburg, und erbte das Fürstenthum Neufchatel oder Neuenburg.

1710 wütheten in Preußen Pest und Hungersnoth. Der König, der zu viel an eitle Pracht verschwendete, und dem man einen Theil der Noth verhehlte, ließ das Volk hülflos, so daß 200,000 Menschen umkamen, die man mit etwas Brod gerettet haben würde.

1711 erbte er einen Theil der Grafschaft Mansfeld. Er starb 1713. Seine Eitelkeit hatte viel Schaden gethan. Um einen Ring gab er 15,000 Mann von seinen Truppen; und beynah hätte er Halberstadt verpfändet, um einen Diamanten zu kaufen. War er Regent um das Wohl des Volkes zu befördern?

Desto sparsamer war Friedrich Wilhelm der Erste, der wie ein Bürger lebte. Er erbte Limburg, bekam Stettin und einen Theil von Schwedisch-Pommern, baute Potsdam, das ein Fischerdorf war, vergrößerte Berlin, errichtete Fabriken, zog Calvinisten ins Land, bereisete seine Provinzen alle Jahre, beförderte die Erziehung der Jugend, schaffte die Premierminister ab, und verstärkte seine Armee, die er disciplinirte, bis auf 60,000 Mann, welche zur Hälfte Fremde waren. Er starb 1740.

Friedrich

Friedrich der Zweyte eroberte den größten Theil von Schlesien 1741, und kaufte Glatz, führte 1744 wieder gegen Oestreich Krieg. Zwischen 1756 und 1763 war der schreckliche siebenjährige Krieg, wo Friedrich mit Braunschweig und England, gegen Oestreich, das übrige Deutschland, Rußland, Schweden und Frankreich zu kämpfen hatte. Beynah unterlag er; der Tod der Russischen Kaiserin Elisabeth rettete ihn. Er verlor keinen Theil seines Landes. Im Frieden suchte er seinem Lande wieder aufzuhelfen, er bevölkerte, baute, machte Sümpfe urbar, grub Canäle, legte Fabriken und Manufacturen an, vertheilte große Summen an Hülfsbedürftige, machte die Wissenschaften und Künste blühend, verbesserte die Justiz, arbeitete an der Vervollkommnung der Gesetze, und brachte seine Armee auf 200,000 Mann. Seit dem 17ten August 1786 vermißt ihn sein Volk. Sein Neffe, der nun auf dem Throne sitzt, heißt Friedrich Wilhelm der Zweyte. Bey seiner Thronbesteigung nannte man ihn den Vielgeliebten.

Das Fürstenthum Anhalt.

Es liegt an der Sale und Elbe; theilt sich in Dessau, Berenburg, Zerbst und Köthen. Dessau ist wegen seiner Erziehungsanstalt, das Philanthropin genannt, berühmt.

Chur-

Chursachsen: oder Länder der Albertinischen Linie.

Die Besitzungen des Churhauses bestehen in dem 1. Churkreis oder Herzogthum Sachsen; 2. dem Thüringischen Kreis; 3. dem Meißnischen Kreis; 4. dem Erzgebirgischen Kreis; 5. dem Leipziger Kreis; 6. dem Vogtländischen Kreis; 7. dem Neustädtischen Kreis. Zusammen 233 Städte und 2791 Dörfer.

Man schätzt alle dem Churhause gehörige Länder auf 736 Quadratmeilen, (die im Obersächsischen Kreise auf 550,) und nicht viel unter 2 Millionen Seelen. Das Clima ist schön, der Boden mehrentheils fruchtbar; die Bewohner betriebsam im Ackerbau, besonders aber in Manufacturen, Fabriken und Handlung, daher auch das Land wohlhabend ist.

Die Elbe ist der vornehmste Fluß; dann die Saale; die Elster giebt Perlmuscheln.

Der Bergbau, in welchem die Sachsen vorzügliche Fertigkeit besitzen, wird noch durch eine Bergakademie zu Freyberg befördert. Flüsse und Gebirge geben etwas Gold, das Erzgebirge viel Silber, Zinn, Kupfer, Bley und allerley andre Mineralien, besonders eine schöne blaue Farbe, auch einige Edelgesteine von geringerer Art. Die Schafzucht ist sehr verbessert worden, auch führt Sachsen Butter aus.

Es

Es werden leinene, wollene und seidne Zeuge gewebt, Flachs, Tabak, Seide und Wein erzeugt. Wissenschaften und Künste werden stark betrieben. Durch das ganze Land sind die Wege sehr gut und meistentheils Chausseen.

Der Churkreis.

Wittemberg an der Elbe, der Geburtsort Luthers, die älteste protestantische Universität, wo Luther die Reformation 1517 anfing; ehemals die Residenz der Churfürsten.

Barby am Zusammenfluß der Saale und Elbe, und **Gnadenau** sind wegen der **Brüdergemeinen** oder **Herrenhuter** berühmt, die hier ansehnliche Niederlassungen haben. Letzteres ist erst 1767 angelegt.

Der Thüringer Kreis.

Es ist nur der nördliche kleinere Theil der ehemaligen Landgrafschaft Thüringen, welche sich von der Elbe bis Hessen und Franken erstreckte.

Schulpforte, eine der drey Sächsischen Fürstenschulen, ehemals ein Kloster.

Naumburg, am Zusammenfluß der Unstrut und der Saale, mit einer beträchtlichen Messe und 8000 Einwohnern.

Die Deutsche Ordens-Balley Thüringen.

Roß-

Roßbach, ein Dorf, wo der König von Preußen 1757 die Franzosen schlug.

Langensalza, mit wichtigen Seiden- und Wollenmanufacturen, und Kornhandel.

Weißenfels, an der Saale.

Die Thüringischen Gebirge geben Wein.

Der Chursächsische Antheil an der Grafschaft Mansfeld enthält eine Menge reichhaltiger Kupferbergwerke in Schiefer, in welchem man häufig Abdrücke von Fischen, und zuweilen von Kornähren findet. Dabey sind die mäßigen Berge nicht unfruchbar.

Eisleben, ist durch Luthers Wohnung berühmt.

Das Schwarzburgische Fürstenthum Sondershausen zahlt dem Churfürsten einen Schoß.

Der Meißnische Kreis.

Hier sind viele Sandsteingebirge; man findet Krystal, Amethist und Achat. Die Granitberge an der Elbe zwischen Dresden, Meißen uud Pilnitz bringen Wein.

Meißen, der ehemalige Sitz der Markgrafen von Meißen. Hier ist die zweyte unter den drey Fürstenschulen, die ehemals ein Kloster gewesen. In dem ehemaligen Schlosse ist 1710 die erste Porcallanfabrike in Europa angelegt worden. Ein gewisser Bötticher, ein Apotheker,

theker, der des vermeinten Goldmachens wegen aus Berlin flüchtete, laborirte dort, und fand statt des Steines der Weisen das Porcellan. Die Kunst, es zu machen, wird jetzt noch geheim gehalten; die Oefen und Zubereitung der Masse wird niemand gezeigt, und es ist bey Strafe des Galgens verboten, Porcellanerde aus dem Lande zu bringen. Dem ungeachtet hat man im Braunschweigischen und zu Berlin Porcellan zu machen gewußt, das aber freylich die Güte und Dauer des Meißnischen nicht erreicht. Die erste Erfindung des Porcellans gehört nach China.

Dresden, die Hauptstadt des Landes und Residenz des Churfürsten, mit 50,000 Einwohnern, an der Elbe, worüber eine Brücke von 552 Schritten geht. Die Stadt ist eine der schönsten in Europa, in einer äußerst angenehmen Gegend. Es sind darin viele Meisterstücke der Baukunst und Bildhauerey, besonders eine berühmte Bildergallerie; die Musik der Churfürstlichen Kapelle wird bewundert. Auch sind hier große Sammlungen von Kupferstichen, Münzen, Kunstwerken, Naturalien, und Antiken. Das grüne Gewölbe ist durch seine kostbaren Kunstwerke Diamanten, Silber- und Goldarbeit berühmt. Es sind in der Stadt Fabriken und Manufacturen aller Arten.

Pilnitz, ein Lustschloß, ist durch die Zusammenkunft des Kaisers, Königes von Preussen und Churfürsten von Sachsen daselbst im Jahr 1791 merkwürdig.

Der Plauensche Grund, ein sehr schönes Thal.

Pirna, wegen des Lagers 1757 bekannt.

Die Festung Königstein auf einem Felsen.

Torgau, eine Festung an der Elbe.

Der Erzgebirgische Kreis.

Wegen der vielen Gebirge und der starken Bevölkerung reicht das Land zur Nahrung seiner Bewohner, ihres Fleißes ungeachtet nicht zu. Roggen wird wenig, und Waitzen noch weniger gebaut; Erbsen und Linsen kommen nicht fort. Dafür aber ist der Flachsbau und die Viehzucht wichtig Die Gebirge machen das Clima rauh und den Winter lang. Nebst allerley Manufacturen in Leinen und Wolle, wird der Bergbau, die Metall- und Steinarbeit stark getrieben.

Freyberg, die Hauptstadt, der Sitz einer Bergakademie und verschiedener Fabriken, hat 10,000 Einwohner, deren ein großer Theil vom Bergbau lebt.

Chemnitz, ehemals eine Reichsstadt, treibt starke Manufacturen und großen Handel, und wird

wird, nach Leipzig, für die größte Handelsstadt in Sachsen gehalten.

Der Leipziger Kreis.

Leipzig, an der Pleiße und Elster, eine Universität und eine von den größten Handelsstädten in der Mitte Deutschlandes, besonders aber der Mittelpunkt des ganzen Deutschen Buchhandels, ist schön gebaut, hat 30,000 Einwohner, und einige gelehrte Gesellschaften. Zwey große Messen versammeln hier von fernher eine große Menge Kaufleute.

Grimma, die dritte Fürstenschule, an der Mulde.

Merseburg, an der Saale.

Lützen, eine kleine Stadt, wo Gustav Adolph 1632 die Kaiserlichen schlug und starb.

Altranstädt, ein Dorf, wo der Churfürst August der Dritte mit dem König Karl dem Zwölften Frieden machte, und den Polnischen Thron aufgab 1706.

Dürrenberg, ein Dorf mit wichtigen Salzwerken, an der Saale.

Lauchstädt, mit einem Bade und Sauerbrunnen.

Hubertsburg, ein Schloß, wo 1763 der Frieden, zwischen Sachsen und Oestreich einer Seits und Preußen und Braunschweig andrer Seits, geschlossen wurde.

Der Vogtländische Kreis.

Er ist ein Theil des Vogtlandes, von welchem der Markgraf von Bareuth und die Grafen Reuß das übrige besitzen.

Im Sächsischen Vogtlande ist vorzüglich **Plauen** wegen seiner blühenden Mussellin- und Baumwollen-Manufacturen zu merken, womit sich der größte Theil seiner fleißigen Einwohner beschäftiget.

Noch bemerken wir den **Schneckenstein**, einen reichen Topasfelsen in diesem Kreise, aus dem jährlich eine Menge Edelsteine gebrochen werden.

Das kleine Städtchen **Schöneck** hat das seltene Privilegium, daß es von allen Landesherrlichen Abgaben befreyt ist, und dafür dem Churfürsten bloß bey seiner persönlichen Gegenwart 5 Pfund Schwäbische Heller entrichtet.

Der Neustädtische Kreis

ist der kleinste. Die Einwohner sind fleißige Spinner und Weber; außerdem leben sie vom Acker- und Feldbau. Die Städtchen **Weida** und **Neustadt** gehören hieher.

Außer den angeführten Ländern besitzt der Churfürst von Sachsen noch die beyden Markgrafthümer **Ober-** und **Niederlausitz** und einen Theil von **Henneberg**.

Die Sachsen sind Lutheraner; der Churfürst, jetzt Friedrich August der Dritte, bekennt sich zur katholischen Religion.

Sächsische Herzogthümer, oder Länder der Ernestinischen Linie.

Sie bestehen aus den zum Obersächsischen Kreise gehörigen Fürstenthümern, Weimar, Eisenach, Gotha, Altenburg und Coburg.

Das Fürstenthum Gotha.

In Süden enthält es einen großen Theil des Thüringer Waldes, eines Gebirges, wo fast gar kein Getreide wächst. Der andre Theil vom Lande ist sehr fruchtbar und hat Ueberfluß. Es herrscht auch hier ungemeine Betriebsamkeit.

Gotha, an der Leine, die Residenz Herzog Ernsts des Zweyten. Ihm gehört auch

das Fürstenthum Altenburg.

Es treibt Ackerbau und Viehzucht, führt viel Butter aus, giebt Mühlen- und Schleifsteine. Das Fabrikwesen ist unbedeutend, die Spinnerey ausgenommen.

Altenburg, die Hauptstadt.

Das Fürstenthum Coburg.

Es theilt sich unter Sachsen-Coburg, Meinungen, Hildburghausen und Gotha.

Coburg, die Hauptstadt und Residenz des Herzogs.

Hildburghausen, die Residenz, an der Werra.

Das Fürstenthum Weimar

hat auch einen Theil vom Thüringer Walde. Viehzucht, Ackerbau, Spinnerey, Stricken und Weben, und die Arbeiten in den Steinbrüchen sind die Hauptgewerbe der Einwohner.

Weimar, die Residenz, ist durch seinen Herzog, Karl August, bekannt, der die Wissenschaften sehr befördert.

Jena, eine berühmte Universität, die allen Ernestinischen Linien gemeinschaftlich zugehört, an der Saale, in einem tiefen langen Thale.

Das Fürstenthum Eisenach.

Zum Theil im Thüringer Walde, gehört mehrentheils zu Weimar.

Eisenach, die Hauptstadt.

Geschichte Sachsens.

Der Name Sachsen hat in der Geschichte nach den verschiedenen Zeiten gar verschiedene Bedeutungen. Das mächtige Volk der Sachsen, welches sich zu Anfang des dritten Jahrhunderts aus seinen älteren Wohnsitzen in Holstein an die Südseite der Elbe gegen die älteren Thüringer hinzog, breitete sich, da die Franken nach Gallien gingen, in deren verlassenen Ländern aus,

aus, besetzte damals wahrscheinlich das heutige Niedersachsen und Westphalen, und behauptete die Länder von der Elbe gegen die Weser, bis an den Rhein und die Schelde hin.

Karl der Große bekriegte sie 32 Jahre 772 bis 804, eroberte ihre Festung Ehresburg, zerstörte die Irmensäule, zwang ihre Anführer, Wittekind und Albion, sich taufen zu lassen, gab dem Volke 805 gleiche Privilegien mit den Franken, suchte es, durch Versetzung vieler tausend Familien, zu schwächen, durch Christenthum, Bisthümer und Grafschaften ruhiger und gehorsamer zu machen. Gegen das zehnte Jahrhundert nahm Otto der Erlauchte den Namen eines Herzogs von Sachsen an. Heinrich von Sachsen, dessen Sohn, ward Kaiser. 950 kam das Herzogthum an den Grafen Hermann Billung. — Magnus, letzter Herzog vom Billungischen Stamme, (1073 bis 1106) hatte viele Händel mit Heinrich dem Vierten. Das Herzogthum kam nach seinem Tode an den Grafen Lüder von Supplinburg und Querfurt, den nachmaligen Kaiser Lothar, der es bey seiner Thronbesteigung dem Herzoge von Baiern schenkte, mit welchem die Welfische Linie anfing. Sein Sohn war Heinrich der Löwe, der, als er dem Kaiser Friedrich dem Ersten ungehorsam war, auf dem Reichstage zu Goslar 1176 in die Acht erklärt wurde. Cöln bekam Engern und Westphalen, Otto von Wittelsbach Baiern, die Herzoge von Pommern, Heinrichs Vasallen, wurden Reichsfürsten, Lübeck eine freye Reichsstadt, und Bernhard, Graf von Anhalt, ein Sohn Albrecht des Bären, ersten Markgrafen von Brandenburg und Stammvaters des Hauses Anhalt, bekam Sachsen, welches nunmehr sehr klein geworden war.

Thüringen bekam im zwölften Jahrhundert einen Landgrafen. Meißen, Leipzig, Chemnitz ꝛc. waren von den Sorben, einem cultivirten Slavischen Volke, das schon im fünften Jahrhunderte sich hier niedergelassen hatte, erbaut. Von den Land- oder Markgrafen von Thüringen stammt das jetzige Chursächsische Haus her.

Unter Otto dem Reichen (— — 1189) wurden die Freybergischen Bergwerke geöffnet, und die ersten Münzen in Meißen geprägt.

Rudolf der Dritte von Sachsen (1388 bis 1419) nahm zuerst den Titel eines Churfürsten von Sachsen an. Albrecht der Dritte, sein Sohn (1419 bis 1422) war der letzte vom Anhaltischen Stamme, und Friedrich der Streitbare, Markgraf von Meißen und Landgraf von Thüringen, bekam vom Kaiser Sigismund das Churfürstenthum. Dieser stiftete 1409 die Universität zu Leipzig.

Seine

Seine Söhne, Friedrich der Sanftmüthige und Wilhelm, theilten sich in sein Erbe. Letzterer, mit seinem Theil unzufrieden, griff seinen Bruder 1451 an; der Krieg war schrecklich. Zu seinem Vortheile raubte Kunz oder Conrad von Kauffungen 1455 die beyden Söhne Friedrichs, Ernst und Alberten, von Altenburg. Diese sind die Stammväter der beyden Sächsischen Linien, die bis jetzt noch getrennt sind.

Beyde Brüder regierten gemeinschaftlich das ganze Land Sachsen, Thüringen und Meißen, nach dem Tode ihres Vaters und ihres Oheims. 1485 theilten sie sich in die Länder. Ernst bekam den Churkreis und das meiste von Thüringen; Albert aber den größten Theil von Meißen, wozu Leipzig und Dresden gehörten. Unter ihrer Regierung ward das reiche Schneeberger Bergwerk entdeckt, ohne sie reich zu machen. Sie beschwerten das Land mit immer neuen Auflagen, weil viel auf Schmausereyen verwandt ward.

Churfürst Friedrich der Weise, verdient diesen Namen. Während seiner vierzigjährigen Regierung machte er den Flor seines Landes, und während seines Reichsvikariats, nach Kaiser Maximilians Tode, nützte er dem ganzen Reiche. Er schlug die Kaiserwürde aus, und Karln den Fünften zum Kaiser vor. Er starb 1525 ohne Erben. Unter ihm trat Luther auf.

Sein Bruder, Johann der Beständige, nahm das Lutherthum an und schützte die Reformation.

Sein Sohn Johann Friedrich, den man den Großmüthigen nennt, ein Freund vom Schmausen und blinder Folger seiner Räthe, ließ seine Truppen und den Schmalkaldischen Bund bey Mühlberg 1547 schlagen, indeß er in einer Kirche in der Nähe andächtig betete. Eben so ruhig sah er den Herzog Moritz, seinen Vetter aus der Albertinischen Linie, sich seiner Länder bemächtigen. Moritz rettete die Freyheit Deutschlandes, Johanns und Philipps des Großmüthigen, Landgrafen von Hessen, beyde in der Gefangenschaft, indem er den Kaiser bey Inspruck überfiel und zum Passauischen Vertrage 1552 zwang. Moritz brachte die Churwürde auf seine Familie (1551 bis 1553.)

Johann Georg (1611 bis 1656) sein jüngster Sohn, ließ sich von seinem Hofprediger regieren, der kaiserlich gesinnt war, und im dreyßigjährigen Kriege den Protestanten und dem Lande großen Schaden that. Beym Westphälischen Frieden 1648 bekam er die Lausitz, Merseburg, Naumburg und das Directorium des Corpus evangelicorum, einer Art von beständigem Reichstage der Protestanten, zur Behauptung ihrer Freyheiten.

Sein

Sein Sohn, Johann Georg der Zweyte, bekam, nebst der Churwürde den Meißner, Leipziger und Erzgebirgischen Kreis. Er und seine Nachkommen, Johann Georg der Dritte und Vierte (1656 bis 1694) waren unthätig. Friedrich August der Erste (1694 bis 1733) war fähig, liebte Pracht und Vergnügen; 1697 ward er katholisch und erhielt die Polnische Krone, die ihm Karl der Zwölfte von Schweden zu Altranstädt 1706 abnahm, die er aber 1709 unter dem Namen August der Zweyte wieder erlangte. Sein Sohn August der Dritte (1733 bis 1763) ward auch König von Polen; Sachsen aber ward in dem siebenjährigen Kriege von den Preußen hart mitgenommen, und mußte einen großen Theil der Kriegeskosten tragen. Jetzt regiert Friedrich August der Dritte seit 1768.

1770 bis 1772 war fast in ganz Deutschland eine schreckliche Theurung, die Sachsen, besonders aber die Gebirge, schrecklich drückte, und große Verwüstungen anrichtete. Die Thätigkeit des Volkes aber und die Milde der Regierung hat schon fast alles wieder gut gemacht. 1791 haben die Polen dem Churfürsten ihre Krone erblich angeboten.

Im Obersächsischen Kreise bemerken wir noch:

Die Grafschaft Hohenstein, Preußisch, wo Ellrich, an der Zorge, und wichtige Silberbergwerke, befindlich sind.

Die

Die Grafschaften Stolberg und Wernigerode, auf dem Harz. Letztere ist durch den Brocken oder Blocksberge, den höchsten Berg im Harz und in ganz Niederdeutschland, 3500 Fuß hoch, berühmt.

Die Abtey Quedlinburg, unter Preußischem Schutz.

Die Besitzungen der Grafen Reiß im Vogtlande; wo Gera an der Elster, eine ansehnliche Manufakturstadt, zu bemerken ist. 1780 brannte sie bis auf einige Häuser ganz ab.

Der Niedersächsische Kreis.

Man schätzt ihn auf 1420 Quadratmeilen und über 2,000,000 Seelen, unter 19 Herrschaften. Die vornehmsten Länder sind: Magdeburg, Halberstadt, Braunschweig, Wolfenbüttel, Braunschweig-Lüneburg, Holstein, Mecklenburg, das Bisthum Hildesheim, und die freyen Reichsstädte Lübeck, Bremen, und Hamburg.

Das Herzogthum Magdeburg.

Magdeburg, ist eine ziemlich große Stadt, an der Elbe, eine wichtige Festung und ansehnlicher Handelsplatz, welcher das Stapelrecht ausübt. Dieses besteht darin, daß keine Waare für

für Rechnung der Kaufleute durchgeht, ohne von einem Kaufmanne des Orts spedirt zu werden. Die berühmte Zerstörung Magdeburgs geschah folgendermaßen. Tilly hatte schon lange die Stadt belagert, und wollte sich zurückziehn, als am Sonntage, den 10ten May 1631, aus dem feindlichen Lager bemerkt wurde, daß die Wälle unbesetzt waren. Die Bürger waren in der Kirche, oder ruhten nach den Beschwerden der Vertheidigung. Tilly nahm den Augenblick wahr, drang in die Stadt, seine Soldaten erwürgten die Einwohner, Männer, Weiber und Kinder, plünderten die Häuser und zerstörten alles. Von 20,000 Menschen retteten kaum 1400 ihr Leben in der Domkirche. Endlich steckte der Feind die Stadt in Brand, und es blieb nichts als der Dom und 139 Fischerhütten übrig. Es giebt hier eine wichtige Fayancefabrik und ansehnliche Strumpfmanufacturen.

Der Bürgemeister Otto von Gerike erfand hier die Luftpumpe 1642.

In dem Saalkreise, welcher zu Magdeburg gehört, ist der Hauptort Halle, an der Saale, das auch Halle in Sachsen heißt. Die Universität ist berühmt; noch mehr aber die reichen Salzquellen, und die daran arbeitenden Halloren, eine besondre Nation, die sich durch Sitten und Kleidertracht von den übrigen unterscheiden. Die Salzsiedereyen gehörten ehedem

Pri-

Privatleuten. Da diese nicht alle Sohle verbrauchen konnten, ersuchte der König sie, ihm ihren Ueberfluß abzulassen. Sie gestanden es ihm zu; nach und nach erweiterte der König seine Kothen, dann verbot er den Privatköthern ihr Salz im Lande zu verkaufen, und, um seines los zu werden, mußten durch das ganze platte Land die Unterthanen eine gewisse Quantität Salz nehmen, sie mochten es brauchen oder nicht. Die Privatkothen sind so herunter gekommen, daß sie jetzt kaum noch so viele hundert, als sonst tausende, werth sind.

1698 stiftete der Prediger und Professor August Herrmann Franke ohne alles Vermögen, und bloß durch Collectengelder, die er zusammen brachte, das große Waisenhaus, worin 200 Kinder Erziehung und Verpflegung unentgeldlich finden, und viele Studenten Freytische haben.

Das Fürstenthum Halberstadt.

Es ist, sowohl als Magdeburg, an Ackerfrüchten reich und an Holz arm.

Halberstadt ist eine ziemlich große aber schlecht gebaute Stadt, voller Kirchen und Klöster. Es wird viel Rübsaat gebaut, woraus Brennöl geschlagen wird.

Das

Das Herzogthum Magdeburg und das Fürstenthum Halberstadt gehören dem Könige von Preußen.

Das Herzogthum Braunschweig.

Es hat seinen eignen Herzog, der in den Rescripten, die in seinem Namen ausgefertigt werden, die Hoheitsausdrücke: Wir befehlen gnädigst; Eure unterthänigste Bitte ꝛc. verboten hat, weil sie zu viel Stolz verrathen, und den Unterthan ohne Nutzen erniedrigen.

Die Städte Braunschweig, die Residenz des Herzogs, jetzt Karl Wilhelm Ferdinands, mit zwey Messen und 25,000 Einwohnern,

Wolfenbüttel, mit einer sehr berühmten Bibliothek, und

Helmstädt, eine Universität sind zu bemerken.

Das Tabaksrauchen ist nicht immer Mode gewesen; gegen das Ende des sechzehnten Jahrhunderts scheint es aufgekommen zu seyn, wo man es noch für Sünde hielt. Jacob der erste, König von England, schrieb 1619 eine Rede wider den Rauchtabak; ein Engländer enterbte seinen Sohn, weil er ihn über dem Rauchen betraf; in Rußland entschieden die Theologen, daß das Tabakrauchen eine Sünde sey, weil es in der Bibel heißt: Was zum Munde ausgeht, ist Sünde; und noch 1723 erließ

ein

ein Braunschweigischer Consistorialrath an alle Prediger eine Warnung gegen das Tabakrauchen.

Das Fürstenthum Blankenburg, am Harz, gehört dem Herzog von Braunschweig. Hier ist ein guter Marmorbruch und die Baumannshöhle. —

Man schätzt den Flächeninhalt der Herzoglich Braunschweigischen Länder auf 94 Quadratmeilen, und ihre Volksmenge auf 158,000 Seelen. Der Herzog und seine Unterthanen sind Evangelisch.

Die Churhannöverischen Lande.

Sie bestehen aus: 1. dem Fürstenthum Kalenberg, wo Hannover, die Hauptstadt des ganzen Landes ist, hat 18,000 Einwohner, und Göttingen, eine der wichtigsten Universitäten, mit einer außerordentlich großen Bibliothek. Hameln eine gute Festung, an der Weser.

2. Dem Fürstenthume Lüneburg oder Celle; wo Lüneburg mit sehr ergiebigen Salzquellen, die mehr Salz liefern, als man jährlich im Lande, wo es deren noch mehrere giebt, verbrauchen, und auswärts absetzen kann.

Ferner, Celle und Harburg.

Lüneburg gehört zu den weniger fruchtbaren und daher auch schlecht bevölkerten Provinzen

vinzen Deutschlands. Dürre Sandgegenden und saure Moore machen den größten Theil des Fürstenthums aus. Fabriken und Manufacturen sind auch zu unbedeutend, um das Land zu bereichern. Die sandige Lüneburger Haide bringt fast nichts hervor, als dürres Haidekraut, die dürftige Nahrung kleiner Schafe, die man hier Haidschnucken nennt. Durch die Bienenzucht wird jedoch viel Wachs und Honig gewonnen.

3. Das Fürstenthum Grubenhagen, an und im Harz, einem sehr waldigen und metallreichen Gebirge im südlichen Theile des Niedersächsischen Kreises.

Clausthal, eine ansehnliche Bergstadt, in der höchsten Gegend des Harzes, enthält 8000 Einwohner und eine wichtige Münze, in welcher jährlich an 400,000 Thl. Silbergeld geprägt wird.

Gleich darneben, jenseit eines Baches liegt die kleinere, aber eben so gut gebaute Stadt Zellerfeld. Sie hat so wie Clausthal, guten Bergbau.

Die Witterung auf dem Harze ist, wie in andern Gebirgsgegenden, ziemlich rauh, aber doch gesund. Wegen der kalten Luft müssen die Harzbewohner auch den ganzen Sommer hindurch die Stuben heitzen, wenige warme

Tage ausgenommen. Feldbau ist nur in einigen Gegenden möglich. Das wenige Getreide wird spät und in manchen Jahren gar nicht reif. Denn oft bedeckt es der zu früh eintretende Winter mit Schnee, und es muß bis zum nächsten Frühjahr auf dem Felde bleiben.

4. Das Herzogthum Bremen: die Hauptstadt Stade, eine mittelmäßige Stadt unweit der Elbe, mit ungefähr 5000 Einwohnern.

Die vortrefflichen Marschländer längst der Weser und der Elbe sind reich an fetten Weiden und fruchtbaren Saatfeldern. Im Innern Theile des Herzogthums wird der Anbau des Landes durch große Moore oder magere Geest-Distrikte sehr erschwert.

5. Das Herzogthum Sachsen-Lauenburg zwischen Mecklenburg, dem Lübeckischen Gebiete, Holstein und Ratzeburg. Es sind hier neben einigen fruchtbaren Distrikten viele Sandgegenden, ansehnliche Wälder und große Torfmoore. Die Viehzucht ist einträglich, der Getreidebau mühsam. Die Zahl der sämmtlichen Einwohner des ganzen Herzogthums bestimmt man auf 40,000.

Das Braunschweigische Haus stammt von alten sehr mächtigen Fürsten her, welche Mailand, Genua, Baiern, das Herzogthum Sachsen besessen haben; die Theilung unter die Erben

ben und die Eifersucht der Kaiser beraubte das Haus seiner mehresten Besitzungen, so daß sie 1267 nichts mehr als die Braunschweigischen Lande hatten. Braunschweig war die Residenz. Zwey Brüder theilten sich in die Herzogthümer Braunschweig-Wolfenbüttel und Braunschweig-Lüneburg. Die jetzt bestehende Theilung geschah gegen das Ende des funfzehnten Jahrhunderts. 1692 ward letzteres ein Churfürstenthum, und 1714 ward Churfürst Georg, unter dem Namen Georg der Erste, König von England. Seitdem besitzt diese Familie den Englischen Thron, so daß der Churfürst nicht mehr in Deutschland wohnt.

Das Herzogthum Holstein.

Es hat gleichfalls schöne Viehzucht, gute Butter, große Pferde, besonders in den Gegenden an der Ost- und Nordsee, und an der Elbe hin. Im Innern des Landes fehlt es jedoch nicht an Haiden und unfruchtbaren Mooren. Es ist hier neuerlich ein Canal zur Vereinigung der Ost und Nordsee gegraben worden. Es gehört dem König von Dänemark.

Glückstadt ist der Hauptort, in einer sumpfigen Gegend, wo man kein gutes Trinkwasser hat. Zum Trinken muß man also in Cisternen, d. h. in Gruben, das Regenwasser auffangen und verwahren.

Wir bemerken noch Kiel, eine Handelstadt und Universität, und Altona mit vielen Manufacturen und Zuckersiedereyen, und einem ansehnlichen Handel. Sie ist daher sehr wohlhabend, und enthält über 20,000 Einwohner.

Das Herzogthum Mecklenburg.

Es theilt sich in Mecklenburg-Schwerin, wo Schwerin und Rostock; Mecklenburg-Strelitz; und den Schwedischen Antheil, wo Wismar.

Der Mecklenburgische Bauer ist einigermaßen ein Sklave seiner Gutsherrschaft. Es darf keiner, ohne Erlaubniß des Gutsherrn, aus dem Gute ziehn, oder heirathen oder ein Handwerk lernen. Die herzoglichen Amtleute haben das Recht, den Dienst mit der Peitsche zu erzwingen; doch wird der Herr oder Beamte, der die Bauern mißhandelt, gestraft. Auch darf kein Bauer vom Gute gestoßen werden. Der Gutsherr muß den Unterthan, auch den schlechtesten, im Nothfall ernähren, und oft muß er ihn mit Kindern und Gesinde vom Hofe mit Speise versorgen. — In der Landwirthschaft haben es die Mecklenburger ungemein weit gebracht. Ackerbau und Viehzucht sind daher auch die vorzüglichsten Erwerbmittel in diesem fruchtbaren Lande; Handwerke und Künste werden dagegen wenig betrieben.

Die Reichsstadt Lübeck war ehemals das Haupt des Hanseatischen Bundes, und führt daher noch den Namen einer Hansestadt. Die Hanse war ein Bund, den die Städte, wenigstens die reichsten und handelnden, mit einander gemacht hatten, um ihre Freyheit gegen die Anmaßungen der Landesherrn zu behaupten, und ihre Handlung gegen die vielen Seeräuber und die häufigen Befehdungen auf dem festen Lande zu schützen. Lübeck treibt noch große Handlung, und hat beträchtliche Manufacturen; besonders wird viel Rauch- und Schnupftabak bereitet, und roher Zucker raffinirt. — Des Nachts darf kein Jude in der Stadt bleiben, einige schutzverwandte Familien ausgenommen. Es wohnt daher eine Menge derselben in dem benachbarten Dorfe Maisling, die des Tages über ihre Geschäfte in Lübeck betreiben. Die Stadt ist befestiget, hat ungefähr 30,000 Einwohner, größtentheils Lutheraner, welche die herrschende Religionsparten ausmachen.

Die Reichsstadt Hamburg, eine Hansestadt, der größte Handelsplatz in Deutschland, an der Elbe, hat 100,000 Einwohner, größtentheils Lutheraner, die sich nächst dem blühenden Handel von verschiedenen Manufacturen nähren. Die Hamburger Polizey ist vortrefflich, und verdient als Muster für manche andere aufgestellt zu werden. Des Nachts werden die Wachen von den Bürgern und von der Miliz gemeinschaftlich besetzt, bey Tage thut es diese allein. Die Veranlassung dazu war Furcht vor dem König von Dänemark, der mehrmals die Stadt zu überfallen gesucht hat. Die Brücken, Wälle, Canäle und Graben kosten viel; deswegen haben die Bürger, ob sie gleich freye Republikaner sind, schwere Abgaben zu bezahlen; wenn sie Unterthanen wären, würden sie aber noch mehr geben müssen. Hamburg schickt auf den Wallfisch- und Heringsfang jährlich viele Schiffe aus. Wenn man zu einer Mahlzeit eingeladen wird, muß man die Ehre durch Trinkgelder an das Gesinde ziemlich theuer bezahlen.

Die Reichsstadt Bremen, an der Weser, treibt Handlung. Sie wird von 4 Bürgemeistern und 24 Rathsherren regiert. In wichtigen Angelegenheiten müssen aber die Bürger zusammen berufen und um ihre Einwilligung befragt werden. Der König von England ernennt einen Vogt, der in jeder Halssache unter gewissen Zeremonien den Stab bricht. Die Stadt ist Calvinisch, und enthält an die 40,000 Einwohner, von denen aber die Hälfte aus Lutheranern besteht, die aber an der Regierung keinen Antheil haben. — Das Magnetisiren und Desorganisiren und im Schlaf prophezeihen.

zeihen ist eine kurze Zeit hier Mode gewesen. Es war aus Paris über die Schweiz dahin gekommen. — Solcher Aberglaube kann nicht lange dauern.

Goslar und Nordhausen im Harz, und Mühlhausen am Thüringer Walde, sind noch drey kleine freye Reichsstädte.

Der Westphälische Kreis.

Er enthält 1250 Quadratmeilen, mit 2,300,000 Einwohnern, und besteht aus großen, zum Theil sehr sandigen, zum Theil moorigen und fruchtbaren Ebenen. Die Bauern sind in diesen Gegenden starke, arbeitsame Menschen, die sich nächst dem Ackerbau und der Viehzucht vorzüglich mit Leinweberey abgeben. Westphälischer Schinken und Pumpernickel sind bekannt. Außer den 3 Reichsstädten Cöln, Aachen, und Dortmund, ist er unter 50 Herrschaften getheilt.

Die Vornehmsten sind: Ostfriesland, Oldenburg, Münster, Osnabrück, Minden, Ravensberg, Schaumburg, Lippe, Pyrmont, Paderborn, Westphalen, Corvey, Mark, Limburg, Cleve, Mörs, Bergen, Jülich, Lüttrich, die Nassau-Oranischen Länder.

Das Fürstenthum Ostfriesland.

Der Flächeninhalt desselben beträgt 54 Deutsche Quadratmeilen die Zahl der Einwohner über 100,000 Köpfe. Es liegt an dem Dollart, einer Bucht, oder Stück vom Meere, das ehedem Land war. 1277 drang die See ins Land: nunmehr scheint sie sich wieder zurück zu ziehn; dennoch ist das Land vor dem Meere durch Dämme verwahrt, denn es ist durchgehends eben, ohne Berge, ohne sonderliche Waldungen, hat aber große Torfmoore, die den Holzmangel ersetzen. Es ist durch seine Butter, Käse, Ochsen, Pferde berühmt. Der Boden ist moorig, giebt schöne Weiden, aber wenig Obst, und ist für den Feldbau nicht der günstigste. Unterdessen werden doch jährlich viele tausend Lasten Getreide, Rapsaat und auch Bohnen auswärts geführt, wovon aber ein Theil aus andern Gegenden erst ins Land gezogen wird. An Salz fehlt es gänzlich. Wegen seiner niedrigen Lage an der Nordsee ist die Luft kalt und feucht. Die Fabriken und Manufacturen sind unbedeutend, doch wird an manchen Orten viele, und zum Theil sehr feine Leinewand verfertiget.

Die Lutheraner machen die herrschende Religionspartey aus; nächst diesen sind die Reformirten am zahlreichsten. Das Land hatte bis 1744 seinen eigenen Fürsten; jetzt gehört es dem König von Preußen.

Die

Die wichtigsten Städte sind: Aurich, die Hauptstadt, ist klein, hat weder Fabriken noch Handel, und nicht leicht über 2000 Einwohner.

Emden, ein Handelsplatz am Meere, mit einem Heringsfange und Fabriken, enthält an 10,000 Einwohner. Der Emder Heringsfang (seit 1769) macht, daß die Preußen den Hering ungefähr dreymal theurer als ehemals essen.

Das Hochstift Münster.

Es gehört dem Erzbischof zu Cöln. Die Hauptstadt Münster ist durch den Westphälischen Frieden, der hier zwischen Frankreich und Deutschland, und zu Osnabrück mit Deutschland und den übrigen Mächten im Jahr 1648 geschlossen wurde, und durch andre Züge in der Geschichte berühmt. Zu Anfang des siebzehnten Jahrhunderts ward es durch seinen eignen Bischof, Bernhard von Galen, fast ganz zu Grunde gerichtet. Im sechzehnten Jahrhundert machte ein Religionsstreit mit den Wiedertäufern die Stadt unglücklich. 1533 kamen dahin zwey Schwärmer, ein Bäcker und ein Schneider, welche auf den Straßen predigten: die wahren Christen müßten einen eignen Staat ausmachen. Ihr Anhang ward groß, sie setzten den Magistrat ab, und zum Bürgermeister einen gewissen Knipperdoling, einen verdorbenen Kaufmann, ein. Der Bischof belagerte die Stadt; die Schwärmer machten einen Johann von Leiden zum König, und prophezeihten, daß er Herr der ganzen Welt werden würde; dieser regierte von seinem Throne, auf öffentlichem Markte. Die Waffen und der Hunger zwangen die Schwärmer zur Uebergabe, und machten dem Reiche der ganzen Welt ein Ende. Im siebenjährigen Kriege 1758 und 1759 belagerten die Franzosen die Stadt, nahmen sie ein, und legten ein paar hundert Häuser in Asche; seit 1765 sind aber die Festungswerke abgetragen, und die Plätze mit Alleen besetzt worden. Die Stadt treibt einen guten Handel mit Leinen- und Wollen-Waaren, mit Wein und einigen fremden Producten, hat aber sonst keine beträchtlichen Manufacturen. Es sind in Münster 44 Klöster, und über 25,000 Einwohner. Ueberhaupt sind in den katholischen Ländern viel Klöster. Alle leben von der Arbeit des Volkes, und thun nichts. Die mehresten haben liegende Gründe und sind reiche Herren; andre leben von Betteln. Der einzige Kapuzinerorden hat in Europa 1661 Klöster, worin ungefähr 26,000 Mönche im Müßiggange wohlgenährt werden. Die Landleute sind an vielen Orten des Hochstifts, so wie in mehrern Gegenden Westphalens, genöthiget, ihre Wohnungen einzeln auf den hin und wieder zerstreuten

ten Hügeln anzulegen, weil die niedrigen, feuchten Gegenden oft unter Wasser gesetzt werden. Wo das Land höher liegt, da findet man jedoch auch Dorfschaften. Im Niederstift, oder dem kleinern, nördlichen Theile bemerken wir den Humling, einen großen, unfruchtbaren Sandhügel, von 5 Meilen im Umfange. Er enthält stundenlange Haiden ohne Baum, ohne Strauch und ohne menschliche Wohnungen. Die Bewohner solcher dürren Gegenden treiben vorzüglich Schaf- und Bienenzucht. Die Bienen werden von den Haidebewohnern in Niedersachsen und Westphalen an solche Orte gebracht, wo sie jedesmal hinlängliche Nahrung finden. Im Frühjahr in die Rübsaatfelder, sodann in die Moore, während der Blüthe des Buchweizens, wo sie den ganzen Heumond verbleiben, bis im August die Haide zu blühen anfängt, die ihnen bis spät im Herbst die beste Nahrung gewährt. In dem Flusse Lippe, welcher bey Wesel in den Rhein fällt, sind Biber.

Die Grafschaft Lingen und Tecklenburg gehören dem König von Preußen.

Das Hochstift oder Bisthum Osnabrück.

Das Land ist klein, enthält nur vier Städte; der Boden ist schlecht, sumpfig, mit einigen Bergen, einer Silbergrube, Marmorbrüchen, Steinkohlen

kohlen und Salzquellen. Die Einwohner sind fleißig, wie alle Westphälinger; denn fast überall in Westphalen ist der Boden schlecht; Spinnen ist die Hauptarbeit der Männer, Weiber und Kinder zu Hause und im Winter; alle Jahr gehen den Sommer hindurch einige tausend zur Arbeit nach Holland. Und dieses arme Ländchen giebt seinem Bischof jährlich ungefähr 200,000 und dem Domkapitel 100,000 Thaler. Sind die gnädigen Herren da, um das Land zu regieren und das Wohl des Volkes zu befördern, oder um sich auf Kosten des armen Volkes bequem zu nähren? Osnabrück war die erste Stadt in Westphalen, welche Luthers Lehre annahm.

Sie ist alt und wenig bevölkert; denn sie hat 1250 Häuser, und doch nur 6000 Einwohner. In dem 1648 auf dem dasigen Rathhause geschloßnen Frieden, wurde auch verabredet, daß abwechselnd ein katholischer und ein evangelischer Bischof, letzterer allemal aus dem Hause Braunschweig-Lüneburg, regieren sollte. Die Einwohner des Stifts sind theils Katholiken, theils Lutheraner.

Das Fürstenthum Minden, mit der Hauptstadt Minden, an der Weser, gehört dem König von Preußen.

Die Grafschaft Ravensberg

auch Preußisch, hat besonders guten Flachsbau, und Berge, die Steinkohlen und Kohlen geben.

Bielefeld, die Hauptstadt, ist wegen ihrer Leinwand bekannt. Herford.

Die Bauern beschäftigen sich mehr mit Spinnen als mit dem Ackerbau, weil der Boden schlecht ist. Kinder von 6 Jahren spinnen schon ihre Zahl, und wer sie nicht fertig schafft, wird verachtet und bestraft. Die Kinder werden hart erzogen, und an alles Wetter gewöhnt; auch sind sie gesund und stark. Man giebt ihnen früh Branntwein zu trinken. Die Leute nehmen keinen Arzt; Branntwein und Aloe sind ihre Universalmedicin. Die Dönte ist ein Schmaus, welchen derjenige anstellt, der ein Haus bauen oder stark repariren will; die Absicht ist, von den Gästen zur Bestreitung des Baues beschenkt zu werden.

Die Grafschaft Lippe.

Sie theilt sich in Lippe-Schaumburg (wo Rinteln, eine Universität, die zu Hessen-Cassel gehört, Bückeburg;) Lippe-Detmold, (wo Lemgo, Detmold.)

Die Grafschaft Pyrmont

enthält nur Pyrmont und zehn Dörfer; sie ist durch ihre Bäder und Brunnen berühmt.

Das Hochstift Paderborn.

Es gehört dem Bischof zu Hildesheim. Die Hauptstadt ist Paderborn. Eine Braut auf dem Lande zieht in das Haus des Bräutigams nicht durch die Thür des Hofes, sondern durch ein Loch in der Hecke, das man sogleich wieder zumacht: damit will man ihr zu verstehen geben, daß sie nicht viel auslaufen soll. Bey dem Landmann sind Kinderspiele Sünden. Wohlthätigkeit ist ihre Lieblingstugend; der Bettler findet allenthalben Herberge, und der stolzeste Bauer thut ihm die ekelhaftesten Dienste. Auch fehlt es an Bettlern nicht. Stehlen ist ein unauslöschlicher Schandfleck, und ein Mädchen, welches das Geringste genommen, oder sein Garn unrichtig gehaspelt hätte, würde keinen Mann finden. Die Bauern sind stolz; keiner würde einem Halbbauern seine Tochter geben. Sie lassen sich mit großem Vertrauen von weisen Frauen curiren; den Aerzten aber trauen sie nicht.

Die Abtey Corvey.

Ein kleines Ländchen, das nur dadurch merkwürdig ist, daß der Abt Reichsfürst ist, mit

mit etwa 40,000 Gulden Einnahme, und, obgleich ein demüthiger Mönch, eine Leibwache von 50 Mann hält. Er steht unmittelbar unter dem Papst.

Die Grafschaft Mark.

Sie enthält 56 Quadratmeilen, 24 Städte und 125,000 Einwohner. Hamm, die Hauptstadt, Soest, mit seinem fruchtbaren Boden, und Iserlon, mit seinem Handel, Fabriken und Manufacturen, sind zu bemerken.

Die Grafschaft Limburg, die von der Mark abhängt.

Das Herzogthum Cleve.

Von 40 Quadratmeilen, 24 Städten, 48 Klöstern, liegt am Rhein, an der Maas, und am Yssel. Hier ist der berühmte Rheinlachsfang. Ehemals war er so ergiebig, daß man das Gesinde damit fütterte, und daß dieses, wenn es sich vermiethete, sich ausbedung, nicht mehr als wöchentlich zweymal Lachs essen zu müssen. Jetzt ist dieser Contract nicht nöthig. Die wichtigsten Oerter sind: Cleve und Wesel am Rhein, Emmrich und Duisburg, mit einer Universität. Es gehört dem König von Preußen.

Ein Graf zu Cleve, nebst 36 Herren, stiftete 1381 den Narrenorden. Die Mitglieder versammelten sich alle Jahr, und niemand durfte, bey drey Groschen Strafe, ausbleiben; dann gingen sie in die Kirche, um für die verstorbenen Mitglieder zu beten, und wenn Feind-

schaft

schaft unter ihnen entstanden war, mußte sie vor Sonnenuntergang ausgesöhnt seyn.

Das Fürstenthum Mörs am Rhein, ist Preußisch. Crefeld. Dazu wird noch Preußisch Geldern an der Maas gerechnet.

Die Herzogthümer Bergen und Jülich. Im ersten Düsseldorf, am Rhein, Elberfeld; im andern Jülich und Kaiserswerth.

Das Hochstift Lüttich.

Es hat 26 Städte. Guter Wein, Getreide, Holz, Metalle, Marmor machen das Land wichtig. Lüttich, die Hauptstadt, ist groß (80,000 Seelen). Hubert, ein Heiliger, dessen Kragen noch den Tollenhundesbiß heilen soll, legte sie im neunten Jahrhundert an. Spa hat berühmte Gesundbrunnen. Der Ardenner Wald ist ein großer dicker Wald. Im ganzen Lande spricht man Französisch. Die 1790 versuchte und 1791 aufgehobene Staatsrevolution hat das Bisthum berühmt gemacht.

Die Nassau-Oranischen Lande.

Nassau-Dietz, Siegen, Dillenburg, Hadamar, gehören dem Erbstatthalter von Holland, und liegen in der Wetterau.

Das Herzogthum Westphalen hat dem ganzen Kreise seinen Namen gegeben; es gehört dem Erzbischof zu Cöln.

Die

Die Reichsstadt Cöln, am Rhein, hat 42,000 Einwohner, 49 Kirchen 56 Klöster, 31 Kapellen, eine Universität; sie ist eine der ältesten Städte Deutschlands, und über anderthalb tausend Jahre alt. Von ihrem blühenden Wohlstande hat sie ungemein viel verloren. Man schätzt ihre ehmalige Volksmenge auf 100,000 Personen. Sie hat noch die größte Niederlage von Rheinwein. Es wachsen Kastanien in der Gegend. Hier war es, daß 1330 ein Mönch, Barthold Schwarz, das Schießpulver erfand.

Die Reichsstadt Aachen hat 24,000 Seelen. Lange Zeit ist sie für die Hauptstadt des ganzen Deutschen Reichs gehalten worden, weil die Kaiser mehrentheils sich daselbst aufhielten, und gekrönt wurden. Noch sind in der Hauptkirche allerley sogenannte Reichskleinodien, die bey der Krönung des Kaiser gebraucht und daher geholt werden. Die Stadt ist wegen ihrer warmen Bäder, ihrer Tücher und ihrer Nadelfabriken berühmt. Man berechnet den Werth der jährlich verfertigten, größtentheils sehr feinen Tücher auf vier bis fünf Millionen Gulden. Ueber 4500 Menschen beschäftigen sich mit Nadelmachen. Eine dieser Nadelfabriken unterhält allein 600 Menschen, und macht einen jährlichen Absatz von 30,000 Rthlrn. Sie hat nur ein kleines Gebiet außer den Ringmauern. —

Die Aachner und Cölner sind katholisch; den Protestanten wird wenig Religionsfreyheit zugestanden.

Der Oberrheinische Kreis.

Die Theile desselben liegen zerstreut; man schätzt ihn zu 500 Quadratmeilen und 1,000,000 Menschen; es sind darin 40 Herrschaften.

Die vornehmsten sind: **Hessen, Fulda, Hanau, Isenburg, Worms, Speier, Bruchsal, Straßburg, Basel, Heitersheim,** die **Wild- und Rheingrafen, Zweybrück,** die **Nassauischen Lande,** die Reichsstädte **Wetzlar, Frankfurt, Worms, Speier.**

Gebirge sind die **Höhe,** der **Hundsrück.**

Die Landgrafschaft Hessen und die Grafschaft Katzenellenbogen.

Das Land ist bergig, doch mehrentheils fruchtbar; es theilt sich in zwey Regierungen: **Hessen-Cassel** und **Hessen-Darmstadt.**

Den Flächeninhalt der Hessen-Casselischen Lande schätzt man auf 260 Quadratmeilen und ihre Bevölkerung auf 460,000 Seelen. Die Hessen-Darmstädtischen Besitzungen betragen unge-

ungefähr 100 Quadratmeilen, und enthalten beynahe 300,000 Einwohner.

Zu Hessen-Cassel: Cassel, die Residenz, mit seiner berühmten Wasserkunst, der Winterkasten genannt, die viele 100,000 Thaler kostet, und keinen sonderlichen Nutzen hat. Die Stadt enthält 21,000 Einwohner.

Marburg, eine Universität. 1529 versammelten sich Luther und einige Reformatoren, um sich über ihre verschiedenen Meinungen zu besprechen, konnten aber nicht einig werden, und jeder blieb bey seinem Sinn, wie es zu gehn pflegt.

Zu Hessen-Darmstadt: Gießen, eine Festung und Universität an der Lahn.

Homburg, an der Höhe, die Residenz.

Darmstadt, die Hauptstadt.

Das Haus Hessen ist alt und geht ins neunte Jahrhundert zurück; es wäre mächtig, wenn die alte Sitte, die Länder unter die Erben zu theilen (als wenn Land und Volk eine Meierey wären) es nicht geschwächt hätte. In der Geschichte der Reformation ist es berühmt. Auch Philipp der Großmüthige, welcher zu Luthers Zeit lebte, nahm die Reformation an; er war eine der mächtigsten Stützen der Partey. Er hatte zwey Frauen; heirathete aber die zweyte mit Bewilligung der ersten und fragte bey Luthern darum an. Denn er war nicht von den Herren, welche glauben, sich von den Gesetzen lossagen zu können, weil sie die Gesetze machen. Der jetzt regierende Landgraf heißt Wilhelm der Zehnte.

Das Hochstift Fulda, ein bergiges, aber doch recht gut angebautes Ländchen von 30 Quadratmeilen und 80,000 Einwohnern. Im südlichen Theil baut man Wein; überall findet man gute Weiden, und die Viehzucht ist daher sehr beträchtlich.

Fulda, die Residenz, am Flusse Fulda.

Die Grafschaft Hanau, oder auch Hanau=Münzenberg, ein gutes fruchtbares Land, gehört zu Hessen-Cassel.

Hanau, die Hauptstadt, nahe am Main, hat viele gute Fabriken.

Die Grafschaft Isenburg, theilt sich unter verschiedene Herren.

Offenbach, am Main, ist der vornehmste Ort.

In der Wetterau sind die Grafschaften Solms (unter vier Herren getheilt) und Königstein (auch getheilt.)

Die Hochstifter Worms und Speier sind von den Reichsstädten Worms und Speier zu unterscheiden. Im letzteren sind Bruchsal und Philippsburg am Rhein zu bemerken.

Das

Das Hochstift Straßburg; die Domkirche und das Capitel sind in der Stadt Straßburg, in Elsaß, welches unter Französischer Hoheit steht.

Das Fürstenthum Heitersheim, im Breisgau, zwischen dem Rhein und der Quelle der Donau; die Hauptstadt Heitersheim ist die Residenz eines Ordensmeisters des Johanniterordens.

Die Wild- und Rheingrafen wurden von ihrem wilden, waldigen Gebiete so genannt; ihre Besitzungen liegen sehr zerstreut, auf dem Hundsrück und in der ganzen Strecke von Bonn bis Basel. Dahin gehören die Fürsten Salm, Kyenburg, 2c.

Das Fürstenthum Zweybrück, mit der Hauptstadt gleiches Namens, an der Mosel, hat Wein, Getreide und Bergwerke auf dem Hundsrück. Es liegt nicht zusammen, sondern in zerstreuten Stücken.

Die Grafschaft Sponheim; in welcher Kreuznach und Sponheim.

Die Grafschaft Leiningen; in welcher Leiningen und Heidesheim.

In den Nassauischen Landen, Weilburg, Usingen, Saarbrück.

Die Reichsstadt Worms, nahe am Rhein, wo guter Wein wächst. Sie war ehedem weit größer und volkreicher als jetzt, da sie nicht über 6000 Einwohner zählt. Der Magistrat und der größte Theil der Bürgerschaft machen die Lutheraner aus; es wohnen aber auch viele Reformirte und Katholiken in der Stadt, die öffentlichen Gottesdienst halten.

Die Reichsstadt Speier ist schon ein paar tausend Jahr alt, und hat mit dem Fürstbischof, der ihr gern seinen Schutz angedeihen lassen möchte, manchen Streit gehabt. Hier ist es bey Strafe eines Wispel Korns verboten, eine Gevatterschaft auszuschlagen, und doch kosten Gevatterschaften ungemein viel.

Das Reichskammergericht hatte hier über ein und ein halbes Jahrhundert seinen Sitz, bis die Stadt 1689 von den Franzosen ganz verwüstet wurde. Jetzt schätzt man ihre Einwohner nicht über 5000, die sich vorzüglich vom Ackerbau und der Viehzucht ernähren. Der Magistrat und der größte Theil der Bürger sind evangelisch-lutherisch.

Die Reichsstadt Wetzlar, ein kleiner unansehnlicher Ort, mit etwa 6000 Einwohnern, theils Lutheranern, theils Katholiken und Reformirten; sie ist der Sitz des Reichskammergerichts.

Die Reichsstadt Frankfurt am Main, eine berühmte Handelsstadt, mit einigen guten Fabriken und Manufacturen, ist der Ort, wo der

der Kaiser gewöhnlich gewählt und gekrönt wird. Die Stadt hat über 37,000 Einwohner, größtentheils Lutheraner; es wohnen aber auch viele Juden hier. Der blühende Handel verbreitet großen Wohlstand, und hat Frankfurt vor dem gewöhnlichen Schicksale der Deutschen Reichsstädte, ihrem allmählichen Verfall, bewahrt. Es werden hier jährlich zwey wichtige Messen gehalten. 1787 ist den Calvinisten erlaubt worden, Bethäuser innerhalb der Stadt zu haben, die aber ohne Thurm und Glocken seyn müssen.

Der Churrheinische oder Niederrheinische Kreis.

Er enthält 458 Quadratmeilen und über eine Million Einwohner; er ist unter zehn Herrschaften, wovon viere Churfürsten sind, getheilt. Diese Churfürsten sind: Mainz, Trier, Cöln, und die Churpfalz, die mit Baiern vereinigt ist. Das Rheingebirge und der Odenwald sind merkwürdig, so wie auch eine Reihe von Vulcanen, die jetzt aber nicht mehr Feuer speyen, und Lava, Schlacken, Bimsstein und Asche geben, lauter Producte ehemaliger Ausbrüche, die sich von hier, um Andernach, bis in die Oberrheinischen, Westphälischen und Niedersächsischen Kreise erstrecken.

Das Erzstift Mainz.

Zwey große Flüsse bewässern es, der Rhein und Main, an deren Zusammenfluß die Residenz Mainz erbaut ist. Es ist eine Festung, eine Universität, hat Fabriken und Messen, und 27,000 Einwohner.

Aschaffenburg; Orb, hat Salzquellen.

Bingen, an dem berühmten Rheinfalle, wo der Mausethurm mitten im Rhein steht.

Wallthüren, wohin berühmte Wallfahrten geschehen.

Das Land ist bergig, waldig, fruchtbar an Wein, Getreide, Obst, hat Kastanien, Mandeln und Nüsse, Vieh und Eisen.

In Thüringen gehört hieher die Stadt Erfurt mit ihrem Gebiete, am Flusse Gera. Hier ist eine berühmte Glocke, die 250 Zentner wiegt. Der Kaiser hält Garnison in der Stadt. Ehedem gehörte sie zu den blühendsten Handelsstädten im nördlichen Deutschland; jetzt hat sie nur noch den Vertrieb ihrer eigenen Producte und Fabricate. Die Einwohner, deren man 14,000 zählt, bauen in der Gegend sehr gute Gartengewächse und viele Officinalkräuter. Der sonst so wichtige Waidbau hat seit der Einführung des Indigo fast ganz aufgehört. Die Religion ist vermischt. Die Stadt hat eine Universität.

Das

Das Eichsfeld in der Gegend von Erfurt, gehört auch zu Mainz; hier ist Duderstadt.

Zu Mainz erfanden im funfzehnten Jahrhundert Johann Guttenberg und Peter Schäfer die Buchdruckerkunst; und machten 1436 den ersten Versuch damit zu Straßburg.

Das Erzstift Trier.

An der Mosel, die wegen ihres Weins berühmt ist.

Trier, die Hauptstadt.

Coblenz, eine ziemlich große und gut befestigte Stadt, mit ungefähr 12,000 Einwohnern, am Zusammenfluß des Rheins und der Mosel. Jenseit des Rheins liegt die Festung Ehrenbreitstein auf einem hohen, steilen Felsen.

Selters, nur ein Dorf, ist wegen seines Selterwassers, eines Sauerbrunnens, berühmt, der bey demselben auf einer Wiese quillt, durch ganz Europa, und besonders nach Ostindien verführt wird, und über 60,000 Gulden reinen Gewinn geben soll.

Das Erzstift Cöln.

Es enthält 52 Städte. Wir bemerken nur

Bonn, die Hauptstadt, hat 11,000 Einwohner.

Andernach und Rense, am Rhein, mit dem Königsstuhle, wo vor diesem die Churfürsten ihre vorläufigen Berathschlagungen wegen der Kaiserwahl hielten. Er ist ein aus Quadersteinen erbautes, auf 9 Pfeilern ruhendes Gewölbe, auf dem sieben Sitze, nach der ehmaligen Zahl der Churfürsten, angebracht sind.

Die Pfalz am Rhein oder die Unterpfalz.

Am Rhein und Neckar, der auch durch seinen Wein berühmt ist. Man rechnet jetzt zur Pfalzgrafschaft noch die Fürstenthümer Simmern, Lautern, Veldenz, und einen Theil der Grafschaft Sponheim. In allen diesen, auf 145 Quadratmeilen geschätzten Provinzen, leben ungefähr 300,000 Einwohner. Die Pfalz ist ein überaus gesegnetes Land. Man baut viel Getreide, eine Menge Obst und andere Baumfrüchte, als Nüsse, Kastanien und Mandeln, gewinnt vielen Tobak, pflanzt Krapp und Rhabarber mit gutem Erfolge, wäscht Gold aus dem Rheinsande, gräbt Kupfer, Quecksilber und andere Metalle, und gewinnt auch einiges Silber. An Holz ist kein Mangel. Der Seidenbau ist ebenfalls mit gutem Erfolge eingeführt worden.

Bey Dossenheim ist eine Heerde Angorischer Ziegen.

Heidelberg, am Neckar, die Hauptstadt, mit einer Universität und ungefähr 10,000 Einwohnern. Hier wurde unter allen Theilen Deutschlands die Lehre Calvins zuerst eingeführt,

geführt, und ein Katechismus dieser Lehre 1562 gemacht, weswegen der Katechismus auch der Heidelbergische genannt wird. Auch das ungeheure Heidelbergische Weinfaß ist bekannt. — Von hier geht die berühmte **Bergstraße** nach Darmstadt. Sie soll wegen der schönen Weinberge, der fruchtbaren Felder und Wiesen, durch welche sie führt, und wegen der längst der Straße hinlaufenden Allee von Kastanien- Nuß- und Mandelbäumen, außerordentlich schön seyn.

Mannheim, eine Festung am Zusammenflusse des Neckars mit dem Rhein, war bis zum Jahr 1778 die Residenz des Churfürsten Karl Theodor, der sich nun in München aufhält. Die Stadt hat mit dem Hofe ein Paar Tausend Menschen von ihrer auf 24,000 Personen geschätzten Volksmenge verloren. Sie ist ganz regelmäßig gebaut. Die Gassen durchschneiden sich in geraden Linien, und vom Markte kann man nach allen Thoren sehen. Sie hat viele Merkwürdigkeiten; es fehlt ihr aber an gesunder Luft und gutem Wasser.

Bacharach ist wegen seiner Weine, und

Frankenthal wegen seiner Fabriken und Manufacturen berühmt.

Kreuznach, in der Grafschaft Sponheim, hat in seiner Nachbarschaft zwey wichtige Salzwerke.

Die

Die Landesreligion sollte eigentlich die Reformirte seyn; allein seit 1685, da die katholische Pfalz-Neuburgische Linie regiert, ist auch die katholische Religion eingeführt, und bis jetzt, zum Nachtheil der Reformirten und Lutheraner, so widerrechtlich begünstiget worden, daß man sie, der Sache nach, als die herrschende betrachten kann. Durch die vielen gesetzwidrigen Bedrückungen sahen sich seit 100 Jahren mehrere tausend protestantische Familien genöthiget, ihr Vaterland zu verlassen und in Amerika oder einigen Europäischen Ländern neue Zufluchtsorte zu suchen.

Die im Westphälischen Frieden mit der Pfalzgrafschaft am Rhein verbundene, neue Churwürde ist seit 1777 erloschen, da die Pfalz die alte, fünfte Churwürde, des zu Ende des gedachten Jahres ausgestorbenen Baierischen Hauses erhielt.

Der Burgundische Kreis.

Ehemals bestand dieser Kreis aus 17 Provinzen in den Niederlanden, wozu alles gehörte, was jetzt Holland heißt; und die Provinz Burgund in Frankreich. Jetzt besteht er nur aus einigen Besitzungen Oestreichs. Er enthält 469 Quadratmeilen und zwey Millionen Einwohner.

Aus

Aus der überaus großen Volksmenge dieser Provinzen läßt sich einigermaßen auf ihren Wohlstand schließen. Sie sind fast durchgehends sehr fruchtbar, und enthalten viele Wollen- Leinen- und andere Manufacturen, die von den ältesten Zeiten her sehr stark betrieben wurden. Die Schelde, Maas, Mosel, verschiedene Canäle und mehrere kleinere Flüsse erleichtern das innere Verkehr. Der Ackerbau giebt hinlängliches Getreide; von den Producten der Viehzucht und von den Waldungen ist die Ausfuhr sehr beträchtlich.

Der Oestreichische Antheil vom Herzogthum **Brabant.** Der nördliche Antheil besteht in sandigen Haiden und Wäldern; der südliche Theil ist dagegen sehr fruchtbar und angebaut.

Brüssel, die Hauptstadt der Oestreichischen Niederlande, hat 60,000 Einwohner. Die Brüßler Spitzen sind wegen ihrer ungemeinen Feinheit weit und breit berühmt.

Löwen (Leuven) eine Festung, mit einer Universität und 16,000 Einwohnern.

Mecheln, mit einem Erzbisthum und ungefähr 20,000 Einwohnern.

Antwerpen, an der Schelde, war in ältern Zeiten die größte Handelsstadt von Europa; jetzt hat sie noch ungefähr 30,000 Einwohner. Ein Theil dieses Herzogthums gehört zu Holland.

Die Grafschaft **Flandern** enthält 62 Städte. Sie gehört zu den fruchtbarsten Provinvinzen der Niederlande. Rübsaat, Krapp, (Färberröthe) und Flachs werden in großer Menge gewonnen. Die Flandrischen Leinwandarbeiten sind die vollkommensten in Europa.

Gent, an der Schelde, die Hauptstadt, mit ungefähr 40,000 Einwohnern.

Dendermonde.

Brügge, eine ehemals sehr reiche, große Handelsstadt, hat jetzt kaum noch 20,000 Einwohner.

Ostende, mit einem Hafen.

Ypern, Cortryk, Doornick.

Ein Theil gehört zu Holland und Frankreich. Handlung, Manufacturen und Erfindungen machen das Land berühmt.

Die Grafschaft Hainaut oder Hennegau. Mons oder Bergen, eine Festung. Ein Theil gehört Frankreich.

Die Grafschaft Namur. Namur an der Maas. Charleroi an der Sambre. Ein Theil ist Französisch.

Die Grafschaften Namur und Hennegau haben nebst dem Herzogthume Limburg die meisten Gebirge, und liefern, unter andern mineralischen Producten, auch Steinkohlen.

Das Herzogthum Luxemburg.

Luxemburg, eine der stärksten Festungen, liegt zum Theil auf einem hohen Felsen, zum Theil

Theil in tiefen Thälern. Sie hat nur 8000 Einwohner.

St. Hubert, wo man den Biß der tollen Hunde mit einem Priesterkragen heilt.

Das Herzogthum macht eigentlich den Mittelpunkt des ehmaligen großen Ardenner Waldes aus. Es hat viel Holz, ergiebige Eisengruben, gute Viehzucht, aber wenig Ackerbau. Ein Theil gehört Frankreich.

Das Herzogthum Limburg.

Limburg, die Hauptstadt, hat vortrefflichen Käse. Sie ist nicht groß, hat aber sehr wichtige Tuch- und Wollenmanufacturen. Eine sehr wohlhabende Manufacturstadt ist auch Eupen, (Oepen, Néau) deren Wohlstand eine Menge Französischer Protestanten, die sich hier niederließen, vermehrt haben. Sie zählt 12,000 Einwohner.

Ein Theil ist Holländisch.

Das Herzogthum Geldern.

Roermonde, die Hauptstadt.

Ein Theil ist Preußisch, und einer Holländisch.

Auch diese Länder haben sich durch die versuchte Revolution 1790 berühmt gemacht; schon waren die Oestreichischen Truppen allenthalben verjagt, und nur Luxenburg noch besetzt. Nach dem Reichenbacher Vertrage nahmen es aber 1791 die Oestreichischen Truppen, fast ohne Schwertschlag, wieder ein. Das Volk war nicht einig, und es scheint, daß die Herren van der Noot, van Eupen und der Erzbischof von Mecheln nicht sowohl die Freyheit des Volks, als die Oberherrschaft für sich suchten. Damit war das Volk nicht zufrieden, und so wurde die ganze Sache rückgängig.

Es giebt einige Herrschaften in Deutschland, die zu keinem Kreise gehören, als Jever in Ostfriesland, Schaumburg an der Lahn, Mümpelgard, bey Basel (dem Herzog von Wirtemberg gehörig) und andre mehr.

Mit Deutschland stehen noch in Verbindung: Böhmen, Schlesien, Mähren, und die Lausitz.

Das Königreich Böhmen.

Es ist mit Gebirgen und ungeheuren Wäldern umgeben; vornehmlich aber ist das Riesengebirge an der Gränze von Schlesien merkwürdig. Dabey ist das Land fruchtbar, und durch seine mittelmäßigen Edelsteine und seine schönen Glasfabriken bekannt.

Der Flächeninhalt des ganzen Landes beträgt 909 geographische Quadratmeilen, die Zahl der Einwohner über 2,400,000 Seelen. Die Bauern sind noch sehr roh und unwissend; eine Folge der drückenden Leibeigenschaft, welche aber Joseph der Zweyte im Jahr 1781 ganz aufgehoben hat.

Außer

Außer den Katholiken, als der herrschenden Religionspartey, findet man auch viele geduldete Protestanten im Lande.

Die wichtigsten Flüsse sind: die Elbe, die im Riesengebirge ihren Ursprung hat, die Moldau und Eger.

Prag, die ehemalige Residenz der Könige, eine Festung mit 83,000 Einwohnern, (worunter über 8000 Juden,) und einer sehr alten Universität, ist die Hauptstadt. Noch sind zu bemerken: Jung-Bunzlau, Königsgrätz, Czaslau, (Tschaslau) Kollin, Tabor, Sedlitz, Seidschitz und Eger (alle drey mit Gesundbrunnen) Karlsbad und Töplitz mit ihren warmen Brunnen, Lowositz, und Joachimsthal mit seinem Silberbergwerke.

Böhmen ist dadurch besonders berühmt, daß es das erste Land ist, in welchem große Veränderungen in der Religion entstanden; im 15ten Jahrhundert lehnten sich Johann Huß, und Hieronymus von Prag gegen die Römische Kirche auf; von ihnen kamen die Hussiten. Sie wurden zu Costnitz verbrannt.

Böhmen wurde bald nach Christi Geburt von Deutschen Grenzvölkern, den Markomannen, besetzt, nachdem sie die ältern Celtischen Bewohner, die Bojer, aus dem nach ihnen genannten Lande Bojheim (Böheim) vertrie-

 ben

ben hatten. Nach 500 Jahren wurden sie jedoch selbst von einem Slavischen Volke, den Tschechen (Czechen) verdrängt, die noch heutigen Tages die innern Provinzen bewohnen. Diese stifteten Anfangs mehrere kleine Freystaten, vereinigten sich aber in der Folge unter einen einzigen Herzog.

Karl der Große brachte das Land unter Deutsche Herrschaft, als ein Lehen des Reichs, welches viele Kriege verursachte. Otto der Vierte erhob es 1203 zu einem Königreich. (Was hat das Volk dabey gewonnen?) Es hatte seine eignen Könige, besaß eine Zeit lang einen Theil von Deutschland, auch Polen. 1306 starb die königliche Familie aus, und die Nation, die nicht frey zu seyn wußte, wählte Rudolph von Oestreich, der sich mit den Waffen behaupten mußte. Die Lausitz und Schlesien hingen von Böhmen ab.

Einer ihrer aus dem Oestreichischen Hause gewählten Könige, Ferdinand der Erste, fand es im Jahre 1547 für gut, das Land für ein Erbstück seiner Familie zu erklären, und die Böhmen ihrer sämmtlichen Privilegien zu berauben. Unter seinen Nachfolgern benutzte Ferdinand der Zweyte die Gelegenheit eines durch Religionsbedrückungen veranlaßten Aufstandes gegen ihn, jene eigenmächtige Erklärung vollends gültig zu machen, indem er das Reich

1620 auf immer mit der Oestreichischen Monarchie vereinigte.

Der König von Böhmen ist zugleich der erste Churfürst des Deutschen Reichs.

Die Böhmischen Münzen sind:

Gulden	. .	56 Kreuzer
Gröschel viere	.	1 Kaisergroschen

Die übrigen wie in Oestreich.

Das Herzogthum Schlesien.

Ehemals gehörte es zu Böhmen, und folglich dem Oestreichischen Hause; allein 1741 und 1742 eroberte es König Friedrich von Preußen fast ganz. Es wird in Ober- und Nieder-Schlesien eingetheilt; die Elbe, die Oder, die Weichsel fließen darin. Gegen Böhmen ist das Riesengebirge, worin die Riesenkoppe oder Schneekoppe etwa 5000 Fuß hoch ist. Auch der Zotenberg ist ansehnlich.

Die Gebirge, welche im südlichen Theile des Herzogthums, oder in Ober-Schlesien, das Clima rauh aber gesund machen, verlieren sich nach Norden hin in mildere, aber der Gesundheit weniger zuträgliche Ebenen. Ungeachtet der vielen Gebirge, in denen vorzüglich Viehzucht getrieben wird, bringt das Land doch mehr Getreide hervor, als seine Bewohner bedürfen. Der Flachsbau ist vortrefflich, und den weit berühmten Leinwandmanufacturen unentbehrlich. Unter der Preußischen Regierung hat der Anbau des Landes und die Industrie seiner Bewohner ungemein gewonnen; die Produkte des Bergbaues setzen eine Menge von Fabriken aller Art in Thätigkeit.

Das ganze Herzogthum beträgt 650 Quadratmeilen, enthält eine und eine halbe Million Seelen, 180 Städte und Flecken und über 5000 Dörfer.

Preußisch Schlesien. 1. Ganz Nieder-Schlesien, wo Breßlau, an der Oder, die Hauptstadt ist. Sie enthält mit dem Militär über 58,000 Einwohner. Leuthen, Brieg, Molwitz, Schweidnitz, Landshut, Hohenfriedberg, Greifenberg (mit schönen Leinwandfabriken) Hirschberg, (mit großer Handlung und 7000 Einwohnern) Liegnitz, Glogau.

2. In Ober-Schlesien: Neiße, Oppeln, 2c. Die Grafschaft Glatz, wo Glatz, Landeck, (ein Bad.)

In vielen Gegenden, besonders in Ober-Schlesien, wird außer der herrschenden Deutschen Sprache auch Polnisch gesprochen. Die Polnischen Schlesier stehen den Deutschen in Cultur und Aufklärung noch ungemein nach.

Man

Man sucht sie aber durch Vermischung mit Deutschen Colonisten von ihrer Rohheit zu befreyen.

Keine der drey christlichen Religionsparteyen kann in Schlesien die herrschende genannt werden, sondern alle haben freyen Gottesdienst, obgleich die Lutheraner die größte Zahl ausmachen.

Oestreichisch Schlesien: in Süden, etwa 90 Quadratmeilen, enthält eine Volksmenge von 248,000 Seelen.

Die Gebirgsgegenden enthalten große Waldungen, an andern Orten ist der Boden sehr fruchtbar, und versorgt das ganze Land reichlich mit dem benöthigten Getreide. Man spinnt hier, wie in Böhmen und in dem benachbarten Schlesien viel Garn, und webt fleißig Leinwand. — Die Weichsel entspringt hier im Fürstenthum Teschen.

Wir bemerken die Städte Teschen, Troppau, Jägerndorf ꝛc. Die Berge gehören zu den höchsten in Europa.

Die Markgrafschaft Mähren

hat einen Flächeninhalt von ungefähr 396 geographischen Quadratmeilen, auf welchem 1,130,000 Menschen, theils Hanacken, theils Wallachen, theils Slawaken wohnen. Alle

 sind

sind Slawischen Ursprungs, weichen aber in Tracht und Sitten von einander ab.

Die **Oder** entspringt aus den dortigen hohen Gebirgen. Das Land ist ziemlich fruchtbar, und bringt Getreide, Wein, Reis, Safran, Obst, Kastanien, Nüsse, Galläpfel und viel Mineralien. **Olmütz**, die Hauptstadt, eine Festung mit 11,000 Einwohnern. Sie ist der Sitz eines Erzbischofs und einer Universität. **Brünn**, ebenfalls eine Festung, hat ungefähr 14,000 Einwohner.

Außer dem Ackerbau und der Viehzucht gewinnen die Mähren noch viel durch ihre fleißig betriebenen Manufacturen.

Die Regierung ist **Oestreichisch**, die Religion **katholisch**.

Die Markgrafschaften Ober- und Nieder-Lausitz.

Jene gehört ganz, diese größtentheils dem Churfürsten von Sachsen. Die Volksmenge beträgt über 447,000 Menschen, der Flächeninhalt 180 Quadratmeilen. Die **Ober-Lausitz** ist zwar in vielen Gegenden sehr bergig, aber dennoch überaus fruchtbar, und durch ihre wichtigen Leinwandmanufacturen sehr wohlhabend. Die Bevölkerung ist daher auch weit stärker, als in der Nieder-Lausitz, wo der Boden eben, sumpfig und waldig ist. In beyden Provinzen befinden sich noch viele Sorbenwenden, welche in der Ober-Lausitz die größre Zahl ausmachen. Die Bauern leben noch in der Leibeigenschaft.

Die Spree, Neiße und Queis sind die ansehnlichsten Flüsse.

Unter den Städten der Ober-Lausitz verdienen genannt zu werden: Bautzen, (Budissin) die Hauptstadt des Landes, an der Spree, mit 8000 Einwohnern.

Görlitz an der Neiße, hat ansehnliche Tuchmanufacturen und 8600 Einwohner.

Zittau, mit ungefähr 11,000 Einwohnern, treibt Handel mit Damast und Leinwand, und ist, so wie Lauban (welches 8000 Einwohner enthält) seit dem siebenjährigen Kriege fast ganz neu und schön erbauet.

Herrenhut ist der Hauptsitz der Mährischen Brüder.

Das Dorf Reichenau ist wegen seines Wohlstandes merkwürdig. Es hat 500 Häuser, treibt starke Leinweberey und ist mehr einem Städtchen, als einem Dorfe ähnlich.

Die Nieder-Lausitz hat außer Lübben an der Spree keine ansehnlichen Städte.

Die herrschende Religion ist die lutherische, die andern Glaubensgenossen genießen einer nachahmungswürdigen Religionsfreyheit.

Der König von Preußen besitzt im Bezirk der Nieder-Lausitz einen Distrikt von vier Quadratmeilen, wo Cotbus.

Geschichte

Geschichte von Deutschland.

Deutschland ist uns erst seit ungefähr 1700 Jahren bekannt, weil es keine Schriftsteller gehabt, und mit keinem gebildeten Volke in Verbindung gestanden, die uns die Begebenheiten der älteren Zeiten gemeldet hätten. In dem ersten Jahrhunderte nach Christi Geburt, welches wir als den Anfang der Geschichte Deutschlands ansehen müssen, sah es ganz anders aus als jetzt; und wir wollen sehen, auf welche Art es das geworden, was es jetzt ist. Die Völker müssen, wie jeder Mensch, von der Unvollkommenheit anfangen, und machen zur Bildung nur langsame Fortschritte.

Die Geschichte der uns bekannten 1700 Jahre können wir in folgende acht Perioden eintheilen:

1. Von dem ganz rohen Zustande bis zur Völkerwandrung im fünften Jahrhundert.
2. Von da, unter den Fränkischen Königen, bis zur Wiederherstellung des abendländischen Kaiserthums durch Karl den Großen im Jahr 800.

3. Von da, unter der Regierung der Karolinger, bis auf Heinrich den Vogler, der das Sächsische Haus auf den Kaiserthron erhob, im Jahr 911.
4. Von da bis 1024, da Conrad der Zweyte oder der Salische das Fränkische Haus erhob.
5. Von diesem bis auf Conrad den Dritten, im Jahr 1125, und die Schwäbischen Kaiser.
6. Unter diesen, bis auf den ersten Oestreichischen Kaiser, Rudolph von Habsburg im Jahr 1273.
7. Unter den Oestreichischen Kaisern, bis 1740, wo die Oestreichische Linie aufhört.
8. Unter den Lothringern, Franz, Joseph dem Zweyten, und Leopold dem Zweyten, von 1745 an.

Erste Periode.

Germanien (so hieß damals Deutschland) sah ungefähr so aus, wie man uns die Wildnisse in Amerika beschreibt: Waldungen, Sümpfe, Haiden, ausgetretene Flüsse, ohne Dämme, ohne Ufer und Brücken bedeckten den Boden, der nichts als einige wilde Früchte, Gras fürs Vieh, ein wenig Gerste zu Bier, und Hafer zur Suppe erzeugte. Die Luft war rauh und kalt, weil die Sonne den sumpfigen oder dick beschat-

beschatteten Boden nicht erwärmen konnte. Das Vieh war gering. Wilde Schweine, Auerochsen, Hirsche, Wölfe, Luchse, Bäre, machten dem Menschen Raum, Nahrung und Leben streitig. Städte und Dörfer waren nur sparsam am Rhein zu sehen, wo Trier, Cöln und andre mehr von den Römern erbaut wurden. Die Deutschen scheuten lange Zeit jede eingeschränkte Wohnung, wie ein Gefängniß, oder ein Netz, worin der Mensch seine Freyheit einbüßt. Zerstreute Hütten, Höhlen in der Erde, waren ihre Wohnungen.

Die Einwohner waren Jäger, Fischer, vornehmlich aber Krieger; den wenigen Ackerbau, und die unbedeutende Viehzucht besorgten die Sklaven, die auch alle Arbeit verrichteten. Handwerke waren nicht da, jeder baute seine Hütte selbst; die Weiber spannen und webten die Wolle, und machten das kurze Wams für die Familie, das einzige Stück in ihrer Garderobe. Wissenschaften, Bücher, Schreiben und Lesen waren unbekannte Dinge, eben so wohl als das Geld. Doch hatten sie Dichter, Barden, die Lieder sangen und die Harfe dazu spielten.

Ihre Speisen waren Wurzeln, Kräuter, Milch, Wildpret, Pferdefleisch; Bier ihr Getränk. Sie liebten Schmausereyen und noch mehr Trinkgelage, wo sie das Bier, wenns hoch

ging,

ging, aus den Schädeln ihrer erschlagenen Feinde tranken, sich berauschten, zankten, schlugen und tödteten, und auch die öffentlichen Angelegenheiten besprachen.

Nur Soldat, Krieg und Waffen galten bey ihnen etwas; ein Mann hieß eine Lanze, und ein Weib eine Kunkel, d. h. eine Spindel oder Rocken. Der Jüngling durfte sich nicht bey Männern, nicht einmal in Gesellschaft seines Vaters sehen lassen, ehe er die Waffen führte. Kein Sklave gelangte zu dieser Ehre. Die Waffen waren Spieß, Degen und Schild. Selbst die Weiber folgten den Männern in den Krieg, und sollen zuweilen die Flucht derselben gehemmt haben; sie erschienen aber bey Gastmählern nicht.

Die Germanier spielten, und setzten Hab' und Freyheit aufs Spiel. Ihre Schauspiele bestanden darin, daß junge Männer nackt zwischen Degenspitzen tanzten und sprangen.

Ihre Sklaven waren Kriegesgefangene, oder Gewonnene, und deren Kinder. Als sie den Wein kennen gelernt hatten, gaben sie wohl einen Sklaven für ein Fäßchen Wein.

Die wenigen Felder, die sie bauten, sahen sie nicht als Eigenthum an; wo der Eine dieß Jahr gebaut hatte, da bauete ein Andrer folgendes Jahr; es war Ueberfluß an Acker da.

Die

Die Weiber brachten keine Mitgabe, sondern bekamen sie von den Männern; d. h. sie wurden gekauft. Angesehene hatten mehrere Weiber ehrenthalben, die Andern nur eins.

Die Gastfreyheit war allgemein; der Fremde fand überall Herberge, und wenn er den Einen ausgezehrt hatte, führte dieser ihn zu einem Andern, und ging selbst mit.

Die Leichen wurden verbrannt, und mit denselben die Waffen und zuweilen das Schlachtpferd des Verstorbenen. Ein Rasen war der Grabstein.

Die Germanier waren in kleine Völkerschaften getheilt. Sie hatten Könige und Heerführer ohne Macht, die nur Kleinigkeiten entschieden, und in den Volksversammlungen, wo die wichtigen Angelegenheiten entschieden wurden, bloß ihre Stimme gaben. Sie bekamen Geschenke, nicht aber pflichtmäßige Abgaben. Dem ungeachtet mußten die Begleiter eines Heerführers für ihn streiten, und es war eine unauslöschliche Schmach, ihn zu überleben.

Jedermann war Richter in seiner eignen Sache, und jeder Hausvater in seinem Hause. Die Streitigkeiten wurden mit dem Schwert abgethan, oder man vertrug sich um eine Vergütung an Vieh oder Waffen. Die Germanier konnten nicht begreifen, daß ein Mensch

über

über Leib und Leben des Andern ein Recht hätte. Einige Geschichtschreiber sagen, die Priester hätten Strafen verordnet, und mit eigner Hand vollzogen, aber im Namen der Gottheit, und Ueberläufer und Verräther wären an die Bäume gehenkt worden.

Sie waren abergläubisch, hielten auf Wahrsagerey und Zauberey; besonders hatten sie zu gewissen Weibern ein großes Vertrauen. Sonne, Mond, die Erde unter dem Namen Hertha, der Kriegesgott Odin, oder Wodan, waren ihre Götter. Tempel hatten sie nicht, weil sie gla ten, sagt man, die Gottheit sey zu groß, um in Tempeln zu wohnen; vermuthlich aber, weil sie keine Tempel bauen konnten. Auch hofften sie ein zukünftiges Leben, wo die Krieger alle Morgen Schlachten unter einander haben, und dann gesund und friedlich den immerwährenden Schweinsbraten des Wodan verzehren, und Bier die Fülle aus den Hirnschädeln ihrer Feinde trinken würden.

In Holland waren die Bataver, in Hessen die Catten, in Holstein die Cimbrier, in Westphalen die Usipier und Teucterer, um den Brocken die Burckterer, die von den Chamaven und Angrivariern vertrieben wurden, an der Nordsee und dem Rhein die Frisier, die Cherusker im Lüneburgischen, die Sicambern um Paderborn, die Sueven in Mecklenburg und Pommern, die Brennen

in

in der Mark, die Anglier oder Anglosachsen in der Gegend von Magdeburg, um Meißen die Semnonen, in Schwaben und der Gegend die Marcomannen, Hermonduren und Alemannen, die Teutonen in den Inseln des Baltischen Meeres. Im dritten Jahrhunderte machten sich die Franken bekannt, die aus Norden in das Fränkische zogen. Später hin veränderten sich die Namen; in Süddeutschland waren die Baiern und Franken, in der Mitte die Thüringer, im Norden, auf der Westseite der Elbe, die Sachsen, und ostwärts die Slaven, in Dänemark die Normänner.

Die Römer griffen schon vor unsrer Zeitrechnung die Germanier mit wechselndem Erfolge an, unterjochten die Ufer des Rheins, drangen bis an die Elbe, kamen aber nicht weiter. Allmählich wurden die Römer bequemer, weichlich, und ihre Kaiser waren mehrentheils schwache, wollüstige, unthätige Tyrannen, so daß sie nicht mehr furchtbar waren. Die gereitzten Germanier rächten sich nun, griffen die Römer an, so daß diese froh waren, den Frieden mit Geld, zu erkaufen. So lernten die rohen Nationen Geld einige Bequemlichkeiten des Lebens, und etwas Policeyordnung im Lande und im Felde kennen. Auch nahmen im vierten Jahrhundert einige von denen, die zunächst an den Römischen Grenzen wohnten, das Christenthum an. Die Kaiser ernannten

auch

auch wohl hin und wieder einen König, den sie zur Belohnung seiner Treue zum Obristen, oder Hauptmann in ihren Truppen machten, wovon er mehr Einnahme, als von seinem Königreich hatte. Die Handlung schlich sich ein; fremde Kaufleute, die ursprünglich der Bernstein angelockt hatte, brachten Waffen, Kleidungsstücke, Wein, und bekamen dafür Sklaven, Menschenhaare, Pferde, Vieh, Thierhäute, Pelze, Gänsefedern. Das machte einige Verändrung in der Lebensart; die Völkerwandrung aber noch weit mehr.

Zweyte Periode.

Von der Völkerwandrung an bis auf Karl den Großen.

Im fünften Jahrhundert überfielen die Hunnen, ein rauhes kriegerisches Volk aus der großen Tartarey, unter der Anführung ihres Königes Attila, die Gothen, die in der Moskau wohnen mochten; diese kamen in die mittägigen und westlichen Gegenden, überschwemmten nebst den Hunnen und den Völkern, die vor ihnen wichen, Italien, Germanien, Gallien, (das heutige Frankreich) und Spanien. Die Visigothen eroberten Rom; nach ihnen kamen die Vandalen, und zerstörten 476 das Kaiserthum in Rom. Die Gothen wurden aus Italien vertrieben, und machten den Burgundiern Platz; setzten sich aber in Gallien

Gallien und einen Theil von Spanien, wo sie das Visigothische Reich stifteten. Genserich mit den Vandalen errichtete in Afrika ein neues Reich; dieß thaten auch die Ostgothen in Oberitalien. Die Franken zogen aus Deutschland, eroberten 418 fast ganz Frankreich, wo sich eine große Menge derselben niederließ, ohne sich doch von dem Deutschen Vaterlande zu trennen, so daß der größte Theil von Deutschland und Frankreich in Verbindung kam und Ein Reich ausmachte, welches das Fränkische Reich genannt wurde. Merovaus war der erste König, von welchem die regierende Familie die Merovingische genannt wurde. Sein Sohn Clodwig, Clodovaus, oder Ludwig, nahm das Christenthum an, um den Galliern gefälliger zu werden. Er theilte sein Reich unter seine drey Söhne. Theodorich bekam Austrasien, welches an beyden Seiten des Rheins lag, und Metz zur Hauptstadt hatte.

Nach diesen dreyen Regenten findet man lauter schlaffe, wollüstige Könige in dieser Familie; weswegen man sie auch die trägen oder unthätigen Könige nannte.

Sie hatten einen Kronbedienten, den man Major Domus nannte; eine Art von Haushofmeister, oder Hofmarschall, der aber bald Premier-Minister, oder vielmehr König wurde, weil er alle Macht in die Hände bekam, und alle Staatsgeschäfte besorgte. Pipin regierte wirklich, und brachte einige Ordnung ins Reich; Karl Martel, dessen Sohn, war mächtig genug, sich in seinem Posten mit den Waffen zu behaupten. Pipin, Sohn des letzteren, ward wirklich zum König gekrönt, und machte gegen die Mitte des achten Jahrhunderts der Merovingischen Familie ein Ende. Sein Sohn, Karl der Große, gab dem neuen Hause den Namen der Carolinger.

Alle diese Vorfälle brachten manche Veränderungen hervor. Die rohen Franken und Gothen lernten bey den gebildetern Galliern und den verfeinerten Römern, die sie überwunden hatten, andre Sitten, Bequemlichkeiten, etwas von Künsten, die Lateinische Sprache, das Christenthum, und andre Gesetze. Unter ihnen gingen aber die Wissenschaften verloren. In die Deutsche Sprache mischten sich Lateinische Wörter, und weil jene zu roh war, blieb diese für die Wissenschaften, so viel man hatte, für die Geschäfte, die Rechte, und die Kirche. Noch blieben tiefe Spuren der Rohheit, obgleich die Titelsucht sich einschlich. Die Franken verachteten die überwundenen Römer, sahen sie als Sklaven an, und der Name Franke ward ein Ehrenname, und hieß ein Freyer: daher blieben sie bey ihren Gesetzen und Gebräuchen, ließen aber die Römer auch bey den ihrigen.

Die

Die Könige, die ihre Streiter in bessere Gegenden geführt hatten, gewannen dadurch viel Ansehen und Macht über sie. Zwar mußten sie noch das Volk in wichtigen Angelegenheiten versammeln und dessen Beystimmung einholen; auch theilte das Volk mit ihnen die Beute, und die Krieger folgten noch, nicht aus Pflicht oder um Sold, sondern weil der Krieg ihr Lieblingsgeschäft war. Ein Volk, das bewaffnet ist, kann nicht leicht unter den Despotismus gebracht werden.

Allein Bequemlichkeit und Luxus machten den Muth sinken, man zog nicht mehr so gern zu Felde. Die Könige verschafften ihrem Gefolge Wohlleben am Hofe, gaben ihnen Geschenke, suchten ihr Gefolge dadurch zu vermehren und sich verbindlich zu machen. Viele wollten an diesem Glücke Theil haben, und drängten sich zu. Späterhin gaben die Könige auch Ländereyen, mit der Bedingung des Kriegesdienstes; daraus entstanden die Lehne, und das berühmte Lehnssystem. Der Geber hieß Lehnsherr, der Empfänger Lehnsmann oder Vasall (Geselle, Gefährte.) Die Könige wußten nun sich an die Stelle des Vaterlandes zu setzen: sonst war man um das National-Interesse zu Felde gezogen; jetzt diente man dem Könige, der sich den Eid der Treue leisten ließ, und eine Art von stehender Armee bekam, womit er das Volk unterdrücken konnte, und die er nicht ungenutzt ließ. Die Volksversammlungen hatten ein Ende. Der König berathschlagte mit den Großen, den Grafen, Herzogen, Bischöfen und hohen Kronbedienten. Die Nation mußte sich aber gefallen lassen, was diese Herren befahlen.

Pipin, der Major Domus, führte gegen die Hälfte des siebenten Jahrhunderts die Mars- oder Märzfelder wieder ein; so hießen die Volksversammlungen, weil sie im Märzmonate gehalten wurden. Diese dauerten bis nach dem Tode Karls des Großen.

Das Lehnssystem, welches den Königen so gute Dienste leistete, um sie über die Nation zu erheben, hielt sie aber um so viel gegen die Großen nieder; denn die Großen machten sich nun auch Vasallen, so viel als sie konnten, und brauchten sie sehr oft gegen die Könige. Auch verursachte diese Verfassung, die einzig und allein auf das arme Volk drückte, ein andres Uebel; das nehmlich, daß nun jeder große und mächtige Vasall eine ganze Mannschaft hatte, womit er nicht allein das Volk unterjochte, sondern auch seine Nachbaren bey jeder Gelegenheit befehdete. Auf jeder Meile Landes konnte man ein festes Schloß, einen kleinen Despoten, der auf den Heerstraßen Räuberey trieb, eine stehende Armee und wohl gar einen Krieg sehen.

Ueber-

Ueberhaupt zeigt diese ganze Epoche nichts als kleine und große Kriege und Verwüstungen; die Könige und Lehnsherrn, die keinen Menschen mehr fragen durften, schonten des Blutes der Völker nicht; Weiberhaß, Ministerdespotismus fachte Kriege an. Der Tyranney unerachtet, war doch unter den wilden Heeren keine Mannszucht; der Soldat ließ den Unbewaffneten seine eigne Sklaverey entgelten, raubte und trieb Gewaltthätigkeit.

Einmal gelang es doch der Nation, die sich in Paris versammelte, (615) den König einzuschränken, so daß er nicht mehr das Erbe eines Andern, oder ein Weib verschenken durfte.

Noch hatten die Könige keine feste Residenz; sie hielten sich bald in diesem, bald in jenem Kammergute oder auch Reichspallaste auf, und kamen nur an hohen Festen in die Städte, wo sie dann Hoflager hielten. Demungeachtet war doch eine Hauptstadt.

Man fing an Hunde und Vögel zur Jagd zu brauchen, Ackerbau zu treiben, Brod zu essen, und die Aecker eigenthümlich zu besitzen. Statt daß der alte Germanier mit seinem Vieh unter Einem Dache wohnte, hatte man jetzt Ställe, Böden, Keller, Stuben mit Oefen, und sogar Säle zu den Zusammenkünften. Noch spannen und webten die Damen.

Die Unordnung und Sittenlosigkeit war zuletzt so groß, daß die Geldstrafen nicht mehr hinreichten, und daß 593 ein Gesetz auf Mord und Diebstahl Todesstrafe legte. Königinnen und Prinzessinnen rauften und schlugen sich unter einander, und eine Königin bat auf dem Sterbebette ihren Gemahl, ihre beyden Aerzte umbringen zu lassen, weil sie denselben ihren Tod Schuld gab; und der Gemahl ließ sich willig finden. Ueberhaupt waren die Könige nicht besser als das Volk; sie hatten zuweilen zwey bis drey Gemahlinnen, mordeten ihre Verwandten und die Großen; dabey aber waren sie sehr andächtig, stifteten Klöster, bauten prächtige Kirchen, machten der Geistlichkeit große Geschenke, und wurden von den Mönchen gelobt und selig gepriesen.

In dieser Periode fing man an Gesetze anzuerkennen, und schriftlich aufzusetzen; sie waren aber weiter nichts als Criminalverordnungen und hergebrachte Gewohnheiten. Die berühmtesten und ältesten, die bis auf unsre Zeiten gekommen sind, sind die Salischen und Ripuarischen, die beyde ihren Namen von den Franken haben, die Normännischen, und die Sächsischen. Da aber alle spätere Zusätze bekommen haben, kann man nicht sagen, daß sie ganz zu dem höchsten Alterthume gehören.

In den Alemannischen, welche von Clothar dem Zweyten gegen das Ende des sechsten Jahr-

Jahrhunderts gegeben seyn sollen, heißt es: Wenn ein Herzog einen störrischen ungerathenen Sohn hat, der sich gegen seinen Vater auflehnen will, so lange noch der Vater bey Kräften ist, und des Königes Nutzen besorgen kann, und der Sohn will ihm mit Gewalt sein Reich nehmen; da soll er nicht haben, was er angefangen hat.

Nach den Sächsischen Gesetzen, welche von Karl dem Großen herkommen sollen, und die wir unter dem Namen des Sachsenspiegels haben, wird jeder nächtliche Diebstahl mit dem Strange bestraft.

Die Salischen Gesetze sollen vom Jahre 422 seyn. Sie schließen die Weiber von dem Besitz gewisser Ländereyen, die man deswegen Salische nannte, aus. Nach denselben bezahlte man für ein gestohlenes Pferd mehr Strafe, als für einen gestohlenen oder ermordeten Knecht. Jeder Mord konnte mit Geld abgekauft werden; der eines Bischofs mit 900 Solidis (ein Solidus beträgt ungefähr 2 Gulden Reichsgeld;) der eines Franken 200, und eines Knechts 36. — (Späterhin ward der Mord eines Römers mit 100, der Hälfte des Mordes eines Franken, bezahlt.) — Die Hirnschale konnte man für 45 einschlagen; das Auge kostete 72, die Nase 45, ein Ohr 15. Schimpfte

 der

der eine den andern einen Fuchs, so mußte er 3 Solidos, einen Hasen, 6 geben. Bey den Alemanniern kostete der Mord eines Weibes, weil dieses sich nicht wehren konnte, doppelt so viel, als der Mord eines Mannes.

Der erste und oberste Richter war der König, der selbst Gericht halten und die wichtigsten Sachen abthun mußte; dann waren die Herzoge und Grafen; endlich die Schöppen. Diese alle waren keine Gelehrten, und die Prozesse wurden nicht, wie jetzt, schriftlich abgehandelt, so daß man nicht nachsehen konnte, ob die Richter recht gesprochen hatten. Sie wußten keine andre Art die Wahrheit auszumitteln, als den Eid der Parteyen, der durch den häufigen Gebrauch seine ganze Kraft verlor. Um ihm mehr Wichtigkeit zu geben, ließ man den Schwörenden die Hand auf Reliquien legen, und verlangte, daß er Eidhelfer, die seine Aufrichtigkeit bezeugten, vorbringen sollte. Die Reliquien wirkten, aber man wußte sich zu helfen; ein König, der einen falschen Eid schwören wollte, ließ heimlich die Reliquien aus der Kapsel nehmen, schwur auf der leeren Kapsel, und glaubte nun von aller Verbindlichkeit los zu seyn. Eidhelfer fanden sich für Geld, so viel als man haben wollte.

Da dieses auch nicht half, gerieth man auf die Gottesgerichte oder Ordalien. In der Mei.

Meinung, daß Gott jederzeit die Unschuld schützt, ließ man die Parteyen glühendes Eisen angreifen, den Arm in siedendes Wasser stecken, oder mit einander kämpfen. Wer unbeschädigt davon kam, war unschuldig, und der andre wurde verurtheilt. Weiber, Kinder, Greise hatten Ritter, die für sie kämpften. Selbst die Wahrheit von kirchlichen Lehrformeln wurde dadurch entschieden.

Die Geistlichkeit gewann auch in diesem Zeitraume viel Ansehen. Schon im vierten Jahrhundert hatte das Christenthum am Rhein und an der Donau Eingang gefunden, und es waren Bisthümer zu Trier, Trident, Costanz, Augsburg, Worms, Speier, Mainz, Cöln rc. Die Franken lernten in Gallien die Macht der Bischöfe anerkennen, die dort schon Reichthümer und Macht hatten. Die Bischöfe in den Residenzen erhoben sich nach und nach über die andern Bischöfe, und so entstanden die Erzbischöfe. Alle Bischöfe hießen Pfaffe, Papst.

Die Franken hatten den Römern ihre Gesetze gelassen; sie waren aber Richter, und wußten von den fremden Gesetzen nichts; also mußten sie die Bischöfe, die einzigen damaligen Gelehrten, in den Gerichtshöfen zu Hülfe nehmen. In den Nationalversammlungen bediente man sich ihres Raths; Andacht und Furcht vor den Strafen der Sünde machten sie zu Gewissensräthen bey Königen und Großen; zuweilen rebeten sie auch für das Volk; so kamen sie bey allen in Ansehen. Die Mönche, die im fünften Jahrhundert in Gallien drangen, halfen die Andacht vermehren; und da alle Sünden mit Geld getilgt wurden, bekam die Kirche ansehnliche Sühnopfer an Geld und liegenden Gründen. Die Kirchen waren schon lange vor dem Christenthum ein sichrer Zufluchtsort für alle Verbrecher; sie hatten also eine weltliche Macht, welche die Obrigkeit nicht verletzen durfte. Das Eigenthum der Kirche hieß bald das Eigenthum Gottes; also mußte Gott von Abgaben befreyt werden, und die Geistlichkeit zahlte von ihren großen Reichthümern keine Abgaben zu Staatsbedürfnissen.

Noch ist zu bemerken, daß die Longobarden, ein Deutsches Volk, 584 das Longobardische Reich in Oberitalien stifteten.

Dritte Periode.

Regierung der Karolinger, von Karl dem Großen bis auf Heinrich den Vogler. 768 — 911.

Karl der Große erbte das ganze Fränkische Königreich, welches Gallien, einen Theil von Spanien, die Niederlande und den größten Theil von Deutschland umfaßte, wovon nur

Baiern,

Baiern, das bald erobert wurde, Sachsen, welches auch unter seine Herrschaft kam, und die Slaven abgingen. Er eroberte die Lombardey, und machte dem Longobardischen Reich ein Ende. 30 Jahre führte er mit den Sachsen Krieg, unterjochte sie, und bekehrte sie mit dem Schwerte zum Christenthum; dann ging es gegen die Slaven und Normänner. Er regierte 46 Jahr, und führte 46 Jahr Krieg. (Wozu?) Im Jahre 801, als er in Rom war, krönte ihn der Papst zum abendländischen Kaiser, und stellte, dem Namen nach, das abendländische Kaiserthum wieder her. Seine Residenz, wo er wenig residirte, war Metz.

Nach ihm finden wir nichts als schwache, wollüstige, raubsüchtige Kaiser in seiner Familie, die sich um die Regierung nicht bekümmerten. Ludwig der Fromme, sein Sohn, theilte das Erbe unter seine drey Söhne, welche 843 zu Verdun einen Vergleich machten, durch welchen Deutschland von den Ländern auf immer getrennt wurde, mit denen es seit der Fränkischen Regierung verbunden gewesen war, wodurch dann das Fränkische Reich einiger Maßen ein Ende nahm.

Unter den Karolingern, und selbst unter Karl dem Großen, seiner Macht und Sorgfalt ungeachtet, war des Raubens, Mordens und Befehdens kein Ende. Den Großen mußte ver-

verboten werden, in der Trunkenheit Gericht zu halten, und an Gerichtstagen auf die Jagd oder zu Gastmählern zu gehen. Königen und Kaisern wurden die Töchter geraubt, und Karl ermahnte auf dem Sterbebette seine Söhne, ihre Enkel nicht ohne rechtliches Urtheil umbringen, verstümmeln oder ihnen die Augen ausstechen zu lassen. Jagen, selbst von Damen, Trinken, Possenreißen waren der Zeitvertreib der Großen und Reichen, und man fing auch an Komödien aufzuführen. Kurz, die Geschichte von Deutschland in dieser Periode ist nur ein Verzeichniß von Verbrechen, und von den Greueln der Unwissenheit und des Fanatismus. Gegen das Ende der Periode, unter den schwachen Kaisern, war es noch schlimmer; den Hofbeamten und den Großen, die zur Reichsversammlung kamen, mußten die Gesetze das Stehlen untersagen, weil sich niemand dessen schämte.

Karl liebte die Wissenschaften, und hatte an seinem Hofe einige Gelehrte; er errichtete Schulen, und man findet auch zu seiner Zeit einige Handwerke, Schuster, Schmiede, Drechsler, Stellmacher, Bäcker, Bergleute, und einige Künste, Malerey, Baukunst, Orgelbau ꝛc.

Das Ansehn der Könige und Kaiser nahm zu. Die Großen küßten ihnen die Füße oder die Knie. Demungeachtet war ihre Macht durch die

die Versammlung des Adels und der Bischöfe im May, woher die Reichsstände und Landstände entsprungen sind, beschränkt. Um bürgerliche Kriege zu vermeiden, da die Rechte der Erstgeburt noch nicht bekannt waren, holten die Monarchen, wegen ihrer Erbfolge, die Genehmigung der weltlichen und geistlichen Großen ein, welches diesen viel Ansehen gab. Karl, um die Großen zu demüthigen, zog das Volk in die Nationalversammlungen im May zu, wo die Gesetze gemacht wurden; an Krieg und Frieden und an den Angelegenheiten des Staates hatte es keinen Theil; diese wurden in den Herbstversammlungen der Großen entschieden. Die dauernden Beschlüsse dieser Versammlungen heißen Kapitularen; es sind welche bis auf uns gekommen. In eben dieser Absicht schaffte Karl die zu mächtigen Herzoge ab, und vertheilte das Reich in kleinere Grafschaften. Gegen die feindlichen Nachbaren setzte er Markgrafen, (Gränzstatthalter) ein. — Die Lehen, die bisher nur personell gewesen waren, machte er erblich, wodurch die Vasallen mächtiger gegen den Monarchen und gegen das Volk wurden. Einer seiner Nachfolger schränkte die Verbindlichkeit derselben auf auswärtige Kriege ein, und erlaubte jedem Freyen die Wahl, ein Vasall des Königs oder eines Großen zu werden. Letztere bekamen häufig den Vorzug, weil sie näher, und weil die Könige elende Menschen waren.

waren. Späterhin wußten selbst die Markgrafen und Grafen ihre Verwaltung erblich und zum Eigenthum zu machen.

Die Einkünfte der Monarchen bestanden in ihren Kammergütern, Jagd, Bergwerken und Zöllen auf denselben, die sie nicht als Könige, sondern als Gutsherren hatten. Die Großen mußten ihnen jährlich freywillige Geschenke geben. Von Steuern wußte man nichts, und nur Leibeigne und Freygelassene bezahlten ihren Herren einen Zins. Von den Strafgeldern bekam der König einen Theil. Die Einnahme und Ausgabe berechnete die Königin.

Der Zustand des Volkes war Bedrückung. Die Nation bestand aus drey Ständen; dem Adel, wozu die Grafen, vornehme Reichsbeamten uud hohe Kronbedienten gehörten; den freyen Herren oder Edlen Mannen, von welchen schon mehrere die Gerichtsbarkeit über ihre Unterthanen hatten; ihre Bezirke hießen Freyheiten, weil sie nicht unter königlichen Richtern stunden. Der zweyte Stand waren die Freyen, die freyes Eigenthum hatten, und die Reiter oder Ritter, die zu Pferde im Kriege dienten. Sie wurden meistens von den Großen unterdrückt und zu Vasallen gemacht. Der dritte waren die Freygelassenen, die mehrentheils nur unter der Bedingung eines Zinses frey gemacht wurden. — Endlich waren noch

die

die Sklaven, Leibeignen, die das Feld, das ihnen nicht gehörte, bauen mußten, und zum Gute oder zum Hause gehörten. Daher die Leibeigenschaft der Bauern. Zu den Sklaven gehörten die Künstler und Handwerker zum Theil. Kurz, niemand war frey, als die Unterdrücker der Menschheit. Unter allen Gesetzen der damaligen Zeit findet man keines, welches die niederen Klassen von Menschen begünstiget. — Weil die Mächtigen die Gesetze machten.

Zu Bardewick (im Lüneburgischen), Magdeburg, Erfurt, Forchheim (bey Bamberg), und Regensburg war einige Handlung und wurden Messen gehalten, die fast ganz in den Händen der Juden waren, weil die Deutschen noch immer den Krieg für das einzige eines freyen Mannes würdige Geschäft, und die Arbeit als das Zeichen der Sklaverey ansahen. Die Gutsherren legten überall schwere Zölle auf die Reisenden und Kaufleute. Statt Oel brannte man Speck auf den Lampen.

Die Policey war so schlecht, daß zwischen den Jahren 850 und 899 sechsmal Hungersnoth und zweymal schwere Viehseuchen Deutschland verheerten. Im Norden hatte es zwey gefährliche Feinde, die Slaven und Normänner; diese trieben sogar Seeräuberey, verwüsteten Hamburg und Paris. Ihr König Gottfried nahm gegen das Ende des 9ten Jahrhunderts das Christenthum an.

Die

Die Kirche nahm an Macht und Reichthum sehr zu. Die Wallfahrten, eine Frucht der Andächteley, des Müßigganges und der alten Gastfreundschaft, schränkten sich nicht mehr auf Italien ein; es ging bis nach Jerusalem. Die Gesetze (im Jahr 803) befahlen, keinen Pilger abzuweisen, sondern ihnen alles zu geben, ja sie nehmen zu lassen, nur das Gras auf den Wiesen und das Getreide auf den Feldern ausgenommen. Da man noch dazu alle Sünden, selbst Mordthaten, damit tilgte, waren diese Streifereyen zahllos; Karl der Große selbst hatte seine Pilgertasche, die er auf seinen Zügen nach Italien anlegte.

Auch das Mönchsleben erhielt Ansehen; der unnütze und schädliche Kaiser Lothar zog auf dem Todbette eine Mönchskutte an, um die Seligkeit zu erwerben.

Karl der Große breitete das Christenthum mit aller Macht und mit Gewalt aus; stiftete Bisthümer, zu Osnabrück, Minden, Halberstadt, Verden, Bremen, Paderborn, Münster, Hildesheim, und Klöster; gab der Geistlichkeit den Zehnten von allen Gütern, vielleicht nicht aus Andacht, sondern um die mächtigen Priester für sich gegen die Nation und die Großen zu gewinnen. Demungeachtet hielt er sie doch einiger Maßen im Zügel; unter seinem Sohne, Ludwig dem Frommen, aber gewannen die

Priester

Priester gänzlich die Oberhand. Dabey waren die gemeinen Priester so unwissend, daß man bey Kirchenvisitationen fragte, ob sie lesen könnten.

Unter Karl dem Großen, predigte ein Irländischer Mönch, Bonifacius, ein Enthusiast, den Thüringern und Sachsen das Christenthum, und brachte die meisten Deutschen Bischöfe unter die Oberherrschaft des Papstes oder Bischofs von Rom, dem der Kaiser selbst sehr schmeichelte.

Pipin, dessen Recht zur Krone, wie jedes Recht dazu, zweydeutig war, hatte vorher bey dem Papst anfragen lassen, wer König heißen müßte, der, welcher die Regierung besorgt, oder der, welcher auf dem Throne müßig sitzt; er ließ sich von Bonifacius, Erzbischof zu Mainz, salben. Der Papst setzte Karln die Kaiserkrone auf, und ernannte ihn zum Kaiser; daraus floß die Lehre, daß die Kirche die Kronen giebt; und bald darauf, daß sie Kronen nehmen kann. Man behauptete, ohne Salbung von der Kirche sey keine Oberherrschaft gültig. Die Geistlichkeit sprach im Namen Gottes; daher vielleicht die Formel in den Regententiteln: Von Gottes Gnaden. Daher kommts auch, daß alle Regenten Deutschlands immer nur Könige heißen, bis sie von dem Pabst zu Kaisern gekrönt worden sind.

Ludwig der Fromme ließ sich von den Bischöfen eine öffentliche Buße auflegen, hielt dem Papst das Pferd. Sein Sohn Lothar wurde von den Bischöfen für des Throns unwürdig erklärt; diese sagten zu seinen Brüdern: wir befehlen euch aus göttlicher Macht, das Reich anzunehmen. Der Papst erlaubte ihm, nach Rom zu kommen, um sich darüber zu rechtfertigen, daß er eine andre Frau nehmen wollte. An den König von Frankreich schrieb er: „Niemand hindre den Kaiser, die Königreiche zu regieren, die ihm Kraft der vom heiligen Stuhle bestätigten Erbfolge, und der ihm von dem obersten Bischof aufgesetzten Krone, zukommen." Kaiser Karl der Kahle klagt den Bischöfen, gegen einen Erzbischof, der ihn für des Thrones unwürdig erklärt hatte: Ich hätte nicht sollen verstoßen werden, sagt er, ehe die Bischöfe mich verhört und das Urtheil über mich gesprochen hätten. In einer Kirchenversammlung zu Troyes in Frankreich wurde verordnet: Keine weltliche Macht habe die Kühnheit, sich in Gegenwart der göttlichen Mächte ohne Erlaubniß niederzusetzen.

Man behauptete, Bischöfe können nie vor Gericht geladen werden; die Kirche müsse die unwürdigen mit Geduld ertragen: denn, sagte man, niemand läßt seinen Knecht von einem andern richten; sollte aber Gott es thun? —

Wenn

Wenn einer gegen einen Fürsten die Hand ausstreckt, so wird er der beleidigten Majestät schuldig gehalten; wie? wenn er es sogar gegen den Augapfel Gottes (d. h. gegen einen Geistlichen) thut?

Ein Vasall rebellirte; der Kaiser (Karl der Dicke) wollte ihn züchtigen; allein der Papst schrieb ihm: Ich habe den Boso an Sohnesstatt angenommen. Lasset euch also die Gränzen eures Reichs genügen; denn wir thun von nun an alle diejenigen in den Bann, die sich gegen unsern Sohn auflehnen. — Da der Kaiser ein Klostergut verschenkt hatte, schrieb ihm der Papst: Wenn du diese Güter nicht binnen sechzig Tagen zurückgiebst, sollst du excommunicirt werden; und wenn das nicht hilft, sollen derbere Schläge dich klug machen. Dem allen ungeachtet suchten die Mächtigen auf alle Art die Geistlichkeit zu berauben.

Vierte Periode.

Das Sächsische Haus. Von Heinrich dem Vogler, bis auf Conrad den Zweyten, oder den Salischen. Von 911 bis 1024.

Conrad der Erste, Herzog der Franken, ward auf den Thron der Karolinger erhoben;

 ein

ein vortrefflicher Mann in der Regierung und im Krieg. Alle Deutsche Völker willigten in seine Erhebung. Er hinterließ keine Kinder, und statt seinen Bruder vorzuschlagen, rieth er den Großen, den Herzog von Sachsen, Heinrich den Vogler, der sein Feind gewesen war, als den Würdigsten zum Kaiser zu erwählen, welches auch geschah.

Heinrich (919 bis 936) war ein großer und einer der besten Regenten Deutschlands. Er besiegte die gefährlichsten Feinde des Reichs, die Slaven und Ungarn, verschaffte innre Ruh und Sicherheit, brachte die wildesten Krieger in Gränzfestungen, die er erbaute, um die Einfälle der Feinde zu verhüten. Hier konnten sie ihren Muth und ihre Raubsucht an Feinden ausüben. Zur Sicherheit baute er auch im Reiche selbst viele haltbare Städte, befahl, daß von den Gutsbesitzern immer der neunte darin wohnte, um sie zu vertheidigen, indeß die andern acht die Felder des dienenden bauten. Zu derselben Absicht bestellte er die Markgrafen von Brandenburg, von Schleswig, von Meißen und von Oestreich. Dem allen ungeachtet konnte er doch keine völlige innre Ruh erhalten. Damit der Adel im Frieden den Gebrauch der Waffen nicht vergessen möchte, führte er die Turniere ein.

Ihm folgte sein Sohn, Otto der Große, (936 bis 974) der nicht so groß als sein Vater

ter war, und bald das Herz der Völker abwendig machte. Auf Ansuchen seines Vaters wurde er von den Großen erwählt. Die drey Erzbischöfe, Mainz, Trier und Cöln, stritten um das Recht ihn zu krönen; und die Herzoge von Lothringen, Franken und Schwaben versahen bey der Krönung die Aemter eines Truchsesses, eines Schenken, und Marschalls. Es zerrütteten viele innere und äußere Kriege Deutschland unter seiner Regierung. Er war sehr mächtig im Reiche, nahm und gab Herzogthümer, und strafte die ungehorsamen und aufrührerischen Großen; auch außerhalb war er der Schiedsrichter zwischen Fürsten. Ein König von Frankreich sagt: Ich bin durch die Stimme der sämmtlichen Reichsstände gewählt; dennoch hat mich Hugo vertrieben. Wenn man mir irgend ein Verbrechen Schuld giebt, so bin ich bereit, mich, der Entscheidung des Conciliums und den Befehlen des Königs Otto zu Folge, oder auch durch den Zweykampf, davon zu reinigen. Otto unterjochte die Slaven und Normänner, stiftete die Bisthümer Havelberg und Brandenburg, und zwang die Dänen zum Christenthum.

Noch verdient Heinrich der Zweyte, (1002 bis 1024) der letzte vom Sächsischen Stamme, bemerkt zu werden. Er regierte mannhaft und glücklich, und wollte nun der Ruhe genießen und in ein Kloster gehen. Der Abt empfing ihn, und sagte: Die Mönche sind mir Gehorsam schuldig; also befehle ich dir, sogleich die Regierung wieder zu übernehmen. Er thats und regierte bis an sein Ende noch zwey Jahr. Wegen seiner Freygebigkeit gegen die Kirche wurde er der Heilige genannt. Das Volk, dessen Schweiß er verschwendete, gab ihm diesen Namen nicht.

Die Sitten in dieser Periode waren nicht die besten; Diebstahl, Menschenraub, Zänkereyen, Mordthaten waren häufig. Burkard, Bischof zu Worms, erzählt, daß in einem Jahre bis 35 Angehörige seiner Kirche von ihres Gleichen ermordet wurden. Auch war man eben nicht fein im Umgange; ein Herzog, ein Markgraf und ein Bischof kamen von ungefähr in den Saal, wo man für die Schwestern des Kaisers gedeckt hatte, setzten sich ohne Umstände hin und aßen alles auf.

Der Luxus in Kleidern nahm überhand, zu einer Zeit, wo der Griechische Kaiser ein Staatskleid hatte, das für ihn nicht gemacht und ihm zu lang war. Ein Gesetz mußte es den Bischöfen untersagen, bey ihren Kirchenvisitationen mehr als 50 Pferde mitzunehmen, und sich länger als einen Tag in jeder Pfarre aufzuhalten. Nachher blieben die Bischöfe zu Hause und foderten, was sie auf den Pfarren verzehrt haben würden, wenn sie hingekommen wären:

wären. — Spinnen und Weben waren noch in Weiberhänden. — Die Könige und Kaiser wurden so stolz, daß sie ihre Töchter nicht mehr wie zuvor an Grafen verheirathen wollten.

In den Schulen findet man schon einige Wissenschaften und die Schriften der Alten: man fing an, Bücher und Verse zu machen. Auch wurde schon etwas mehr als Theologie studirt, und man fing an, einen Unterschied zwischen geistlichen und weltlichen Wissenschaften einzuführen. Bisher war alles Lateinisch geschrieben worden; nunmehr aber fing man auch an, Deutsche Bücher zu schreiben. — Die Kirchen wurden nun auch häufiger von Steinen gebaut.

Unter Otto dem Ersten wurden die Berggruben im Harz eröffnet, wodurch der Reichthum zunahm, häufiger Geld geprägt und in Umlauf gebracht wurde.

Durch die Erbauung der Städte entstand eine neue Klasse im Volk, die Bürger; um sie in die Städte zu locken, mußte man ihnen mehr Freyheit als den Bauern geben: man sieht aber noch von einem Stadtmagistrat keine Spur.

Noch leistete auch kein Unterthan einen allgemeinen Eid der Treue, und nur die Vasallen und Krieger wurden vereidet. Man findet, daß die Deutschen anfangen um Sold zu dienen, und selbst in auswärtigen Kriegen; also daß sie nicht mehr für ihre eignen Angelegenheiten, oder aus eignem Triebe kämpfen.

Das Land war mehr bevölkert, die Güter mehr vertheilt, das Eigenthum ward mehr geachtet, der Geldreichthum hatte zugenommen; die alten Gesetze reichten also nicht mehr zu, und die Geldstrafen konnten die Verbrechen nicht hemmen. Die Rechtspflege war also ganz in der Willkühr der Richter. Burkard sagt, seine Kirche werde von den Richtern, wie von Hunden, zerrissen. Er gab also für seinen Kirchsprengel ein Gesetz, zu dessen Bestätigung alle dahin gehörigen, auch die Bauern, zugezogen wurden.

Es war zu der Zeit noch nicht ausgemacht, ob die Enkel, deren Vater vor dem Großvater gestorben war, Theil an dem Erblaß des letztern mit ihren Oheimen hatten oder nicht. Otto wagte es nicht, die Frage zu entscheiden, und verordnete einen Zweykampf um selbige auszumachen. Die Verfechter der Enkel siegten. Der Zweykampf galt selbst in Anklagen wegen Diebstahls, als Beweis der Schuld oder Unschuld. Dieß war dem Adel angenehm; die Geistlichkeit aber wollte den Eid in Kraft erhalten, weil sie dabey zugezogen werden mußte. Dieß verursachte heftige Streitigkeiten zwischen beyden Parteyen, welche Streitigkeiten lange Zeit Europa beunruhigten.

Es

Es war unter den Strafen bey den Germaniern auch das Hundetragen üblich gewesen. Die Störer der öffentlichen Ruhe wurden durch die Städte geführt, mit einem Hunde auf die Schultern gebunden, und so dem Pöbel preis gegeben. Otto der Erste und Friedrich der Rothbart suchten diese Strafe wieder hervor, und belegten damit sehr vornehme Herren.

Die Kirche gewann Ansehen und Reichthum, und ihre Fortschritte waren noch schneller, als zu der Zeit der Karolinger; Heinrich der Zweyte warf sich den Bischöfen bey einer Gelegenheit zu Füßen. Papst Leo der Achte gab dem Otto und seinen Nachfolgern auf ewige Zeiten, die Macht, sich einen Nachfolger und Päpste zu ernennen, und den Bischöfen die Investitur zu ertheilen; welche Rechte große Streitigkeiten zwischen dem Reich und der Kirche in der Folge veranlaßten. Otto gab der Geistlichkeit ganze Grafschaften und Herzogthümer, um an ihr ein Gleichgewicht gegen die großen Vasallen zu haben, und seine Nachfolger gaben ihm nichts nach. Gegen das Jahr 1000 entstand der Wahn, daß das Ende der Welt und der jüngste Tag nahe sey. Da nun jedermann selig werden wollte, schenkten viele ihre nunmehro überflüssigen Güter der Kirche, die auch gutwillig genug war, sie anzunehmen und für das Heil der Sünder zu beten; nur ist nicht leicht abzusehen, was die Geistlichkeit damit machen wollte. Sie glaubte das Ende der Welt vermuthlich nicht so nah, bestärkte aber die Weltlichen in diesem so vortheilhaften Glauben.

Ein Mittel, das Ansehen der Geistlichkeit zu erhöhen, war die Excommunication. Schon in der vorigen Periode hatte ein Kaiser verordnet, daß die weltliche Macht im Nothfall der kirchlichen beystehen sollte; in dieser war es ein Verbrechen, einen Excommunicirten zu grüßen, oder mit ihm zugleich in der Kirche sein Gebet zu verrichten. Man hielt genaue Kirchenvisitationen, wobey ein jeder Eingepfarrte scharf examinirt, und nach Befinden mit Kirchenbuße belegt wurde. Die vernünftigste unter allen Fragen dabey war wohl die: Hast du Schuldige aus Barmherzigkeit oder Freundschaft beschützt, und bist dadurch unbarmherzig gegen Unschuldige gewesen? (Wenn nämlich nicht etwa das Wort Schuldige bloß die Rebellen gegen die Kirche bedeutet.) Aber, wohl zu merken! die Kirche schützte die Verbrecher, die sich darein flüchteten.

Dadurch ließ auch die Kirche ihre Macht fühlen, daß sie die Ehe unter Verwandten, selbst unter den weitläuftigsten, untersagte. Die Priester heiratheten noch.

Jeder Bischof hatte zum Dienst der Kirche und Besorgung der Schulen eine Anzahl Gehülfen, sen, die Kanonici, die bisher zusammen gewohnt hatten. Reichthum und Bequemlichkeit machten nun, daß sie anfingen getrennt zu wohnen; die Schulen wurden versäumt. — Jetzt und schon seit geraumer Zeit, haben die Kanonici und Domherren Vicarien bekommen, die für sie die Schulen halten und singen; doch zudem letzteren sind diese noch zu vornehm, und halten Choralen, die für sie beten und singen.

Zu dieser Zeit fängt man an von Kirchenvögten zu sprechen; es waren Große, welche die Kirchen beschützten. Die Vögte wurden nachher Vasallen der Kirche.

In der vorigen Periode hatte man gelehrt, die Kirche müsse böse Bischöfe geduldig ertragen, weil man den Bischof nicht absetzen könnte. Der Papst Gregor der Siebente hingegen behauptete, daß allerdings ein schlechter Bischof entsetzt werden könne und müsse; daß aber der Papst nicht sündigen könne. Schon ehemals hatte man behauptet, der Papst könne nicht irren.

Die Römer wollten weder den Papst noch den Kaiser zum Oberherrn haben; der Papst verlangte den Schutz des Kaisers, und wollte nicht von ihm abhangen; der Kaiser wollte, als solcher, Herr in Rom und in Italien seyn. Daraus entstanden große Mißhelligkeiten zwischem dem Kaiser und dem Papst, die viel Unheil angerichtet haben.

Fünfte Periode.

Von Conrad dem Zweyten bis auf Conrad den Dritten unter den Fränkischen Kaisern; von 1024 bis 1125.

Nach dem Tode Heinrichs hielten die Deutschen Nationen jede eine Versammlung, und vereinigten sich nachher unter ihren Herzogen und Häuptern zwischen Mainz und Worms, um eine neue Königswahl zu treffen. Alle stimmten für den Herzog von Franken, Conrad, den man den Zweyten oder den Salischen (man weiß nicht warum) nennt. (1024 bis 1039).

Er war ein Mann von großen Eigenschaften, thätig, standhaft, leutselig, gegen die Bösen streng. — Es ist zu bemerken, daß alle von den Nationen gewählte Regenten große Männer, und daß fast alle Thronerben erbärmliche Menschen waren. — Die Prinzenerziehung muß wohl nicht die beste seyn.

Conrad hatte eine vortreffliche Gemahlin, Gisela, die aber mit ihm verwandt war; einige Bischöfe trugen darauf an, daß er ihr oder dem Thron entsagte; er wußte sich aber zu behaupten.

Er machte wegen der Lehen eine Verordnung, die nachher als ein Grundgesetz galt.

Um den Fehden Schranken zu setzen, verordneten einige Bischöfe, mit Genehmigung des Kai-

Kaisers, 1032, einen Waffenstillstand vom Mittwoch Abends bis Montags früh jede Woche, welches der **Friede Gottes** genannt wurde.

Heinrich der Dritte, sein Sohn, (1039 bis 1056) folgte ihm auf dem Thron, mit mehr als gewöhnlichen Kenntnissen, weil seine Mutter, Gisela, ihm das Lesen der Bücher anempfohlen hatte.

Zu Rom waren große Unordnungen; drey Parteyen hatten drey Päpste gewählt; ein Concilium, welches Heinrich versammelte, setzte selbige ab und wählte einen andern; und damit man in der Zukunft dergleichen Unruhen vermiede, wurde unter dem Kaiser und Papst der alte Vertrag erneuert, daß kein Papst, ohne kaiserliche Bewilligung, sollte ernannt werden.

Auch unter seiner Regierung entstanden häufige Kriege. Die Erbfolgen auf den Thronen waren nicht ausgemacht; die Nationen, d. h. die Großen, gaben ihre Stimmen zur Wahl, und theilten sich zuweilen in Parteyen. Die Rechte des Kaisers über die Herzoge waren nicht entschieden, und ihre Macht nicht immer zureichend, ihre Fodrungen zu behaupten. Daher kamen unter jeder Regierung viele innre Unruhen und Kriege der Deutschen gegen einander. Die Ungarn und Böhmen, als abhängig vom Reiche betrachtet, wollten nicht immer die Ober-

herr-

herrschaft des Kaisers anerkennen. Die Sachsen und Lothringer mußten oft durch Gewalt zur Ordnung, oder zur Unterthänigkeit, verwiesen werden. Das sind die Ursachen, warum die Geschichte Deutschlands nur ein Verzeichniß von Feldzügen, von Blutvergießen und Zerrüttungen ist.

Heinrich der Vierte, durch seine harten Schicksale berühmt, erbte den Thron (1056 bis 1106) als er nur 5 Jahr alt war. Die Erzbischöfe Hanno von Cöln und Adalbert von Bremen wußten sich nach einander der Person des Kaisers zu bemeistern, ihn nach ihren Absichten zu formen, und das Reich zu regieren. Die Minderjährigkeit des Kaisers schadete dem Ansehen des Reichs, und machte die Großen unternehmend. Als er volljährig war, setzte er den Herzog von Baiern ab, baute in Sachsen und Thüringen eine Menge feste Plätze, um die Völker im Gehorsam zu erhalten, machte sich dadurch den größten Theil des Reichs zum Feinde, und die Sachsen und Thüringer zwangen ihn, die Waffen in der Hand, seine Schlösser zu schleifen. Das Schlimmste aber war, daß die Kirche sich in seine Angelegenheiten mischte.

Sein Vater hatte ihn mit der Bertha verlobet, die er auf Verlangen der Reichsstände heirathen mußte, nachher aber wieder verstoßen wollte. Der Papst drohte ihm den Bannfluch, und die Versagung der Krönung.

Gregor

Gregor der Siebente, auch der Große und Hildebrand genannt, bestieg 1073 den sogenannten heiligen Stuhl. Er klagte, die Fürsten unterdrückten die Kirche, die ganze Welt trete sie mit Füßen, und nahm sich vor, der Bedrängten ihre vorige Ehre wieder zu verschaffen. Den Franzosen drohte er, daß er das ganze Land in den Bann thun wollte, wenn sie ihrem Könige nicht den Gehorsam aufkündigten.

Vornehmlich klagte er, daß die Könige und Kaiser sich unterstünden, die Bischöfe zu ernennen und zu bestellen, welches dadurch geschah, daß jene diesen einen Ring und einen Stab überreichten, und behauptete, selbst die weltlichen Güter der Bischöfe stünden nicht unter weltlicher, sondern bloß unter des Papstes Oberherrschaft. Es hieß: Was einmal der Kirche geschenkt ist, gehört in Ewigkeit Christo, und selbst der Erbauer einer Kirche hat über dieselbe kein Recht. — Wo war also der Vertrag, daß kein Papst ohne des Kaisers Einwilligung ernannt werden sollte *)? — Der Papst ließ sich, diesen Grundsätzen zu Folge, von den neuerwählten Bischöfen einen förmlichen Vasalleneid schwören.

Gregor wurde dadurch Herr über den dritten Theil der Güter in der Christenheit. Damit nicht

*) S. Heinrich den Dritten.

nicht zufrieden, wollte er, daß die Monarchen seine Unterthanen würden. Er, der, wie alle Päpste, in Rom selbst nur eine sehr zweydeutige Macht hatte, schrieb an die Deutsche Nation: Heinrich soll nicht glauben, daß die Kirche ihm wie eine Magd unterwürfig sey, sondern daß sie ihm vorgesetzt ist, als eine Gebieterin. Denn wenn die Apostel im Himmel binden und lösen können, so müssen sie auch auf der Erde Kaiserthümer, Königreiche und eines jeden Güter nach Verdienst nehmen und geben können; und wenn sie über das Geistliche als Richter bestellt sind, so müssen sie es um so eher über das Weltliche seyn; wenn sie endlich über die Engel, die über die hochmüthigen Monarchen herrschen, werden zu richten haben, um wie viel mehr werden sie über die Knechte dieser Engel Urtheil sprechen können? An die Spanier schreibt er: Ihr wißt, daß Spanien von alten Zeiten her ein Eigenthum des heil. Peters gewesen. — An die Franzosen: Ein jedes Haus muß dem heiligen Peter alle Jahr wenigstens einen Denar bezahlen. — An den König von Ungarn: Das Königreich Ungarn gehört der Römischen Kirche. — Einige Jahre später foderte er von einem neuerwählten Kaiser einen ausdrücklichen Vasalleneid; ließ sich vom Kaiser den Steigbügel halten, und schickte Legaten (Gesandte) in alle Länder, um das Verhalten der Völker und Regenten zu beobach-

beobachten und zu richten. Sein Lieblingsgrundsatz war: Verflucht ist der, der sein Schwert vom Blutvergießen abhält.

Ein solcher Papst wollte gewiß jede Gelegenheit wahrnehmen. Die Zerrüttungen in Deutschland schwächten Heinrich, und machten Gregor kühn. In dieser Lage der Sachen verklagten die Sachsen den Kaiser beym Papst, der dem Kaiser befehlen ließ, nach Rom zur Verantwortung zu kommen. Heinrich rief seine Bischöfe zusammen, welche alle den Gregor fürchteten und haßten; sie erklärten den Papst für eingeschlichen, und kündigten ihm den Gehorsam auf. Gregor seiner Seits versammelte auch ein Concilium, und setzte den Kaiser ab. — Die Bischöfe Heinrichs erschraken, baten dem Papst ab, und die Sachsen triumphirten; mehrere Herzoge, die mit dem Kaiser unzufrieden waren, verbündeten sich wider ihn. Heinrich war so unbedachtsam, gerade zu dieser Zeit die Schlösser in Sachsen wieder aufzubauen, und die Nation dadurch noch mehr zu erbittern. Der verlassene Heinrich ging nun 1077, mitten im Winter, nach Italien als Supplikant, um den Bannfluch aufheben zu lassen. Seine Schwiegermutter selbst nahm ihn, als einen Excommunicirten, nicht auf. Der Papst war eben in Canossa, einem festen Schloß, welches der Gräfin Mathilde gehörte, als Heinrich anlangte. Anfänglich wollte er Heinrichen gar nicht sehen und nicht in die Stadt einlassen. Auf vieles Bitten und Flehen aber erlaubte er dem Kaiser den Eingang in die Stadt; jedoch nur in der Kleidung eines Büßenden, d. i. in einem wollenen Hemde und barfuß. So ward er in den Schloßhof ganz allein eingeschlossen, wo er drey Tage unter freyem Himmel warten mußte. Am vierten erst ließ der Papst ihn vor sich, sprach ihn vom Bannfluche los, und bestimmte ihm einen Tag, an welchem er erfahren sollte, ob er König bleiben würde oder nicht. Heinrich ward von den Deutschen Fürsten wieder als Kaiser anerkannt, und blieb es, aber unter vielen Unruhen, bis an seinen Tod im Jahr 1106. Zu seiner Zeit nahm der Unsinn der Kreuzzüge 1095 den Anfang.

Unter Heinrich dem Fünften dauerten die Streitigkeiten, die Anmaßungen der Päpste und Bischöfe fort; man hatte zugleich zwey Päpste, zwey Bischöfe zu Einem Bisthum; jederseits wurden Versammlungen gehalten, Bündnisse gemacht, die man mit den Waffen behauptete; die Kirche that ihre Gegner in den Bann, der manchmal große Wirkungen hatte. Wozu dieß alles? Um die Ehrsucht der Fürsten und der Kirche zu sättigen; das Volk trug alle Noth, und niemand dachte an dessen Wohl. Endlich ward 1121 die Ruhe ein wenig wieder hergestellt,

stellt, da der Kaiser und der Papst über die Bestallung der Bischöfe mit einander einig wurden.

Es ist zu bemerken, daß in dieser unruhigen Periode alle Kaiser weit thätiger waren, und mehr Eigenschaften zeigten, als gewöhnlich in den vorhergehenden Prioden. Ihr Unglück war mehr das Werk der Zeitläufte, als ihrer Fehler.

Die Sitten waren noch roh, Gefräßigkeit, Trunkenheit so gewöhnlich, daß die Kaiser bey ihrer Krönung versprachen, mit Gottes Hülfe nüchtern zu leben. Die Unruhen hemmten den natürlichen Gang der Sittenbeßrung, und vermehrten die alte Wildheit und Barbarey. Eine Folge der Unsicherheit war eine Menge Schlösser auf Bergen und Hügeln, wo der Adel sich sicherte, und von wo aus er auf Nachbaren und Reisende fiel, plünderte und mordete. Die Mannschaft der Besatzung mußte sich selbst versorgen; also stehlen. Das sind die berüchtigten Raubschlösser, die mehrere Jahrhunderte gedauert haben, und wovon man noch hin und wieder in Deutschland Ruinen sieht. In Italien wurden sogar die Häuser und Kirchen befestiget.

Wissenschaften und Künste machten auch Fortschritte, obgleich der Adel sie verachtete. Die Baukunst zeigte sich in großen Werken; der Münster zu Straßburg ward 1015 bis 1028 ge-

gebaut; man wußte auch schon Figuren in die Leinwand zu weben. Nunmehr ward die Unzulänglichkeit der alten Germanischen Gesetze sichtbar, und man nahm seine Zuflucht zu den Römischen. Sie waren im sechsten Jahrhunderte auf Befehl des morgenländischen Kaisers Justinians zusammen getragen worden. Es war aber kein ganzes System, sondern ein Gemengsel von allen Verordnungen der Römischen Kaiser; die, weil sie von Despoten herkamen, den Despotismus begünstigten, und deshalb vom Kaiser und Papst wieder unbegünstigt wurden. Die Völker lernten daraus, daß es zwo Mächte gebe, die, an keine Gesetze gebunden, über alles herrschten: die päpstliche und die kaiserliche.

Es heißt zum Beyspiel im Römischen Rechte: Recht ist, was dem Fürsten gefällt. — Was dem Fürsten gefällt, hat Gesetzkraft, weil das Volk ihm eine vollkommne Macht über sich selbst übertragen hat *). Der Kaiser, heißt es anderswo, ist der einzige Gesetzgeber und Dolmetscher der Gesetze. Gott hat dem Kaiser die Gesetze selbst unterworfen ꝛc.

Das kaiserliche Ansehen wurde unter Heinrich dem Vierten durch seine Minderjährigkeit und die darauf folgenden Unruhen sehr ge-

*) Instit. I. Tit. 2.

geschwächt; er selbst, um sich Freunde zu machen, und sich zu erhalten, verschenkte mehrere Krongüter, und schwächte sich noch mehr. Die Vasallen wollten nicht immer in den Krieg folgen, besonders aber nicht nach Italien. Jeder Feldzug mußte bezahlt werden; der nach Italien, welchen man einen Römerzug nannte, doppelt. Daraus entstand der Gebrauch, Truppen, die weniger als die Vasallen kosteten, in Sold zu nehmen.

Da Bauern, Leibeigne, alles was nicht von Adel war, so wenig als Geistliche und Weiber, die Waffen führen durften; dachte man, bald nach dem Frieden Gottes, daran, ihnen Sicherheit zu verschaffen, im Jahr 1031.

Aus den Turnieren, Fehden, gerichtlichen Kämpfen, entstanden die Duelle, die noch stark im Schwange gehen; nur fing man in dieser Periode an, auf Gleichheit der Geburt unter den Parteyen zu sehen.

Die Weltlichen nahmen von der Geistlichkeit Lehen; ja sogar gab mancher seine Besitzungen der Kirche, um selbige dann von derselben zu Lehen zu nehmen, um ihren Schutz zu haben, und seine Besitzungen unter diesem Schutze ruhiger zu genießen. Dadurch bekam die Geistlichkeit allenthalben vor den weltlichen Herren den Vorrang.

Die Erbauung der festen Schlösser machte die Untergebenen unabhängiger, zerstückte die großen Güter, theilte die Familien, die von ihren Burgen den Namen führten. Dieß ist der Ursprung des Adels, und des vorgesetzten Von.

Die Dienstleute waren Leibeigne, die ohne Erlaubniß des Herrn nicht einmal heirathen durften.

Mehrere Städte waren durch Industrie bevölkert, mächtig und reich geworden. Sie wurden von der Gerichtsbarkeit der Landvögte, und bald darauf der Bischöfe befreyt. Manche Adeliche zogen hinein, und die Bürger fingen an die Waffen mit Nachdruck zu führen. Sie erhielten das Recht, daß ein jeder, der innerhalb der Mauern starb, völlig frey über seinen Nachlaß verordnen konnte, da die Landbewohner das Beste ihrer Habe dem Herrn überlassen mußten. Auch wurden einige Bürger den Richtern als Beysitzer zugegeben; ihren Zins bezahlten die Städter von selbst, ohne daß jemand sie darum überlaufen und exequiren durfte. Nun fingen sie an, sich ihrer Macht bewußt zu werden; sie verlangten das Recht, sich selbst zu regieren, und ihre Policey zu verwalten. Da sie den Kaisern manche Dienste leisteten, und Heinrich den Vierten vielleicht gerettet hatten, fanden die Städte Gunst bey den Kaisern gegen

die

die Bischöfe und andre Herren. Es ward aber schon ein Unterschied zwischen alten und neuen Bürgern gemacht.

Von der Macht und den Anmaßungen der Kirche haben wir schon schreckliche Beyspiele gesehen. Die Bischöfe selbst warfen sich, nach dem Beyspiel des Papstes, zu Richtern über die Regenten auf, zitterten aber vor dem furchtbaren Gregor, der sie erniedrigte, und dem sie deswegen nicht hold waren; was vielleicht noch den Zustand der weltlichen Mächte linderte, weil die Bischöfe zum Theil sich gegen den Papst auflehnten. Dieser wollte alle Macht an sich reißen; er erniedrigte also jeden Stand, so viel er konnte, nahm den Bischöfen die Gerichtsbarkeit über die Klöster, und eignete sich dieselbe zu; auch erlaubte er einem jeden von jedem Gerichtshofe nach Rom zu appelliren.

Zu dieser Zeit trugen die Weltlichen den Bart, die Geistlichen aber nicht, weil der Bart für Zierde und Luxus galt.

Sechste Periode.

Von Conrad dem Dritten unter den Schwäbischen Kaisern, bis auf Rudolph von Habsburg, von 1125 bis 1273.

Heinrich der Fünfte war ohne Erben und ohne einen Nachfolger ernennen zu lassen gestor-

 ben;

ben; es entstand ein Interregnum. Diese Gelegenheit nützten die Grossen, einen Kaiser zu ernennen, welcher das Reich und die Kirche von der ehemaligen großen Dienstbarkeit erlösete, so daß beyde frey blieben und nach ihren Gesetzen leben möchten; sagten die Wählenden.

Da man die Menge der Großen, welche in Mainz zur Wahl zusammen kamen, zu groß fand, trug man darauf an, zehn der vornehmsten zu ernennen, welche die Wahl besorgten, und denen die übrigen ihre Beystimmung gäben. Von diesem Ausschusse leitet man das Recht der Churfürsten her. Herzog Lothar von Sachsen wurde gewählt, und zwar wider seinen Willen, und einiger Maßen mit Gewalt (1125 — 1137). Ein päpstlicher Legat hatte der Wahl beygewohnt, und nach derselben wurde die päpstliche Genehmigung eingeholt. Lothar führte das Studium des Römischen Rechts in den Schulen ein.

Conrad, Herzog von Schwaben, aus dem Hohenstaufischen Hause, war sein Nachfolger (1137 — 1152). Er beging die Thorheit, an der Spitze von 70,000 Mann einen Kreuzzug nach Palästina anzutreten; der Erfolg war, daß sein Heer viel litt, nichts that, und er wieder nach Deutschland eilte.

In die Streitigkeiten mit der Kirche mischte sich auch der Herzog von Baiern, Welf, von wel-

welchem die päpstliche Partey nachher den Namen der Welfen bekam; dahingegen die Kaiserlichgesinnten in Italien den Namen der Gibellinen führten.

Friedrich der Erste, der Rothbart genannt, ein großer Regent, folgte auf dem Thron (1152 — 1191). Er erhob den Markgrafen von Oestreich, und machte das Herzogthum auch für die Töchter erblich, was unerhört war. Mit dem Papste hatte er viele Fehden, die aber, weil er von den Deutschen geschätzt war, ganz anders als die Heinrichschen abliefen; indem er ausdrücklich sagte: Ich habe das Reich durch die Wahl der Fürsten von Gott allein, und nicht als ein Lehen vom Papst empfangen; und der Papst mußte sich entschuldigen, indem er sagte, er habe nicht ein Lehen, sondern nur eine gute That dem Kaiser zu gewähren gemeint.

Bisher waren die königlichen Finanzrechte völlig unbestimmt geblieben; Friedrich suchte sie zu bestimmen, um den unendlichen Streitigkeiten der Völker mit der Krone Einhalt zu thun. Rechtslehrer nahmen dazu die Römischen Rechte zum Grunde, und entschieden: Daß alle Herzogthümer rc. Gerichtsbarkeit, Münzen, Zölle, Wasser und desselben Nutzung, als Fischerey und Mühlen, gewisse Lieferungen rc. zu den Regalien gehörten, und daß der Kaiser das Recht habe. Tribut, nicht nur von jedem Kopf, sondern auch von allen Gütern zu fodern. Dieß geschah 1158 auf dem Roncalischen Reichstage. Dadurch gewann das kaiserliche Ansehen sehr viel. 1182 erklärte Friedrich Lübeck und Regensburg für Reichsstädte, und ernannte (1181) Herzoge in Pommern.

Endlich ließ er sich von der Thorheit der Zeiten hinreißen, und trat 1188 mit 150,000 Mann einen Kreuzzug nach Jerusalem an, und starb, indem er sich in Asien in einem Flusse badete. Er hatte große Eigenschaften, viel Thätigkeit, und hob das gesunkene Ansehen des Kaiserthrones sehr auf.

Heinrich der Sechste (1191 — 1197) starb ohne Erben; die Erzbischöfe wählten 1198 Otto von Braunschweig, und die Fürsten Philipp von Hohenstaufen. Beyde zerrütteten und verwüsteten das Reich zehn Jahre lang, bis endlich Philipp von dem Pfalzgrafen Otto von Wittelsbach, aus Privatrache, 1208 ermordet wurde. Nun erkannten alle Stände des Reichs den Otto. Der Papst aber, ehe er ihn krönte, ließ ihn eine Capitulation unterzeichnen, die bey allen folgenden Krönungen zum Grunde gelegt wurde. Der Kaiser verspricht darin dem Papst Gehorsam und Ehrfurcht. Zu seiner Zeit entstanden die Inquisition und die größten Streitigkeiten zwischen der geistlichen und weltlichen

lichen Gerichtsbarkeit, weil die Päpste den Kaiser und die Könige von allen kirchlichen Angelegenheiten ausschließen wollten, was ihnen einige Zeit gelang. Man sieht, daß das ganze Geschäft der Potentaten, der geistlichen und weltlichen, war, ihre Macht zu erweitern, zu befestigen, zu behaupten: das Volk, die Regierung wurden unterdessen? — was sie konnten.

(1218 — 1250) folgte Friedrich der Zweyte auf dem Thron. Bis zu ihm waren die mit ihren Herren unzufriedenen Dienstleute in die Städte gezogen, wo sie die Freyheit fanden; Friedrich aber, um die Gunst der Großen zu gewinnen, untersagte es den Städten fernerhin solche Dienstleute aufzunehmen. (1220) Er versprach, mit denjenigen, welche von den Bischöfen excommunicirt wären, keine Gemeinschaft zu haben, und selbige weder als Zeugen noch als Kläger vor die Gerichte kommen zu lassen; und wenn ein solcher sich nicht binnen sechs Wochen von der Excommunication lossprechen ließe, wollte er ihn in die bürgerliche Acht erklären. Demungeachtet zerfiel er mit dem Papst, der ihm gewaltig zusetzte, einen Kreuzzug verlangte, ihn excommunicirte, weil Friedrich seine ungeheuren Foderungen nicht erfüllen konnte, und dann ihm einen Vorwurf daraus machte, daß er, als Excommunicirter, einen glücklichen Kreuzzug unternahm, und Jerusalem

rusalem eroberte. Im Jahr 1235 hielt Friedrich einen großen Reichstag zu Mainz, dem 64 Fürsten und an 12,000 Edle beywohnten, wo der Landfriede, das Verbot des Faustrechts, in Deutscher Sprache schriftlich abgefaßt wurde. Dennoch konnte die bürgerliche Ruhe erst 1255 einiger Maßen erhalten werden, und verschwand bald darauf wieder.

Zu dieser Zeit war fast ganz Europa in einem traurigen Zustande; die Streitigkeiten des Kaisers mit dem Papst und den Lombarden setzten ganz Italien in Flammen; der Papst bot die ganze Christenheit gegen Friedrichen auf; die Kreuzzüge erschöpften die Länder an Menschen und Geld; und nun kamen dazu noch die Tartaren, die unter den Befehlen des Chengis-Khan, mit Armeen von einer halben Million, Moscow, Polen, Ungarn, Böhmen und die Lausitz verheerten, und Deutschland einen Einfall drohten. Zum Glück zogen sie von selbst ab, denn Friedrich war in Italien mit dem Papst beschäftiget, und ließ die Tartaren ihren Gang gehen. — Der Papst ging so weit, daß er allen die Excommunication drohete, die Friedrich für den Kaiser ansehen würden, und einen andern Kaiser ernennen ließ.

1241 machten etwa 70 Städte mit einander, zur Erhaltung ihrer Freyheit in der allgemeinen Zerrüttung, den berühmten Hanseatischen

schen Bund. Friedrich starb mitten in den Unruhen, in denen er sein ganzes Leben zugebracht hatte, im Jahre 1250. Er hatte große Eigenschaften, war aber wenig glücklich.

Nach ihm entstand das berühmte Interregnum 1250, oder nach einer andern Berechnung 1254, bis 1273, eine Zeit von 23 Jahren, wo kein allgemein anerkannter Kaiser war, weil jede Partey einen wählte, so daß sich 4 oder 5 fast zu gleicher Zeit fanden. Der Papst wollte durchaus von der Hohenstaufischen Familie keinen zum Kaiser haben.

Diese Periode war besonders die Zeit des Faustrechts, d. h. daß kein Nachbar vor dem andern sicher war, wenn er nicht Degen und Lanze in der Faust hatte. Die Turniere, bey welchen mancher auf dem Platze blieb, und die Kreuzzüge erhöheten die Kampfsucht bey den Deutschen bis zur Wuth. Ritter und Baronen waren mehrentheils Räuber. Brennen, Gärten zerstören, mußten die Gesetze mit der Acht verpönen. Um sicher zu reisen, mußten die Kaufleute von den Burgen Begleitung nehmen, die ihnen nachher über das Bedürfniß mit Gewalt aufgedrungen wurde, weil selbige einträglich war.

Zu dieser Zeit fing der Gebrauch an, wilde Thiere im Wappenschilde zu führen.

Die

Die Deutsche Poesie machte Fortschritte, und die Minnesinger, die Poeten dieser Zeit, sind noch berühmt.

Die Lehnrechte und Pflichten wurden nun auch schriftlich bestimmt, und dabey die Fragen aufgeworfen: Ob ein Lehnmann in Gegenwart seines Herrn sich räuspern, oder die Mücken abjagen dürfte? Die vornehmsten Herren drängten sich nach Lehen von den Bischöfen. Der Bischof von Würzburg hatte 13 Fürsten und Grafen und 370 Ritter zu Vasallen. Es geschah nicht sowohl aus Ehrfurcht gegen die Kirche, als um die Güter zu genießen.

Man fing an die gerichtlichen Streitigkeiten mit der Feder zu führen; die Strafen wurden erhöht; auf geringen Diebstahl stand der Strang, auf größeren das Rad; Unglauben, Zauberey und Vergiftung wurden mit Feuer bestraft.

Die Acht machte den Geächteten vogelfrey; das heißt, es konnte ein jeder ihn ohne Verantwortung todtschlagen, er wurde für todt gehalten, und konnte kein Recht erlangen. Diesen Zustand nannte man auch gesetzlos.

Die Verwaltung der Gerechtigkeit wurde wie eine Pfründe angesehen; der Herr bezahlte den angestellten Richter nicht, sondern bekam von ihm eine Pacht.

Das Ansehen der Kirche war sehr groß, weil die Menschen zu dieser Zeit besonders abergläubisch waren, und auf ihre Unwissenheit

das

das Sinnliche einen großen Eindruck machte. Die Kirche öffnete und verschloß nach Belieben Himmel und Hölle; wer von ihr verstoßen war, durfte nichts als eine ewige Verdammniß erwarten. Sie brauchte also die Excommunication gegen ihre Feinde, und ihr Feind war, wer nicht blindlings gehorchte, und ihr nicht alles gewährte, was sie verlangte. Die Excommunication wurde an heiligen Tagen in den Kirchen unter dem Geläute der Glocken gesprochen; die Geistlichkeit trug in feyerlichem Aufzuge brennende Kerzen in den Händen, warf sie dann auf die Erde und zertrat sie mit den Füßen. Dazu kam noch in wichtigen Fällen das Interdict; die Kirchen wurden verschlossen, kein Gottesdienst gefeyert, keine Glocke geläutet, kein Todter mit kirchlichen Ceremonien begraben. Dieß wirkte mächtig auf das andächtige Volk. Allein die priesterliche Tyranney zerstörte selbst durch den Mißbrauch die Wirksamkeit dieses kräftigen Mittels; es wurde zu oft angewandt, man gewöhnte sich daran, und nun that es wenig Wirkung; selbst die bürgerliche Achtserklärung, die bald nachher damit verbunden ward, konnte die verlorne Kraft nicht erneuern.

Die Päpste maßten sich das Recht an, über Krieg und Frieden zwischen den Monarchen zu sprechen, nicht als ob sie sich in weltliche Dinge

mischen

mischen wollten, sagt Innocenz der Dritte, (1200) sondern als Richter über die Sünde. Nun behaupteten sie auch, sie könten von dem Recht lossprechen (dispensiren) d. h. zu Recht oder Unrecht machen, was sie wollten. Sie dispensirten nehmlich 1. von dem Verbot, daß Verwandte einander nicht heirathen dürfen; 2. von Gelübden des Mönchslebens oder der Kreuzzüge; 3. sie ersetzten durch ihre Machtvollkommenheit den etwanigen Mangel in jeder Handlung.

Alle Geistliche waren der weltlichen, und die Klöster der bischöflichen Gerichtsbarkeit entzogen. In allen Fällen konnte man an den Papst appelliren. Der Weg nach Rom aber war kostbar, wegen des Faustrechts unsicher, und Posten gingen nicht; mithin wurden viele streitige Sachen nicht entschieden, der ungerechte Besitzer blieb in Besitz, und deswegen appellirte man häufig.

Siebente Periode.

Von Rudolph von Habsburg, unter den Oestreichischen Kaisern bis zu Franz von 1273 bis 1740.

Rudolph, Graf von Habsburg (1273 bis 1291) wurde endlich von allen Churfürsten einstimmig gewählt. Der Erzbischof von Mainz brachte ihn in Vorschlag aus Dankbarkeit,

keit, weil der Graf ihn ehemals zur Sicherheit auf einer Reise nach Rom begleitet hatte; und andre stimmten bey, weil sie durch die Verheirathung mit Rudolphs Töchtern sich Vortheile versprachen. Auch war er der Kaiserkrone würdig: er eroberte Oestreich von dem König von Böhmen, und sorgte nach geendigtem Kriege für das Wohl der Nation und die Ruhe Deutschlands; gebot auf einem Reichstage den **Landfrieden**, d. h. befahl, daß die Großen und Edlen, statt einander zu befehden, ihre Streitigkeiten durch Schiedsrichter und auf Wegen der Güte ausmachten. Er verbot Burgen zu bauen, ließ manche niederreißen, bezog den unruhigen Grafen von Wirtemberg mit Krieg, und zwang ihn zum Frieden. Er reisete beständig im Reiche umher, sah nach Ordnung, schlichtete die Uneinigkeiten. Zu seiner Zeit fing man an, **Stammregister** zu machen, und sich zu bemühen, die Familien aus dem Alterthum herzuleiten. Rudolph starb 1291. Er gab dem König von Böhmen eine Churstimme. Wir finden nächst den drey geistlichen Churfürsten, Mainz, Trier und Cöln, noch Sachsen, Brandenburg, Baiern, und Pfalz.

Unter seinem Sohne **Albrecht** (1298 bis 1308) fing die Schweiz an, die Oberherrschaft Deutschlands abzuwerfen.

Ludwig von Baiern (1328 bis 1347) ward während seiner ganzen Regierung von den

Päpsten beunruhiget, die ihn nicht anerkennen wollten. Deswegen versammelten sich die Reichsstände 1338 zu Frankfurt, und machten ein Gesetz, vermöge dessen ein rechtmäßig gewählter Kaiser, eben dadurch und ohne Bestätigung oder Krönung vom Papst, König und Kaiser seyn sollte.

1355 bestimmte Karl der Vierte (1354 bis 1378) auf einem Reichstage zu Nürnberg, durch eine sogenannte Goldne Bulle, die Wahlrechte der Churfürsten, und machte die Churfürstenthümer untheilbar; stiftete die Universität zu Prag, und machte die Elbe und Mulde schiffbar.

Statt daß bisher die Vasallen allein die Armeen, oder doch den größten Theil derselben ausgemacht hatten, stellte man nun Armeen von Lohnsoldaten von 40,000 Mann ins Feld. Um diese zu unterhalten, erhob man willkührliche Taxen, verfälschte den Gehalt der Münzen; und mit dem allen konnte man die Armeen kaum einige Monate im Jahr erhalten. Gegen den Winter wurden sie entlassen, nach dem Frieden abgedankt, und die abgedankten Soldaten rotteten sich zusammen, raubten und plünderten im Lande, so daß die Fürsten Mühe hatten, selbige zu vertreiben.

Wenzel (1378 bis 1400) bestieg den Kaiserthron in unruhigen Umständen, und ward

von

von einem Theil der Churfürsten, seiner Unthätigkeit wegen, förmlich abgesetzt. Sein Nachfolger Ruprecht (1400 bis 1410) machte mit seiner Thätigkeit nichts besser.

Unter seinem Nachfolger Sigismund (1411 bis 1437) ward zu Constanz von 1412 bis 1418 die berühmte Kirchenversammlung gehalten. Die Absicht derselben war, die Ruhe in der Kirche wieder herzustellen; drey verschiedene Päpste stritten um den apostolischen Stuhl, und wurden alle drey abgesetzt; man wollte bessere Sitten unter der Geistlichkeit herstellen; es gelang nicht; man verbrannte aber 1415 den Johann Huß und den Hieronymus von Prag, ob ihnen gleich der Kaiser Sicherheitsbriefe gegeben hatte, weil diese Männer in Böhmen gegen einige Lehren der Römischen Kirche geprediget hatten. Dieß ist das erste Beyspiel von Ketzerey in Deutschland. Von dem ersten haben seine Anhänger den Namen Hussiten bekommen, die sich nachher durch ihre wüthenden Kriegszüge berühmt und furchtbar machten. Der Hussiten-Krieg, in welchem Ziska sich hervorthat, währte bis 1434. — Das Concilium zu Basel, 1431 bis 1449, erschütterte die päpstliche Macht sehr.

Sigismund belehnte den Friedrich von Hohenzollern mit der Mark Brandenburg 1415, und 1423 mit Sachsen den Markgra-

 fen

fen von Meißen. Zu seiner Zeit kamen die Zigeuner aus Egypten nach Deutschland, an 14,000 Mann.

Maximilian der Erste bestieg den Thron Deutschlands (1493 bis 1519.) Der allgemein verbreitete Gebrauch des Pulvers hatte dem Kriege eine ganz neue Gestalt gegeben; die Vasallen, welche ihre Geschicklichkeit und Tapferkeit nicht mehr zeigen konnten, verachteten den Kriegesdienst, so daß die Armeen mehrentheils aus Lohnsoldaten bestanden, die man mehr nach Belieben brauchen konnte, woraus natürlich erfolgte, daß die Fürsten mächtiger, die Nation aber unterdrückt wurde. Die nunmehr erfundene Buchdruckerkunst fing an die Verbreitung der Kenntnisse zu befördern; die Entdeckung eines neuen Weges nach Ostindien um Afrika, und die einer neuen Welt in Amerika, brachten große Verändrungen hervor. Das Reich kam von Seiten der Franzosen und Türken in Gefahr; daher gelang es dem Maximilian, das Faustrecht ganz aufzuheben und einen ewigen Landfrieden zu stiften, damit die Deutschen durch die innre Ruh in den Stand gesetzt würden, ihren auswärtigen Feinden zu widerstehen. Er errichtete das Reichskammergericht zu Speyer, um die Streitigkeiten durch das Recht zu entscheiden, (dieß geschah auf dem Reichstage zu Worms 1495.) Durch seine Heirath mit der Erbin von Burgund und den Nie-

Niederlanden, brachte er diese Länder ans Oestreichische Haus. Er theilte Deutschland in zehn Kreise ein, um die Civilangelegenheiten des Reichs durch eine Versammlung derselben mit mehr Ordnung zu besorgen; dieß ist der Ursprung des beständigen Reichstages.

Ihm folgte 1519 Karl der Fünfte, sein Enkel, und Enkel des Ferdinand und der Isabella von Spanien, welcher mehr Länder als selbst Karl der Große besaß. Nebst allen den Besitzungen des Oestreichischen Hauses, hatte er noch ganz Spanien, einen großen Theil von Amerika, welches unter seinem Großvater entdeckt worden war, und er selbst brachte noch dazu Böhmen und Ungarn unter seine Gewalt. Er hatte beständig Krieg mit Frankreich, Italien, den Türken, mit seinen Spanischen, Niederländischen Unterthanen und mit einem großen Theile von Deutschland. Zu letzterem Kriege mußte die Religion den Vorwand hergeben; man vermuthet aber, daß die wahre Absicht Karls die Erhöhung seiner Macht gewesen ist.

Die Päpste, welche bisher Kronen vergeben und genommen, und sich über Könige und Kaiser zu Richtern aufgeworfen hatten, wollten nicht allein über Glauben, sondern auch über Gesetze und Rechte herrschen. Sie sprachen von der Verbindlichkeit der Eide, von den Gesetzen der Kirche und der Reiche, und von den Strafen der Sünden los. Ja sie hatten daran nicht genug, begangene Sünden zu vergeben, sondern sie vergaben auch noch, alles für Geld, Sünden, die man begehen würde oder begehen wollte, und warteten nicht ab, daß man sie darum bat, sondern sie boten solche Vergebungen öffentlich, wie eine Waare auf dem Markte, aus. Diese Vergebungen bestanden in Scheinen, Ablaß genannt, die für so und so viel Tage, je nach dem Preise galten. Diesen Ablaßhandel betrieb zu Anfang des sechzehnten Jahrhunderts in Deutschland ein Dominikaner Mönch, Namens Tezel. Man sagt, dieß habe die Augustiner Mönche, welche den Handel gern selbst in Händen gehabt hätten, verdrossen, und daß sie einen ihrer Mönche, den berühmten Luther, bewogen hätten, gegen die Ablässe zu predigen. Luther, zu Eisleben geboren, lehrte die Theologie zu Wittenberg, und trat 1517 öffentlich gegen das Römischkatholische Glaubensbekenntniß auf. Sein Hauptgrundsatz war, daß jedermann die Freyheit haben müsse, in Religionssachen zu prüfen, zu glauben oder zu verwerfen, und Gott nach seiner eignen Ueberzeugung zu verehren. Allein man erhob bald seine Lehre zu einem verbindlichen System, das statt der Reformation daher manchen ein Lutherisches Papstthum schien. Einige Bauern, besonders um den

Rhein

Rhein und Main, verstanden Luthers Denkfreyheit von der bürgerlichen Freyheit, wollten keine Abgaben mehr entrichten, griffen zu den Waffen, wurden aber bald wieder zur Ruhe gebracht.

Der Churfürst von Sachsen war der erste Fürst, der die Reformation annahm; ihm folgten der Landgraf von Hessen und mehrere Fürsten, welche des Jochs und der Anmaßungen des Papstes müde waren. Sie gewannen dabey die reichen Kirchengüter. Die Römische Kirche und der Kaiser gaben sich viel Mühe, die Reformation zu verhindern; Reichstage wurden gehalten und Feldzüge unternommen. Luther mußte 1527 zu Worms vor dem Reichstag erscheinen, ward in die Acht erklärt, aber von dem Churfürsten von Sachsen gerettet. 1530 überreichten dem Reichstage zu Augsburg die Protestanten ihr berühmtes Augsburgisches Glaubensbekenntniß, und verbündeten sich zugleich mit einander zu Schmalkalden. 1547 ging der Schmalkaldische Krieg zwischen beyden Religionsparteyen an. Der Churfürst von Sachsen ward bey Mühlberg geschlagen und gefangen. 1552 wurde der Passauische Vertrag, und 1555 der Religionsfriede geschlossen. Das große Tridentinische Concilium nahm 1546 seinen Anfang; es sollte die Ruhe herstellen, die Parteyen vergleichen, die Reformation hemmen, brachte aber nichts zu Stande, und ging 1563 zu Ende.

1556 entsagte Karl dem Thron und ging in ein Kloster, wo er zwey Jahre nachher starb. Sein Sohn, Philipp der Zweyte, war sein Nachfolger in Spanien und den Niederlanden, und sein Bruder Ferdinand der Erste auf dem Kaiserthron.

Die Reformation begünstigte sehr die Erweiterung und Verbreitung der Wissenschaften.

Im Jahr 1619 bestieg Ferdinand der Zweyte den kaiserlichen Thron. Schon war 1618 der dreyßigjährige Krieg angegangen; nicht der Religion wegen, die nachher mit hineingezogen wurde; sondern weil die Böhmen die Oberherrschaft des Kaisers verwarfen, und den Churfürsten von der Pfalz, Friedrich den Fünften, zu ihrem König gewählt hatten. Das große Glück des Kaisers machte die Fürsten für ihre Freyheiten besorgt; diese verbündeten sich mit einander, und wurden von dem Kaiser in die Acht erklärt. 1630 kam Gustav Adolph, König von Schweden, der unterliegenden Partey der Fürsten zu Hülfe, schlug die Kaiserlichen zu Leipzig, und 1632 bey Lützen, wo er das Leben verlor. Endlich, nachdem ein großer Theil Deutschlands verwüstet war, machte der Westphälische Friede, welcher als der Grund aller jetzigen politischen Rechte in Deutschland angesehen wird, dem Krieg ein Ende. Durch diesen Krieg erhielten die Protestantestanten ihre völlige Religionsfreyheit, die Schweiz aber und Holland die Bestätigung ihrer bürgerlichen Freyheit.

Ferdinands des Dritten Nachfolger war Leopold der Erste, der Große (1658 bis 1705.) Unter seiner Regierung kamen die Türken bis vor Wien und belagerten es, aber vergeblich.

Frankreich griff Holland 1672 an, und hätte es beynah ganz erobert, mit Englands Hülfe; der Kaiser, Spanien und Schweden nahmen Theil, und endlich 1678 ward zu Nimwegen Frieden gemacht. In diesem Kriege wurde Heidelberg und fast die ganze Churpfalz durch die Franzosen in Asche gelegt.

1688 erregte Frankreich einen neuen Krieg; der Minister Louvois fachte ihn an, weil sein Herr Ludwig der Vierzehnte ihm wegen eines schiefgebauten Fensters einen Verweis gegeben hatte. 1689, mitten im Winter, wurden die Pfälzer aus ihren Wohnungen gejagt, Manheim, Heidelberg und die ganze Plalz, Städte, Dörfer, Schlösser, wiederum ein Raub der Flammen. Der Krieg verlangte es nicht, aber Louvois hatte es befohlen. Endlich ward 1697 der Frieden zu Ryswick geschlossen.

1700 starb der König Karl der Zweyte von Spanien, aus dem Oestreichischen Hause, ohne Erben. Der Kaiser wollte, als Verwandter, den Erzherzog Karl, seinen zweyten Sohn, der nachher Kaiser Karl der Sechste ward, auf den Spanischen Thron setzen. Ludwig der Vierzehnte machte für seinen Enkel, Herzog von Anjou, den nachherigen König Philipp den Fünften, darauf Anspruch. Daraus entstand 1703 ein heftiger Krieg, der Spanische Successionskrieg genannt, welcher durch den Utrechter Frieden 1714 gedämpft, aber erst 1725 durch den Wiener Tractat ganz beendigt wurde.

Auf Leopold folgten in der Kaiserwürde, dessen beyde Söhne, Joseph der Erste (1705 bis 1711) und Karl der Sechste (1711 bis 1740) nach einander. Dieser starb 1740 ohne männliche Erben, machte aber ein Erbgesetz 1713, man nennt es die Pragmatische Sanction, vermöge deren die Oestreichischen Erblande ewig untheilbar seyn sollen. Seine Tochter, Maria Theresia, welche den Herzog Franz von Lothringen geheirathet, hatte einen schweren Krieg, weil die Churfürsten, statt ihres Gemahls, den Churfürsten von Baiern, unter dem Namen Karls des Siebenten (1740 bis 1745) zum Kaiser ernannten, welcher auch Ansprüche auf einen Theil der Erblande machte. Frankreich mischte sich mit ein. Da aber Karl der Siebente im Jahr 1745 starb, wurde bald Friede gemacht, und Franz zum Kaiser ernannt

(1745 bis 1765.) So kam das jetzt regierende Lothringische Haus auf den kaiserlichen Thron.

Die Nachfolger Franzens und Maria Theresiens sind: Joseph der Zweyte (1765 bis 1790) und 1790 dessen Bruder, Leopold der Zweyte, der schon 1792 starb.

Joseph hatte sehr viele Verbeßrungen unternommen, war aber dabey zu sehr willkührlich verfahren, so daß er seine Unterthanen mißvergnügt machte. Ein unglücklicher Krieg gegen die Türken schadete seiner Macht. Die Oestreichischen Niederlande empörten sich 1790; da sie aber mit sich selbst nicht einig waren, wurden sie das folgende Jahr ohne Schwertschlag wieder unterjocht.

Leopold ward 1790 zum Kaiser ernannt. Er legte den Türkenkrieg bey, brachte die Niederlande wieder zum Gehorsam, und schien den Frieden zu lieben.

Wenn man die Geschichte nicht kennte, und zum erstenmale sie zu hören erwartete, so würde man sich eine beständige Darstellung von den Schicksalen und Thaten der Menschen versprechen. Allein was findet man? Sehr oft von der Menschheit nichts, als ihre Leiden, ihre Zerstörung: die Thaten sind nur die der Regenten, und die Absicht derselben, in vielen Fällen

nicht

nicht das Wohl der Menschheit, nein, sondern die Gründung, Befestigung, Ausdehnung ihrer eignen Macht; all ihr Streben geht oft nur gegen die natürliche Freyheit ihrer Unterthanen, und gegen die Besitzungen andrer Regenten. Alsdann sind die Völker nichts als Werkzeuge und Schlachtopfer.

T a

zur leichteren Uebersicht der Z
vo

Regenten.

486 Das Fränkische Reich,
Chlodwig gestiftet, währ
bis zum Traktat zu Verdün
schen den drey Söhnen Lud
843 des Frommen, wo Deutsch
—— von demselben unabhängi
macht wurde.

768 Karl der Große, als F
scher König, bestieg den Thr

800 ward vom Papst Leo III
Weihnachtsfeste zum Kaise
krönt.

800—814 Römischer Kaiser.

814—840 Ludwig der Fromme, K
Sohn.

840—876 Ludwig der Deutsche,
scher König.

Deutschland reichte gegen
den bis an die Elbe, hinter
cher die Slaven oder Wan
noch unabhängig blieben. E
in die Herzogthümer Sa
Franken, Lothringen, Sc
ben und Baiern getheilt.

876—877 Karl II. der Kahle, Kaiser
König von Frankreich.

877—879 Ludwig der Stammler.

879—887 Karl III. der Dicke.

887—899 Arnulph.

900—911 Ludwig das Kind.

912—918 Konrad I. Herzog von Fr

l e

er Ordnung in der Geschichte

).

kwürdige Begebenheiten.

rjochung und Bekehrung der Sachsen.

rjochung des Lombardischen Reichs.

ung der Kriege mit den Vandalen.

reckliche Zerrüttungen des Reichs durch dwigs drey Söhne.

trag zu Verdün. — Lothar ist Kaiser, ommt aber nur Italien, nicht Deutsch- d 840 — 855. Ludwig II. Kaiser 5 — 875.

er Periode war das Deutsche Königreich von dem Kaiserthum unzertrennlich; Wahl der Fürsten machte den König, die ung vom Papst aber den Kaiser; und Papst krönte manchmal einen andern, als einen König von Frankreich oder von ien.

letzte von den Karolingern.

S Das

Das

919—936 Heinrich I. von Sachse
Vogelsteller, oder der S
bauer.

936—974 Otto I. der Große, Hei
Sohn.

974—983 Otto II.
983—1002 Otto III.
1002—1024 Heinrich II. der letz
Sächsischen Stamme.

Fr

1024—1039 Konrad II. der Salis
1039—1056 Heinrich III.

1056—1106 Heinrich IV.

1106—1125 Heinrich V. der letz
Fränkischen Stamme.

Unter der Fränki
Die Römischen Gesetze
gen Eingang. Die E
niessen, begaben sich
lichkeit, denen sie ihr
nahmen.

1125—1137 Lothar II. Herzog vo
sen.

Haus.

inigung Lothringens mit Deutschland.
gung der Slaven, Normänner u. Ungarn.
llung der Markgrafen.
stigung der Städte.
Bildung immerwährender Soldaten.
hält ihn für den Stifter des Deutschen
chs, weil er die Kaiserwürde mit der Würde
s Deutschen Königs auf immer verband.
rachte 966 Italien unter Deutsche Macht,
raus unendliche Kriege entstanden.
gwerke eröffnet; größrer Reichthum.

mmr.

e Gottes, 1032.
und Papst machen einen Vertrag, daß
kaiserliche Bewilligung kein Papst gekrönt
e.
Reich wird zerrüttet.
rich erscheint als Büßender zu Canossa
dem Papst Gregor VII. (1077.)
Päpste werden äußerst übermüthig.
eendigte den Streit mit dem Papste wegen
Investitur der Bischöfe (1121), worin
achgab.
zzüge (1095).
tstanden die Raubschlösser und Burgen.
hrt, und die Wissenschaften fanden eini-
ihres Eigenthums in Sicherheit zu ge-
mächtiger Herrn, besonders der Geist-
ugen, und nachher von ihnen zu Lehen

die Reichsfürsten gewählt. Er schlägt
Uebergehung seines eignen Hauses, Kon-
von Schwaben aus der Hohenstaufi-
n Familie, seinen Feind, als den Wür-
sten, zu seinem Nachfolger vor.

Schwäbi-

Schwäbischer od

1137—1152 Konrad III.
1152—1190 Friedrich I. der Rothbart
Barbarossa.

1190—1197 Heinrich VI.

1197—1208 Philipp, von einigen
erwählt.
1197—1218 Otto von Sachsen, v
dern Fürsten erwählt
1218—1250 Friedrich II. Heinrichs VI.

1250—1273 Nun entstand das große
—— Oberhaupt war, weil je
1246—1247 Heinrich Raspo, Landgr
Thüringen, der Pfaffenkö
nannt, von einigen Für
wählt.
1247—1256 Wilhelm von Holland fol
den vorigen.
1250—1273 Konrad IV. folgte auf Fried
1257—1272 Richard von England, als
kaiser; und noch ein
Alphonsus, König von

Kaiser vo

1273—1291 Rudolph von Habsburg.

1291—1298 Adolph I. von Nassau.
Gegenkaiser Albrecht I. vo
reich, Rudolphs Sohn;
1298—1308 wird allgemein anerkannt
giert allein.
1309—1313 Heinrich VII. von Luxenbu
1314—1347 Ludwig IV. Herzog von
Gegenkaiser Ludwig vo
reich (1314—1330)

1347—1378 Karl IV. aus Luxenburg.
Nebenkaiser Günther
Schwarzburg (1347—

1378—1400 Wenzeslaus.
1400—1410 Ruprecht.
1410—1437 Sigismund.
Gegenkaise
1410—

ufischer Stamm.

ohne zum Kaiser gekrönt zu werden.
unt Oestreich von Baiern; macht ersteres
m Herzogth. u. Böhmen zu einem Königr.
ückt Baiern und Sachsen.
Roncalische Reichstag 1158.
die Kaiserwürde erblich machen, und zer-
ittet das Reich.
Richard von England gefangen.
von Otto von Wittelsbach ermordet.

hstag zu Mainz (1235) wo der Land-
iede verordnet wird.
ingis-Khan.
Hanseatische Bund (1241).

d. h. das Zwischenreich, in welchem kein
eines wählte.
rd schon zu Friedrichs II. Zeit auf An-
en des Papstes Innocenz IV. der die Ho-
staufen auf dem Throne nicht wissen woll-
gewählt.
Rheinische Städtebund (1253)

seatischer Bundestag zu Lübeck (1261)
h des Faustrechts.

n Häusern.

ngt das Herzogth. Oestreich an sein Haus.
t die Burgen niederreißen, und gebietet
andfrieden.

chweiz fängt an das Joch des Oestreichi-
n Hauses abzuwerfen.

t der letzte, der sich in Italiens Angelegen-
iten mischt.
Kurfürsten machen 1338 den Verein, daß
s Deutsche Reich und die Kaiserwürde
m Papst unabhängig ist.
hte die goldne Bulle 1350) zu Nürnberg u.
z, welche die Rechte der Kurfürst. bestimmt.
n, für die Zeit des Krieges, Lohnsoldaten
t des Heerbannes, d. h. der Vasallen.
abgesetzt 1400, hält sich aber bis 1411.

Das ...

Von n...

1437—1439 Albrecht II.
1439—1493 Friedrich III.
1493—1519 Maximilian I.

1519—1558 Karl V.

1558—1564 Ferdinand I.
1564—1576 Maximilian II.
1576—1612 Rudolph II.
1612—1619 Matthias.
1619—1637 Ferdinand II.
1637—1657 Ferdinand III.
1657—1705 Leopold I. der Große.

1705—1711 Joseph I.
1711—1740 Karl VI. der letzte vom ... reichischen Stamm.
1740—1745 Karl VII. Kurfürst v... Baiern.

Loth...

1745—1765 Franz I.

1765—1790 Joseph II.
1790—1792 Leopold II.

Haus.

e Kaiserwürde im Oestreichischen Hause.

Schwäbische Städtebund.
tet das Kammergericht.
igt den Landfrieden zu Stande. } Luther.
lt Deutschland in Kreise ein.
ormation und Verbreitung der Wissen- schaften.
stag zu Worms 1521. Bauernkrieg 1525.
estation auf dem Reichstage zu Speyer 1529.
bensbekenntniß übergeben auf dem Reichstage zu Augsburg 1530.
malkaldischer Bund der Protestanten 1530, 1531.
malkaldischer Krieg 1547. Passauer Vertrag 1552.
ionsfriede zu Augsburg 1555.
ntinisches Concilium 1546—1563.

, des 30jährigen Krieges 1618.

älischer Friede 1648.
egischer Friede 1679.
ickischer Friede 1697.
cherung der Pfalz 1678. 1689.
ischer Successionskrieg 1703.
Nordische Krieg mit Karl XII. 1700.

ter Friede 1714. Wiener Traktat 1725.
matische Sanction 1713.
hischer Successionskrieg. Aachner Friede 1748.

us.

iebenjährige Krieg 1756—1763.
rtsburger Friede 1763.

Geographie und Geschichte

für die

Jugend der Bürger

und für

Bürgerschulen.

---

von

Villaume.

Erster Theil in zwey Abtheilungen.

Geographie und besondre Geschichte.

Zweyte Abtheilung.

Mit Landcharten.

Leipzig, 1792.

bei G. J. Göschen.

Geographie und Geschichte

für die

Jugend der Bürger

und für

Bürgerschulen.

Ersten Theils zweyte Abtheilung.

Der Buchbinder hat sich bloß nach Signatur und

Das Königreich Ungarn
oder Ungern.

Es werden viele Provinzen dazu gerechnet, als Siebenbürgen, Illyrien, Galizien, und Lodomerien, nebst der Buckowina. Das eigentliche Ungarn enthält beynahe 3000 Quadratmeilen, 3,000,000 Einwohner, 65 Städte, 376 Flecken und 8550 Dörfer. Die Donau theilt es in Ober- und Niederungarn; dieß gegen Süden, jenes kalt, rauh, gebirgig, worunter das Karpathische Gebirge; es sind große Seen hier. Das Land giebt Wein, Pferde und ander Vieh, Gold, Silber, Kupfer, Asbest, Magnet, Steinkohlen, Safran, Wachs ꝛc. Es gehört dem Oestreichischen Hause.

Preßburg, an der Donau, ist die Hauptstadt, mit 33,000 Einwohnern. Kremnitz, mit seinen Ducaten und bey seinem Golde, hat ungesunde Luft. Pest, an der Donau. Temeswar, mit einer Griechischen Schule. Ofen oder Buda, mit 22,000 Einwohnern, an der Donau.

Das Großfürstenthum Siebenbürgen.

1000 Quadratmeilen, 1,000,000 Einwohner, von Gebirgen umgeben, von Flüssen durchschnitten; hat allerley Metalle und Brunnen, Pferde, Büffel, reißende Thiere, Getreide, Wein; eine Quelle die Feuer fängt, weil sie harzig ist.

Herrmannstadt ist die Hauptstadt.

Das Königreich Illyrien.

Unter diesem Namen begreift man Slavonien, und die Theile von Croatien und Dalmatien, die zu Ungarn gehören.

Slavonien und Sirmien, sind wegen der Rauhheit und Tapferkeit ihrer alten Bewohner merkwürdig, deren Sprache die Mutter aller Sprachen der Gegend seyn soll. Gradiska und Carlowitz sind die besten Städte. Es finden sich hier viele Griechische Christen. Semlin, eine Handelsstadt.

Croatien, gehört zum Theil den Türken. Zu Agram wird seit 1784 eine Zeitung herausgegeben.

Dalmatien, theilt sich in Ungarisch, Türkisch, Venetianisch und Ragusanisch. Ragusa ist eine kleine Republik, die ein paar Inseln besitzt.

Galizien und Lodomerien nebst der Bukkowina.

Beyde ersteren gehörten zu Polen, wurden ihm aber 1772 von Oestreich entrissen: 2700 Quadratmeilen.

Die Hauptstadt ist Lemberg. Winliczka und Bochnia, sind wegen ihrer Salzbergwerke berühmt.

Die Buckowina, seit 1777 von den Türken genommen, hat gute Viehzucht.

In Ungarn findet man ein Volk, die Sotaken, welches gern bettelt und Almosen giebt. Viele nähren sich davon, und man sagt, daß sie deswegen ihre Kinder zuweilen geflissentlich verstümmeln.

Die Panduren, ein rauhes und räuberisches Volk, giebt gute Soldaten ab. Die Wallachen sind auch noch sehr roh, aber treu und gute Bedienten. Die Menschen dienen doch sehr gern, wenn man sie nur der Mühe überhebt, für sich selbst zu sorgen.

Ungarische Münzen sind:

Ducaten . . .	4 Floren 18 Kreuzer.
Poltura	$1\frac{1}{2}$ Kreuzer.
Kreuzer . . .	4 Pfennige.
Gröschel . . .	3 Pfennige.
Pfennig	2 Heller.

Geschichte von Ungarn.

Die uralten Einwohner hießen Pannonier, und wurden von den Hunnen unter dem Attila vertrieben; dann kamen die Gothen, nachher die Avaren, endlich die Ungarn aus Asien. Sie beunruhigten Deutschland sehr; oftmals schlugen sie und wurden geschlagen; im zehnten Jahrhundert ward das Christenthum eingeführt.

Otto der Dritte erhob den heiligen Stephan den Ersten zur Königswürde, und machte das Reich, das ihm nicht gehörte, erblich. Stephan eroberte Siebenbürgen, theilte seine Staaten in Grafschaften, und giebt, mit Zuziehung der Stände (nicht des Volkes) Gesetze.

Peter, Stephans Neffe, wird gewählt, und, weil er nicht gut regiert, von den Großen wieder abgesetzt. Der Neuerwählte machts noch ärger. Auf Ansuchen der Mißvergnügten, hilft Kaiser Heinrich der Dritte dem Peter wieder auf den Thron, unter der Bedingung, daß er ein Vasall des Kaisers werde. Peter bessert sich nicht, die Stände wählen einen andern, der jenem die Augen aussticht.

Wladislas, der Heilige, erobert, seiner Heiligkeit unerachtet, Slavonien, Kroatien und Dalmatien. Er schlägt die Deutsche Kaiserkrone aus, im Jahr 1093. Der Papst hatte sie

sie ihm angeboten, um Heinrich den Vierten derselben zu berauben.

Andreas der Zweyte verbindet 1213 Galizien und Lodomerien mit Ungarn.

Die häufigen Angriffe der Türken, welche Constantinopel erobert hatten, bewogen endlich Matthias den Ersten 1465 den Gebrauch des Fußvolkes und die stehenden Armeen einzuführen. Er war ein großer Regent.

Ludwig der Zweyte sucht Vergnügungen, verschwendet die Gelder, die zum Türkenkriege bestimmt waren, und Soliman der Zweyte nimmt ihm Belgrad, 1521.

1527 kam Ungarn an Ferdinand den Ersten, Kaiser vom Hause Oestreich. Von nun an wird es immer von Oestreichischen Fürsten beherrscht.

1687 ließ Kaiser Leopold I. seinen Sohn Joseph den Ersten, zum König von Ungarn krönen, unter der Bedingung, die Stände bey ihren Freyheiten zu schützen, und den gewöhnlichen Krönungseid abzulegen: woraus aber die Clausel von Andreas dem Zweyten, (1222) daß die Unterthanen das Recht haben, die Waffen wider ihren König zu ergreifen, wenn er seine Versprechen und Pflichten nicht erfüllt, als den göttlichen und menschlichen Gesetzen zuwider, weggestrichen wurde. Es ward noch beschlossen, daß Ungarn jederzeit an den ältesten Prinzen des Hauses Oestreich fallen sollte.

Maria Theresia vereinigte das Temeswarer Bannat 1778 mit Ungarn.

Joseph der Zweyte giebt Toleranzedikte, führt die Deutsche Sprache ein, da sonst alle Geschäfte in den Gerichtshöfen und Landesstellen Lateinisch oder Ungarisch abgehandelt wurden; was aber die Nation am härtesten kränkt, ist, daß er die Krone nach Wien bringen läßt.

Man kann denken, daß es um die Oberherrschaft in Ungarn, wie allenthalben, viele Kriege gegeben hat.

Leopold der Zweyte muß im Frieden mit den Türken (1791) alle, durch das Blut vieler Tausende erkaufte Eroberungen zurück geben, sichert den Protestanten in Ungarn ihre gekränkte Religionsfreyheit, und erhält die schwierige Nation durch kluge Nachgiebigkeit in Ruhe. Ihm folgte 1792 sein Sohn Franz in der Regierung.

Das Königreich Polen.

Polen ist ein grosses ebenes Land, ehemals von 12,600 Quadratmeilen; seit 1772 aber von 8700. Die Einwohner werden zu sechs und auch zu neun Millionen angegeben. Man rechnet eine halbe Million Juden. Die ansehnlichsten Flüsse sind: die Weichsel, die Warta, der Niemen (der nachher Memel heißt,) die Dwina (Düna,) der Dniester,

der

der Bug, der Dnieper (Borysthenes.) Der Boden ist ungemein fruchtbar an Getreide und andern Lebensbedürfnissen, aber schlecht angebaut und voller Waldungen. Die Polen verkaufen Getreide, Oel, Lein- und Hanfsamen, Flachs, Hanf, Honig, Wachs, und verschiedne Waldprodukte an ihre Nachbarn. Auch Butter, Talg, Pelzwerk, Schweinsborsten und Ochsen werden ausgeführt. Das Land hat vortreffliche Pferde, aber auch Bären und Wölfe in Menge.

Es ist 1. in das Königreich Polen und 2. in das Großherzogthum Litthauen, ersteres wieder in Groß- und Kleinpolen, eingetheilt, und jedes noch in Woiwodschaften.

Die vornehmsten Orte in Großpolen sind:

Warschau, an der Weichsel, in der Woiwodschaft Masuren (oder Masovien,) die Hauptstadt und Residenz des Königes, groß, schlecht gebaut, mit 60,000 Einwohnern.

Wola, ein Dorf, eine halbe Meile von Warschau, wo bisher die Könige gewählt wurden.

Cujavien ist ein Stück von Großpolen, wo der ziemlich große Gopler See. Danzig und Thorn, zwey Republiken, an der Weichsel, die Handlung treiben, und unter Polnischem Schutz stehen. Kleine Staaten müssen immer einen Schutzherrn haben, dem sie zahlen, weil die mächtigen gern schützen und beherrschen, so daß kein geringer Staat sicher ist.

Posen, eine große Stadt an der Warta. Gnesen, der Sitz des Erzbischofs von Polen.

In Kleinpolen finden wir:

Crakau, mit 72 Kirchen und Klöstern, an der Weichsel; Sandomir, Lublin.

Rothrußland (oder Klein- auch Rothreußen,) Podolien, wegen seiner Ochsen berühmt, Volhinien, sind Theile von Kleinpolen.

In dem Großherzogthum Litthauen sind zu bemerken:

Wilna, eine große Stadt, mit 53 Kirchen, worunter eine Lutherische, eine Calvinistische, eine Muhamedanische (oder Moschee,) und drey Russische sind. Die Juden treiben hier, wie überhaupt in Polen, allerley Handwerke. Der Luxus ist sehr groß; der Fürstbischof hat 80 Mann zu Fuß und 50 Husaren Leibwache. Handwerkerfrauen fahren in Kutschen, und sind von Damen nicht zu unterscheiden. Alle Winter wird hier das höchste Landgericht gehalten; der Präsident desselben wird Marschall genannt.

Grodno hat eine Akademie der Wissenschaften.

Samogitien, Weißrußland (Weißreußen,) Schwarzrußland (Schwarzreußen,) sind Theile von Litthauen.

Hierher

Hierher gehört das Herzogthum Curland und Semgallen, als Lehen, die ihren eignen Herzog haben. Das Herzogthum enthält 257 Quadratmeilen, 10 Städte, 900 Dörfer, und 300,000 Einwohner.

In Semgallen ist die Hauptstadt des Herzogthums, Mietau, in Curland Libau zu bemerken.

Ungesittetheit und Armuth sollen in Polen noch sehr groß seyn. Die Ursache davon will man in der Verfassung finden. Polen war ein Wahlreich; der König hat wenig Macht, und Bauern und Bürger sind bisher Sklaven gewesen: der Adel ist alles; er wählt den König; er entscheidet in seinen Versammlungen alle Angelegenheiten des Staates; er soll dabey so ungebunden gewesen seyn, daß ein Herr seine Leibeignen nach Willkühr mißhandeln, drükken und ungestraft todtschießen durfte. Die Knechtschaft schlägt den Muth nieder, diese und die Fruchtbarkeit des Bodens macht den Landmann träge; woraus Elend, Unwissenheit, Rohheit entstehen. Die Noth reitzt zum Raube, und der Galgen, der auf den geringsten Diebstahl steht, schreckt nicht ab. Der Bauer muß von seinem Herrn Branntewein nehmen, er mag ihn genießen oder nicht (wie im Preußischen das Salz.) Man findet bey dem Bauer Eltern und Kinder, Herrschaft und Gesinde nebst

Pfer-

Pferden, Ochsen, Schweinen, Gänsen rc. in Einem Zimmer beysammen, welches voll Rauch ist, da die Hütten keine Schornsteine haben.

Der Adel ist ungemein zahlreich, folglich arm, so daß mancher Edelmann bey reicheren im Stalle dient. Die Betteley ist ein Gewerbe, wobey die Leute wohl leben und Geld sammeln. Manufacturen und Fabriken sind wenig.

Die Policey ist so schlecht, daß die Wölfe im Winter rudelweise durch die Dörfer ziehn, und Vieh und Menschen rauben. Doch dieß alles gilt nur von den vorigen Zeiten; von der vortrefflichen Revolution von 1791 erwartet man eine große Verbeßrung. In diesem Jahre nehmlich ist der Bürger dem Adel einiger Maßen an die Seite gesetzt worden; die Bürgerschaft wohnt den Landtagen bey, kann zu Aemtern und Würden gelangen. Dadurch wird der Fleiß und der Geist zuverlässig geweckt werden.

Im vierzehnten Jahrhundert wurde von den Großen eine Art von lächerlichem Orden gestiftet, dessen Absicht war, die Thorheiten zu bessern. Wenn jemand eine auffallende Unartigkeit an sich hatte, schickte man ihm das Diplom zu einem Amte in Orden, welches zu seinem Fehler paßte.

Pol=

Polnische Münzen.

Man rechnet nach Gulden, die 8 Groschen Sächsisch gelten; in Großpolen 4 Groschen;

auch nach Groschen (= $\frac{2}{5}$ Pfennig) zu 3 Schillingen.

Tympfe 4 Groschen 9 Pfennige.

Geschichte.

Polen nebst Preußen war ein Theil des alten Sarmatiens. Im sechsten Jahrhundert hießen die Einwohner Slaven. Im neunten fängt man an eine Folge von Herzogen zu finden. Im zehnten drang das Christenthum ein, und Kaiser Otto der Dritte stiftete Bisthümer. Im eilften nennen sich die Herzoge Könige, worüber sie mit dem Deutschen Reich in einen nachtheiligen Krieg gerathen. 1079 haut König Boleslav der Zweyte den Bischof von Crakau vor dem Altar nieder, worüber das Reich mit dem Interdict belegt, er selbst in den Bann gethan und des Throns entsetzt wird.

Boleslav der Dritte theilt Polen unter vier Söhne, und übergeht den fünften. Beydes ist Ursache langwieriges Blutvergießens und großer Zerrüttung. Wozu sollten wir alle die unsinnigen Verwüstungen bemerken? Es ist immer dasselbe: die Nation wird zerrissen, zerstört,

stört, das Land verwüstet um die Habsucht, die Herrschsucht, die Raubbegierde einiger Großen zu sättigen, welche vorgeben, sie wollen die Menschen beglücken.

1320 wird Polen wieder vereinigt, und behält den Titel eines Königreichs.

1333 giebt Kasimir der Große Gesetze, führt Gerichte und Policey ein, baut Städte und Festungen. Mit ihm geht die Piastische Familie aus, und die Polen wählen 1339 Ludwig von Ungarn aus dem Französischen Hause Anjou. Um die Krone bey seinem Hause zu erhalten, sagt die Geschichte, gab er den Polen große Freyheiten. — Was kann denn ein König geben, das er nicht erst vom Volke nehmen müßte?

1386 kam die Polnische Krone an das Haus Jagellons, Herzogs von Litthauen, welches bisher von Polen unabhängig gewesen, und dem Heidenthum zugethan war: jetzt aber führte König Wladislav Jagello das Christenthum ein, um das Herzogthum desto leichter mit Polen zu vereinigen.

Die Kreuzritter oder Deutschen Ritter hatten Preußen erobert, und tyrannisirten es. Um Schutz vor ihnen zu finden, begaben sich die Preußen unter Polnische Oberherrschaft, 1454. Es giebt Krieg, und Polen erobert einen Theil von Preußen.

1525

1525 nimmt Albrecht von Brandenburg, Deutscher Großmeister, das übrige Preußen als ein erbliches Herzogthum von Polen zu Lehen.

Mit Siegmund dem Zweyten ging das Jagellonische Haus zu Ende 1572. Die Stände wählen Heinrich von Valois, der vier Monate darnach, als der Französische Thron erledigt war, heimlich davon ging, und König in Frankreich unter dem Namen Heinrich des Dritten ward; welche Krone er bald darauf auch verlor.

Ein Stephan Bathori, Fürst von Siebenbürgen, der eine Jagellonische Prinzessin zur Frau hatte, eroberte das Reich, als ihm zugehörig. Er regierte mit großem Ansehen.

1587 werden zwey Könige gewählt; es entsteht Krieg; Siegmund nimmt seinen Mitwerber gefangen, bleibt im Besitz, macht die Polen mißvergnügt, welche die Waffen wider ihn ergreifen, aber überwunden werden, 1608. Er will die Moldau von den Türken erobern, wird geschlagen, und die Tartaren verheeren Podolien und Volhinien: Siegmund macht fernere Unternehmungen, die unglücklich ablaufen, und Polen leidet dabey immer 1616 bis 1621.

Sein Sohn, Wladislav der Vierte, erhielt die Ruh in seinen Staaten, nachdem er die Angriffe der Russen, der Türken und Schweden zurückgeschlagen oder abgewandt hatte.

Ihm

Ihm folgte Johann Kasimir, sein Bruder, der vorher Kardinal gewesen war. Die in ihren Rechten gekränkten Kosaken empörten sich gegen ihn, schlugen ihn, und nach verschiedenen Angriffen, geben sie sich der Krone Rußland mit der ganzen Ukraine; daher Krieg mit Rußland. Kiow, Smolensk und mehreres, ging verloren, weil Kasimir, der hier schon Feinde genug hatte, demunerachtet noch die Schweden angriff. Gustav Adolph überschwemmte Polen, und machte endlich Frieden zu Oliva bey Danzig, 1648 bis 1660. Friedrich Wilhelm von Brandenburg nützte die Gelegenheit, und machte sich von der Lehnspflicht wegen Preußen los. Endlich legte Kasimir 1669 die Krone nieder, ging nach Frankreich und ward Mönch.

Michael Koribut, aus Litthauen, wird wider seinen Willen gewählt. Nach einer unruhigen Regierung stirbt er in einem Feldzuge gegen die Türken, 1673.

Johann Sobiesky, Krongroßfeldher, wird auf den Thron gesetzt; er vertreibt die Türken.

Ihm folgt 1696 August der Zweyte, Churfürst zu Sachsen, der die katholische Religion annimmt. Er verbindet sich mit Rußland und Dännemark gegen Karl den Zwölften von Schweden. Karl besiegt ihn, setzt ihn ab, erhebt den Stanislaus Leszcinsky auf den Thron;

Thron, und macht Frieden mit August zu Altranstädt bey Leipzig, 1706. Als aber Peter der Große mit seinen Russen Karln und die Schweden bey Pultawa 1709 geschlagen hatte, verjagte August, mit Hülfe der Russen, den Stanislaus vom Thron, worauf er sich wieder setzte. Die Polen machten eine Conföderation, um die Sächsischen und Russischen Truppen aus ihrem Lande los zu werden.

Nach Augusts des Zweyten Tode, 1733 mischten sich Frankreich, Oestreich und Rußland in die Wahl, als wenn nicht die Nation allein das Recht haben müßte, einen Regenten zu wählen. Ersteres wollte den Stanislaus wieder erheben; beyde letztern begünstigten den Churfürsten von Sachsen, August den Dritten, und erhielten das Uebergewicht. Daraus entstand zwischen dem Deutschen Reich und Frankreich ein schwerer Krieg. Im siebenjährigen Kriege mußte August aus seinen Churlanden 1756 weichen, und blieb ruhig in Polen.

1764 ward ihm zum Nachfolger Stanislaus August Poniatowsky erwählt. Er sucht verschiedenen Mängeln in der Regierung abzuhelfen, findet aber häufigen Widerspruch; es entstehen Parteyen, Conföderationen; die Dissidenten verbinden sich mit einander unter dem Fürsten Radzivil, und rufen den Russischen Schutz an. Bey dem Reichstage, welcher zu

Beylegung der Unruhen 1767 gehalten wurde, wagte es der Russische Gesandte, Fürst Repnin, einige unruhige Großen heimlich aufheben zu lassen. Die Conföderationen vervielfältigen sich; Russische Truppen häufen sich im Reich; Frankreich unterstützt die Gegenparthey, die noch den Türken wieder Rußland aufbringen; endlich erklärt die Partey gar den Thron für erledigt; einige heben den König auf, der doch noch gerettet wird, 1771. Die im Jahr 1770 wüthende Pest in Polen dienet den Russen, Oestreichern und Preußen zum Vorwande, Kordons an den Gränzen zu ziehn. Preußen machte Ansprüche auf Westpreußen, welches die Polen 1454 von den Deutschen Rittern erobert hatten, und von Großpolen den Distrikt bis an die Netze, welches unter dem Namen Pomerellen den Herzogen von Pommern ehemals gehört hatte, und nahm 1772 diese Stücke ohne Schwertschlag in Besitz. Oestreich bemächtigte sich Galiziens und Lodomeriens, die eine Dependenz von Ungarn gewesen waren. Rußland nahm, als Vergütung für alte und neue Schaden, was zwischen der Dwina, dem Dnieper und der Drutsch liegt. Danzig ward seines Hafens und Zolles beraubt, weil, sagte Preußen, selbiges zu Westpreußen gehört, und die Stadt Danzig es von dem Kloster Oliva gekauft hat. —

So

So waren die Polen durch die Fehler ihrer Staatsverfassung, durch Conföderationen und Parteysucht in Ohnmacht versunken. Die mächtigen Nachbarn derselben trieben mit ihnen ihr Spiel, und suchten die Unordnung auf alle Art zu vermehren. Lange bemühte sich ihr würdiger König Stanislaus Augustus vergebens, das Joch der Russen zu zerbrechen; die Großen waren nicht einig, und die Uebermacht der Russen, welche jeder heilsamen Einrichtung in Polen entgegen arbeiteten, zu gefährlich. Endlich begünstigten glückliche Umstände die am dritten May 1791 erfolgte Annahme einer neuen Staatsverfassung, welche die Gränzen der gesetzgebenden und der vollziehenden Macht bestimmt, und die Mißbräuche beyder, so wie der von ihnen getrennten richterlichen Gewalt verhüten soll. Nach derselben ist die Nation die Quelle aller Macht im Staate; sie spricht durch ihre Stellvertreter auf dem Reichstage, welcher in die Landboten- und Senatorenstube getheilt ist. Jene, gleichsam das Unterhaus, stellt die höchste Nationalgewalt vor, und ist mit aller Herrlichkeit der Gesetzgebung bekleidet. Sie entscheidet über Krieg und Frieden, über Verträge mit fremden Mächten, über Staatsschulden, über außerordentliche Steuern, bestimmt die Ausgaben des Staats u. s. w. durch Mehrheit der Stimmen. Doch erhalten die Schlüsse der Landbotenstube erst durch die Zustimmung der Senatorenstube, welche aus den Bischöfen, Woiwoden, Castellanen und Ministern besteht, eine gesetzliche Kraft.

Der König hat mit seinem Rathe, dem Stras oder der Staatswache die ausübende Gewalt. Er vollzieht die Verordnungen des Reichstags, leitet die Unterhandlungen mit fremden Mächten ein, hat im Kriege das oberste Commando, ernennt die übrigen Befehlshaber, bestellt die Staatsbeamten, Bischöfe.

Die Krone bleibt erblich bey der regierenden Familie, (wozu man den Churfürst von Sachsen nebst seinen Nachkommen erwählt hat) und geht nach dem Rechte der Erstgeburt auf die Prinzen, oder in deren Ermanglung auf die Prinzessinnen, über.

Eben so bestimmt diese Constitution die Heiligkeit der Person des Königs, die Verantwortlichkeit der Staatsminister, die Fälle, wo der Reichstag, auch wider Willen des Königes, berufen werden kann, wenn und von wem die Reichsverwesung geführt werde, giebt dem Volke Antheil an der Erziehung des Thronerben, bestätigt die Freyheiten und Vorrechte des Adels, verspricht dem noch immer dienstbaren Landmann einen kräftigern Schutz der Gesetze, und fremden Kolonisten völlige Freyheit. Die Mediatstädte bleiben aber noch in der Dienstbarkeit, denn nur die königlichen Städte sind der-

selben

selben entnommen worden. Allen Religionsparteyen wird völlige Religionsfreyheit, den Landesgesetzen gemäß, zugesichert; die katholische Religion bleibt aber die herrschende.

Die Gültigkeit dieser Constitution ist auf 25 Jahre festgesetzt; nach deren Verlauf soll sie von einem außerordentlichen Reichstage untersucht, und, wo es nöthig wäre, verbessert werden.

Preußen.

Enthält ungefähr 1400 Quadratmeilen, 69 Städte, über 7000 Dörfer, 1,500,000 Einwohner. Die wichtigsten Flüsse sind die Weichsel, der Pregel, die Memel; unter den Seen sind der Frische und Kurische Haf innerhalb der Frischen und Kurischen Nerung. Es wird in Ostpreußen, Westpreußen, und den Netzdistrikt eingetheilt.

In Ostpreußen sind zu bemerken: Königsberg, die Hauptstadt, mit 50,000 Einwohnern, am Pregel; sie treibt großen Seehandel, es kommen jährlich mehr als 1000 Schiffe an, und eben so viele gehen aus. Die Universität ist 1544 gegründet.

Pillau, am Eingange des Frischen Hafs, eine Festung; hier müssen die großen Schiffe halten, weil das Wasser nicht tief genug ist, nach Königsberg zu segeln.

Memel, ein Hafen und Festung am Eingange des Kurischen Hafs.

Tilsit, eine sehr ansehnliche Stadt. Insterburg, und Gumbinnen.

Die Frische Nerung ist etwa 13 Meilen lang, die andre noch länger, kaum aber eine Viertelmeile breit. Letzte ist wüste, unfruchtbar, sandig, hat einige Dörfer und etwas Fichten. Der Wind wirft nicht selten alles nieder, und häuft ganze Sandhügel auf.

In Westpreußen sind: Marienwerder, die Hauptstadt; Culm, mit einer katholischen Universität; Graudenz, Marienburg, Elbing, Oliva, (ein Kloster.)

Der Netzdistrikt enthält Bromberg, die Hauptstadt; Fordan, ein großer Zoll an der Weichsel.

Die Witterung ist feucht, kalt und veränderlich; Gicht und Steinschmerzen sollen häufig seyn.

Die Preußischen Pferde sind berühmt; man findet Elendthiere; auch waren ehemals Auerochsen, die man aber durch übermäßiges Jagen ganz vertilgt hat.

Das merkwürdigste Produkt Preußens ist der Bernstein, den das Meer auswirft. Es ist ein Regale, und gehört ausschließlich dem Könige; es wird jährlich für ungefähr 60,000 Thaler verkauft. Wachs, Honig, Hanf und Flachs, sind häufig und vortrefflich.

Ge-

Geschichte.

Der Name Preußen kommt erst im zehnten Jahrhundert vor; obgleich das Land schon vor mehr als zwey tausend Jahren, des Bernsteins wegen, bekannt gewesen seyn soll. Im zehnten Jahrhundert wollte ein heiliger Adalbert die Einwohner, die Heiden waren, bekehren; sie schlugen ihn aber todt. Sie waren so roh, wie alle andre Völker der Gegend zu den alten Zeiten, und lebten so wenig als letztere in Frieden.

Im dreyzehnten Jahrhundert, als sie von den Polen heftig angegriffen und geschlagen wurden, riefen sie die Deutschen Ritter aus Venedig zu Hülfe, welche Preußen nach einem Kriege von 53 Jahren eroberten; Kaiser Friedrich der Zweyte und Papst Gregor der Neunte schenkten den Rittern das Land, das keinem von allen diesen gehörte. 1309 nimmt der Heermeister des Ordens seinen Sitz zu Marienburg. Die erste Periode der Geschichte eines jeden Volks ist nichts als ein Gemählde von Verwüstungen, und eine Erzählung von der Art, wie die Freyheit in Knechtschaft verwandelt wird. Die Preußen empörten sich noch oftmals, aber ohne Erfolg, weil sie mit einander nicht einig waren und nicht einstimmig handeln konnten.

Die Ritter hatten mit den Polen öfters Krieg, bis, in der Mitte des funfzehnten Jahrhunderts, ein sogenannter ewiger Friede geschlossen wurde. Die nunmehr ruhigen und sichern Ritter verfielen in Müßiggang und Ueppigkeit, und drückten die Preußen, um ihre Begierden zu sättigen. Die vornehmsten Städte machen ein Bündniß, und ergeben sich dem König Kasimir dem Vierten von Polen. 1525 wurde der Ritterorden ganz aufgehoben, und der letzte Heermeister, Albrecht von Brandenburg, bekam Preußen als ein Polnisches Erblehen. Der vom Kaiser neuerwählte Heermeister mußte seinen Sitz zu Mergentheim nehmen. — Seitdem ist Preußen bey dem Hause Brandenburg geblieben.

Die Europäische Türkey.

Sie besteht in unterthänigen und zinsbaren Schutzländern. Erstere sind Romanien (oder Rumilien,) Bulgarien, das Arnautenland, Servien, Bosnien, ein Stück von Croatien, Dalmatien und Griechenland; die andern sind die Wallachey, Moldau, und Bessarabien.

I. In Romanien, Constantinopel, (Istambul,) Hauptstadt und Residenz des Sultans, (den man auch Großherr und Padischa nennt. Das Türkische Reich heißt auch die

die Pforte.) Der Pallast des Sultans heißt Serail, das Haus der Weiber Harem. Merkwürdig sind: die große Moschee, ehemals die Sophienkirche; die sieben Thürme, ein Staatsgefängniß; die Karavanserais oder Gasthäuser für die Reisenden; Pera, eine Vorstadt, wo die Christen wohnen, und die selten von der Pest leidet, welche die Stadt oft heimsucht. Die Griechen haben hier einen Patriarchen oder Oberbischof; die Muhamedaner, welche hier herrschen, dulden alle Religionen.

Ehemals hieß die Stadt Byzanz. Constantin der Große verlegte im vierten Jahrhundert die Residenz der Kaiser aus Rom dahin; sie blieb der Sitz eines christlichen Kaisers bis 1453, da die Türken selbige eroberten. Sie soll 800,000 Einwohner haben, von welchen sich bisweilen allein 10,000 im Serail aufhielten.

Adrianopel, eine große Stadt, enthält 130,000 Einwohner, unter welchen ¼ Griechen sind, die beträchtlichen Handel treiben. Es wird hier Leder bereitet, Türkisch Garn und Cattun gefärbt. Sie hat eine große Börse und eine prächtige Moschee.

Ehemals hieß das Land Thracien, und es waren darin berühmt: Heraklea, eine Stadt, die Berge Hämus und Rhodope, der Fluß Strymon; die Meerenge bey Constantinopel hieß der Bosphorus von Thracien: die andre Meerenge der Hellespont, wo Gallipolis; das Meer zwischen beyden heißt jetzt Mare di Marmora; das große Meer gegen Norden das schwarze Meer, ehemals Pontus Euxinus. Die Flüsse Dniester und Donau fließen durch das Land. Es ist in den nach dem Meere hin liegenden Gegenden sehr fruchtbar. Man baut viel Reis, auch Obst, Zitronen und Pommeranzen in Menge. Die Gebirgsgegenden sind, wie überall, kalt und unfruchtbar.

II. Bulgarien. Wir bemerken Sophia, Nicopolis an der Donau. Das gebirgige Land ist in den Thälern überaus fruchtbar. Viehzucht, besonders Pferde- und Bienenzucht, Getreide- und Weinbau sind ergiebige Nahrungsquellen. Die Tatarn in Dobrudsche, dem östlichen Theil von Bulgarien, sind wegen ihrer Gastfreundschaft berühmt.

III. Die Landschaft Arnauth begreift Macedonien und Albanien, und diese das alte Illyrien und Epirus.

Macedonien: Selaniki (Thessalonich) Edessa: der Berg Athos, oder heilige Berg, worauf 23 Griechische Klöster sind, wo die Mönche arbeiten, mäßig seyn, und lange leben sollen. Ehemals war hier Philippi, die Residenz Alexanders, berühmt.

In

In Albanien ist der schwarze Berg, Montenegro, wo die kriegerischen Montenegriner, welche die Türken nie ganz unter das Joch gebracht haben. Epirus ist das Vaterland der Abricosen. Scutari, eine Festung.

IV. Thessalien: Larissa, die Hauptstadt, am Fluß Peneus, treibt ansehnliche Handlung. Die Berge Pindus, Olymp, Ossa, Pelion, das Thal Tempe, die Pharsalische Ebne sind im Alterthume berühmt.

V. Livadien (ehemals Griechenland:) Thebe; Athen, an den Flüssen, Ilissus und Eridanus (jetzt ein elendes Dorf;) Delphi (durch sein Orakel berühmt;) Lepanto.

VI. Morea (Peloponnesus:) ehemals Argos, Sicyon, Korinth, Lacedämon oder Sparta, Epidaurus, Messene, Nemea, Mycene; die Landschaften Elis, Messenia, Arcadia, Achaja. Hier sind bemerkenswerth nur Napoli, di Romania, und die Mainotten, welche, als Nachkommen der berühmten Spartaner, noch tapfre Soldaten sind. Die Länder von Nr. III. bis VI. sind zwar zum Theil gebirgig, aber größtentheils überaus fruchtbar. Demungeachtet ist das Land wenig angebaut, und der Kunstfleiß der Einwohner sehr unbedeutend. Man verfertiget verschiedene Waaren von Seide, Baumwolle und Ziegengenhaar. Der Saffian, Corduan und das Türkische Baumwollengarn sind bekannt. Baumwolle, gutes Obst, Feigen, Oliven, Mandeln, Zitronen, Pommeranzen, Granatäpfel, Wein, (Rosinen) Tabak, Getreide, besonders Reis, sind die vorzüglichsten Produkte des Pflanzenreichs.

VII. Servien; Semendria, Belgrad, Passarowitz, Nissa; die gefährlichen Donaugegenden, die man das eiserne Thor nennt.

VIII. Bosnien nebst dem Türkischen Antheil an Dalmatien und Kroatien. Die Hauptstadt in Bosnien ist Serajo. Das Klima ist etwas rauh, aber gesund. Viehzucht, Getreide- und Weinbau ist beträchtlich.

Die zinsbaren Schutzländer Moldau und Wallachey haben ihre eigenen christlichen Fürsten, oder Hospodars, die von der Pforte ernennt, aber ohne Rußlands Einwilligung nicht abgesetzt werden dürfen.

Die nördliche oder die obere Moldau ist den Türken unmittelbar zugehörig; wo die Festung Chotschin (Chotzym.) Im Süden ist Jasch oder Jassy, die Residenz des Hospodars.

Das Land liegt zum Theil unangebaut, und nährt viel wilde und zahme Thiere, giebt Getreide, Tabak. Wein, viel Obst, Honig und Wachs. In Westen gebürgig und gesund, in

Süd-

Südosten eben, aber ungesund. Hier ist der See Rosova.

In der Wallachey ist Bucharest (Bukeresch t,) die Residenz des Fürsten, eine ansehnliche volkreiche Stadt. Zahme und wilde Pferde, wilde Ochsen und zahmes Hornvieh giebts hier die Menge. Auch Schafe, welche sehr feine Wolle geben, Ziegen und Schweine. Große Waldungen, Getreide aller Art, und edle Früchte. Man findet hie und da kleine Obstwälder. Das Klima ist mäßig warm und gesund.

Die Hauptsprache in beyden Fürstenthümern ist Wallachisch, die Religion Griechisch.

Gegen Morgen am schwarzen Meere liegt Bessarabien, mit den Städten Ismail, Akkiermann und Bender.

IX. In dem Meere um die Türkey sind viele Inseln, die theils zu Europa, und theils zu Asien gerechnet werden. Zu Europa Samothracien, Euböa, (jetzt Negroponte,) Salamis, Delos, Paros, (wegen seines Marmors berühmt), Naxos, Candia, (ehemals Creta, mit dem Berge Ida,) und viele andere. — Zu Asien Lemnos, (jetzt Stalimene,) giebt die Siegelerde, Tenedos, Lesbos, Chio, Samos, Pathmus, Rhodus 2c. Sie gehören zur Türkey. Es sind darin viele Vulcane.

Wenn wir in die Türkey kommen, ist es als wenn wir in eine ganz neue Welt versetzt würden.

den. Ganz andre Kleidungen und Sitten, lange Röcke, Mützen, (Turbane) statt des Huts, geschorne Köpfe, lange Bärte, eingeschlossene Weiber, die gekauft werden, Vielweiberey (Polygamie,) keine Stühle. Der Wein ist den Muhamedanern in ihrem Religionsgesetze (dem Koran) verboten, sie trinken aber doch Wein, und besonders Branntewein, der ihnen im Koran nicht verboten ist, weil der Branntewein zu der Zeit, da der Koran geschrieben wurde, noch nicht erfunden war. Der Adel ist unbekannt, nur die Familie des Sultans ausgenommen; der Sohn eines Schuhflickers wird General, Premier-Minister (Großvezier), und der Sohn des Großveziers kann Holzhacker werden. Der Sultan wird für den unbeschränkten Eigenthumsherrn der Habe und der Person aller seiner Unterthanen geachtet. Er giebt und nimmt, und läßt erwürgen nach Belieben, und seine Bedienten sind ebenfalls Despoten; der Richter entscheidet nach Gutdünken, und der Finanzbediente fodert was er will. Die Janitscharen, (ein Corps Infanterie) und die Spahis, (ein Corps Kavallerie), die einzigen stehenden Truppen, rebelliren manchmal und setzen den Sultan ab. Der Sultan thut nichts; er genießt, läßt seinen Vezier regieren, und alles gehen wie es kann, wenn er nur bekommt was er haben will. Wenn er öffentlich erscheint, was selten ist, hat er ein Gefolge von ein paar tau-

tausend Mann Bedienten und Wache. Man sagt, daß die Sultaninnen und die Hofbedienten, nicht aber das Verdienst und die Geschicklichkeit, zu Aemtern und Würden erheben. Das ist nicht bey den Türken allein. In die Provinzen werden Bassen geschickt, die, so gut wie der Sultan, regieren, und das Volk aussaugen. Manchmal werden sie gestraft; der Nachfolger machts aber nicht besser. Die herrschende Religion ist die Muhamedanische, die vieles Waschen und Beten und Almosengeben verordnet. Der Koran enthält dabey viele gute Lehren, als: Vergebet dem Beleidiger; thut Allen wohl; streitet mit den Unwissenden nicht ꝛc. Die Muhamedaner sollen wenigstens Einmal in ihrem Leben nach Mekka zur Kaaba, dem Hause Mahomeds, wallfahrten; sie können aber einen Andern für sich hinschicken. Sie haben mehrere Fasten, besonders eines von einem ganzen Monate, (den Ramadan), wo sie vor Sonnenuntergang nicht einmal eine Pfeife Tabak oder einen Trunk Wasser nehmen dürfen. Sie essen weder Schweinefleisch noch Blut; der Freytag ist ihr Ruhetag; zu ihren Moscheen werden sie mit Trompeten gerufen, denn sie verabscheuen die Glocken. Von der Vorsehung haben sie den Begriff, daß sie ihre Absichten ausführe, wir mögen dazu thun oder nicht thun; deswegen lassen sie ruhig die Pest unter sich wüthen. Sie dulden Christen und Juden, nennen aber erstere Hunde, und sich selbst Moslemin, d. h. Rechtgläubige. Kein Anderegläubiger darf bey Todesstrafe eine Muhamedanerin heirathen. Sie sind mehrentheils sehr unwissend, und eine Buchdruckerey, die vor einigen Jahren in Constantinopel angelegt wurde, soll wieder eingegangen seyn. Sie halten Sklaven, die gänzlich in der Gewalt ihrer Herren sind.

Die vornehmsten Türken lernen gewöhnlich eine Kunst, selbst die Sultane. Der vorige schnitzte Pfeile und Bogen mit vieler Geschicklichkeit; der jetzige mahlt Musseline für die Damen; ein würdiges Geschäft für einen Regenten.

Divan heißt der Staatsrath; Moschee ein Tempel; Iman ein Priester; Muphti der Oberpriester; Aga, bey den Janitscharen, ein Officier; Cadi ein Richter.

Die Zechine, eine Goldmünze, ist ein halber Louisd'or; der Piaster 18 Groschen; die Rupie 6 Groschen; die Asper 3 bis 4 Pfennige; ein Beutel ist 500 Piaster.

Das Wappen des Reichs ist ein halber Mond, Roßschweife die Fahnen und Ehrenzeichen der Großen.

Griechenland war ehemals ein Land, wo Sitten, Künste, Wissenschaften, Tapferkeit, Handlung und Reichthum blühten; jetzt ist es von rohen Barbaren bewohnt, elend, zerstört.

Ge-

Geschichte des Türkischen oder Osmannischen Reichs.

Die Türken stammen aus der großen Tartarey her, ihre Geschichte ist bis ins sechste Jahrhundert unbekannt; sie dienten den Arabern eine Zeit lang als Sklaven, wurden aber nachher die Herren derselben. Zu Ende des dreyzehnten Jahrhunderts setzte sich Osman oder Ottoman in Bithynien fest, und nahm den Titel eines Sultans an. Sein Sohn Orchan, vermählte sich mit einer Prinzessin des Griechischen Kaisers. Unter seiner Regierung gehen die Türken zuerst nach Europa über, (im Jahr 1355) wo Solimann Gallipoli erobert.

Amurat der Erste erstreckte seine Eroberungen 1360 bis Adrianopel, und errichtete das Corps der Janitscharen. Bajezet der Erste machte große Eroberungen, wurde aber von Tamerlan (einem Mongolischen Heerführer) bey Angora geschlagen und gefangen genommen. 1444 griffen fast alle Christenhäupter, auf Anstiften des Papstes Eugen des Vierten, welcher den Ungarisch-Polnischen König Wladislav von seiner eidlichen Verpflichtung zum Frieden gegen Amurat oder Murad den Zweyten losgesprochen hatte, die Osmanen an, wurden aber bey Varna geschlagen; Amurat eroberte Macedonien, Thessalien und Epirus. Er ist der einzige, von welchem die Geschichte sagt, daß er das Glück seiner Unterthanen zu befördern gesucht habe; er legte die Regierung nieder.

Sein Sohn, Muhamed der Zweyte, führte gegen den berühmten Skanderbeg, Fürst von Epirus, Krieg, und eroberte Constantinopel 1453, dann die Krimm.

Soliman der Zweyte, der berühmteste und mächtigste Sultan, der seinem Vezier Ibrahim viel zu danken hatte, eroberte das oftmals vergebens angegriffene Belgrad (1521), und belagerte aber umsonst, Wien (1529.) Unter ihm that sich als Kaper ein tapfrer Seemann, Namens Chairoddin, hervor, den er zum Kapudan Pascha, d. h. zum Großadmiral ernannte. Er nahm, gegen den Gebrauch der Sultane, eine Sultanin zu seiner Gemahlin.

Amurat der Dritte regierte 19 Jahr, führte eben so lange Krieg, erregte durch seinen Geitz Empörungen, 1595. Muhamed der Dritte führte Krieg, ließ seinen Sohn und die Sultane Favorite umbringen, und starb an der Pest 1603. Achmed der Erste lebte unmäßig, starb 1617 im 29sten Jahre. Mustapha der Erste ward nach einem Vierteljahre vom Throne gestoßen. Osman der Zweyte machte sich bey den Janitscharen verhaßt, ließ seinen Bruder ermorden, ward 1622 entthront und erdrosselt. Mustapha der Erste ward wieder auf den Thron

Thron gesetzt, nach 5 Monaten aber entsetzt und erdrosselt. Es entstand ein 24jähriger Krieg mit den Venetianern, wegen Kandia, welches 1669 durch den berühmten Vezier Kiuprili, unter Muhamed dem Vierten, erobert wurde. Unter Mustapha dem Zweyten eroberte Peter der Große von Rußland Asoph, 1696.

Achmed der Dritte nimmt Karln den Zwölften in Bender auf, und hätte am Pruth Peter den Großen beynah gefangen genommen, (1709 bis 1711): dagegen werden auf einer andern Seite seine Truppen von Eugen und den Oestreichern geschlagen, und er verliert das Temeswarer Bannat 1716, und Belgrad 1717. Es wird 1718 der Friede zu Passarowitz geschlossen. Auch mit den Persern unter dem berühmten Thamasp-Kuli-Khan, hatte er einen ganz vortheillosen Krieg; er ward 1730 durch seine Unterthanen entsetzt. Sein Großvezier Ibrahim hatte 1728 eine Buchdruckerey in Constantinopel angelegt, die aber bald wieder einging.

Unter Mustapha dem Dritten empören sich die Georgier, die der Prinz Heraklius anführt, werden aber wieder unterjocht 1767. Abdul Hamid besteigt 1774 den Thron. Er tritt 1777 dem Kaiser ein Stück der Moldau (die Buckowina) ab; wird aber doch mit Rußland und Oestreich in einen unglücklichen Krieg verwickelt;

wickelt, der 1791 durch den Reichenbacher Vertrag und den Szistowschen Frieden mit Oestreich, und bald darauf auch mit Rußland geendigt wurde.

Rußland in Europa.

Das Russische Reich ist das größte auf der ganzen Erde, indem es zweymal so groß als ganz Europa ist, und beynah den neunten Theil des bewohnten Erdbodens enthält; man schätzt es zusammen zu 304,510 Quadratmeilen, wovon der Europäische Theil 61,910 ausmacht. Es würde also das mächtigste seyn, wenn ein großer Theil desselben nicht in Wüsten bestände.

In dieser ungeheuren Strecke Landes muß das Klima wohl verschieden seyn; die wärmsten Europäischen Theile aber sind meistens rauher und kälter als Deutschland. Zu Petersburg friert es manchmal schon im Anfange Novembers so heftig, daß die Neva in sechs Stunden fest ist.

Die vornehmsten Produkte sind Talg, Ochsenhäute, Pelze, Hanf, Flachs, Theer, Holz; unter den Fischen sind der Stör und der Hausen merkwürdig.

Der Europäische Theil wird in 31 Statthalterschaften eingetheilt, wovon die vornehmsten sind: Petersburg, Riga, Wiburg, Reval, Moscow, Nowogrod, Twer, Wologda,

logda, Nischnei, Nowogorod, Kiew oder Kiow, Smolensk, Mogilow, Ekatarinoslaw, die Krimm.

Das Petersburgische Gouvernement ist ein Theil von Esthland, welches Peter der Erste von den Schweden eroberte. Es ist darin,

Petersburg, an der Newa, die Residenz des Czars, von Peter dem Ersten 1701 gebaut; groß und zum Theil prächtig, zum Theil aber aus elenden Hütten, von übereinander gelegten Balken, bestehend, wo Feuersbrünste von einigen hundert Häusern nichts unerhörtes sind. Die Straßen haben alle unterirdische Canäle zur Abführung der Unreinigkeiten. Der längste Tag ist hier 19 Stunden. Die Stadt liegt im Sumpf und so niedrig, daß sie von dem Meere zuweilen überschwemmt wird. Man zählt mit Inbegriff der Garnison 190,000 Einwohner. Die Statue Peters des Großen ist merkwürdig, und viele andre Dinge.

Narwa, wo Karl der Zwölfte Peter den Ersten 1700 schlug. Der See Ladoga. Die Festung Cronstadt, mit drey Häfen, einem für Kauffarthey, und zwey andern für Kriegsschiffe.

Wiburg, Friedrichshamm im Gouvernement Wiburg.

Statthalterschaft Riga. Hierin Liefland; Riga, die Hauptstadt, an der Düna.

Statthalterschaft Reval (in Esthland) Reval.

Statthalterschaft Moskow. Moskow, Hauptstadt, die größte Stadt in Europa nach Constantinopel; enthält beynah 600,000 Einwohner, 260 Kirchen, und soll $5\frac{1}{2}$ Deutsche Meilen im Umfang haben. Sie war vor dem Anfang dieses Jahrhunderts die Residenz der Czare. Es ist hier eine Pforte, die nichts merkwürdiges hat, als daß ein jeder der durchgeht, den Hut abnehmen muß; vermuthlich eine Grille irgend eines gnädigen Despoten. Sie liegt am Flusse Moskwa.

Kostroma, in dem Gouvernement gleiches Namens, an der Wolga, treibt große Handlung; die Wolga ist hier 3300 Fuß (eine Werste) oder über eine halbe Viertelmeile breit.

In dem Gouvernement Wologda; Archangel an der Dwina, beym weißen Meere. Der See Arga.

Nischnei Nowogorod, an der Wolga.

In Kiew wohnen Kosaken. Kiew am Dnieper, (ehemals Borysthenes.)

Statthalterschaft Smolensk, am Dnieper.

Ekatarinoslaw enthält Neureußen, wo Pultawa (wo Peter Karln den Zwölften überwand 1709.) Asow, eine große Handelsstadt, am Don oder Tanais, beym Palus Mäotis, oder Asowschen Meere.

Die Krimm oder Taurien, eine Halbinsel im schwarzen Meere; Kaffa, Perekop.

Die Nogai-Tartaren, und Bessarabien, wo Okzakow.

Die Sitten und Gebräuche sind bey so verschiedenen und entfernten Völkern verschieden. In Moskow sieht man z. B. Französische Stutzer neben alten Russen mit langem Barte. Die Popen oder Priester sind äusserst unwissend; mancher kann kaum lesen; dennoch küßt man ihnen ehrerbietig die Hand. Bischöfe und Mönche sind reich. Das Volk ist äusserst unreinlich, selbst vornehme Damen sollen, ihres Putzes ohnerachtet, von gewissen Thierchen nicht ganz frey seyn. Handwerkerfrauen fahren in Kutschen. Jeder Stand hat seinen Rang; ein Rath rangirt mit dem Capitän. Alle kaiserliche Bedienten werden dem Adel gleich geachtet; der Leibkutscher hat den Rang eines Obersten oder Majors. Der Reichthum des Adels wird nicht nach Thalern sondern nach der Zahl seiner Bauern geschätzt.

Die Kosaken am Don sind stark, gute Soldaten, und lieben den Krieg. Ihr Land, das gut ist, ist schlecht gebaut, fast ganz wüste; sie sorgen nur für das äusserste Bedürfniß.

In Kleinrußland oder der Ukraine sind die Saporogischen Kosaken, welche den Russen gute Dienste gethan, von ihnen aber unter das Joch gebracht worden sind. Die Gastfreyheit ist bey ihnen unbegränzt. Ihre Häuser stehen offen; jeder Reisende kann hineingehen, und von allem essen, was er findet. Es ist ein heiliger Grundsatz bey ihnen, daß in den Häusern alles sicher seyn muß. In der Hauptstadt muß jeder, der etwas gefunden hat, die gefundene Sache an einen großen dazu bestimmten Pfahl hängen, und nur erst nach drey Tagen, wenn der Besitzer sich nicht gefunden hat, kann ers behalten. — Man findet hier wilde Pferde.

Am Eismeere und weißen Meere sind die Lappen westlich, und die Samojeden östlich. Diese sind ein ganz rohes Volk, klein von Gestalt, leben von Fischf ng und Jagd, und ihr ganzer Reichthum besteht in Rennthieren, deren Fleisch sie roh essen und deren Blut sie warm trinken. Sie kaufen sich ihre Weiber, und nehmen mehrere. Ihr Zugvieh ist das Rennthier, ihre Kleidung das Fell des Rennthiers. Wohnungen in ihrem kalten Klima sind Hütten von Baumrinde zusammengenäht und mit Rennthierhäuten bedeckt. In der Mitte ist der Herd; eine Oefnung oben läßt den Rauch hinaus, und Regen und Schnee hinein; sie ziehn von einem Ort zum andern, der Weide ihrer Rennthiere nach. Sie kennen kein Gesetz, selbst die Namen der Tugend und des Lasters nicht. Sie leben mit einander friedlich, haben und brauchen keine Obrigkeiten. Demungeachtet betrachtrachtet sie Rußland als Unterthanen, fodert ihnen einen Tribut an Pelzwerk ab, den jeder, der nur den Bogen führen kann, entrichten muß, ob sie gleich weder Schutz, noch Leitung, noch Fürsorge bedürfen. Sie waschen sich niemals, lieben die Tabakspfeife und den Branntewein.

Die Regierung von Rußland ist willkührlich, oder despotisch, in Ansehung der Regierungsfolge ist es ein Patriomonialreich. Riga war ehemals, unter Schwedischem Schutze, eine Art von freyer Stadt, die ihre Regierung, Policey und Gerichtspflege selbst besorgte: 1783 wurde sie als Unterthan eingerichtet. Der Liefländische Bauer war ein Sklave. Der Adel befreyte ihn 1765. In der Urkunde heißt es: „Obgleich alles, was der Bauer hat, „so wie er selbst, des Herrn wahres Eigen„thum ist, mit welchem sein Erbherr, in allen „Stücken, nach seinem eignen Gefallen „schalten und walten kann; so wollen doch die „Herren, daß sie künftig Eigenthum haben „sollen ꝛc.“ Dem Bauer, wenn er gedrückt wird, erlaubt man Klage zu führen; er muß aber 1. die Fodrung leisten, 2. selbst klagen und nicht einen Advokaten nehmen; 3. nicht gemeinschaftlich mit andern, sondern einzeln klagen; 4. wenn er ohne Grund klagt, das erstemal mit 60 Ruthenstreichen, das zweytemal 120, und das drittemal mit Festung bestraft werden. — Der Brantewein ist ein Monopolium der Krone, wie auch das Pelzwerk. Die Strafe mittelmäßiger Vergehen ist die Knute, welcher auch Hofdamen unterworfen sind. Doch hat Katharina die Zweyte 1771 ein neues Gesetzbuch verfertigen lassen. — Der Adel hängt sklavisch von der Krone ab, und darf ohne Erlaubniß nicht aus dem Lande reisen. — Es giebt sehr reiche Bauern, die Handlung treiben, Fabriken haben ꝛc. Ein Bauer soll seinem Herrn eine Mahlzeit gegeben haben, die 10,000 Rubel kostete.

Russische Münzen.

Man rechnet nach Kopeken (4 Pfennige) und nach Rubeln (1 Thaler 4 Groschen), Rubel in Gold und Silber sind gleich.

Imperial 31 Thaler 8 Groschen, oder 12 Thaler 12 Groschen.

Andreasdukaten . 2 Thaler 16 Groschen.

Geschichte von Rußland.

Aus der älteren Geschichte bis 862 weiß man fast nichts gewisses. Die Slaven bauten Kiew und Nowogorod, und breiteten ihre Sprache und Herrschaft im Lande aus. Nach der Zeit findet man Kriege, Eroberungen, Anbau einiger Städte, Ermordungen, bis auf

Wladi-

Wladimir den Großen, der die benachbarten Völker unterjocht, eine kaiserliche Griechische Prinzessin, Anna, heirathet, die Christliche Religion annimmt, und diese unter seine Unterthanen zu verbreiten sucht, deren Bildung er mit großen Eifer betreibt. Er spielt eine ansehnliche Rolle in seinem Klima, und theilt sein Reich unter seine zwölf Söhne: vom Jahre 981 bis 1015.

Der eine Bruder läßt drey seiner Brüder umbringen, und wird von einem vierten vertrieben, welcher nun mit einem andern Bruder theilt. Der Sitz der Fürsten ging von Kiew nach Wladimir, und dann nach Moskow.

Iwan der Erste, 1462 bringt wieder die Stücke des Russischen Reiches unter seine Herrschaft, und wird also der Stifter der neuen Russischen Monarchie. Sein Sohn, Wasiley Iwanowitsch, nennt sich zuerst einen Selbstherrscher von ganz Rußland: und dieses Sohn, Iwan der Zweyte Wasiliewitsch, nimmt den Titel Czar oder Zar an; will Liefland erobern, welches sich in Polnischen Schutz giebt. Unter seiner Regierung entdecken die Engländer einen Weg über das Meer nach Archangel, worauf er mit der Königin Elisabeth einen Handlungstractat schließt (7553.) Er war klug, einsichtsvoll und grausam.

Unter

Unter dem schwachen Feodor dem Ersten Iwanowitsch wird 1587 Sibirien unterjocht, und Esthland an Schweden abgetreten.

Nun entstehen wegen der Erbfolge auf dem Throne Betrug, Gewaltthätigkeit, Krieg, 1598 bis 1613, wo endlich das Haus Romanow, durch die Wahl der Großen, in der Person des Michael Federowitsch auf den Thron gelangt. Er wurde ohne Kapitulation erwählt.

Dessen Sohn, Alexey Michailowitsch, bekam mit den Türken Krieg, welche 1671 die Festung Kaminiek eroberten. Der Sultan Mahomed der Vierte, schrieb an den Zar, er möchte ihm die Ukraine abtreten, nannte ihn schlechtweg einen christlichen Hospodar, und sich selbst Allerdurchlauchtigste Majestät. Der Zar schrieb zurück: Er wäre nicht derjenige, der sich einem Muhamedanischen Hunde unterwürfe; und sein Säbel wäre eben so gut als der des Großherrn. Er machte Gesetze und errichtete Manufacturen, welche letztere nicht von Bestand waren.

Feodor der Dritte, des vorigen Sohn, starb 1682 ohne Erben, und ernannte seinen unmündigen Halbbruder Peter, mit Vorbeygehung des blödsinnigen Iwans, zum Thronfolger. Allein die Schwester beyder, Sophie, welche gern selbst regieren wollte, ließ beyde zu Zaren ausrufen, um sie an einander zu hetzen, strebte Petern nach dem Leben, ward in ein

ein Kloster gesteckt, und Iwan trat Peter dem Ersten, dem Großen, die Regierung freywillig ab 1689.

1588 ward der Erzbischof zu Nowogorod zum Patriarchen, d. h. zum Oberhaupt der Kirche, in ganz Rußland ernannt. Diese Würde erhob sich nunmehr neben dem Thron; alle Jahr einmal führte der Zar zu Fuß, mit bloßem Kopfe, dem Patriarchen das Pferd. Unter dem Alexey Michailowitsch setzte der Patriarch Nicon sich im Senat neben dem Thron, und behauptete, man könne, ohne seine Zustimmung, weder Krieg noch Frieden beschließen. Peter der Erste stammte von einem Patriarchen her.

Als Peter den Thron bestieg, war Petersburg noch nicht, Finnland gehörte den Schweden, und Liefland den Polen; Astracan und die Kosaken waren ungebändiget; Handlung war noch fast gar nicht da, und die Nation hatte keine Schiffe. Kurz, das Volk war roh und unwissend.

Die Zare heiratheten seit 1490 keine fremde Prinzessin, wie es seit langer Zeit die Europäischen Regenten aus Staatsabsichten thun. In Rußland ließ man eine Anzahl hübscher Unterthaninnen kommen, unter welchen der Zar eine Gemahlin wählte. Michael Federowitsch Romanow heirathete die Tochter eines armen Edelmanns, der seine Aecker selbst baute: und diese

Gemah-

Gemahlin, Eudoxia, hat sich bis jetzt in werthem Gedanken erhalten.

Peter der Große verdient in vielen Rücksichten diesen Namen; er wollte seine Nation aus der Rohheit ziehn, mußte sich aber erst selbst bilden und überwinden. Seine Scheu vor dem geringsten Gewässer war so groß, daß ein kalter Schweiß ihm ausbrach und er Verzuckungen bekam, wenn er über einen Bach mußte; dennoch ward er der größte Seemann unter den Russen. Er lernte von selbst Künste und Sprachen.

Es war ein stehendes Corps Truppen da, die Strelzi oder Strelitzen, welche oftmals Unruhen erregt, die Zare in Gefahr gebracht, und aus Mangel an Mannszucht gegen ihre Officiere aufrührisch sich bewiesen hatten. Noch unter der Regierung der Sophie hatten sie einige ihrer Obersten zu den Batokken verurtheilt und gestraft, sie zur Danksagung für die gnädige Strafe gezwungen, und andre Excesse begangen. Peter mußte sie reduciren, und fing damit an, daß er in einem Landschlosse, Preobazinsky genannt, ein Corps Truppen errichtete, welches von diesem Schlosse seinen Namen noch hat. Um Zucht hinein zu bringen, mußten die Söhne der Bojaren (d. h. der Großen) von unten auf dienen, und er selbst wurde dabey Trommelschläger, dann Soldat,

dat, Unterofficier, Lieutenant ꝛc. Dem Kriege mit den Türken, in welchem Asoph von seinen Truppen erobert wurde, wohnte er als Volontaire bey, unter dem Befehle seiner Generale (1696.)

Um mit mehrerem Erfolg sein Volk bilden zu können, verließ er 1697 den Thron, nachdem er für die Regierung und Sicherheit seines Landes gesorgt hatte, und trat eine Reise durch Deutschland und Holland an, ohne sich zu erkennen zu geben, und unter der Gestalt eines Cavaliers im Gefolge seines Gesandten Le Fort, gegen den er, in der Hitze des Weines bey einem Gastmahle in Königsberg den Degen zog, welches er ihm nachher abbat und sagte: Ich will mein Volk bilden und kann mich selbst nicht bändigen. Er kam nach Amsterdam, besuchte die Schiffswerfte zu Sardam, arbeitete mit den Zimmerleuten, kleidete sich und speisete wie sie, und ließ sich in ihre Gilde unter dem Namen Peter Michaelof einschreiben. Er lernte auch ein wenig Anatomie und chirurgische Operationen. Er blieb über ein halbes Jahr da; ging nach England wo er die Künste und Handwerke alle studirte. Von hier nahm er in seine Lande einen Mathematiker mit, der in den Finanzgeschäften die Rechenkunst einführte; denn die Russen hatten bisher kein anders Recheninstrument, als Kugeln auf einen Draht gezogen.

Das

Das Tabakrauchen, das noch wenig in Rußland verbreitet war, galt für eine Sünde, weil es in der Bibel heißt: Was aus dem Munde ausgeht, verunreinigt den Menschen. So hatten es die Priester entschieden. Peter hatte den Engländern die Einfuhr des Tabaks in Rußland erlaubt. Dieß und die übrigen Neurungen, die hineingezogenen Fremden, und die Prinzessin Sophie waren die Ursachen einer Rebellion; allein Peter eilte aus Wien herbey, und dämpfte sie.

Als der Patriarch starb, hob Peter diese Würde auf. Er stiftete Schulen und Gymnasien.

1700 entstand der Krieg mit Schweden, unter dem berühmten Karl dem Zwölften. Die Russen belagerten Narva, und hätten es beynah genommen. Sie hatten 142 Kanonen, und 40, oder 60, oder 80,000 Mann. Karl eilte herbey mit 9000 Mann und zehn Kanonen, schlug und zerstreute die ganze Russische Armee. Peter war aber nicht dabey. Ich weiß, sagte er, daß die Schweden lange die Oberhand behalten werden, sie werden uns aber endlich sie besiegen lehren. Seine Kanonen waren weg, Metall hatte er nicht; er nahm Glocken von den Kirchen, und ließ Kanonen daraus gießen; dabey bauete er Schiffe auf seinen Gewässern, machte einen Canal zur Verbindung des Caspischen mit dem schwarzen Mere, legte Fabriken und Manufacturen an, zog Schafheerden und Manufacturisten ins Land, und befestigte Nowogorod, Plaskow, Kiew, Smolensko, Archangel und Asow.

1702 eroberte Peter Esthland, welches den Schweden gehörte, und bekam dadurch ein Stück von der Küste des Baltischen Meeres. 1703 fing er den Bau von Petersburg an. Er selbst diente noch als Bombardierhauptmann. 1704 eroberte er Narva; that seinen wüthenden Soldaten Einhalt, ging aufs Rathhaus, legte den blutigen Degen auf den Tisch, und sagte: Dieser Degen ist nicht von dem Blute eurer Einwohner, sondern von dem Blute meiner Soldaten gefärbt, und ich vergoß es, um euer Leben zu retten.

Ein gewisser Menzikoff, ein Pastetenbäcker-Bursche, diente schon seit einigen Jahren in den Truppen des Zars, und hatte sich durch Geschicklichkeit und Tapferkeit empor geschwungen; Peter erhob ihn in diesem Jahre zum Generalmajor und gab ihm den Titel eines Prinzen. Dieser Menzikoff wurde nachher nach Sibirien ins Elend geschickt, und aller seiner Würden und Reichthümer beraubt.

Karl der Zwölfte drang, nach mehreren Siegen über die Russen, durch Polen und die Moskau nach der Ukraine, wo er Pultawa belagerte. Peter griff ihn da an, den 6ten Julius 1709, schlug ihn und zerstreute die ganze

Schwedische Armee. Der Zar eroberte nun einen Theil von Finnland und Carelien, Wiburg, Riga in Liefland, Reval in Esthland. Nachher eroberte er ganz Finnland.

Der König von Schweden hatte sich in die Türkey zu Bender geflüchtet, wo er alles anwandte, um die Pforte zu einem Krieg gegen Rußland zu bewegen. 1710 kündigte Achmed der Dritte dem Zar den Krieg an, um desto mehr, da die Festungen und Flotten der Russen am schwarzen Meere die Türken beunruhigten. Der Zar kam mit einem Heere ins Osmanische Gebiet.

Im Jahr 1702 hatten die Russen eine kleine Stadt in Liefland, Namens Marienburg, erobert und zerstört, und die zweytägige Ehefrau eines Soldaten, Katharina genannt, als Gefangene mitgenommen. Diese kam in den Dienst der Generale Bauer, Scheremetoff und Menzikoff. Der Zar lernte sie kennen, sie gefiel ihm, er nahm sie zu sich, heirathete sie heimlich 1707, und erklärte sie 1711 für seine Gemahlin, als er den Zug gegen die Türken antrat, und sie that mit ihm den Feldzug. Es war sein Glück und das Glück der ganzen Russischen Armee. Denn Peter stellte sich mit seinem Heere bey Yassy am Flusse Pruth, wo er von den Türken eingeschlossen wurde, so daß ihm alle Bedürfnisse fehlten und

und er nicht heraus konnte. Catharina flößte den Truppen Muth ein, und sorgte für die Bedürftigen und Kranken. Da keine Rettung mehr war, schickte sie ein Geschenk ins Lager der Türken zum Vezir, und verschaffte den Frieden und die Rettung des Zars und der Armee. Eben diese Katharina regierte mit vieler Würde und Geschicklichkeit das Reich nach dem Tode Peters des Großen; und doch konnte sie weder schreiben noch lesen. Die Bedingung des Friedens war, daß die Russen Asow und alle Niederlassungen am Asowschen Meere wieder herausgaben. Der Frieden mit Schweden ward zu Neustadt in Finnland im Jahre 1721 geschlossen.

Der Zar führte die Policey ein durch das ganze Land; verbot die Kleiderpracht und die Hazardspiele; stiftete Waisenhäuser, und Schulen, wo die Jugend schreiben und rechnen lernte; schaffte die Betteley ab; befahl den Reichen, Häuser in Petersburg nach ihrem Vermögen zu bauen; verordnete, daß alle ledig zurückgehende Wagen und Fahrzeuge Baumaterialien nach Petersburg brächten, so daß die Fracht nichts kostete; führte die Gleichheit der Maße und Gewichte ein; bestimmte die Preise der nothwendigen Lebensmittel; schaffte Laternen auf den Straßen und Feuerspritzen an, und ließ die Straßen pflastern. Einige dieser Verordnungen sind despotisch. Er legte Waffenschmieden, Pulvermühlen, andre Mühlen, Segel-, Thau-, Leinwandmanufacturen, Ziegelbrennereyen, Spiegelmanufacturen ꝛc. an, ließ Canäle zur Verbindung der Gewässer graben, Charten von seinem Lande aufnehmen, begünstigte die Handlung, und stiftete eine Akademie der Wissenschaften.

Er verbesserte die Gerechtigkeitspflege und die Gesetze, die sein Vater gegeben hatte. Von den Edeln ward das Richteramt den Gelehrten übertragen, die Kosten herabgesetzt. Von dem Provinzialgerichtshof appellirte man an den Senat, und von diesem an d Zar; wer aber hier verurtheilt wurde, verlor zur Strafe das Leben. Die Richter, welche in ihren Entscheidungen von dem Gesetze abgingen, hatten das Leben verwirkt.

Peter bestimmte die Rangordnung in den Ständen nach den Bedienungen, ohne Rücksicht auf die Geburt; ein gemeiner Soldat, der Officier wurde, erlangte dadurch den Adel; und ein Bojar (Edelmann), der die Strafe der Gerechtigkeit auf sich lud, verlor den Adel.

Peter, der mächtig und glücklich war, und der sein Glück verdiente, hatte manches Mißvergnügen in seinem Hause zu erdulden. Seine erste Gemahlin Eudoxia, die schwach von Charakter, abergläubisch war, sich von Priestern und alten Vorurtheilen beherrschen ließ, plagte ihn

ihn mit Vorwürfen über seine Neurungen unablässig; endlich ward ers müde, verstieß sie und steckte sie in ein Kloster. Sein Sohn, Peter Alexiowitz, hatte von seiner Mutter geerbt, und drohte, wenn er an die Regierung kommmen würde, alle Anstalten und Verbeßrungen seines Vaters zu vernichten, entfloh nach Wien und Neapel, und erzürnte seinen Vater aufs äußerste. Peter schrieb ihm: „Ich werde noch ein wenig Geduld haben, und will sehen, ob du dich besserst. Thust du das nicht, so will ich dich enterben. Verlaß dich nicht darauf, daß du mein einziger Sohn bist; denn wenn ich für das Wohl des Staates und des Volkes meines eignen Lebens nicht geschont habe, wie sollte ich deiner schonen? Ich will meine Krone lieber einem würdigen Fremden, als meinem unwürdigen Sohne hinterlassen.“ Die Vergehen des Sohnes oder die Erbitterung des Vaters gingen aber endlich so weit, daß dem ersten der Proceß förmlich gemacht und er von den Richtern zum Tode verurtheilt wurde 1718. Das Urthel ward aber an ihm nicht vollzogen, denn er starb den folgenden Tag nach der Publication. Sein Vater hatte ihm verziehen. Andre sagen, er sey enthauptet worden.

Peter starb 1725, und Katharina folgte ihm, mit Hülfe des Fürsten Menzikoff, auf dem Thron, und starb 1727.

Peter der Zweyte steigt als minderjährig auf den Thron; Menzikoff verwaltet das Reich; das Haus Dolgoruki beneidet ihm diese Ehre, stürzt ihn, und er wird ins Elend verwiesen. Peter stirbt 1730.

Anna, Tochter des Iwan, Peters des Großen ältesten Bruders, wird von dem Staatsrathe unter der Bedingung einer konstitutionellen Kapitulation erwählt, die sie nach einigen Wochen aufhebt, um willkührlich zu regieren. Sie hilft dem Churfürsten August den Dritten auf den Polnischen Thron, 1733; erobert 1736 durch den General Münnich, Asow, Perekop, Otschakow und die Krimm; verliert aber durch den Frieden 1739 alles wieder; Asow wird geschleift und die Schiffahrt auf dem schwarzen Meere aufgegeben. Sie stirbt 1740, nachdem sie den Prinzen Iwan, der kaum ein Virteljahr alt war, zum Thronfolger ernannt hatte. Er war ein Sohn des Prinzen Anton Ulrich von Braunschweig Wolfenbüttel und der Mecklenburgischen Prinzessin Anna, einer Schwester-Tochter der Kaiserin. Johann Biron, Herzog von Curland, der ein geringer Edelmann gewesen und durch die Gunst der Anna erhoben worden war, sollte bis zur Großjährigkeit des Zars Reichsverweser seyn. Seine Regentschaft währte drey Wochen. Die Mutter des jungen Kaisers stürzte ihn und schickte ihn

ihn nach Sibirien; sich selbst macht sie zur Regentin und Großfürstin. Dieß geschah im November 1740. Im December 1741 erhebt sich Elisabeth, die Tochter Peters des Großen auf den Thron, mit Hülfe ihres Arztes L'Estocq, sperrt Anna und Iwan ein, und verbannt die großfürstlichen Familien und die vornehmsten Minister in entlegene Gegenden des Reichs. Sie hat während ihrer ganzen Regierung keinen Menschen am Leben gestraft, wie sie sichs vorgenommen hatte. Die Verbrecher wurden zur Arbeit verdammt.

Sie hilft dem Herzog von Holstein, Adolph Friedrich, auf den Schwedischen Thron, 1743; ernennt ihren Schwestersohn, Karl Peter Ulrich, regierenden Herzog von Holstein-Gottorp, zum Großfürsten und ihrem Thronfolger, welcher sich mit Katharina Alexiewna, Prinzessin von Anhalt-Zerbst verheirathet. 1756 verband sich Elisabeth mit Oestreich, Frankreich und Schweden gegen Preußen, in dem siebenjährigen Kriege. Sie starb 1762.

Peter der Dritte (Herzog von Holstein) bestieg den Thron, machte mit Preußen Friede, lud durch Neuerungen den Haß einiger Großen, und, wie man sagt, seiner Gemahlin auf sich, wurde noch im ersten Jahre des Thrones entsetzt und starb bald darauf.

Seine Gemahlin, Katharina die Zweyte, herrscht nach ihm, und sorgt für die fernere Bildung der Nation, errichtet Schulen, giebt 1767 eine gute Instruction zu einem neuen Gesetzbuche; führt mehrmals mit den Türken Krieg, nimmt 1772 ein Theil von Polen in Besitz. Sie herrscht noch.

Die vornehmsten Grundsätze in Katharinens Instruction zu einem Gesetzbuche sind folgende:

Die bürgerliche Freyheit besteht darin, daß jeder Bürger alles thun kann, was die Gesetze nicht untersagen. (§. 38.)

Die Gesetze dürfen nichts anders untersagen, als was einem Einzelnen, oder dem Staate schädlich seyn kann. (§. 41.)

Die Gleichheit der Bürger besteht darin, daß sie alle denselben Gesetzen unterworfen seyen, (z. B. daß der Edelmann nicht wegen seiner Geburt zu allen Ehrenämtern eine offne Thür finde, indeß der verdienstvollste Bürger davon ausgeschlossen ist; daß der Edelmann, wenn er einen Bauer oder Bürger beleidiget, eben so bestraft werde, als der Bauer und Bürger, der einen Edelmann beleidigen würde; daß der vorgebliche Große, wenn er Muthwillen treibt, eben so dafür büße, wie der Geringste.)

Die Strafgesetze müssen, so viel als möglich, aus dem Verbrechen fließen, damit keine Willkühr des Gesetzgebers Statt finde. (§. 67.)

Man

Man muß mehr darauf bedacht seyn, Verbrechen zu verhüten, als selbige zu bestrafen. (§. 82.)

Die Strafen müssen milde seyn (§. 87.)

Wenn es Staaten giebt, wo die Schande nicht aus der Strafe fließt, so ist es die Schuld der Tyranney, welche über Bösewichter und rechtschaffene Bürger dieselben Strafen verhing (§. 89.)

Von Majestätsverbrechen ist darin kein Wort.

Schweden.

Schweden ist zwar groß, (ungefähr 13,000 Quadratmeilen) enthält aber nicht 3,000,000 Einwohner. Es ist rauh, kalt, gebirgig, voller Wälder, Sümpfe und Seen, und den größten Theil des Jahres mit Eis und Schnee bedeckt. Seine vornehmsten Produkte sind Holz, Viehweide, Fische, eine Menge des vortreflichsten Eisens und Kupfer. Die fünf Provinzen in welche es abgetheilt wird, sind folgende;

I. Schweden selbst. Stockholm in Upland, die Residenz, hat ungefähr 80,000 Einwohner; Upsal, eine Universität, und Dannamora, die größte Eisengrube, die jährlich 40 bis 50,000 Fuder Erz liefert. Die Grube ist 480 Fuß tief, es arbeiten darin 1300 Mann.

In Südermannland, Nykiöping, ein Hafen mit Fabriken. In Westermannland, die Bergstadt Sala oder Salzberg. In Dalecarlien oder Thalland, Fahlum, das wichtigste Kupferbergwerk, das zuweilen 20,000 Schiffpfund in einem Jahre giebt, (das Schiffpfund ist 280 Pfund.) Die Grube geht 350 Ellen tief.

II. Gothland. Ostgothland am Wettersee, worin Nertiöping mit wichtigen Fabriken, und die Inseln Oeland und Gothland. — In Westgothland, die Festung Gothenburg, eine große Stadt von 20,000 Einwohnern. — In Südgothland, am Cattegat, dem Meerbusen zwischen Schweden und Dänemark; Schonen, worin Lund, die alte Residenz; Landskron, Helsingborg am Sund, der Meerenge zwischen Schweden und Dänemark.

III. Nordland, dessen nördlicher Theil Bottn heißt, woher der Name des Bothnischen Meerbusens; darin Tornea am Grunde des Meerbusens, eine kleine Seestadt, die letzte auf dem ganzen Erdboden gegen Norden. Hier kann man schon gegen den Sommersonnenstillstand von einem hohen Thurme die Sonne um Mitternacht sehen; im Wintersonnenstillstande aber sieht man sie im Mittage nur von dem Thur-

Thurme. Die Stadt liegt zehn Meilen diesseits des Polarzirkels.

IV. Lappland oder Sameland, wo keine Städte sind, und welches unter die Kronen Schweden, Rußland und Dänemark getheilt ist.

V. Finnland. Es ist unter Rußland und Schweden getheilt. Ein gutes Drittel besteht in Sümpfen und Seen. Die Küsten sind fast um ganz Schweden, in dem Baltischen Meere, in dem Bothnischen und Finnischen Meerbusen, mit Klippen besäet, die die Schifffahrt gefährlich machen und Scheeren genannt werden. Helsingfors ist wegen seines Hafens merkwürdig; die Insel Aland, die kleine Stadt Lowisa oder Degerby in Carelien, und der große See Saina, 40 Meilen lang.

Nur die südlichen Theile Schwedens geben etwas Korn, Obst wenig. Die nördlicheren kennen fast keine Nahrung aus dem Pflanzenreiche. Schon in Dalecarlien mischen die Einwohner zum Mehle in ihr Brod Spreu und gestoßene Fichtenrinde. Ehemals soll es durch die Lübecker Schiffe viel Korn ausgeführt haben. Allein Gustav Wasa, der von den Lübeckern nicht abhängen wollte, verbot die Ausfuhr und seitdem vernachlässigte der Landmann seinen Acker, weil er keinen Absatz fand.

In

In Finnland wird der Ackerbau auf eine sonderbare Art betrieben. Der Boden ist mit Waldung oder Heide bedeckt; wenn man Korn säen will, verbrennt man die Bäume, die Stauden und das Gras auf dem Fuß, die Asche ist der Dünger, und man säet darin.

Lappland ist noch rauher, aber reich an Vögeln, Fischen, Rennthieren, welche das einzige Hausthier sind; an Bären, Wölfen, Füchsen von allerley Farben, an Fischottern, Bibern, Mardern und Elendthieren. In den Flüssen findet man Perlen.

Die Lappen kennen die Handwerke so wenig als Brod und Häuser, Obst und Gemüße. Jeder macht sein Kleid, seinen Schlitten, seine Hütte, sein Geschirr, Topf und Korb, seine Karten, denn sie spielen Karten und schnupfen Tabak. Das Haus ist ein Zelt auf Stangen mit Rennthierfellen gedeckt. Die Lappen sind schmutzig, faul, klein, feig und taugen zu Soldaten nicht, so daß man zwar vor ihnen, sie aber nicht vor andern sicher sind. Sie ziehn von einem Ort zum andern nach dem Bedürfniß ihrer Heerden, und mancher hat wohl tausend Stück Rennthiere. Auf dem Schnee gehen sie mit langen Schneeschuhen. Sie machen sich auch Kähne, die ein Mann sammt dem ganzen Takelwerk auf dem Nacken wegträgt.

Die

Die Eltern beschließen unter sich die Heirath ihrer Kinder, ohne sie zu fragen, und sehen dabey auf den Reichthum — denn es giebt auch hier, man weiß nicht wie, Arme und Reiche. Der Bräutigam muß seine Braut von ihren Eltern durch Geschenke kaufen. Dieß Volk braucht weder Schutz noch Polizey, noch Gerechtigkeitspflege, noch Regierung; denn es hat keine Feinde, keinen Streit, lebt zerstreut; und doch ist es Unterthan und bezahlt Abgaben und Schutz.

Die Handlung zu Gothenburg ist wichtig. 1781 landeten 1285 Schiffe und segelten 1457 aus mit 136,559 Tonnen Hering, die Tonne zu 2460 Pfund, und über 15,000 Fässer Thran zu 1000 Pfund das Faß.

Schwedische Münzen:

Man rechnet nach Reichsthalern.
Kupferthaler, 3 Gr. 6 Pf. Sächsisch.
Der, 1 ¼ Pfenn.
Mark, 10 ½ Pfenn.
Silberör, 3 ¾ Pfenn.
Adophld'or, 3 Thlr. 12 Gr.

Geschichte.

Bis zum Jahre 1000 ist die Schwedische Geschichte ganz verworren und unzuverlässig, ein Beweis, daß die Kultur der Wissenschaften nur

nur spät in diese kalten Gegenden eingedrungen. In dieser ersten Zeit wird viel von einer Familie der Ynglinger gesprochen, welche den Thron besessen haben, wovon einer, Namens Erich, Dänemark erobert haben soll.

Der Sohn desselben, Olav Skautkonung, nahm die christliche Religion an, 1001. Die Geschichte liefert uns Thronfolgen unbedeutender Regenten, Eroberungen, die wieder verloren gehen, Usurpationen des Throns und der Souveränität, Erwordung der vermeintlich rechtlichen Krone ben, Aufstände des mißvergnügten Volkes, welches nur Tyrannen wechselt und nichts gewinnt, Pfaffenkabalen, welche Könige absetzen wenn sie können, und andern auf den Thron helfen, weil sie sich selbst nicht darauf setzen dürfen; lauter Dinge, die uns wenig interessiren. Das Volk ist, wie man sich denken kann, unwissend, roh, ein Sklav der muthigen Könige, und unter schwachen das Werkzeug und das Opfer der Herrschsucht seiner Großen. So gehts bis 1523.

1520, als der Papst das Reich in den Bann gethan hatte, weil ein herrschsüchtiger Erzbischof, Trolle, wegen seiner Meuterey flüchtig werden mußte, griff der berühmte Tyrann, Christian der Zweyte von Dänemark das Reich an, überwand den König Sture, versprach dem Lande Amnestie, ließ sich zum Kö-

nige

nige von Schweden krönen, und richtete während des Krönungsfestes das Stockholmer Blutbad an, ließ in Stockholm binnen zween Tagen 94 Vornehme auf dem Richtplatz enthaupten, und wiederholte diese Scenen in den Provinzen. Sein Vorwand war, er müßte den Bann des Papstes vollstrecken. Darauf ging er nach Dänemark zurück und nahm Geissel mit, worunter der berühmte Gustav Erichson Wasa, ein Verwandter des königlichen Hauses, sich befand.

Gustav entfloh der Geißelschaft, und versteckte sich lange Zeit in den Gebirgen und Gruben von Dalecarlien, wo er unter einem angenommenen Namen mit seiner Hände Arbeit sein Brod verdiente. Indeß suchte er sein Vaterland von dem Dänischen Joche zu befreyen; und da die Schweden äußerst mißvergnügt waren, gelang es ihm, eine große Anzahl tapfrer und treuer Dalecarlier zusammen zu bringen, die Dänen zu verjagen, und von den Reichsständen zum Könige ernannt zu werden, 1523. Es war eben zu der Zeit, als Luther seine Reformation angefangen hatte. Schwedens Unglück war von einem Priester und vom Papste hergekommen; Gustav und sein Reich gingen von dem Katholicismus zum Lutherthum über. Es kostete Müh. — Gustav ist es, dem Schweden den Ursprung seiner Macht und seines Flors verdankt.

Sein

Sein Sohn Erich der Vierzehnte, führte 1560 den Grafen- und Herrenstand ein, eroberte Esthland, wobey Schweden viel litt, (wie bey allen Eroberungen das erobernde Volk beynah eben so viel als das eroberte leidet,) und rottete fast die ganze ehemalige königliche Familie aus. Seine Brüder nahmen ihm mit Hülfe des mißvergnügten Volkes, Krone und Freyheit.

Siegmund, zugleich König von Polen, woller die katholische Religion und den Despotismus einführen. verlor aber darüber die Krone, ob er gleich für dieselbe mit aller Macht stritt. Unter den rohen und armen Völker war es nicht so leicht den Despotismus einzuführen, wie bey den verweichlichten Völkern der neueren Zeit, die der Waffen ungewohnt, vor dem Schatten eines Degens zittern.

Ihm folgte Karl der Eilfte, Gustav Wasa's jüngster Sohn, 1604.

1611 stieg dessen Sohn Gustav Adolph auf den Thron. Er ists, der im 30jährigen Kriege sich durch Tapferkeit berühmt machte. Er verlor das Leben in der Schlacht bey Lützen 1632.

Als ein sechsjähriges Kind erbte Christine, seine Tochter, den Thron, und trat die Regierung 1644 an. Sie verschwendete, war sonderbar, wollte nicht heirathen, machte sich der Nation unangenehm, dankte ab, und überließ die

die Krone 1654 dem Pfalzgrafen zu Zweybrük-ken Karl Gustav, ihrem Vetter. Sie reisete durch Frankreich nach Rom, wo sie die katholische Religion annahm; starb 1689, nicht ohne ihre Abdankung bereut zu haben.

Karl der Zehnte, oder Karl Gustav, erobert in einem Feldzuge Polen und läßt sich huldigen, ladet aber dadurch die Waffen Rußlands, des Kaisers, Dänemarks, Preußens und der Niederlande auf sich; erobert Dänemark; stirbt 1660 mitten unter seinen Siegen, seine Familie behält nichts, und sein Volk ist erschöpft.

Karl der Eilfte, als ein fünfjähriges Kind, folgt. Die Stände machen Friede zu Oliva, 1660, mit Preußen, dem Kaiser, Polen, und mit Dänemark und Holland zu Koppenhagen, zwingen Frankreich zum Frieden durch die zu Aachen errichtete Triplealianz 1668.

1680 bis 1682 arbeitet Karl mit Erfolg daran, sich Souverain zu machen.

Sein Sohn, Karl der Zwölfte, besteigt im 15ten Jahre den Thron 1697. Zwey Jahr nachher kündigten ihm Dänemark, Rußland und Polen den Krieg an. Karl belagerte Koppenhagen, und zwang in wenigen Monaten den König von Dänemark zum Travendahler Frieden 1700. Eilte nach Sachsen und Polen, entthronte August den Zweyten, und setzte an dessen Stelle den Stanislaus Lesczinsky, und machte mit August den Altranstädter Frieden 1706. Als Karl während des Polnischen Krieges durch Masovien (oder Masuren) zog. schickten sechstausend Bauern einen ehrwürdigen Alten aus ihrer Mitte als Deputirten an ihn; indem dieser mit dem König redete, schoß man ihn nieder; die Bauern wurden ergriffen und gezwungen einander zu erhenken, und ihre Wohnungen in Asche gelegt.

Beym Frieden ließ sich Karl von August den Patkul ausliefern. Dieser war ein Liefländischer Edelmann. Durch den Frieden zu Oliva 1660 waren Lief- und Esthland, mit Vorbehalt ihrer Privilegien, an Schweden abgetreten worden. Karl achtete die Verträge nicht und beherrschte diese Provinzen, wie sein ganzes Reich, despotisch. Patkul mit fünf andern Deputirten von Esthland machten ihm unterthänige Vorstellungen, wurden aber zur Antwort ins Gefängniß geworfen und zum Verlust des Lebens und der Ehre verdammt. Patkul entkam, floh nach Dresden, dann zum Zar, der ihn als Gesandten an den König August schickte. August lieferte ihn an Karln aus, der ihn, seiner Gesandtenwürde ungeachtet, lebendig rädern ließ. Nun geht Karl gegen die Russen, vertieft sich in der Ukraine, wird von Petern bey

Pul-

Pultawa 1709 ohne Rettung geschlagen, flieht nach Bender unter Türkischen Schutz, bewegt mit vieler Mühe den Sultan zum Kriege gegen Rußland, welcher Krieg aber in dem ersten Feldzuge durch den Frieden am Pruth, zu Karls bitterm Verdruß, beendigt wird.

Karl lebte zu Bender von der Freygebigkeit der Pforte, welche ihn gern losgeworden wäre; er wollte aber nicht eher gehen, bis ihm der Sultan 100,000 Mann gegeben, und den Vezier abgesetzt hätte. Dieß verdroß, und er bekam kein Geld mehr; er borgte wo er konnte zu 20, 30, 40 Procent, ohne sich das kümmern zu lassen, daß er sein armes erschöpftes Land mit ungeheuren und unnützen Schulden belastete. Endlich wollten ihn die Türken mit Gewalt vertreiben, 26,000 Mann rückten gegen ihn an; er wehrte sich mit etwa 300 Schweden, ward endlich gefangen, und nach Demirtasch, einer Festung bey Adrianopel, und dann auf sein Gesuch, nach Demotika, einer kleinen Stadt in der Gegend, gebracht. Hier blieb er ein Jahr lang im Bette liegen, um nicht zu dem Vezier gehen zu müssen. Endlich verließ er die Türkey im October 1714.

Indeß wollte er in keinem Stücke nachgeben und von keinem Frieden hören, obgleich mit seinen vorigen Feinden sich noch Preußen und England vereinigten. Die Regierung von

Schweden wollte sich mit Rußland und Dänemark vergleichen; Karl schrieb an sie, daß, wenn sie sich das Regieren anmaßte, er ihr einen von seinen Stiefeln schicken wollte, von welchem sie Befehle anzunehmen haben würde. Das heißt Achtung für die Menschheit und Vaterliebe gegen das Volk.

Aus Demotika eilte Karl nach Stralsund, welches die Könige von Preußen und von Dänemark in Person belagerten, mußte aber auf einem Fischerkahn daraus flüchten, kam in Schweden an, sammelte Truppen, belagerte Friedrichshall in Norwegen, und wurde erschossen 1718 den 11ten December. Das Herzogthum Zweybrücken fiel an die Deutsche herzogliche Linie zurück, und seine Schwester Ulrike Eleonore folgte ihm auf dem Thron, durch freye Wahl der Stände, welche die königliche Macht wieder, und noch mehr als ehemals beschränkten.

Unter Karls Regierung war der Geldmangel in Schweden so groß, daß der Minister Görz zwischen 1710 und 1716 kleine Kupfermünzen prägen ließ, die einen Schwedischen Thaler galten. Auf der einen Seite steht: Ein Daler; und auf der andern, statt des Wappens, eine mythologische Gottheit oder ein andres Bild.

Schwe-

Schweden mußte von England den Frieden mit einer Million Thaler, und den Herzogthümern Bremen und Verden, von Preußen mit 2,000,000, Stettin und einen großen Theil von Vorpommern, von Rußland mit 2,000,000, Liefland, Esthland und Ingermannland, Wiburg und einem Theil von Karelien erkaufen. Welchen Nutzen hatte das Land von seinem Könige?

Ulrike heirathete Friedrich, Landgrafen von Hessen-Cassel, welcher ein Gesetzbuch verfertigen ließ, und einen Theil von Finnland gegen die Russen verlor.

Ihm folgte, durch Rußlands Vermittelung und Wahl der Stände, Adolph Friedrich, Herzog von Holstein 1751, der die Konstitutionsgesetze bestätigte. Er heirathete die Preußische Prinzessin Luise Ulrike, Schwester Friedrichs des Zweyten, welche eine Akademie der schönen Wissenschaften und Künste stiftete. Auch ward der neue Kalender statt des Julianischen eingeführt, 1753.

1755 beschwerte sich der König bey dem Reichstage über verschiedene durch die Reichsräthe geschehene Einschränkungen seiner Majestätsrechte; die Stände entschieden zum Vortheil der Räthe, doch nicht zur allgemeinen Zufriedenheit. Daher entstand eine Verschwörung, wodurch dem Könige mehr Gewalt verschafft werden sollte; sie ward aber noch vor ihrem Ausbruch entdeckt und mit Strenge unterdrückt, 1756.

Der Reichsrath nimmt gegen Preußen Antheil am siebenjährigen Kriege.

1771 folgt des vorigen Sohn, Gustav der Dritte auf dem Throne; fängt Einschränkungen seines Hofes an, und macht gute Anstalten. Er stiftet den Wasaorden, setzt sich den 19ten August 1772 in Besitz aller königlichen Gerechtsame, wo auf die Parteyen und Unruhen im Reiche aufhören; 1789 und 1790 hat er einen Krieg mit Rußland geführt, der anfänglich glücklich, bald aber zu seinem großen Nachtheil ausfiel. Er wurde 1792 meuchelmörderischer Weise ermordet.

Dänemark.

Dänemark macht die Scheidung zwischen der Ostsee, oder dem Baltischen Meere, und der Nordsee: bestehet aus einer ziemlich großen Halbinsel Jütland genannt, welche durch den Fluß Eider von Deutschland getrennt wird; aus den beyden großen Inseln Seeland und Fünen, und mehreren kleinen. Es beträgt 850 Quadratmeilen und enthält eine Million Einwohner.

Der Meerbusen zwischen Schweden und Dänemark heißt das Cattegatt. Die Meerenge

enge zwischen Seeland und Schonen heißt der Sund, oder Oresund; die zwischen Seeland und Fünen der große Belt; und die zwischen Fünen und Jütland der kleine Belt. — Zu Dänemark gehören noch Holstein, Norwegen, ein Theil von Lappland, Island und die Färoeischen Inseln.

Seeland, die merkwürdigsten Orte darin sind:

Koppenhagen, die Hauptstadt und Residenz, hat über 90,000 Einwohner, wo viel Handlung getrieben wird. Die Reinigung der Straßen kostet jährlich an 12,000 Thaler. Es sind hier 20 Hospitäler, 30 Armenhäuser, eine Universität, mehrere Akademien, eine Gesellschaft zur Beförderung des Ackerbaues, eine Vieharzneyschule, eine Schule der Seefahrt, ein Collegium zur Verbreitung der christlichen Religion unter die Heiden, (Dänemark ist das einzige Land unter den Nichtkatholiken, wo solche Anstalten sind,) eine Gesellschaft zur Beförderung der Tugend unter den Bürgern, ein Landescollegium zur Verbesserung des öffentlichen Unterrichts, und seit 1790 ein Schullehrer-Seminarium Für die Armen werden von der Obrigkeit jährlich über 70,000 Thaler ausgegeben, und doch wimmelt es auf den Straßen von Bettlern.

Helsingör und Cronenburg sind Häfen und Festungen am Sund. Im ersteren wird von allen durchsegelnden Schiffen ein Zoll bezahlt, der jährlich 700,000 Thaler beträgt.

Zu Soroe ist eine berühmte Ritterakademie. — Die Insel Bornholm, wohin die Verbrecher verwiesen werden.

Fünen. Hier ist Odensee die Hauptstadt; die Insel Laland das fruchtbarste Stück Landes in Dänemark.

Jütland theilt sich in Nordjütland und Südjütland, oder Schleswig Im ersten ist Wiburg, Aalborg, Fridericia, eine neue Stadt und Festung. — In Schleswig, Schleswig die Hauptstadt, Flensburg, eine große Handelsstadt, Tönningen, die Inseln Femeren und Helgeland.

Dänemark ist durch seine schönen Pferde und Kühe, durch seine Hunde, die größten unter allen, und durch seine Handschuhe berühmt. Ackerbau und Viehzucht sind gut, das Obst gedeiht aber nicht sonderlich. Die Fischerey ist sehr ergiebig. Holz fehlt. Das Land ist eben und hat in Jütland sandige Heiden.

Norwegen ist sehr groß, aber wenig volkreich, auf 5250 Quadratmeilen hat es kaum 700,000 Einwohner. Die vornehmsten Oerter sind: Christiania, eine Handelsstadt; Kongsberg, ehemalige Residenz der Norwegischen Könige, und wegen ihrer reichen Silber-

berg.

bergwerke berühmt; Tonsberg; Friedrichshall, wo Karl der Zwölfte starb; Bergen, eine Handelsstadt von 18,000 Einwohnern; Drontheim, mit einer Akademie der Wissenschaften; Christiansund. Noch sind zu bemerken, der Malestrom, ein Strudel zwischen Klippen, und das Vorgebirge Nordkap. Die Küste ist zum Theil mit Klippen oder Scheeren umgeben.

Norwegen ist voll von Bergen, Sümpfen, Flüssen und Seen, wenig fruchtbar, kalt; die Schneelavinen reißen Bäume und Häuser nieder. Der Sommer ist wegen der langen Tage warm, und die wenigen Früchte reifen in 9 oder 10 Wochen. Gegen die Kälte haben die Menschen Torf, Wolle, Pelze und eine Menge Holz, wovon ein großer Theil ausgeführt wird. Die Einwohner leben von der Jagd, Viehzucht, Fischerey und Bergbau, backen Brod aus Erbsen, Gerste und Hafer, weil sie nicht Roggen genug haben, und beym Mangel mischen sie Baumrinde darein.

Die Färoeischen Inseln, zusammen 25, worunter 17 bewohnt sind, enthalten kaum 5000 Menschen. Sie haben Weide, guten Kornacker, viele Schafe und Rinder, Fische und Vögel; führen Rindvieh, Gänsefedern, Eiderdunen, Strümpfe und Talg aus. Auf der größten

Insel, Strömoe, ist die Stadt Thoeshaven mit einem Hafen.

Island ist 1500 Quadratmeilen groß, enthält etwa 70,000 Einwohner. Den Beschreibungen nach das fürchterlichste Land auf dem ganzen Erdboden. Voll von hohen mit Schnee und Eis bedeckten Bergen, die oftmals große Strecken Land bedecken, nackte Klippen, feuerspeyende Berge, worunter der Hekla der bekannteste, der Krabla und Koetegau aber die schrecklichsten sind. Erdbeben, Lavaströme, Sümpfe, Asche, Sand, heiße, hoch in die Luft sprudelnde Quellen, unterirdische Donner, sind die Gegenstände, die man hier antrifft.

Getreide wächst hier nicht. Unter den kümmerlichen Pflanzen ist das Isländische Moos in der Arzeney berühmt. Wenig Holz, viel Torf, etwas Steinkohlen und Fischgräten geben die Feurung; eine Art wilder Gerste giebt ein wenig Mehl. Man hat kleine Pferde in Menge, Ochsen und Kühe die keine Hörner haben, und die man an den Küsten mit Fischen füttert; Schafe mit großen Hörnern, zuweilen drey, vier, fünf, sind der Hauptreichthum der Einwohner. Weiße Füchse sind das einzige vierfüßige Wild. Vögel, besonders Eiderenten sind häufig; der Isländische Falke ist berühmt. Es ist hier doch eine Buchdruckerey.

Däni-

Dänische Münzen:

Stüver, $7\frac{1}{2}$ Pfennig Sächsisch.
Dütchen, 3 Stüver.
Krone, 18 Groschen.
Schilling, 4 Pfennig.
Christiansd'or, 6 Thlr.
Man rechnet nach Reichsthalern zu 1 Thl. 3 gr. und nach Marken zu 4 gr. 6 pf.

Geschichte.

In den ältesten etwas bekannten Zeiten hießen die Einwohner, nebst den Norwegern und Schweden, **Normänner**; die **Jütländer** besonders **Cimbrier**. Ein **Odin**, **Wodan**, soll das Land erobert haben (nachher ward er ein Gott.) Wir haben in der Geschichte Deutschlands gesehen, daß die Normänner den Deutschen lange Zeit furchtbar waren, und im 8ten Jahrhundert Seeräubereyen trieben und England eroberten.

1015 findet man einen König **Knut** oder **Kanut** den Großen, der die christliche Religion annahm, und England und Norwegen eroberte, (die bald wieder verloren gingen,) und dadurch berühmt ward.

1157. **Waldemar der Erste**, der Große, erobert Pommern und Mecklenburg, und nimmt den Titel eines Königs der Wenden an. Der Kaiser Otto von Sachsen macht auf die Lehns-

herr-

herrlichkeit über Dänemark Anspruch; Knut der Vierte vertheidigt seine Unabhängigkeit, erobert Esthland und die Küste zwischen der Elbe und Weichsel, und verliert sie bald wieder. 1200.

Auch findet man einen Christoph den Ersten, der vom Papst in den Bann gethan wird nebst dem ganzen Reiche, weil er einen übermüthigen Priester, den Erzbischof von Lund, gefangen nimmt, 1259; — einen Erich den Fünften, der sein Wort nicht hält und deswegen Glipping genannt wird, 1286; — einen Christoph den Zweyten, der eine Wahlkapitulation unterzeichnet und das Volk durch Auflagen bedrückt, 1326.

1376 kommt Olav der Vierte auf den Thron und vereinigt durch Erbschaft Norwegen, und durch Eroberung Schweden mit Dänemark.

Norwegen war zu den alten Zeiten, wie alle andre, besonders die rauheren Länder, in kleine Völkerschaften, die nach und nach kleine Herrschaften wurden, getheilt. 875 brachte Harald der Erste nach einem zehnjährigen Kriege ganz Norwegen in seine Gewalt.

Nach Olavs Tode regiert seine Mutter, Margaretha, mit vielem Glanze; sie ernennt einen Herzog Erick von Pommern zu ihrem Nachfolger. Er zerfällt mit den Schweden und Dänen, wird flüchtig; Schweden trennt sich von Dänemark, und dieses wählt 1448 einen Grafen, Chri-

Christian von Oldenburg, er muß eine Kapitulation eingehen, wodurch das Reich für ein Wahlreich erklärt wird. Er stiftet die Universität zu Koppenhagen, 1478.

Unter Ericks Sohn Johann, wollen die Stände ihr Wahlrecht behaupten, müssen sich aber den Willen des Königs gefallen lassen, 1490, der sich an die Wahlkapitulation nicht kehrt.

Christian der Zweyte, der Böse, Johanns Sohn, bestieg den Thron 1513. Er war klug, aber schlecht erzogen, und ließ sich von Siegbritte, der Mutter seiner Geliebten, und von Dietrich Schlagheck, Erzbischof von Lund, regieren. Er eroberte Schweden 1520, wo er viel Blut vergoß. Es hatte ihn 1490 zum Könige gewählt, nachher aber wieder verworfen. Seine eignen Unterthanen empörten sich, er floh zu seinem Schwager, Kaiser Karl dem Fünften, und der Herzog Friedrich von Schleswig-Holstein, seines Vaters Bruder, wurde 1523 zum Könige mit beschränkter Macht ernannt. Er machte in den Gesetzen und der Rechtspflege wichtige Verbesserungen.

Friedrich der Erste arbeitete 1527 an einer Kirchenverbesserung; die Lutherische Lehre war ins Land gedrungen, und er verstattete allgemeine Religionsfreyheit.

Christian der Vierte führt das Erbrecht ein 1608, und nimmt am 30jährigen Kriege Theil.

Theil. Unter ihm schiffet 1618 Ove Giedde nach Ostindien, und legt den Grund zu der heutigen Ostindischen Handlung in Dänemark Er ist der letzte, dem die Stadt Hamburg huldigte. Er ließ Grönland wieder aufsuchen.

Friedrich der Dritte wird auf dem Reichstage zu Koppenhagen 1660 von allen drey Reichsständen gewählt; ihm wird völlig unumschränkte Gewalt und die Erblichkeit der Krone in männlicher und weiblicher Linie, durch Ueberreichung der Arfve-Enevolds-Regierungsakte und durch eine neue Huldigung, förmlich übertragen. — Diese seltsam scheinende Uebertragung soll daher kommen, daß sich der Adel ganz allein der Macht bemächtiget hatte; denn obgleich die drey Stände, der Adel, die Bürgerschaft nebst der Geistlichkeit, und die Bauern, zum Reichstage sich versammelten, so entschied doch der Adel für sich, und rief dann die andern Stände zu sich, um seine Entschlüsse zu hören; so daß diese mißvergnügt und geneigt waren, dem Könige die Macht zu übergeben. Sie machten sich also zu Sklaven des Königes um sich aus der Sklaverey des Adels zu erlösen.

Christian der Fünfte, des vorigen Sohn, stiftet eine Westindische Handlungsgesellschaft 1671; nimmt an dem Französisch-niederländischen Kriege gegen Ludwig den Vierzehnten 1672 Theil; und um von der Holsteinschen Seite sicher

sicher zu seyn, bemächtigt er sich, bey einer freundschaftlichen Zusammenkunft, der Person seines Schwagers, des Herzogs Christian Albrecht von Gottorp, dringt ihm durch einen Vertrag die Souverainetät von Schleswig und die Festung Tonningen ab, und da der Herzog diesen Vertrag, als erzwungen, nachher widerruft, nimmt Christian ihm Schleswig mit Gewalt.

Unter seinem Sohne Friedrich dem Vierten eroberte Karl der Zwölfte Koppenhagen; er mußte den Frieden zu Travendahl eingehen 1700. Nach dem Unfalle Karls bey Pultawa, erneuerte Friedrich den Krieg, und schloß endlich einen vortheilhaften Frieden zu Friedrichsburg 1720, in welchem er unter andern den Sundzoll von Schweden erhielt. Seitdem hat Dänemark keinen Krieg geführt: nur hat es noch einige Streitigkeiten mit Hamburg gehabt, wovon sich diese Stadt losgekauft hat.

Christian der Sechste legte Fabriken an, breitete den Handel aus, verstärkte die Seemacht, legte ein Assecuranzcomptoir an, und stiftete eine Akademie der Wissenschaften.

1746 folgte Friedrich der Fünfte, er stiftete die Ritterschule zu Sorøe, errichtete zu Bergen und Drontheim Seminarien zur Bildung Lappländischer Missionaren, ein Hospital und Erziehungshaus, gab allen Untertha-

nen

nen die Amerikanische Handlung frey; er starb 1765.

Christian der Siebente, sein Sohn, folgte ihm; er gab allen Bauern im Koppenhagner Amte Eigenthum, und erlöste sie von der Leibeigenschaft; viele Großen des Reichs folgten seinem Beyspiele. 1776 ward ein Gesetz gemacht, vermöge welches nur eingebohrne Unterthanen zu Aemtern gelangen können: es heißt das Indigenatrecht.

Die vereinigten Niederlande oder Holland.

Es ist ein niedriges Land, von Meeren zum großen Theil umgeben und von Flüssen durchschnitten. Der Rhein theilt sich gleich bey seinem Eintritt in zwey Arme, wovon der südliche die Waal heißt, und sich mit der Maas vereiniget. Der nördliche theilt sich wieder, bildet den Yssel und den Lech. Die Schelde kommt aus den Oestreichischen Niederlanden, und theilt sich in die Wester- und Osterschelde. Das Harlemermeer vereinigt sich durch den Y mit dem Pampus; der Suydersee und der Dollart sind Meerbusen.

Die vereinigten Niederlande bestehen in sieben freyen, in einen Staatenbund vereinigten, Provinzen, Geldern, Holland, Seeland, Utrecht, Friesland, Overyssel und Gröningen. Dazu kommen die Generalitäts-Lande, die

die Landschaft Drenthe, und die Landschaften des Erbstatthalters. Das Ganze wird zu 625 Quadratmeilen und 2,500,000 Menschen geschätzt.

Geldern enthält Nimwegen an der Waal, eine Festung, wegen des Friedenstraktats zwischen Holland und Frankreich 1678 berühmt. — Zütphen und Doesburg an der Yssel, letzteres mit einer Universität; Arnheim am Rhein, eine Festung, und Harderwyk an dem Suydersee, mit einer Universität.

Holland wird durch das Y in Süd- und Nordholland getheilt. Wir finden im ersten:

Amsterdam, die größte Stadt in ganz Holland, mit 250,000 Einwohnern, und dem ausgebreitetsten Handel. Sie steht auf einem sumpfigen Boden auf Pfählen. Fast durch alle Straßen gehen schiffbare Canäle. Keller, Kutschen und Wagen sind selten. Damit das Wasser in den Kanälen nicht faule und die Luft verpeste, hält man es durch Mühlen in Bewegung. Selbst die Damen rauchen Tabak um die Luft zu verbessern, und die nothwendige Reinlichkeit ist aufs äußerste getrieben, selbst auf den Dörfern. Das Rathhaus, die Börse, der Admiralitätshof, viele Armenhäuser und die Bank, sind merkwürdig.

Gravenhage oder der Haag, die Residenz der Generalstaaten, des Statthalters und der fremden Gesandten, mit 40,000 Einwohnern.

Dordrecht oder Dortrecht, wegen der Calvinistischen Synode oder Kirchenversammlung 1619 berühmt. Es liegt auf einer Insel, welche 1421 durch eine große Wasserfluth entstand, die 72 Dörfer verschlang.

Rotterdam mit 50,000, Delft mit 20,000 Einwohnern, Linden mit 50,000, Harlem mit 40,000. Viele große Städte in einem so kleinen Lande.

Gertruidenberg, wegen der vergeblichen Friedensunterhandlungen mit Frankreich 1710 berühmt; und das Dorf Ryswyk, wo 1697 der Friede geschlossen wurde.

In Nordholland, oder Westfriesland bemerken wir: Alkmar; Edam (mit seinem Käse); die Häfen Hoorn und Enkhuysen; das Dorf Zaardam, wo Peter der Erste am Schiffbau arbeitete 1697. Es ist eine Meile lang, und hat, außer seiner ansehnlichen Schiffswerfte, über 2300 Windmühlen; auf einer derselben wird nichts als gebrannter Kaffee gemalen. Der Texel oder Tessel, ein Hafen.

Broek im Waterlande, ein vornehmes Dorf, in welchem Nettheit und Reinlichkeit aufs höchste getrieben sind. Wagen und Pferde müssen vor dem Dorfe in einen Gasthofe bleiben, damit die mit bunten Steinen gepflasterten Gassen nicht beschmutzt werden. Die Kühställe haben einen marmornen Fußboden, und sind mit Matten belegt.

Seeland

Seeland ist durch die Ausflüsse der Schelde in lauter Inseln zerstückelt, die theils durch Dünen, theils durch künstliche Dämme vor Ueberschwemmungen bewahrt werden. Die vornehmste Stadt ist Middelburg.

Utrecht. Die Hauptstadt Utrecht, am Rhein, ist durch den Utrechter Traktat, oder den Bund zwischen den sieben Provinzen 1579, und durch den Frieden mit Ludwig dem Vierzehnten und Deutschland 17 4 berühmt.

Friesland; die vornehmste Stadt Leeuwarden; Franecker hat eine Universität.

Overyssel; Deventer an der Yssel.

Gröningen; Gröningen, eine Universität.

In den Generalitätslanden, Herzogenbusch, Breda, Bergen op Zoom, Mastricht, in Brabant.

Die Holländer besitzen noch in Ostindien, Afrika und Amerika mehrere Landschaften und Plätze.

Die Regierung ist republikanisch-demokratisch. Die sieben Provinzen schicken ihre Deputirten oder Repräsentanten nach dem Haag; die Landstände sind die Ritterschaft und Städte; die Versammlung der Deputirten heißt die Generalstaaten und ist die gesetzgebende Macht. Der Prinz von Oranien, Erbstatthalter, hat die ausführende Macht im Civil und Militär, hat aber weder Sitz noch Stimme in den Generalstaaten. Demunerachtet ist die bürgerliche

Gleichheit nicht allgemein, denn alle übrigen Lande sind Unterthanen der sieben Provinzen.

Das Land ist niedrig, sumpfig, trägt wenig Obst und noch weniger Korn, das Wasser ist schlecht, die Luft voller Dünste, und vor dem Meere muß der Holländer sich durch große kostbare Dämme verwahren. Das Meer reißt dennoch ein, der Suydersee und der Dollart waren ehemals nicht; das Meer aber untergrub das Land und bildete diese Buchten. Der Holländer mußte sich also sein Land machen; sein Fleiß und seine Kunst haben ihn zum blühenden Wohlstande erhoben. Durch Kanäle ist der Boden getrocknet worden; das Land ist eine schöne Wiese, auf welcher unzählige Heerden Hornvieh reichliches Futter finden; Butter und Käse werden in großer Menge ausgeführt. Vor allem aber ist die Handlung die Quelle der Reichthümer im Lande. Sie geht nach Deutschland, Rußland, Schweden, Dänemark, England, Frankreich, Spanien, Italien; im Jahr 1786 sind bloß im Texel 1578 Schiffe ein- und 1582 ausgelaufen. — 1787 segelten 179 Schiffe nach dem Heringsfang und 68 nach dem Wallfischfang. Auch sollen die Holländer an 400,000,000 Gulden bem verschiedenen Nationen stehen haben.

Ihre Seemacht ist beträchtlich, ihre Landtruppen aber bedeuten wenig.

Die Tulpen waren besonders 1634 bis 37 ein ungeheurer Handlungsartikel. Eine einzige Zwiebel ward mit 2500 bis 4600 Gulden bezahlt; jeder mischte sich in den Handel, der vornehmste Edelmann und die Dienstmagd.

Holländische Münzen sind:

1 Gulden	. .	$12\frac{1}{2}$ Sächsische gl.
1 Dukaten	. . .	2 Thl. 18 gl.
1 Schilling	. . .	4 gl.
1 Thaler	. . .	3 Gulden.
1 Albertsthl.	1 Thl. 9 gl.	4 Pf. Sächs.
1 Krone	. . . .	1 Thl. 1 gl.
1 Stüver	. . .	8 Pfennige.
1 Dütchen	. . .	1 Pf.

Geschichte.

Unter der Fränkischen Monarchie waren die Niederlande, unter dem Namen **Belgien**, eine Provinz, nachher ein Theil des Herzogthums **Lothringen**, dann des Herzogthums **Burgund**. **Kaiser Karl der Fünfte** vereinigte sie unter seine Herrschaft, und machte sie zu dem **Deutschen Burgundischen Kreise**; unter ihm breitete sich die Reformation in den Niederlanden aus, wozu der berühmte **Erasmus** von Rotterdam viel beytrug.

1555 kamen die vereinigten Provinzen an **Philipp den Zweyten**, König von Spanien,

 einen

einen Sohn Karls des Fünften. Philipp war herrschsüchtig und andächtig; er führte die Inquisition ein, und drückte das Volk. 1566 baten eine Menge Vornehme, nebst dem Grafen von Egmont und dem Prinzen Wilhelm von Nassau-Oranien, um die Religionsfreyheit, und bekamen zur Antwort, daß sie Bettelgesindel (des gueux) wären. Da fingen die Unruhen an, die man die Verschwörung der Bettler (der Geusen) nannte. Philipp schickte den Herzog von Alba als Statthalter mit einer Armee dahin, um die Ruhe herzustellen. Alba war ein guter Kriegsmann, religiös und streng; sieben Jahre lang tyrannisirte er die Niederlande bis 1573, während welcher Zeit er ungefähr 18,000 Menschen durch den Henker hinrichten ließ. Wer nur von den Freyheiten der Niederlande sprach, wurde als ein Rebell zum Tode verurtheilt. Dazu hatte er einen besondern Rath niedergesetzt, welchen man den Blutrath oder Conseil des Troubles nannte. Die Grafen Egmont und Hoorne verloren den Kopf, der Sekretär des ersten wurde geviertheilt, und vier Protestanten verbrannt. Endlich rebellirten die Völker unter der Anführung Wilhelms; Alba ward nach Spanien zurückgerufen, und der Krieg mit Spanien brach aus. Die Königin Elisabeth von England versprach den Niederländern Hülfe an Mannschaft und Geld. Anfängfänglich ging es ihnen übel, fast alle ihre Festungen waren erobert, Prinz Wilhelm wurde 1584 ermordet. Als aber die Spanier 1588 ihre sogenannte unüberwindliche Flotte verloren, und 1590 sich in die Französische Ligue mischten, erholten sich die Niederländer unter der Führung Moritzens von Nassau, so daß sie Schiffe ausschickten, um einen Weg durch Norden nach Ostindien zu suchen, und die ersten Holländischen Schiffe über das Vorgebirge der guten Hofnung gingen, 1594 bis 96. — 1609 wurde zu Antwerpen ein zwölfjähriger Stillstand geschlossen, während dessen Spanien die Niederlande für eine Republik ansah: Barnevelt, Großpensionär von Holland, war der Hauptbeförderer dieses Stillstandes, welcher dem Prinzen Moritz, der gern den Krieg fortgesetzt hätte, um Souverain zu werden, nicht gefiel.

Die Holländer hatten Calvins Lehre angenommen. Dieser behauptete, Gott bestimme die Menschen zur Seligkeit oder Verdammniß, ohne auf deren Thun und Lassen zu sehen. 1608 lehrte ein Professor zu Leiden, Arminius, das Gegentheil; einer seiner Collegen, Gomar, verklagte ihn als einen Ketzer bey der Obrigkeit. Barnevelt erklärte sich für die Duldung der Arminianer; Moritz nahm aus Rache und politischen Absichten und mit Gewaltthätigkeit sich der Gomaristen an. 1618 versammelte man eine Synode zu Dordrecht, an welcher alle Calvinische Mächte, England, die Pfalz, Hessen, die Schweiz, Theil nahmen und den Streit noch mehr erhitzten. Die Staaten befahlen den Truppen, Frieden zu stiften; Moritz nannte diesen Befehl einen Eingriff in seine Rechte, und verbot den Soldaten, den Befehl auszuführen. Das Volk war wider die Synode, dieß nannte Moritz Rebellion, griff zu den Waffen, eroberte Städte, setzte Magistratspersonen ab, warf sie ins Gefängniß, unterdrückte die Arminianer, ließ den Barnevelt enthaupten, der 90 Jahr alt war, und ihn zum Statthouderat befördert hatte. Auch ward der berühmte Grotius ins Gefängniß geworfen, entkam aber glücklich 1619.

Indeß war der 30jährige Krieg in Deutschland schon 1618 ausgebrochen, und 1621 ging der Stillstand zu Ende, und der Krieg mit Spanien wieder an; wo der Holländische Admiral Tromp sich berühmt machte. Endlich mußte Spanien beym Westphälischen Frieden 1548 Hollands Unabhängigkeit erkennen.

1622 starb Moritz; ihm folgte sein Bruder Friedrich Heinrich, der 1647 starb. Sein Nachfolger Wilhelm der Zweyte strebte nach der Souverainetät, und machte gar einen Versuch, Amsterdam zu überrumpeln: starb aber 1650, so daß er nicht Zeit hatte, seinen Plan auszuführen.

Die

Die Generalstaaten, welche gegen die Statthalter scheu geworden waren, ernannten ihm keinen Nachfolger. Wilhelm der Dritte ward erst acht Tage nach dem Tode seines Vaters gebohren, und konnte also keine Ansprüche machen.

Holland ward in manche Kriege, besonders gegen Cromvell in England, verwickelt, in welchen Tromp und Ruyter sich hervorthaten: auch macht es in Ostindien gegen Portugall Eroberungen. 1667 greift Ludwig es an; es macht dagegen die Triple-Alliance mit England und Schweden, worauf 1668 der Aachner Friede folgt.

Wilhelm der Dritte machte Ansprüche auf die Aemter seines Vaters; einige Provinzen, England und Brandenburg begünstigen ihn; allein der Großpensionär Johann de Witt bewegte die Provinz Holland, die Statthalterschaft durch ein Edikt auf ewig aufzuheben, 1668.

1672 griff, in Verbindung mit England, Kurköln und Münster, Ludwig der Vierzehnte die Niederlande an, die in Gefahr geriethen, und Wilhelm den Dritten zum Statthalter ernannten. De Witt und einige andre wurden vom Pöbel ermordet. Wilhelm ward fast immer in Schlachtordnung überwunden; that aber nach der Niederlage, was andre nach einem Siege zu thun pflegen; so daß Holland ihm seine Rettung verdankte. 1678 endigte sich der Krieg mit dem Nimweger Frieden. 1689 ward Wilhelm zum König von England ernannt, und verjagte seinen Schwiegervater Jacob den Zweyten vom Throne.

Dadurch gerathen die Holländer wieder in einen langwierigen Krieg mit Ludwig dem Vierzehnten, der sich Jacobs annimmt, aber vergebens; der Friede wird zu Ryswyk 1697 geschlossen.

Holland mischt sich wieder in den Spanischen Erbfolge-Krieg 1702; zu eben der Zeit stirbt Wilhelm der Dritte ohne Erben; der König von Preußen und Johann Wilhelm von Nassau-Diez machen Ansprüche auf die Statthalterschaft. Letzterer ertrinkt, und sein Sohn Wilhelm Karl Heinrich wird 1718 zum Statthalter ernannt.

Der Utrechter Friede endigte den Erbfolge-Krieg, der Holland so sehr erschöpft hatte, daß es seit dem nur wenig Antheil an auswärtigen Angelegenheiten genommen hat. Durch diesen Frieden kamen die noch übrigen Spanischen Niederlande an das Haus Oestreich, durch den Barieretraktat.

1741 unterstützen die Holländer Maria Theresia in den Oestreichischen Erbfolge-Krieg. Frankreich erobert die Barierepläße und Holländisch Flandern 1747. Das Volk erschrickt, macht einen Auflauf, verlangt die Ernennung Wil-

Wilhelms des Vierten zum Statthalter; es geschieht mit Verwilligung der männlichen und weiblichen Erbfolge.

Frankreich giebt alle seine Eroberungen im Aachner Frieden 1748 wieder zurück.

Wilhelm der Vierte stirbt 1751; seine Wittwe verwaltet während der Minderjährigkeit ihres Sohnes die Regierungsgeschäfte; nach ihrem Tode besorgt sie Ludwig von Braunschweig 1759. — 1763 wird Wilhelm der Fünfte Erbstatthalter. 1780 sehen sich die Holländer genöthigt, zu ihrem großen Nachtheil an dem Englisch-Amerikanischen Kriege Theil zu nehmen, und müssen im Frieden 1784 den wichtigen Handelsplatz Negapatnam in Ostindien in den Händen der Engländer lassen.

1783 entstehen große Gährungen von den sogenannteu Patrioten gegen den Feldmarschall der Republik, Ludwig von Braunschweig, der sich nach Aachen zurückzieht.

1784 verlangt Kaiser Joseph die freye Schifffahrt auf der Schelde. Er hatte bereits 1781, durch die Aufhebung des Barrieretraktats, den Holländern das Besatzungsrecht in verschiedenen Städten der Oestreichischen Niederlande genommen, und Holland muß auch dießmal nachgeben, einige Plätze einräumen, und 10 Millionen Gulden zahlen.

Die Patrioten beunruhigten und beschränkten den Statthalter 1787. Der König von Preußen, Bruder der Statthalterin, macht mit einem Heere diesen Unruhen ein Ende.

Die Schweiz.

Die Schweiz beträgt 955 Quadratmeilen, und enthält 1,600,000 Seelen.

Die merkwürdigsten Gewässer sind: der Rhein, die Rhone, der Tessino, die Aar, welche Gold hat, der Genfer See, der Neufchateler See, der Zürcher See.

Es ist das höchste Land von Europa, am Fuße der Alpen und in dem Gebirge. Ungeheure Felsmassen stehen über einander, deren Gipfel ganz kahl oder mit Schnee und Eis bedeckt sind. Zwischen denselben sind enge und tiefe Thäler und Klüfte, in welche beständig große Klumpen Schnee und Eis von den Bergen herabstürzen; man nennt diese Eisthäler oder Gletscher; sie sind mehrere Meilen lang. Es giebt hier Häuser und Dörfer, die so hoch liegen, daß sie im ganzen Jahre nur einen Monat ohne Schnee sind. In dem Gebirge wächst wenig Getreide, wenig Obst, aber die Viehweide ist vortrefflich. Die niedrigeren Gebirge und die Ebnen sind schön, fruchtbar und mild. Unter den hohen Alpen sind die höchsten der Bernhard,

hard, der Gabelberg und Schreckhorn, der Gotthardsberg, woraus der Rhein und die Rhone kommen. Der Jura ist eine andre Bergkette gegen Frankreich zu.

Der Staat besteht aus dreyzehn Cantons oder kleineren republikanischen Staaten; 1. Zürch, 2. Bern, 3. Lucern, 4. Uri, 5. Schweiz, 6. Unterwalden, 7. Zug, 8. Glarus, 9. Basel, 10. Freyburg, 11. Solothurn, 12. Schafhausen, 13. Appenzell. Die 8 ersten heißen die alten Cantone; die 4 bis 7 werden die vier Waldstädte, oder die Waldländer genannt. Ferner gehören zu der Schweiz:

1. 23 Landvogteyen, die unterthan sind; 2. Bundesgenossen, a) die gefürstete Abtey St. Gallen, b) das Fürstenthum Neuenburg oder Neufchatel, welches dem König von Preußen zugehört. c) die Stadt Genf; d) die Graubündner; e) das Walliserland.

I. Zürch. Hauptstadt Zürch, mit 10 bis 11000 Einwohnern, Fabriken und Handlung. Die Weiber haben beym Abendmahl den Rang vor den Männern, weil sie im Jahre 1298, als Herzog Albert die Stadt belagerte, mit Erlaubniß der Obrigkeit Waffen anlegten und die Feinde verjagten. Die Wohnungen sind hier theurer als in Paris und London. Hier wurde 1484 der berühmte Reformator Zwingli gebohren.

Unter-

Unterthan sind Laufen, wo der berühmte Rheinfall, den man den Schafhäuser Fall nennt; Winterthur, am Rhein ꝛc.

II. Bern, der größte unter allen Cantonen, mit dem fruchtbarsten Boden, und den einzigen Schweizerischen Salzwerken, am Fuße des Jura. Er enthält 39 Städte und 1300 Flecken und Dörfer. Die Hauptstadt Bern hat 12000 Einwohner. Die Verbrecher müssen hier die Straßen reinigen; der Adel ist stolz, sagt man, und hält sich von den Bürgerlichen abgesondert; die Fremden werden mit vorzüglicher Höflichkeit aufgenommen.

Habsburg, ein altes Schloß, ist das Stammhaus der letzt erloschenen Erzherzoglich Oestereichischen Familie.

Zu Aigle und Bevieux sind Salzkothen.

Das Waatland oder Pays de Vaud, zwischen den Genfer- und Neufchateler See, gehört zu Bern; es sind darin, Vevay, Lausanne, Yverdon ꝛc.

III. Lucern. — Die Hauptstadt ist Lucern.

IV. Uri hat keine Stadt, nur Flecken und Dörfer, liegt in den höchsten Schweizerischen Alpen; darin ist der Gotthardsberg, an 9000 Fuß hoch, auf welchem ein Kapuzinerkloster zur Bequemlichkeit der Reisenden ist. An einem See ist die Wilhelm-Tells-Kapelle. Der Winter dauert in diesem Canton ungefähr acht Monate, während welcher die zerstreuten Einwohwohner vor dem Schnee zu einander nicht kommen können. Da werden also keine Bälle, Redouten, Assambleen gehalten; keine Aerzte fahren herum, um gesunden Leuten zum Zeitvertreib Recepte zu schreiben.

V. Schweiz, das dem ganzen Staate seinen Namen gegeben, ebenfalls ohne Städte. Der Hauptflecken Schweiz; Einsiedel, eine Benedictiner-Abtey, mit einem wunderthätigen Marienbilde, wohin stark gewallfahrtet wird. In diesem Canton herrschen noch Einfalt und Fröhlichkeit des Hirtenlebens, Wohlhabenheit und Unbekanntschaft mit dem Luxus; ein Schweizerischer Bauer fragte einst, ob der König (von Frankreich) wohl so wie er hundert Kühe auf dem Berge hätte? Keine Handlung, kein Kunstfleiß; wohl aber sorgfältige Pflege des Viehes, welches hier am schönsten ist, obgleich die Weide und der Boden nicht besser als an andern Orten sind; eine Kuh giebt täglich 7 bis 15 Quart Milch. Viele Einwohner essen weder Brod noch Fleisch, und leben von Milch und Käse.

VI. Unterwalden: auch ohne Städte. Unweit Stanz sieht man das Grab des großen Heiligen der katholischen Schweiz, Klaus von der Flüe. Er war ein Ackermann. 1481 entzweyten sich die alten Cantons über die Theilung der Beute Karls des Kühnen; sie geriethen

riethen auch mit den andern Cantons in Streit, weil diese die Rechte und Freyheiten der alten foderten, was jene für einen Eingriff ansahen. (Eigne Rechte erkennt man wohl, nicht aber sogleich fremde.) Klaus kam in die Versammlung und stiftete Frieden.

VII. Zug: Hauptstadt Zug. Morgarten, wo die Schweizer ihren ersten Sieg gegen Leopold von Oestreich den 6ten December 1315 erfochten, den ersten Schritt zu ihrer Freyheit thaten, und die drey Cantons, Uri, Schweiz und Underwalden, zu Brunnen ein Bündniß zur Erhaltung ihrer Freyheit, am 8ten December 1315 errichteten.

VIII. Glarus: Glarus, die Hauptstadt. Man findet in der Gegend eine Menge Steine mit der bloßen Jahrzahl 1388, in welchem Jahre 350 Glarenser und 30 aus Schweiz zu Morgarten eine Armee von 15000 Oestreichern schlugen, welche den Canton unterjochen wollte. Noch 1783 wurde hier ein Weib als Hexe zum Tode verurtheilt.

IX. Basel. Basel, am Rhein, hat 15000 Einwohner, 99 Springbrunnen, Fabriken und Handlung, eine Universität. St. Jacob, ein Dorf, wo 1500 Schweizer sich gegen eine Armee Karls des Siebenten von Frankreich 1444 vertheidigten, fast alle auf dem Platze blieben, aber den Feind in großes Schrecken setzten.

X. Frey-

X. Freyburg. Freyburg die Hauptstadt.

XI. Solothurn. Solothurn, die älteste Stadt in der Schweiz.

XII. Schafhausen. Schafhausen, am Rhein, mit einer berühmten Brücke, wichtigen Fabriken und Handlung, Wein. wenig Korn. Spitzen, Tressen, Hazardspiele sind verboten.

XIII. Appenzell. Hauptflecken Appenzell. Unter den Landvogteyen bemerken wir die Grafschaft Baden, mit warmen Bädern; die Landvogtey Rheinthal; Sargans mit dem Pfefferbade; Murten, wo die Schweizer die Burgunder, welche Karl der Kühne anführte, 1476 schlugen.

Neufchatel (Fürstenthum) und die Grafschaft Vallengin. Neufchatel, wo viele Gewerbe betrieben werden. Motiers, ein Dorf, wo der berühmte Rousseau durch die Verfolgung und Aufhetzung des reformirten Predigers in Gefahr des Lebens gerieth.

Genf, an der Rhone, eine schöne Stadt, befestigt, mit einer Akademie, Handlung, Uhrfabriken, großem Reichthum und Luxus. Sie hat lange Zeit vor den Anfällen der Franzosen, vornehmlich aber des Herzogs von Savoyen, auf ihrer Hut seyn müssen; die Bürger haben aber jeden Angriff zurück geschlagen, und man sagt, daß Damen selbst sich in den Waffen übten. Schon seit geraumer Zeit haben die Bürger mit ihrem aristokratischen Magistrat in Uneinigkeit gelebt. 1782 gab der Magistrat ein Edikt, welches die gewöhnlichen Versammlungen der Bürger, als strafbare Zusammenrottungen, und nicht allein jeden Tadel, sondern auch jede Unterredung über Gesetze und Verordnungen der Obrigkeit bey schwerer Strafe untersagte. Die Kaiserin von Rußland sagte hingegen: Es wäre ein großes Unglück, wenn man seine Meinung nicht frey heraus sagen dürfte: denn gerechte Gesetze scheuen keine Beurtheilung. — Die Stadt hat eine sehr kleine Feldmark.

Das Graubündner Land, oder die drey Bünde. Die Hauptstadt Chur.

Das Wallliserland mit dem St. Bernhardsberge und dem Montblanc, der 14676 Fuß hoch ist.

Die Landschaft Veltelin.

Die Regierung ist republikanisch; das Ganze heißt die Eidgenossenschaft. Bern, Lucern, Solothurn sind aristokratisch; Zürch, Basel, Schafhausen, St. Gallen, theils aristokratisch, theils demokratisch; Uri, Schweiz, Unterwalden, Zug, Glarus, Appenzell, das Bündner- und Walliserland, Genf und Mühlhausen demokratisch.

Die Bürger werden alle in den Waffen geübt und sind geborne Soldaten, freylich nicht zum Dienste eines Fürsten, sondern zur Vertheidigung ihres Vaterlandes und ihres Eigenthums; auch bekommen sie keine Löhnung, und müssen

sich

sich selbst ihre Waffen anschaffen. Sie sind kriegerisch; da sie aber keinen Krieg selbst haben, so gehen viele in fremde, besonders in Französische Kriegsdienste, um den Gebrauch der Waffen nicht zu vergessen.

Die Schweiz ist sehr bevölkert, deswegen wandern viel Tausende aus. Es bekommen auch viele das Heimweh, weil sie ein Vaterland haben.

Schweizer Münzen.

Gulden, 14 gr. 8 pf.
Das übrige wie in Sachsen.

Geschichte.

Die ältesten Bewohner Helvetiens hießen Helvetier, und hatten mit den Germaniern gleiche Sitten und Gebräuche. Die geringe Gesetzgebung und Rechtspflege, die wenige vollziehende Macht waren in den Händen der Druiden oder Priester. Tapferkeit war das größte Verdienst, und selbst die Weiber bewiesen oftmals kriegerischen Muth.

Als die Römer unter dem Julius Cäsar einen Theil Germaniens eroberten, hatte Helvetien dasselbe Schicksal. Die Nähe machte, daß der Umgang mit den Römern genauer war, und so entstand hier früher eine gewisse Bildung. Prächtige Städte, Schaubühnen und Bäder wurden angelegt, der Feldbau machte Fortschritte, man lernte Wein bauen und keltern.

Bey der großen Völkerwanderung zu Anfang des fünften Jahrhunderts zerstörten die Alemannen alle Römische Stiftungen, und das Land verfiel in die alte Wildniß. Clodwig bemächtigte sich Helvetiens, und es entstanden unter der Fränkischen Monarchie das Lehnssystem, die großen und titulirten Vasallen. Das Christenthum setzte Bischöfe an die Stelle der Druiden. Es entstanden Herren, auch Geistliche, z. B. der Abt zu St. Gallen, die Mönche zu Lucern, die Aebtissin in Zürch rc.

Deutschland verlangte die Oberherrschaft, der Kaiser ernannte ihnen Statthalter, die sie nicht anerkennen wollten. Schon hatten Uri, Schweiz und Unterwalden im zwölften Jahrhundert ein Bündniß zur Erhaltung ihrer Freyheiten mit einander gemacht, und alle zehn Jahre erneuert. Endlich zwang sie Kaiser Otto der Vierte im Jahre 1209 einen Grafen Rudolph von Habsburg anzunehmen, der ihnen eidlich versprach, ihre Privilegien unverletzt zu erhalten, und vermuthlich sein Wort brach, weil die Schweizer beym Kaiser Friedrich dem Zweyten um dessen Absetzung anhielten.

Herzog Albrecht von Oestreich will aus der Schweiz, Elsaß und Schwaben für seine drey Söhne Fürstenthümer machen. Die Schweizer wollen

wollen ihre Freyheiten behaupten; Albrecht setzt ihnen Landvögte, Geßler und Bilger, die Gewalt ausüben und das Volk bedrücken. — Werner von Staufachen aus Schweiz, Walther Fürst aus Uri, und Arnold von Melchthal aus Unterwalden, errichten mit einigen ihrer Landsleute einen Bund gegen die Tyranney. Wilhelm Tell, Walthers Schwiegersohn, erschießt den Geßler. (1307) — Die drey Waldstädte Schweiz, Uri und Unterwalden machen einen allgemeinen Aufstand, erobern und schleifen die Schlösser der Landvögte.

Albrecht will sich an den Schweizern rächen, wird aber von seinem Bruder ermordet, und Kaiser Heinrich der Siebente bestätiget den Waldorten ihre Freyheiten. 1310.

1314 erklärte der Gegenkaiser Friedrich von Oestreich die Schweizer in die Acht, und der Bischof von Constanz that sie in den Bann. Diese ließen sich aber von dem Gegenkaiser Ludwig von Baiern und dem Erzbischof von Mainz lossprechen. Herzog Leopold von Oestreich rückte gegen sie mit 20,000 Mann an. 1300 Schweizer erfochten einen vollkommenen Sieg bey Morgarten im Jahr 1315, worauf die drey Orte einen ewigen Bund beschworen, dem 1332 Lucern, 1351 Zürch und Glarus, 1352 Zug, und 1353 Bern beytraten

Man kann wohl denken, daß es bey dieser einzigen Schlacht nicht blieb, daß Oestreich manche Versuche wagte: Zug wird einmal, Zürch dreymal belagert. Leopold von Oestreich rückte bey Sempach im Canton Lucern mit einem zahlreichen Heere an; die Oestreicher, die an der Zahl weit überlegen und schwer gerüstet waren, standen in Bataillon Quarre', ihre Reihen waren undurchdringlich, besonders wegen ihrer langen Spieße; die muthigsten Angriffe waren immer vergeblich gewesen, als Arnold von Winkelried aus Unterwalden einem gewissen Tode entgegen ging, um seinen Landsleuten den Sieg zu geben; er ergriff so viele Lanzen der Feinde als er fassen konnte, hielt sie zusammen, und machte den Schweizern eine Oeffnung. Er starb, die Schweizer aber drangen ein, die Oestreicher wurden geschlagen, die vornehmsten Ritter verloren das Leben, und selbst Leopold blieb auf dem Platze.

1436 zerfällt Zürch mit Schweiz, verläßt den Bund und ergiebt sich an Oestreich. Die Schweizer belagern Zürch, Ludwig, Dauphin von Frankreich, kommt mit einer Armee zum Entsatz; 1500 Bundesgenossen gehn ihm bis Basel entgegen, bleiben zwar fast alle auf dem Platze, schrecken aber den Feind von seinem Vorhaben ab, und der Zürcher Streit wird beygelegt. (1444 — 1446.)

Der Herzog von Burgund, Karl der Kühne, wird von den Bundesgenossen bey Gransee, bey

bey Murten geschlagen, und bey Nancy in der Schlacht getödtet. (1477.)

1481 treten Freyburg und Solothurn, 1501 Basel und Schafhausen, 1513 Appenzell in den Bund. Die Eidgenossenschaft leistete Frankreich und Italien wichtige Dienste.

1524 fing die Reformation durch Zwingli und Oecolampadius aus Basel an, worüber die Cantone selbst in Zwist und Thätlichkeiten gegen einander geriethen; 1531 aber ward Friede gemacht.

1617 wiegelt Spanien die Velteliner gegen die Graubünder auf; die Empörten ermorden alle protestantischen Einwohner.

1648 beym Westphälischen Frieden wurden die Eidgenossen für ein freyes Volk erklärt.

Großbritannien und Irland.

Es sind zwey große Inseln, wovon die größte die Königreiche England und Schottland enthält, und einige kleine. Man schätzt sie auf eilf Millionen Einwohner. Der Kanal ist die Meerenge zwischen England und Frankreich, über welchen Blanchard seine berühmte Luftreise machte.

England.

England wird gewöhnlich in die sieben Angelsächsischen Königreiche Essex, Kent, Sussex, fex, Westsex, Ostangeln, Mercia und Northumberland, jetzt aber in vierzig Grafschaften eingetheilt.

1. Essex. (so viel als Ostsachsen) wo London die Hauptstadt, an der Themse, welche ins Meer fällt, einen Hafen bildet, der der hiesigen großen Handlung sehr günstig ist. London ist der größte Handelsplatz auf der ganzen Erde, zählt eine Million Einwohner. Man bewundert die Paulskirche, nächst der Peterskirche zu Rom die größte, die man kennt; die große Brücke über die Themse, die 1223 Fuß lang ist; auch sind zu bemerken, die Westminsterabtey, wo die Könige und zuweilen große Männer begraben werden; der Tower, ein Staatsgefängniß; St. James, das königliche Schloß mit einem Park; das Parlamentshaus; Bedlam, das Narrenhaus. Die Erleuchtung der Straßen ist prächtig, reicht sogar bis in die Landstraßen hinaus, und soll jährlich 112,000 Pfund Sterling kosten. Eine Menge Nachtwächter rufen alle halbe Stunden die Zeit und das Wetter aus. Es ist hier außerordentlich theuer, eine Hausmiethe von 100 Pfund Sterling ist gering. Ein guter Ochs kostet 22, und ein Schwein beynah 4 Pf. Sterl. Es giebt auch hier eine Menge falscher Spieler, Beutelschneider, gewaltsamer Räuber und Betrler; letztere machen sich Scheingebrechen, miethen Kinder und lähmen sie auch wohl.

1. Kent. Canterbury, der Sitz des Primas Erzbischof; Dover, eine Festung und der Hafen, aus welchem man gewöhnlich über den Kanal nach Frankreich fährt; Sandwich, Rochester, Chattam, Greenwich, mit einem Seehospitale.

3. Sussex; Chichester, Hastings.

4. Westsex; Windsor, Winchester, Southampton, Plymouth und Portsmouth, zwey große Häfen; Yarmouth auf der Insel Wight; die Inseln Jersey und Guernsey; Exeter, Bristol, nächst London die größte Stadt im Reiche; Bath, mit warmen Bädern; Salisbury; Stonehenge, ein altes Gebäude von sehr großen Steinen auf einem Hügel, welches einige für einen alten heidnischen Tempel halten; Marlborough, von welchem der tapfere Marlborough den herzoglichen Titel führte.

5. Ostangeln; Newmarket, durch sein Pferderennen berühmt; Norwich, eine sehr große Stadt, die dritte im Reiche in der Bevölkerung; Yarmouth, mit einem großen Heringsfang, die zweyte Stadt dieses Namens. Cambridge, eine Universität.

6. Mercia; Buckingham, Eaton, Oxford, eine Universität; Gloucester, Worcester, Birmingham, Northampton, Bedford, Leicester, Chester, Lincoln, Boston, ein Hafen.

7. Northumberland; York, ein Erzbisthum; Lancaster, Manchester und Liverpool mit großen Fabriken; Newcastle mit den wichtigsten Kohlengruben.

8. Die Provinz Wallis, mit den Scilly- oder Sorlingischen Inseln.

Schottland.

Schottland ist in Hochland und Niederland getheilt, nach seinem Boden, und auch in Süd- Mittel- und Nordschottland; wir bemerken:

Edinburg, die Hauptstadt mit 80,000 Seelen, einer Universität, Handlung und Manufacturen; Leith, Hafen von Edinburg. Glasgow, eine Universität, Hafen und Handelsstadt. Aberdeen, Inverneß, die Orkadischen und Hebridischen Inseln. Zwischen diesen Inseln und in der Gegend ist ein starker Heringsfang, wie überhaupt in den nördlichen Meeren der Wallfisch- und Heringsfang ausschließlich betrieben wird.

Irland.

Diese Insel wird in vier Hauptheile, Leinster, Ulster, Connaught und Mounster eingetheilt.

In Leinster ist die Hauptstadt Dublin, mit 130,000 Einwohnern, einer Universität,

Aka-

Akademien, einem Hafen; der Sitz eines Erzbischofs, des Vicekoniges und des Parlaments.

In Ulster, Londonderry, ein Hafen.

Mounster war ehemals ein besonderes Königreich. Hierin Cork am Fluß Lee, die größte Stadt nach Dublin mit beynah 90,000 Einwohnern, einem Hafen und Handlung; Waterford, mit einem Hafen, Handlung und Fabriken.

England giebt viel Getreide, und der Ackerbau wird daselbst sehr befördert. Es hat viele andre Erd- und Baumfrüchte und Bergprodukte, unter welchen letzteren Steinkohlen und das schönste Zinn von der Welt die vornehmsten sind. Die Englischen Pferde und die Hunde, unter dem Namen Doggen, sind berühmt; vor allen aber die Schafe und Wolle, welche der Spanischen gleich kommt.

Auch ist die Industrie der Engländer groß, sie liefern vortreffliche Tücher und Leder, die besten Uhren, die vollkommensten Metallarbeiten an Instrumenten, ihre Tischler sind sehr geschickt. Was aber den Engländern den größten Vorzug giebt, ist die Handlung, die sich über den ganzen Erdboden erstreckt, und worin sie alle Völker übertreffen. Sie sind die Hauptmacht zur See, ihre Schiffe sollen die besten seyn.

In allen Zweigen der Wissenschaften haben sich die Engländer hervorgethan; sie sind die ersten in Europa, welche die Fesseln des Denkens

kens abgeworfen, und dem Geiste die Freyheit verschafft haben. Auch ist kein Land, wo man die Wissenschaften und Künste so sehr aufmuntert, als in England; Newton, ein großer Mathematiker, ward in der Westminsterkirche neben den Königen begraben, nachdem er in seinem Leben eine einträgliche Bedienung zum Lohn bekommen hatte.

Die Regierung hat auch ihre Eigenheiten. Die gesetzgebende Macht theilt sich in drey Theile, den König, die Großen, welche man die Lords nennt, und die zusammen das Oberparlament oder die Oberkammer ausmachen, und die Gemeinden, welche die Unterkammer, das Unterparlament sind, und aus den Deputirten der Städte, Bürgerschaft und des Landes bestehen. Wenn ein Gesetz oder eine allgemeine Verordnung Rechtskraft haben soll, muß sie von allen dreyen genehmiget werden. Man bemerkt bey dieser Constitution, daß die Lords, ohngefähr dreyhundert Personen, so viel gelten, als die ganze Nation, und daß der König so viel Macht als beyde zusammen, Nation und Lords, hat. Denn umsonst haben beyde Kammern einen Vorschlag genehmiget, wenn der König ihn verwirft. Dazu hat der König noch das Recht, Krieg und Frieden zu erklären, ohne bey dem Parlamente anzufragen; freylich kann er kein Geld dazu fodern, wenn es ihm die Gemeinden nicht

nicht verwilligen; aber er kann dann borgen. Auch hat die Englische Krone über zweyhundert Millionen Pfund Sterling Schulden, deren Zinsen das Volk ungemein drücken. Dennoch kann der König nicht die Nation nach Belieben drükken, wie es andre Regenten manchmal thun. Er hat seine gewisse Einnahme, welche die Civilliste genannt wird.

In Ansehung der Gerechtigkeitspflege haben die Engländer Vorzüge: vermöge eines Gesetzes, welches die Habeas-corpus-Acte genannt wird, darf kein Engländer, auch selbst auf Befehl des Königes, nicht arretirt werden, ohne daß man ihm die Ursache davon bekannt mache, ihn in den ersten vier und zwanzig Stunden verhöre, und, wenn er einen Bürgen stellt, den Augenblick loslasse. Die Strafgerechtigkeit ist demungeachtet hart; die Diebe werden um eines mäßigen Diebstahls willen erhenkt, welche Strafe auch ein Prediger vor einigen Jahren erleiden mußte, weil er falsche Wechsel gemacht hatte. Statt mit dem Schwerte zu enthaupten, thut man es hier mit einem Beile auf einem Kloß.

Die Richter müssen ganz genau nach dem Buchstaben des Gesetzes richten. Man erzählt, daß ein Mann, der zwey Weiber hatte, in Gefahr stund gehängt zu werden, weil die Gesetze die Zweyweiberey (Bigamie) mit dem Strange ahnden, und daß er sich dadurch, daß

er

er eine dritte Frau nahm, rettete. Nach dem Sinn des Gesetzes, welches so viel sagen will, als: wer mehr als Ein Weib hat; wäre er gehängt worden. Ueberhaupt haben die Gesetze hier ein großes Ansehen; und der König selbst dürfte, ohne gesetzmäßiges Erkenntniß, nicht einmal einen Stallknecht prügeln lassen.

Es giebt bestellte Richter, in London der Lord-Major, in den Provinzen die Friedensrichter. Diese können aber nicht allein Gericht halten. Statt der Beysitzer oder Räthe, müssen sie jedesmal zwölf Männer von dem Stande des Beklagten nehmen, welche man Geschworene, auch Pares, Pairs nennt. Ihre Versammlung heißt Jury. Die Geschworenen beurtheilen den moralischen Werth der That, und der bestellte Richter wendet darauf das Gesetz an. Der Lord gilt vor Gericht nicht mehr, als der geringste Bürger; und wenn der Richter nicht genau beym Gesetze bleibt, wird er von dem Verurtheilten zum Ersatz verklagt.

Dieser Schutz der Gesetze bringt die Stände näher an einander; der Große ist weniger stolz, und der Geringere weniger furchtsam, weniger kriechend. Kein Herr dürfte sein Gesinde schlagen, und der geringste Kerl weiß gegen den Lord sich zu behaupten; selbst der König muß sich höflich gegen das Volk bezeigen.

Bey

Bey Feyerlichkeiten, wo der Zusammenlauf des Volkes erstaunlich groß ist, sieht man keine Militairwache, keine Polizeyknechte, und doch selten Unordnung.

Der Mann hat das Recht, seine Frau, mit ihrer Einwilligung, zu verkaufen; und steht für alle Vergehungen und Schulden derselben.

Die Abgaben, Zoll, Accise sind größer als irgendwo: demungeachtet sind die Engländer eifrige Patrioten, und für den Flor und die Ehre des Vaterlandes besorgt.

Obgleich England das reichste Land von der Welt seyn mag, so sind doch, besonders in und um London, die Betteley und das Rauben ordentliche Gewerbe.

Englische Münzen.

Man rechnet nach Pfund Sterling, welches aber eine bloß eingebildete Münze ist, und 5 Thl. 16 gl. Sächsisch beträgt.

Guinee (Gold) gilt . . 6 Thl.
Krone (Silber) 1 Thl. 11 gl. oder 5 Schil.
Schilling . . 7 gl. oder 12 Pence.
Penny . . . . 7 Pfenn.

Geschichte von England.

In dem höchsten uns bekannten Alterthum hieß England Britannien, und dessen Einwohner

wohner, besonders die südlichen, Britten. Vor unsrer Zeitrechnung waren sie den Griechen und Römern schon durch die Handlung bekannt, und ungefähr in dem Zustande, wie die damaligen Germanier, Hirten, Ackerleute, die in kleine Völkerschaften abgetheilt waren, manchmal ihren Sitz änderten, und die Druiden, die auf der Insel Anglesey ihren Hauptsitz hatten, verehrten, sich von diesen regieren, betriegen, drükken und richten ließen.

Cäsar, der ganz Gallien unterjocht hatte, war damit nicht zufrieden; die Römer konnten überhaupt kein freyes Volk auf Erden leiden, und eroberten Wüsteneyen und Horden, die ihnen keinen Nutzen brachten. Cäsar eroberte also Britannien, das heißt, den südlichen Theil, etwa 50 Jahr vor unsrer Zeitrechnung, welcher doch erst ungefähr 150 Jahr nachher völlig unterjocht wurde, nachdem viel Blut auf beyden Seiten geflossen war. Zu dieser Zeit ist schon die Rede von London, welches die Römer erbaut hatten, und das von den Britten erobert und in Asche gelegt ward, wobey siebenzig tausend Einwohner, theils Römer, theils Fremde, erwürgt wurden. Die Römer führten die christliche Religion in Britannien ein.

Im fünften Jahrhundert, zur Zeit der großen Völkerwandrung, zogen die Kaiser ihre Besatzungen aus den Provinzen, und also auch aus Bri-

Britannien, zusammen, um das Innre des Reichs gegen die Barbaren zu schützen. Nun fielen die Pikten und Schotten, Bewohner der nördlichen Theile der Insel, auf die Britten, welche nunmehr unter Römischem Schutz in der Sklaverey, durch Reichthum und Luxus verweichlichet, den Muth verloren hatten, vertrieben und stießen sie in die rauheren Gegenden hin, raubten und kehrten mit Beute beladen wieder zurück. Die Britten erholten sich und riefen die Sachsen gegen ihre Feinde zu Hülfe. Die Sachsen kamen, trieben die Pikten und Schotten zurück, unterwarfen sich aber die Britten, welche nur in der Provinz **Wallis** ihre Freyheit behaupteten.

Die Sachsen stifteten zwischen dem fünften und sechsten Jahrhundert sieben Königreiche, Kent, Sussex, Wessex, Essex, Northumberland, Ostangeln und Mercia. So gehts allen Völkern, die zu schlaff sich selbst zu schützen, und zu sehr auf eignes Interesse und Genuß bedacht sind, um auf die Staatsangelegenheiten zu sehen.

Ethelbert, ein König von Kent, bekehrte die Sachsen in Britannien zum Christenthum, gegen das Ende des sechsten Jahrhunderts; Bertha. seine Gemahlin, eine Tochter des Charibert, Königs von Paris, hatte ihn zuerst bekehrt. Ein Weib war der Apostel der Angelsachsen.

Ethelbert gab ein Gesetzbuch, das älteste unter diesen Völkern.

Zu Anfang des neunten Jahrhunderts vereinigte Egbert, König von Wessex und Sussex, alle sieben Königreiche, theils durch Erbschaft, theils durch Eroberung, und nannte das Ganze England. So ward Friede und Wohlstand hergestellt, die aber bald gestört wurden.

Karl der Große, der mit Gewalt die Sachsen und Dänen zum Christenthum bekehren wollte, machte sie nur abgeneigt, und brachte es durch seine Siege dahin, daß beyde Völker, unter dem Namen der Normänner, in Gallien und Britannien einfielen. Die Britten mußten ihnen sogar einen Schoß bezahlen, und gegen das Ende des neunten Jahrhunderts, als Alfred der Große England beherrschte, eroberten sie fast das ganze Reich. Alfred aber, der den Namen des Großen verdiente, und eine Zeit lang sich unter einem Bauerkleide versteckt halten mußte, vertrieb sie bald wieder, brachte die Uebrigbleibenden zum Gehorsam, stellte Ruhe, Wohlstand und Gerechtigkeit wieder her, und verordnete dieselbe Geldstrafe für den Mord eines Dänen und eines Engländers. Um das Land zu sichern, bewaffnete er alle Einwohner, wies ihnen Sammelplätze an, und errichtete eine Seemacht. Man glaubt, daß seine Gerichtseinrichtungen der Ursprung oder wenigstens das Muster der Juri's sind;

er

er gab Gesetze, die man das Gemeingesetz nannte, und welche lange in England gegolten haben. Er stiftete die Universität zu Oxford, und schrieb selbst Bücher.

Edgar (959 — 975) ein sonst thätiger und kluger Regent, ward von den Mönchen heilig und groß gepriesen, weil er sie begünstigte; er war aber dem Laster ergeben. — Er befreyte England von den häufigen Wölfen.

Ethelred (978 — 1016). Die Britten waren so muthlos, und dem Luxus so ergeben, daß die Könige Dänische Truppen in ihren Sold nahmen. Allein diese waren insolent, bedrückten das Volk, und waren geneigter, das Reich an ihre Landsleute zu verrathen, als es gegen die Angriffe derselben zu vertheidigen. Ethelred wußte keinen bessern Ausweg, als sie alle an einem Sonntage, durchs ganze Reich meuchelmörderisch umbringen zu lassen. Man schonte der Weiber und Kinder nicht. Dieser Mord rief die Dänen zur Rache ins Land, die einen Theil des Reichs eroberten, und bis 1042 den Thron besetzten. Die Dänischen Könige waren zwey Canuts oder Knuts.

Eduard der Dritte war der letzte König von der Angelsächsischen Familie. Ein Herzog, Harald, schwang sich nach dessen Tode auf den Thron, ward aber 1066 von Wilhelm dem

Eroberer, Herzog von der Normandie, vertrieben; und hier fängt die Regierung der Normänner an, nicht ohne Verheerungen.

Der Papst Alexander war Wilhelmen zur Eroberung behülflich, weil er davon eine größere Macht in England zu bekommen hoffte, und Wilhelm erhob die Macht der Kirche, um das Volk desto besser zu unterdrücken und despotisch zu regieren. Vor ihm gab es eine Art von Senat oder Parlament, Wittenagemot (d. i. die Versammlung der Weisen) genannt. Diese war vernichtet, Wilhelm war uneingeschränkt; der Papst schickte einen Legaten, der die Bischöfe absetzte und die hohen Geistlichen erniedrigte; fremde Mönche erhielten die hohen Pfründen, und die Kirche ward bald den Königen furchtbar; Gregor wagte es, selbst von Wilhelmen zu fodern, daß er seine Krone von dem Papst zu Lehen trüge.

Wilhelm machte ein Kadaster vom ganzen Lande zum Behuf der Abgaben; seine Einnahme betrug 400,000 Pfund Sterling; allein das Pfund hielt dreymal mehr, und das Silber galt gegen die Lebensbedürfnisse ungefähr zehnmal mehr als jetzt. — Um das Vergnügen der Jagd nahe zu haben, ließ er bey Winchester, wo er sich aufzuhalten pflegte, einen Wald von 40 Meilen pflanzen, und deswegen die Einwohner vertreiben, die Wohnungen niederreißen, und die Felder zerstören. Er verbot jedem Andern die Jagd,

und

und bestrafte den Tod eines Wildes mit Ausstechen der Augen, da doch der Mord eines Menschen mit einer Geldbuße getilgt wurde. Er führte die Lehensverfassung ein, wodurch das Volk seine Freyheit verlor, und ein Sklave des Königs und der Großen ward.

1154 gelangte das Haus Plantagenet auf den Thron; es stammte von einer Tochter Heinrichs des Ersten von England, und einem Grafen Plantagenet von Anjou ab. Heinrich der Zweyte, der erste dieses Hauses, hatte mit Thomas Becquet, Erzbischof zu Canterbury, wegen der Vorrechte der Geistlichkeit, gefährliche Zwiste, in welchen er nachgeben mußte. Er war übrigens ein thätiger und kluger Regent, und eroberte Irland.

Sein Nachfolger und Sohn, Richard der Erste, ein tapfrer Krieger, machte einen Kreuzzug nach Palästina, erfocht mehrere unnütze Siege, kehrte über Deutschland nach Hause zurück, ward vom Herzog Leopold von Oestreich gefangen, und an den Kaiser Heinrich den Sechsten ausgeliefert, der ihn nur gegen ein Lösegeld von 150,000 Mark Silber losließ.

Heinrich der Erste, der seinen Bruder Robert zum Nebenbuhler hatte, gab dem Volke in einer Charte einige Freyheiten, um es zu gewinnen; seine Nachfolger hatten diese Charte bestätiget; und dieß alles war ohne Wirkung geblieben; die Könige waren fast unumschränkt, und das Volk blieb Sklave der Lehnsherren; aber noch waren ihm die Waffen nicht genommen. Johann ohne Land (1199 bis 1216) machte sich durch seine Tyranney verhaßt, und durch seine Schwäche und Niederträchtigkeit in seinen Zwisten mit der Kirche, so daß er sich gar für den Lehnsmann des Papstes erkannte, so verächtlich, daß alle Großen und das Volk ihn mit gewaffneter Hand zwangen, die berühmte Magna Charta zu geben, wodurch die Geistlichen, die Großen und das Volk zu wichtigen Rechten gelangten (1215.) Und auch dieß kostete, durch die Ränke des Papstes, viel Blut.

Heinrich der Dritte (1216 bis 1272) unterschrieb die Magna Charta, herrschte ohne Weisheit und tyrannisch, und war der erste, der die Formel — Den Rechten unbeschadet; — einführte, wenn er sein Versprechen brach; und schützte sich mit dem Beyspiele Roms.

Von Eduard dem Ersten (1273 bis 1307) einem tapfern und klugen, aber grausamen Könige, rechnet man die Einrichtung des Parlaments, wie es jetzt ist; es entstand folgendermaßen. Das Lehnsystem gab keine gute disciplinirte Soldaten, und keine geschickte und gehorsame Heerführer; also verwandelten die Könige

Könige die Lehndienste in gewisse Geldabgaben, die aber, aus vielen Gründen, und besonders weil man keine genaue Verzeichnisse von der Zahl und der Größe der Lehen hatte, wenig einbrachten, so daß die Könige keine solche Heere damit erhalten konnten, als ihre Eroberungssucht, oder die Macht der Feinde es verlangte.

Die großen unmittelbaren Vasallen der Krone, Baronen und Grafen, hatten eine Stimme in Staatsangelegenheiten; die Lehen theilten sich in viele kleinere unmittelbare, und so entstand eine Menge kleiner Baronen. An die Stelle der Grafen ernannte der König Richter, die das Amt der Grafen verwalteten, und den Titel der Grafen bekamen, und daher vermehrten sich auch die Grafen. Diese kleinen Grafen und Baronen hatten Sitz und Stimme in der Staatsversammlung, fanden es aber bald beschwerlich, immer gegenwärtig zu seyn, und erhielten die Erlaubniß, nur in wichtigen Angelegenheiten, und nachher nur durch Deputirte ihres Standes zu erscheinen. Ja es soll ein König sogar verboten haben, daß keiner ungerufen erscheinen sollte. So entstand das Oberhaus, welches aus den Lords, oder großen Baronen und Grafen, und aus den Deputirten des geringeren Adels besteht.

Diese Stände und die Geistlichkeit konnten dem Könige nicht Geld genug schaffen; also

 bachte

dachte er auch vom Volke welches zu ziehn. Damit es etwas geben konnte, befreyete der König viele Städte und Flecken von der Lehnssklaverey, erlaubte ihnen, Handlung zu treiben, und verwilligte ihnen mehrere Freyheiten; besonders aber gab er ihren Deputirten Sitz und Stimme im Parlament, um die Bedürfnisse des Staates zu hören, und in die Auflagen zu willigen, welches die höheren Stände sehr übel nahmen; allein die Noth zwang diese zur Geduld. In seinem Edikt über diesen Punkt, (1295) sagt Eduard: Es ist billig, daß in allgemeinen Angelegenheiten Alle ihre Stimme geben. — (Wie man doch aus Absichten, zuweilen gerecht seyn kann!) Allein die guten Bürger konnten sich nicht als Gesetzgeber denken; sie sahen es als eine Last an, einen Deputirten zu wählen, und gewählt zu werden, und hielten es für eine Gunst, wenn man es nicht verlangte. Die Deputirten thaten weiter nichts, als in die Fodrungen zu willigen, und gingen dann nach Hause, obgleich das Parlament noch beysammen blieb und Staatsangelegenheiten vornahm. Nach und nach aber gaben ihnen ihre Menge und Reichthum, und die Bedürfnisse der Könige ein größeres Ansehn. 1297 entstand das Gesetz, daß der König, ohne die Einwilligung des Unterhauses, keine Auflage ausschreiben kann, welches ihm abgezwungen wurde, denn er verfuhr sehr despotisch.

Eduard eroberte Schottland, nicht ohne viel Blut, und vertrieb unmenschlicher Weise die Juden aus seinen Staaten.

Eduard der Zweyte (1307 bis 1327) wurde durch seine Gemahlin Isabelle entthronet, von dem bestochenen Parlamente für unwürdig erklärt, ins Gefängniß geworfen und erbärmlich ermordet. Er war gut, aber schwach.

Eduard der Dritte (1328 bis 1377) nimmt den Titel und das Wappen eines Königes von Frankreich an, welches die Könige von England noch führen; schlägt mehrmals die Franzosen; sein Sohn Eduard, der schwarze Prinz genannt, nimmt den König Johann von Frankreich selbst gefangen; die Eroberung geht aber nachher wieder verloren. Die Eroberung von Calais ist merkwürdig. Man hält Eduard für den Stifter des Ordens vom blauen Hosenbande.

Richard der Zweyte strebte nach der unumschränkten Gewalt, und ward abgesetzt, 1399, und nachher ermordet.

Von Heinrich dem Vierten hat das Haus den Namen Lancaster.

Unter Heinrich dem Fünften (1414 bis 1421) entstand eine neue Religionssekte die Lullards, welche die Lehren Wiklefs gegen die Hierarchie annahmen; Heinrich versuchte, den Lord Cobham, deren Haupt, mit Güte zu bekehren, aber ohne Erfolg; die Priester griffen zu Gewaltthätigkeiten, die Lullards verschworen sich gegen Priester und Regierung, wurden entdeckt, zerstreut und Cobham erhenkt. Heinrich war ein Fürst von vielen guten Eigenschaften, aber eroberungssüchtig; er brachte einen großen Theil von Frankreich in seine Gewalt.

Heinrich der Sechste (1422 bis 1460) setzt den Krieg mit Frankreich fort, wo die berühmte Belagerung von Orleans durch das Mädchen von Orleans aufgehoben wird. Dieses Mädchen richtete das bedrängte Frankreich wieder auf; ward aber von den Feinden gefangen, und zu Rouen als eine Hexe verbrannt.

1453 entstand die Feindschaft der beyden Stämme der königlichen Familie, der dritten regierenden, von Lancaster, die rothe Rose genannt, und der weißen Rose, d. h. der vierten oder Yorkschen, wegen der Thronfolge. Ein bürgerlicher Krieg setzte Eduard den Vierten von York auf den Thron 1461, worauf er sich durch Mordthaten erhielt.

Dessen Sohn, Eduard der Fünfte (1483) führt die Buchdruckerey ein, und behält den Königstitel nur drittehalb Monat.

Richard der Dritte, der Bucklige, der jenen entthront hatte, verlor das Leben in einer Schlacht 1485 gegen Heinrich von Tudor, der, unter dem Namen Heinrich der Siebente, nun das Tudorsche Haus auf den Thron hob.

hob. Er hatte noch manche Unruhe des Hauses York, das ihm zwey falsche Prätendenten entgegen setzte, zu bestehen.

Heinrich der Achte, des vorigen Sohn, ist sehr berühmt (1510 bis 1547). Seine Regierung fällt gerade in die wichtigen Zeiten Karls des Fünften, Franz des Ersten und der Lutherischen Reformation. An den Kriegen der beyden Fürsten nahm er, auf die Anregung seines Ministers, des Kardinals und Erzbischofs zu Canterbury, Thomas Wolsey, großen Antheil. Er war so eifrig katholisch, daß er ein Buch von den sieben Sacramenten gegen Luthern schrieb, und deswegen vom Papst den Titel eines Beschützers des Glaubens bekam. Als er aber nachher sich in die berühmte Anne Boleyn verliebte, sie heirathen, und deswegen sich vom Papst von seiner Gemahlin Katharina scheiden lassen wollte, der Papst es aber nicht wagte, darein zu willigen, weil Katharina die Tante Karls des Fünften war; so trennte Heinrich sich nebst seinem ganzen Reiche von der Römischen Kirche, und ernannte sich zum Oberhaupt der Geistlichkeit in seinem Lande. Der Erzbischof zu Canterbury, Thomas Cranmer, war ihm darin sehr behülflich; Wolsey aber und der berühmte Kanzler Thomas Morus, die sich ihm widersetzten, verloren, der erste die Ministerwürde, der andre

das

das Leben auf dem Blutgerüste. Er ließ nachher seine geliebte Gemahlin, Anne Boleyn, enthaupten, um eine andre zu nehmen; verfolgte und ließ diejenigen verbrennen, die seine Glaubensartikel bezweifelten. Heinrich war ein wahrer Tyrann, der mit dem Leben der Menschen und den Gesetzen spielte; und das Parlament war so knechtisch gesinnt, daß es sich zu allen Freveln als ein Werkzeug brauchen ließ. Unter andern gab es ein Gesetz, vermöge dessen ein bloßes Edikt des Königes so viel galt als ein Gesetz, und die Gesetze aufheben konnte. Die Bibel wurde ins Englische übersetzt; der König verbot aber dem Volke, unter dem Kaufmannsstande und unter dem Adel, selbige zu lesen. Unter seiner Regieruug wurden 72,000 Menschen hingerichtet.

Die Zinsen des Geldes wurden auf zehn vom Hundert bestimmt, durch ein Gesetz, welches das erste Wuchergesetz in England ist. Es wurden auch viele Manufakturen in die Städte verwiesen und vom Lande ausgeschlossen.

Eduard der Sechste war ein Kind und starb 1553. Der Herzog von Northumberland hatte sich während dessen Regierung der Hauptmacht versichert, und suchte nach dessen Tode die Töchter Heinrichs, Maria und Elisabeth von der Erbfolge auszuschließen, und erhob, indeß er sich selbst darauf schwingen könnte, Johanna Gray, eine Nichte Heinrichs, welche

welche er an seinen Sohn verheirathet hatte, auf den Thron. Das Volk aber war für Marien (1553 — 1558) welche die Johanna Gray, den Herzog und mehrere andere enthaupten ließ, die Besitzthümer in Frankreich, und besonders Calais, verlor, und die katholische Religion durch Verfolgung wieder einzuführen suchte, ob sie gleich vor ihrer Krönung versprochen hatte, die Reformation zu erhalten. Sie heirathete Philipp den Zweyten als Erbprinzen von Spanien und starb 1558.

Elisabeth, Heinrich und Annen Boleyns Tochter (1558 — 1603) regierte mit männlicher Stärke und der Sanftmuth einer guten Königin; sie heirathete nie, liebte und beförderte die Wissenschaften, hob die Reformation ohne Blutvergießen; half Heinrich dem Dritten und Vierten in Frankreich gegen ihre Unterthanen und gegen Philipp den Zweyten von Spanien, und den vereinigten Niederlanden gegen letzteren; sie beförderte die Handlung und die Manufakturen, legte den Grund zu den Nordamerikanischen Kolonien. Nur eins ist ein Fleck in ihrer Regierung, die Hinrichtung der Königin Maria Stuart von Schottland, die doch der Papst Sixtus der Fünfte billigte.

Maria hatte, als Erbin der Schottischen Krone, den Dauphin und nachmaligen König von Frankreich, Franz den Zweyten geheirathet.

In

In den Augen der eifrigen Katholiken war die Geburt und das Erbrecht der Königin Elisabeth unächt, weil sie von der Anna Boleyn, nach der Ehescheidung von Katharinen geboren war, und der Papst die Scheidung, folglich auch die zweyte Heirath nicht genehmigt hatte. Der Französische Hof wollte sich gern durch den Besitz von England bereichern. Beyde Parteyen vermochten also die Maria, welche, in Ermangelung der Elisabeth, die Erbin der Englischen Krone durch ihre Geburt war, den Titel und das Wappen einer Königin von England anzunehmen. Nach Franzens bald erfolgendem Tode bestieg sie den Schottischen Thron, da sie aber eine eifrige Katholikin war, empörten sich ihre Unterthanen, und sie mußte flüchtig werden. Ihre Rettung war in England, wo Elisabeth sie 1568 ins Gefängniß setzen und 1587 enthaupten ließ, weil der Name Mariens in viele Verrätherereyen und Aufrühre verwickelt worden war.

Elisabeth überließ den Franzosen Calais, welche es seitdem besitzen. Sie gab ein Kirchengesetz, welches die Akte der Gleichförmigkeit hieß, und daher entstand der Name der Noncorformisten bey den Puritanern und Presbyterianern. 1588 rüstete gegen sie Philipp der Zweyte die große sogenannte unüberwindliche Flotte aus, welche vom Sturm zer-

stört

stört wurde. Kurz vor ihrem Ende ernannte sie zu ihrem Nachfolger den Sohn der unglücklichen Maria, den König von Schottland, Jakob Stuart, der das unglückliche Haus Stuart auf den Englischen Thron brachte.

Da nun Schottland mit England verbunden wird, müssen wir die Geschichte dieses Königreiches nachholen.

Die ältesten uns bekannten Bewohner Schottlands, eine Celtische Kolonie, hießen Gaals, und wurden von den Römern Caledonier genannt. Nachher theilten sie sich in Schotten oder Scotten und Pikten, und behaupteten ihre Freyheit standhaft gegen die Römer, führten auch in der Folge, theils mit den Angelsachsen, theils mit den Dänen, theils unter sich selbst, häufige Kriege um die Oberherrschaft des ganzen Landes. Endlich im neunten Jahrhundert überwand ein König der Schotten die Pikten, und vereinigte beyde Reiche unter dem Namen Schottland.

Nachdem der königliche Stamm im dreyzehnten Jahrhundert ausgegangen war, stritten bis in die Mitte des vierzehnten Jahrhunderts die beyden mächtigen Häuser Balliol und Bruce, die von weiblicher Seite von der königlichen Familie abstammten, um die Oberherrschaft.

1371 erlangt das Haus Stuart die Krone. 1542 stirbt Jakob der Fünfte, und hinterläßt als einzige Erbin, Maria, die acht Tage alt war. — Nachdem diese wieder aus Frankreich nach Schottland zurück gekommen, heirathet sie einen Schotten, den Grafen Darnley, der den Titel eines Königs annimmt. Maria wird einer Untreue mit einem Musikus, Namens Riz, beschuldiget, den ihr Gemahl in ihrer Gegenwart ermorden läßt. Der Graf Bothwell ermordet den König und heirathet die Königin, wodurch die Schotten vollends aufgebracht werden, so daß die Königin flüchtig werden muß. Ihr Sohn Jakob der Erste (eigentlich Jakob der Sechste), der ein Jahr alt war, wurde zum Könige ernannt.

Bey der Vereinigung der beyden Reiche 1604 bekamen sie den Namen Großbritannien. Jokob der Erste regierte bis 1625, wo er starb.

Jokob hatte einen schwachen Charakter, liebte den Krieg nicht, konnte keinen bloßen Degen sehen; er war gelehrt in der Theologie, machte Kirchenordnungen, hielt Synoden, mischte sich in Glaubensstreitigkeiten; wußte aber nicht, Menschen zu regieren, hatte keinen festen Grundsatz in seinem Verhalten, und wollte doch Herr seyn; ja er wagte es so gar, dem Par-

Parlamente zu sagen: Ich will es als un- umschränkter König; alle eure Rechte habt ihr von mir. Diese Eingriffe des Königes erweckten die Gemüther des Volks, und seine Schwäche machte der Nation Muth, so daß man den eigentlichen Charakter der Engländer im Nachforschen, Denken, Freyheit, sowohl in Ansehung der Religion als in politischen Sachen, von dieser Zeit an rechnen kann.

Jakob, obgleich in Schottland, das presbyterianisch gesinnt war und noch ist, gebohren und erzogen, bemühte sich, die Episcopalkirche überall zu erheben und in Schottland einzuführen, wodurch er nicht allein seine presbyterianischen Landesleute, sondern auch die Katholiken, gegen sich aufbrachte. Diese letzteren machten aus Religionseifer, 1605 die sogenannte Pulververschwörung; sie wollten nehmlich durch Pulver das Parlamentshaus sprengen, wenn das Parlament versammelt und der König dabey zugegen seyn würde. Dann glaubten sie die katholische Religion wieder einzuführen. Die Verschwörung ward wenige Tage vor der Ausführung entdeckt.

Der König ließ seinen Schwiegersohn, den unglücklichen Churfürsten Friedrich den Fünften von der Pfalz, 1618 hülflos; und machte vollends die Nation von sich abwendig, indem er seinen Sohn, Karl den Ersten, mit einer katholischen Prinzessin, Henriette Maria von Frankreich, verheirathete. Er starb 1625, als er im dreyßigjährigen Kriege, aber zu spät, endlich die Waffen ergreifen wollte.

Karl der Erste (1625 bis 1649) verdarb es ganz mit der Nation, dadurch, daß er den Herzog von Buckingham, einen stolzen und herrschsüchtigen Mann, zum Liebling und vornehmsten Minister machte; daß er die Katholiken begünstigte, die Presbyterianer anfeindete, und willkührlich herrschen wollte.

Um sich zu schützen, zwang das Parlament den König (1628), eine Akte zu unterschreiben, welche sie die Fodrung des Rechts nannten, und die verordnete: daß 1. der König keine Auflage ohne Einwilligung des Parlaments verordnen oder einheben könnte; 2. daß niemand seiner Güter, Freyheit oder Lebens, ohne vorgängiges Urthel vor den gesetzmäßigen Richtern, beraubt werden dürfte. Der König übertrat aber bald sein Gesetz in allen Punkten.

Nach und nach fing Karl an, die Ceremonien der katholischen Kirche einführen zu lassen. Als er sie aber, trotz allen Vorstellungen, in Schottland eigenmächtig einführen wollte, entstand eine Rebellion, die Nation machte eine Versammlung der Stände, welche eine berühmte Akte unter dem Namen Covenant entwarf, welche in der Abschwörung des Papstthumes, und

und in einem Bunde bestand, jeder Neurung in Religionssachen zu widerstehen. Karl hatte keine stehende Truppen, konnte also die Schottländer nicht zwingen, und diese setzten alle Bischöfe ab. 1640 ward das lange Parlament versammelt, welches mit dem Schottischen Covenant einstimmig handelte. Man fing an, zu den Waffen zu greifen. Karl nahm von den Irländischen Katholiken Hülfstruppen, und dieß wurde ihm als eine Feindschaft gegen die Landesreligion zugerechnet; die Katholiken in Irland, welche glaubten, die Gelegenheit sey da, ihre Freyheit und ihre Religion von dem Druck Englands zu befreyen, machten eine Verschwörung, im ganzen Lande alle Englische Protestanten zu ermorden; welches auch den 23sten October 1641 wirklich geschah. Auch dieß wurde Karln zur Last gelegt. Nun ward der bürgerliche Krieg von allen Seiten mit Heftigkeit geführt; Oliver Cromwell zeichnete sich durch Klugheit, Verschlagenheit, unerschütterlichen Muth, unter den Rebellen aus. 1646 wird endlich die königliche Partey gänzlich zu Grunde gerichtet. Cromwell weiß durch Macht und List sich das Parlament selbst zu unterwerfen, den König Karl verurtheilen und enthaupten zu lassen (den 30sten Januar 1649), und sich selbst, unter dem Schein einer republikanischen Konstitution, zum Protektor und Beherrscher zu erheben. Cromwell starb 1658. Sein

Richard Cromwell, wird zum Protektor ernannt, muß aber 1659 abdanken; und nach einigen Streitigkeiten wird Karl der Zweyte, Sohn Karls des Ersten, auf den Thron gesetzt. 1660. Es wird ihm ein gewisses Einkommen festgesetzt. Er war wollüstig, verschwenderisch, ein Gönner der Katholiken, und trachtete, den Despotismus wieder herzustellen. Er starb 1685 ohne Erben.

Die Streitigkeiten wegen der Freyheiten der Nation und der Rechte der Krone, verursachten viele Unruhen und unter andern die berühmten Parteyen der Whigs und Torys. Die Whigs waren für das Volk, die Torys für den König.

Durch Hülfe der Episcopalkirche und einer Schottischen Armee besteigt Jakob der Zweyte, Herzog von York, ein Bruder Karls des Zweyten, den Thron, ob er gleich, als ein Katholik, der Englischen Nation verhaßt ist. Der Herzog von Monmouth, natürlicher Sohn Karls des Zweyten, erregt zwar einen Aufstand gegen ihn, wird aber gefangen und hingerichtet.

Jakob sucht das Papstthum einzuführen, und eigenmächtig zu regieren, die dadurch erbitterte Nation ruft Wilhelm den Dritten, Statthalter von Holland, Jakobs Schwiegersohn, zu Hülfe. Dieser landet mit einer Armee 1688, verjagt den König, und wird von der Nation zum König gekrönt. Jokob flüchtet nach Frankreich.

Wilhelm

Wilhelm der Dritte regiert das Land mit Weisheit zum allgemeinen Wohl; nimmt viele Französische Hugenotten auf, und stirbt 1702.

Ihm folgt Anna, Jakobs des Zweyten jüngste Tochter, indem ihr Bruder Jakob der Dritte unter dem Titel des Prätendenten in Frankreich bleibt. Der Herzog von Marlborough, ein großer Heerführer, verfällt, wegen Weiberzänkereyen, in Ungnade; Anna erhält beym Utrechter Frieden Gibraltar und Minorka. Sie stirbt 1714. Sie war die letzte vom Hause Stuart.

Nun kam das Churhannoverische Haus durch Georg den Ersten auf den Thron; es stammte von mütterlicher Seite vom Könige Jakob dem Ersten, her. Der Prätendent versuchte zwar in England einzudringen, aber vergeblich. Georg schließt mit Frankreich und Holland 1717 gegen Spanien die Tripleallianz; und 1718 durch Beytritt des Kaisers die Quadrupelallianz.

1727 folgte Georg der Zweyte seinem Vater auf dem Throne. Der junge Prätendent, Sohn des älteren, Prinz Eduard, wagt einen unglücklichen Versuch, 1745, 1746.

1760 besteigt Georg der Dritte, ein Enkel des vorigen, den Thron. Die Kronschulden waren zu einer erschrecklichen Höhe, durch die vielen Kriege, angewachsen; um sie zu vermindern, wurde die Stempelpapierakte

 1766

1766 publicirt, deren Einführung aber in den Amerikanischen Kolonien starken Widerspruch fand, und aufgehoben werden mußte. Die Zwistigkeiten mit dem Mutterlande währten aber fort, und erzeugten sogar einen Krieg, der 1774 ausbricht. 1776 erklären sich die Kolonien für frey. 1782 geschieht die berühmte Belagerung von Gibraltar, und währt drey Jahr vergeblich. 1783 ward Amerika für einen freyen Staat erklärt. England verlor dabey vieles. Das Irländische Parlament ward 1782 von dem Englischen unabhängig gemacht.

Frankreich.

Ein großes Land von 10,000 Quadratmeilen und 25 Millionen Einwohner.

Es liegt zwischen zwey Meeren, dem Mittelländischen und dem Ocean. Die ansehnlichsten Flüsse sind die Garonne, welche durch den Kanal von Languedoc, den Ludwig der Vierzehnte graben ließ, das Atlantische Meer mit dem Mittelländischen verbindet; die Loire, die Seine, die Marne, die Schelde, der Rhein, die Maas und die Rhone.

Gebirge sind die Pyrenäen, die Alpen, der Mont Jura, an den Gränzen; im Innern, die Cevennes, die Gebirge von Auvergne. Das Land ist fruchtbar, bringt besonders gutes Oel und viel Wein; die Luft ist gemäßigt.

In

In den ältern Zeiten war Frankreich in zwölf Provinzen getheilt: 1. Isle de France, 2. Picardie, 3. Champagne, 4. Bourgogne, 5. Dauphine', 6. Provence, 7. Languedoc, 8. Guienne', 9. Orleans, 10. Bretagne, 11. Normandie, und 12. Lyon. Dazu sind unter Ludwig dem Vierzehnten hinzugekommen, Elsaß, Franchecomte', Lothringen, ein Theil der Niederlande und die Insel Corsika. Nachher war die Eintheilung in vierzig Gouvernements; seit der neuen Revolution aber 1789 ist es in drey und achtzig Departements eingegetheilt. Wir werden der alten auf den Charten sichtbaren Abtheilung folgen.

I. Isle de France. Hier ist Paris an der Seine, die Hauptstadt und Residenz, wo der Louvre, (das königliche Schloß), das Palais Royal (das Schloß des Herzogs von Orleans), die Thuillerien, die Champs Elisees, das Marsfeld, das Hotel des Invalides, die Quinze vingt (ein Hospital für Blinde), der Pontneuf mit der Statue Heinrichs des Vierten, mehrere Akademien, eine Universität, eine Menge Kirchen, ungefähr 800,000 Einwohner; La Greve (der Richtplatz), und ehemals die Bastille, eine Festung und Staatsgefängniß, welche aber am 14ten Julius 1789 von dem Volke geschleift wurde.

Saint Denis, St. Cloud, Fontainebleau, Versailles, sind Lustschlösser des Königes. Marly, ein andres Lustschloß, ist wegen seiner Wassermaschine, die mehrere Millionen gekostet haben soll, berühmt.

II. Picardie; Amiens an der Somme, Abbeville, Boulogne, Calais am Kanal oder La Manche, welcher hier Pas de Calais genannt wird, eine Festung und Hafen, die Straße nach England, worüber Blanchard 1785 durch die Luft gefahren ist.

Die Grafschaft Artois, ein Stück der Französischen Niederlande, wird zur Picardie gerechnet. Hier sind Arras und St. Omer merkwürdig.

III. Champagne, durch seine Weine berühmt. Ein Theil ist sehr schlecht und unter dem unedlen Namen, Champagne pouilleuse (das lausige) bekannt. Wir bemerken Rheims, wo sonst die Könige gesalbt wurden; Chalons sur Marne, Troyes, Meaux, Sedan. Ein Theil von Champagne heißt Brie.

IV. Bourgogne. Edle Weine. Dijon, Chalons sur Saone, Ferney, durch Voltaire berühmt.

V. Lyon. Lyon an der Rhone und Saone, die größte Stadt nächst Paris, mit erheblichen

lichen Seidenmanufakturen. Hier ist das Gouvernement Auvergne, wo Clermont, in welcher Stadt 1095 die Kreuzzüge durch ein Concilium beschlossen wurden.

VI. Dauphiné, von welchem der Thronerbe den Namen Dauphin bekommen hat — Grenoble, Vienne, Orange, wo die Chartreuse, das Hauptkloster des Charteuserordens. Das Land ist gebirgig, man findet darin Bären und den Condor oder Contour.

VII. Provence; vortreffliches Oel. Aix, mit berühmten Brunnen, Arles, Marseille und Toulon, zwey große Häfen. — Hier ist das ehemalige päpstliche Gebiet, Avignon, welches aber 1791 dem Papste entsagt hat. — Auch die Grafschaft Contat, oder Comtat Venaissin.

VIII. Languedoc, in der Kirchengeschichte berühmt wegen der Verfolgung der Ketzer, besonders aber die Cevennes, eine Bergkette, in welcher die gedrückten Hugenotten sich empörten 1702, aber erbärmlich ermordet wurden.

Toulouse, an der Garonne, eine wichtige Stadt, besonders aber durch die Verfolgungen der Waldenser und Albigenser, durch das Unglück des Grafen Raymund von Toulouse, den ein Kreuzheer gänzlich zu Grunde richtete (1200 — 1213) und durch die Geschichte des

Calas (1762) berühmt. Hier ist auch der berühmte Kanal Ludwigs des Vierzehnten.

Narbonne, Montpellier sind ansehnlich; Lünell hat gute Weine; Nimes treibt große Handlung; Beaucaire hat eine berühmte Messe. Aiguesmortes war ehemals ein Hafen, jetzt ist es anderthalb Meilen weit vom Meere.

Roussillon ist eine Eroberung Ludwigs des Dreyzehnten. Hier ist Perpignan die Hauptstadt.

IX. Guienne. Bourdeaux an der Garonne, ein Hafen und großer Handelsplatz; Rochelle, der ehemalige vornehmste Sicherheitsplatz der Hugenotten, welcher ihnen aber unter Ludwig dem Dreyzehnten 1629, nach einer dreyjährigen schrecklichen Belagerung, trotz des schlecht angeführten Beystandes der Engländer, weggenommen wird.

Daneben die Inseln Oleron und Re. — Limoges im Limosin. — Gascogne, wo Bayonne, der Geburtsort des Bayonnets. Cahors, eine Stadt, und Medoc, eine Landschaft, sind wegen ihrer Weine bekannt. Eben so Bergerac.

Niedernavarra und Bearn, durch Heinrich den Vierten merkwürdig.

X. Orleanois. Orleans, Chartres, Mans und Tours in den Gouvernements Mans und Touraine; Angers in Anjou; Saumur an der Loire; Poitiers in Poitou;

in

in Berry, Bourges; Nevers in Nivernois; Blois, wo die Stände der Ligue sich versammelten, 1576 gegen Heinrich den Dritten.

XI. Bretagne hat seinen Namen von den Britten, welche schon vor der Völkerwanderung sich hier niedergelassen haben. — Rennes, die Hauptstadt; St. Malo, Brest, L'Orient und Port Louis, vier ansehnliche Häfen. Nantes, hier gab 1598 Heinrich der Vierte den Protestanten in Frankreich durch das bekannte Edikt, Ruhe und Religionsfreyheit, welche ihnen aber durch Ludwig den Vierzehnten 1685 wieder genommen wurden. Es liegt an der Loire und treibt ansehnliche Manufakturen und Handlung.

XII. Normandie; Rouen an der Seine, mit 60,000 Einwohnern; Dieppe, Caen, Cherbourg und Treport, zwey ganz neu gemachte Häfen; Havre de Grace.

XIII. Die Französischen Niederlande: Lille, Dünkirchen, Cambray (oder Cämmerick) an der Schelde, Valenciennes, Charlemont an der Maas.

XIV. Das Herzogthum Lothringen und Bar; es hatte ehemals seinen eignen Herzog, welcher aber der Gewalt weichen, und 1738 seine Länder an Ludwig den Funfzehnten abtreten

ten muß, wogegen ihm die Anwartschaft auf das Großherzogthum von Toscana versichert ward.

Nancy, Lüneville, Plombieres sind zu bemerken. — Die drey Bisthümer, Metz, Toul und Verdün; im Französischen Luxemburg Thionville (Diedenhofen) und Montmedy.

XV. Elsaß, wird in Unter- und Oberelsaß getheilt. Es gehörte ehemals zum Deutschen Reiche, wurde aber durch den Ryswickschen Frieden 1697 an Ludwig den Vierzehnten abgetreten. Straßburg, eine wichtige Festung am Rhein mit 40,000 Seelen, ist die Hauptstadt. Die Cathedralkirche oder das Münster ist berühmt. Colmar, auch groß und befestiget; Fort Louis; Buchsweiler, Neubreysach und Hüningen. Bisher haben noch einige Deutsche Fürsten Antheil daran gehabt.

XVI. Die Grafschaft Burgund, oder Franche Comte', Besançon Salins ꝛc.

XVII. Die Insel Corsika, mehrentheils von Hirten bewohnt; Bastia, die Hauptstadt.

Frankreich hat noch in Asien, Afrika und Amerika Besitzungen.

Das Land ist fruchtbar, es soll aber noch ein großer Theil desselben unbebaut liegen. Die Handlung, Manufakturen und der Weinbau mögen Schuld daran seyn, daß der Ackerbau ver-

vernachlässigt wird und beym geringsten Mißwachs Theurung entsteht. Der Druck des Landmanns, die vielen Kriege, die Vertreibung der Protestanten, die Menge der Klöster mögen auch das ihrige beytragen.

Die Abgaben sind bisher, wie die Kronschulden, ungeheuer groß gewesen; die Schulden werden zu 6000 Millionen Livres angeschlagen. Die jährliche Einnahme des Staates wurde zu 600 Millionen geschätzt, und doch borgte der Hof immer fort. Das Salz war ein Monopolium der Regierung, und der Unterthan durfte bey Galeerenstrafe nicht das Salz aufnehmen, welches das Meer vor seine Füße warf.

Man beschuldiget die Franzosen des Leichtsinns und der Modesucht; sie singen viel und sind in ihrer Freude rauschend. Ihr Geschmack in den Künsten und schönen Wissenschaften soll der feinste seyn. Sie haben aber auch die ernstern Wissenschaften fleißig getrieben; und jetzt erwartet man von ihnen mehr Solidität, mehr Ernst und Festigkeit.

Französische Münzen.

Livre oder Franc; 20 einen Louisd'or, oder 5 Rthlr. Sächsisch.

Livre, 6 gr.; hat 20 Sous.

1 Sou, 12 Deniers.

1 Liard,

1 Liard, 3 Deniers.
Ecu, Petit Ecu, 3 Livres.
Ecu de six Francs, 6 Livres oder 1 Rthlr. 12 gr.

Geschichte.

Die alten Gallier waren den Germaniern in der Bildung um etwas vor; vielleicht war die Handlung mit den Griechen und Römern auf dem Mittelländischen Meere, und die frühere Unterjochung durch letztere die Ursache davon. Schon vor Christi Geburt waren Marseille und Narbonne berühmte Städte, und Paris war, unter dem Namen Lutecia (die Kothige), schon da. Das Schicksal Galliens war bis zur Völkerwanderung das nehmliche, als das des Rheines; unter der Fränkischen Monarchie ist dessen Geschichte mit der Geschichte Deutschlandes die nehmliche.

Nach der Völkerwanderung stiftete Merovaus die Fränkische Monarchie; sein Sohn Clodwig wurde zu Rheims gesalbet, wozu ein Engel die Oelflasche (die heilige Ampulla) vom Himmel brachte. Seine Familie wird, von dem Merovaus, die Merovingische genannt; und regierte von 438 bis 752.

Gallien ward oftmals unter mehrere Monarchen vertheilt und wieder vereinigt. Es trennte

trennte sich ganz von Deutschland nach der Absetzung Karls des Dicken 888.

Zu den Zeiten der Römer war das Land eingetheilt in:

1. Narbonnensisches Gallien, am Mittelländischen Meere, wo Narbonne, Marseille, Nimes, Arles, Toulon, Genua; die Einwohner hießen Allobroges.

2. Aquitania, an der Garonne, Loire, den Pyrenäen und dem Atlantischen Meere.

3. Gallia Lugdunensis oder Celtica; Orleanois, Champagne, Bretagne, welches letztere auch Armorica hieß, Bourgogne, Isle de France.

4. Belgica, an dem Rhein, wo Trier, Cöln; unter den Einwohnern sind die Ubier, und Sicambern am bekanntesten.

Nachher aber finden wir andre Benennungen. Das Königreich Burgund, Ober- und Niederburgund, um den Berg Jura. Letzteres heißt auch Arelat, von Arles, der Hauptstadt.

Das Königreich Aquitanien.

Große Herzogthümer, als Oberburgund, Bretagne, Normandie (oder Neustrien); mächtige Grafschaften, als Provence, Toulouse.

In wie fern diese alle von den Fränkischen Königen abhingen, ist sehr unbestimmt, und wurde durch die Macht entschieden. Alle Fürsten, Herzoge und Grafen waren wenigstens mächtige und furchtbare Vasallen, die ihrem wah-

wahren oder vorgeblichen Lehnsherrn gefährlich werden konnten.

In der Karolingischen Familie findet man einen Karl den Einfältigen (911 — 929), einen Ludwig den Faulen (987) der nach einer vierzehnmonatlichen Regierung diesem Stamme ein Ende macht.

Die Monarchen hatten freylich von jeher, so wie allenthalben, ihre Macht zu erweitern gesucht. Unter rohen Völkern, wo noch wenig List war, die moralische Autorität wenig galt, und nur durch wahre Vorzüge des Geistes und der Stärke erlangt werden konnte, und wo die Waffen in den Händen der muthigen und geraden Menge, welche nichts von ihren Häuptern foderte, waren, konnten die Eingriffe der Monarchen über ihre Rechte hinaus nicht weit gehen. Unter Karln dem Großen bey mehrerer Bildung, bey glänzenden Hoflägern, bey Muth und unternehmendem Geiste, gewann freylich das königliche Ansehen; allein Karl selbst setzte ihm dadurch Schranken, daß er, um die großen Vasallen zu beschränken, das Volk zu der Gesetzgebung in den Marsfeldern berief. Seine Nachfolger waren alle schwache, oder faule, oder ungeschickte Regenten, deren Habsucht der großen Vasallen bedurfte, diesen schmeichelte und sie erhob.

Hugo

Hugo Kapet, Herzog von Paris, weiß sich auf den Thron zu schwingen (987), und setzt die Familie darauf, die denselben noch besitzt; von nun an fängt die monarchische Gewalt an, immer weiter um sich zu greifen.

Unter Philipp dem Ersten (1060 bis 1108) geschahen zwey große Begebenheiten.

1. Herzog Wilhelm (der Eroberer) von der Normandie, eroberte England (1066), wodurch, da er als Vasall von Frankreich die Normandie behält, Frankreich in viele gefährliche Kriege mit England verwickelt wurde.

2. Die Kreuzzüge nahmen ihren Anfang (1095). Der Herzog Gottfried von Bouillon ward König von Jerusalem.

Ludwig der Sechste, der Dicke (1108 bis 1147) hatte gleich bey seiner Thronbesteigung mit einigen seiner großen Vasallen, welche durch die schlechte Regierung seines Vaters aufgebracht waren, einen Krieg, der für ihn mehrentheils vortheilhaft ausfiel, und seine Macht über die Vasallen hob, obgleich der König von England, als Vasall, sich mit den Mißvergnügten verbündete. Um die Großen noch mehr zu schwächen, stiftete der König die Stadtgemeinen. Der Abt Süger hat sich unter dieser und der folgenden Regierung als einen klugen und rechtschaffenen Minister berühmt gemacht.

Ludwig der Siebente, der Jüngere, (1147—1180) machte einen Kreuzzug nach Palästina, wie man glaubt, um folgende Sünde zu büßen: Er war mit dem Grafen von Champagne zerfallen, überzog ihn mit Krieg, nahm Vitry mit stürmender Hand, und es kamen dabey in dem Brande der Hauptkirche etwa 1500 Menschen um. Sein Kreuzzug war völlig unnütz, und sein Land litt vieles dabey.

Philipp der Zweyte, Augustus (1180 bis 1223) oder der Eroberer. Er eroberte die Normandie und andre Herrschaften, und that einen vergeblichen Kreuzzug nach Palästina. Zu seiner Zeit ward der Graf Raymund von Toulouse, als Beschützer der ketzerischen Waldenser und Albigenser, durch eine Kreuzarmee auf Anstiften des Papstes (1209 — 1213) jämmerlich zu Grunde gerichtet. Philipp errichtete eine stehende Armee, die aber nicht Bestand hatte. Er bekam einen heftigen Krieg mit England.

Ludwig der Achte, der Löwe, (1223 bis 1226) kriegte, gewann nichts und verfolgte mit dem Schwerte die Albigenser.

Ludwig der Neunte, der Heilige (1226 bis 1270), war eilf Jahr alt; seine Mutter Blanca regierte mit Muth und Klugheit, hielt die großen unruhigen Vasallen im Gehorsam, denn

denn sie suchten bey jeder Gelegenheit sich unabhängig zu machen, und die Statthalter suchten ihre Provinzen als Lehen erblich zu besitzen, so wie die Könige sie zu unterjochen suchten. Der Papst, welcher Kaiser Friedrich den Zweyten in den Bann gethan, bot Ludwigen die Kaiserkrone an, wofür dieser aber sich bedankte, weil dieß Geschenk erst durch Krieg in Besitz genommen werden mußte. Er unternahm einen Krezzug; man sagt, es sey einem Gelübde zu Folge geschehen, welches er in einer schweren Krankheit gethan hatte. Anfänglich ging es gut, allein 1250 wurde er von den Mameluken zu Cairo in Egypten gefangen, und mußte sich mit einer großen Summe auslösen. 1264 schenkte der Papst dem Karl von Anjou, Bruder Ludwigs, das Königreich Neapel und Sicilien, welches dieser auch eroberte. Ludwig unternahm, wider den Rath und die dringendsten Bitten seiner Minister, einen neuen Kreuzzug 1270, ob er gleich alt und schwach war; er belagerte Tunis, und starb während der Belagerung. Er wurde heilig gesprochen, that Wunder, heilte Skropheln; und seitdem ist das Privilegium, Skropheln zu heilen, auf die Könige von Frankreich fortgeerbt worden, weil es Recht ist, daß ein Fürst das besitze, was seine Vorfahren gehabt haben.

Unter Ludwig dem Heiligen, ward, man weiß nicht ob auf seine Verfügung oder durch einen Zufall, das Römische Recht in Frankreich eingeführt, und mit den alten Fränkischen Gesetzen und dem Kanonischen Rechte vermischt. Es entstanden Tribunäle und Appellationsgerichte. Die Franzosen lernten dadurch mehr Gehorsam gegen die Gesetze, aber auch mehr Unterthänigkeit gegen den Monarchen, weil es ein Grundsatz des Römischen Rechts ist, daß der Wille des Fürsten, oder eigentlich, was ihm gefällt, Gesetz ist. Auch pflegt man von dieser Zeit an die unumschränkte Gewalt der Monarchen zu rechnen.

Philipp der Dritte, der Kühne (1270 bis 1285) ertheilt den ersten Adelsbrief in Frankreich, wodurch er nicht allein die Macht an sich bringt, Adel zu machen, welche die königliche Macht sehr erhöht und den Adel vom König abhängig macht; sondern er schwächt auch noch den Adel dadurch, daß er ihn durch die Ertheilung an mehrere herabsetzt. Da dieß aber dem Volke den Druck des Adels um etwas erleichtert, so muß man glauben, daß es der König des Volkes wegen gethan hat.

Philipp der Vierte, der Schöne (1285 bis 1314) hatte mit dem Papste Benedict dem Eilften Zwistigkeiten, der ihn in den Bann that, den er aber zu Anagni gefangen nehmen ließ. Clemens den Fünften setzte er auf den Thron, der den apostolischen Stuhl 1305 nach Avignon

gnon verlegte, und 1307 den Orden der Tempelherren aufhob, dessen Macht und Reichthum die Eifersucht Philipps reitzten. Die unbiegsame Härte, die unersättlichen Begierden dieses Fürsten nach Reichthum und Macht, erregten eine fast allgemeine Empörung aller Stände. Er war der erste, der Adelsbriefe verkaufte, und Pairs machte; er verfälschte die Münzen, und verlangte das Recht, allein Münzen prägen zu lassen, welches sonst alle große Vasallen, und mehrere Städte hatten. Der Grund, warum die Regenten allein Münze prägen, ist, weil sie allein im Staate Vertrauen genug haben können, daß ein jeder bey ihrem Namen und Wappen sich versichert halte, daß die Münze ächt ist, und wirklich den bezeichneten Werth hat. Philipp ließ die Mark Silber, die bisher $2\frac{1}{2}$ Livres betrug, zu 5 und nachher zu 8 Livres ausprägen. Demungeachtet drückte er das Land mit mehreren neuen Auflagen, so daß er 80,000 Mark Einnahme zusammen brachte, da Philipp August nur 36,000 gehabt hatte.

Ludwig Hutin (1314 — 1316). Seine kurze Regierung wußte er zu nützen. Seinen Beamten gab er folgende Instruktionen: „Ihr müßt sorgfältig darauf bedacht seyn, von den Großen Geld zu borgen, wobey ihr baldige Bezahlung versprechen könnt; dadurch sollen die Leiher frey von dem Kriegeszug seyn. Wenn einige aber nicht borgen wollen, zwinget sie nicht dazu, sondern zum Kriegszuge, und macht ihnen dabey so viel Kosten, als das Darlehn etwa betragen kann. Die Städte und Gemeinden müßt ihr zur Rüstung zwingen, damit sie sich zum Zahlen geneigter finden lassen, um sich loszukaufen. Dabey aber verfahret so behutsam, daß unter dem Volke keine Unruhe entstehe, und lasset euch diese geheimen Befehle nicht merken; denn so wollen es der König und sein Rath." — Um Geld zu machen, zwang er die Landleute ihre Freyheit zu kaufen.

Philipp der Fünfte, der Lange, (1316 bis 1322) hatte zwar gute Absichten, wollte aber eigenmächtig herrschen, und verkaufte die Aemter. Er erneuerte die Befehle, die nach ihm auch oftmals gegeben wurden, daß die Richter, bey Verwaltung der Gerechtigkeit, auf keine Cabinetsordern achten sollten.

Karl der Vierte, der Schöne (1322 bis 1328), starb ohne Erben. Es waren aber zwey Nebenlinien da, die von Valois und die von Bourbon. Erstere gelangte mit Philipp dem Sechsten auf den Thron, den sie bis auf Heinrich den Dritten 1589 besaß.

Philipp der Sechste, Valois genannt, (1329—1350) kaufte das Dauphine' für den Thronerben (1343), ließ (1344) vierzehn Edele hinrichten, die er durch eine Einladung

dung zum Turniere nach Paris gelockt hatte; verlor Calais gegen Eduard den Dritten von England (1347), führte die Salzsteuer ein, schrieb 1350 an die Münzbeamten zu Paris: „Lasset durch die Kaufleute den Gehalt der kleinen Münze bestimmen, damit sie die Veränderung des Gehalts nicht merken. Kein Münzbeamter wird dieß verrathen, und alle werden auf dem Evangelienbuche Verschwiegenheit schwören." — Er mußte aber manches wieder zurück nehmen, weil er eine Empörung fürchtete.

Johann der Gute (1350 — 1364) fing damit an, daß er den Connetable von Frankreich, Grafen Raoul, ohne Urthel enthaupten ließ, und dessen große Güter unter seine Lieblinge vertheilte. Seine Unbesonnenheiten und seine Tyranney empörten die Unterthanen; die Engländer zerrütteten das Reich und bekamen ihn gefangen. Er schrieb an die Münzbeamten, wie sein Vater: „So lieb eure Würde euch ist, laßt es niemand merken, daß der Gehalt der Münze verändert ist."

Karl der Fünfte, der Weise, (1364 — 1380) ließ den Bau der Bastille anfangen, drückte sein Volk durch schwere Abgaben und hinterließ einen großen Schatz. Da er aber doch sich der Regierung annahm, that er dem Reiche Gutes.

Karl der Sechste (1380 — 1422). Während dieser langen Regierung eines wüthenden, wahnsinnigen und endlich gar rasenden Monarchen, ward das Reich schrecklich zerrüttet. Es entstehen unter den Prinzen der Burgundischen Linie und den Armagnacs blutige Rangstreitigkeiten. Die commissorialischen Gerichte werden erdacht, und die Lits de Justice (Hofgerichte oder Hofläger) eingeführt, um den Lauf der Gerechtigkeit nach dem Willen der Mächtigen zu hemmen oder abzuleiten.

Karl der Siebente (1422—1461) muß sein Erbrecht gegen Heinrich den Sechsten von England erkämpfen; ganz Frankreich wird von den siegenden Engländern überschwemmt; noch hält sich Orleans, welches Jeanne d'Arc, eine Dienstmagd 1429 entsetzt, indeß der König sich mit einem Mädchen die Zeit vertreibt. Silber und Gold werden zu einem ungeheuren Werthe ausgeprägt, zahlreiche stehende Truppen werden gehalten. Dieser Karl war der erste, der nach Wohlgefallen und aus eigner Macht Auflagen verordnete; er gab den Gutsherren Pensionen, um von ihnen die Einwilligung zu erhalten, von ihren Unterthanen Abgaben zu erheben. — 1453 befahl er, die Landesgebräuche zum Behufe der Rechtspflege niederzuschreiben und zu sammeln.

Lud-

Ludwig der Eilfte (1461 — 1483) hatte sich als Dauphin gegen seinen Vater empört, und brachte durch seine Tyranney die Großen zu einer Verschwörung, die er mit den Waffen unterdrückte. Tristan, der Nachrichter, war sein Liebling und Vertrauter. Er ließ schwerere Ketten schmieden, eiserne Kerker und Käfige bauen, die man die Töchter des Königs nannte; die Kerker lagen unter seinen Wohnzimmern; um sein Schloß standen Galgen und Räder; bey Torturen und Hinrichtungen war er zugegen; er ließ über 4000 Menschen, und viele ohne Urthel und Recht, hinrichten. Er war sehr andächtig, beschenkte verschwenderisch die Kirchen, stiftete einen Franciskanerorden und verordnete tägliche Gebete zur Jungfrau Maria.

Karl der Achte (1483 bis 1499) verwickelt sich in die Italiänischen Kriege, wegen Neapel; verursacht Aufwand, Auflagen, Vermehrung der Truppen, und stürzt dadurch Frankreich in langwierige Fehden.

Ludwig der Zwölfte (1499 bis 1515) wurde der Vater des Volkes genannt; er war mild, sparsam, gerecht, legte keine neuen Auflagen auf, verwechselte die Schätze des Staates und dessen Einkünfte nicht mit seinem Eigenthum. Da er, um das Herzogthum Mayland an sich zu bringen, auf welches er Ansprüche hatte, einen Krieg unternahm, legte er keine Auflagen auf das Volk, welches keinen Theil daran hatte, und verschaffte sich dadurch Geld, daß er die Finanzbedienungen verkaufte. Es lag darin freylich ein großer Irrthum; denn er verschwendete doch das Leben seiner Unterthanen; und was sein Eigenthum betrift, so werden sich die Finanzbedienten doch, auf Kosten des Volks, wegen des Kaufpreises schadlos gehalten haben. Die Geschichte bemerkt, daß niemand unter seiner Regierung ohne Urthel und Recht verdammt wurde.

Franz der Erste (1515 bis 1547) war von heftigem und herrschsüchtigem Gemüthe; er hatte mit Karln dem Fünften wegen Mayland fast beständig Krieg, und ward von den Kaiserlichen in der Schlacht bey Pavia 1525 gefangen, löste sich wieder aus, brach sein Versprechen, worin er nicht besser als der Kaiser selbst handelte. Um seine Eroberungssucht, die nicht erfüllt wurde, zu begünstigen, hielt er eine ansehnlichere stehende Armee. Um sie zu besolden, verkaufte er die Justizbedienungen, die Raths- und Parlamentsstellen; welcher Gebrauch sich unter seinen Nachfolgern erhalten hat. Er nahm mehrere Kostbarkeiten aus den Kirchen. Er drückte das Land mit Abgaben, vergoß in unnützen Kriegen das Blut der Einwohner, und brachte den Staat an den Rand des Verderbens. Er war der erste, der die Druckfrey-

heit

heit einschränkte; war wollüstig, verschwenderisch, und hinterließ dennoch einen Schatz. Dabey spielte er den frommen Gläubigen, ging, eine Kerze in der Hand, in feyerlicher Procession, sechs Bürger, als Ketzer, in einem langsamen Feuer verbrennen zu lassen. In Provence ließ er von seinen Truppen die Hugenotten zu Merindol, Catrieres und den umliegenden Gegenden überfallen und umbringen, in Scheunen einsperren, die man anzündete (1545.) Er machte Stiftungen zur Beförderung der Wissenschaften.

Heinrich der Zweyte (1547 bis 1559.) Er verfolgt heftig die Hugenotten, errichtet dazu eine besondre Commission, die Chambre ardente genannt. Das Parlament, besonders aber der Rath Dú Bourg, widersetzt sich; letzterer wird gehenkt und verbrannt. Der Herzog von Guise und der Cardinal von Lothringen werden allmächtig. Aus allen diesen Gründen entstehen Verschwörungen, und der Grund zu einem bürgerlichen Krieg wird gelegt. Seine Gemahlin, Catharina von Medicis, vermehrt durch ihre Bosheit und Ränke das Unglück Heinrich starb an einer Wunde, die er unversehens bey einem Turniere bekam; dadurch wurden diese Spiele auf immer abgeschafft.

Franz der Zweyte, den wir als König von Schottland gesehen haben, stirbt ein Jahr nach seiner

seiner Thronbesteigung. Die beyden Nebenlinien der königlichen Familie, Guise und Bourbon, suchen einander die Gewalt und Regentschaft zu entreißen; Katharina von Medicis und Philipp der Zweyte von Spanien mischen sich ein, und vermehren die Verwirrung. Der Cardinal von Lorraine, als Minister, verbietet bey Lebensstrafe den Gläubigern des Königes, ihre Schulden einzufodern, verfolgt die Hugenotten aufs grausamste, läßt mehrere Große, zwey Prinzen vom Geblüte und alle, die ihn gefährlich scheinen, ohne Urthel hinrichten.

Karl der Neunte (1560 bis 1574), des vorigen Bruder, ein Kind von eilf Jahren, besteigt, unter der Vormundschaft seiner verabscheuungswürdigen Mutter, den Thron. Der Herzog von Guise kam durch Vassy, ein Städtchen in Champagne. Hier hielten einige Protestanten ihre religiöse Versammlung in einer Scheune; das Gefolge des Herzogs griff sie an, und tödtete einige sechzig Menschen. Da geschah ein allgemeiner Aufstand der Calvinisten im ganzen Reich; in allen Städten und Gassen floß Blut. Die Protestanten riefen Deutsche, die Katholiken Spanier zu Hülfe. Es wurden bey Dreux, bey St. Denis, bey Montcontour, Jarnac, förmliche Schlachten geliefert; La Rochelle erduldete eine schwere Belagerung. Endlich, da man die Protestanten mit offner

Gewalt

Gewalt nicht unterdrücken konnte, nahmen die Katholiken zur List ihre Zuflucht.

Man machte Frieden; Catharina bot, zum Beweise ihrer Aufrichtigkeit, dem Könige von Navarra, nachmaligem Heinrich dem Sechsten von Frankreich, der das Haupt der Protestanten war, ihre Tochter zur Gemahlin an; die vornehmsten Reformirten wurden zur Hochzeit eingeladen. Mitten unter den Feyerlichkeiten, die Nacht vom Bartholomäustage (den 24ten August 1572), überfiel man die Protestanten im Schloß und in ganz Paris, brach in die Häuser ein, erwürgte die Schlafenden; selbst in den Armen einiger Prinzessinnen wurden die Fliehenden ermordet, und Karl schoß aus seinem Fenster auf sie; dieß ist die berüchtigte Bartholomäusnacht oder Pariser Bluthochzeit. Sie währte drey Tage; in den mehresten Städten von Frankreich ward ein ähnliches Blutbad angerichtet, und zwar auf Befehl des Königes.

Heinrich der Dritte (1574 — 1589), des vorigen Bruder, war König von Polen; er entflieht heimlich von Polen und steigt auf den Französischen Thron. Er war schwach, gab den Protestanten Frieden, und erbitterte dadurch die Katholiken; die Guises ergreifen die Gelegenheit und machen eine Verschwörung, die heilige Ligue genannt. Es entstand ein Tumult, der die Barricades genannt wird, weil die Stra-

ßen

ßen in Paris gesperrt wurden. Heinrich muß aus Paris fliehen. Heinrich von Bourbon, als Vertheidiger der Protestanten, schlägt ihn zu Coutras, macht Frieden und vereinigt sich mit ihm gegen die Ligue; beyde belagern Paris; Heinrich der Dritte wird aber von dem Dominikaner Jakob Clemens ermordet (1589). Dieß ist das Ende der Linie Valois, und die Linie Bourbon kommt durch Heinrich den Vierten auf den Thron.

Heinrich der Vierte, der Große, (1589 bis 1610.) Das Erbrecht war von seiner Seite, und Heinrich der Dritte hatte ihn zum Nachfolger ernannt. Da er aber ein Protestant war, verließ ihn ein Theil der Armee, und die Liguisten wählten Karl von Bourbon, der aber bald starb. Der Papst hatte Heinrichen schon vorher in den Bann gethan. Endlich nahm er die katholische Religion an, und ward allgemein anerkannt (1594). Er regierte mit Güte und Weisheit, dachte auf das Wohl des Volkes, und sagte: Ich will, daß alle meine Bauern Sonntags ihr Huhn in der Suppe haben. Den Protestanten gab er Frieden und Religionsfreyheit durch das bekannte Edikt von Nantes (1598). Er bezahlte die Staatsschulden, verminderte die Abgaben, sammelte einen Schatz, und brachte die Gewerbe empor.

Die-

Diesem guten Könige trachteten die eifrigen Katholiken nach dem Leben; Rom, die Priester und Schwärmer, hielten ihn für einen Heuchler. Schon 1594 verwundete ihn Johann Chatel, dann trachtete ein gewisser Barriere ihm nach dem Leben, dann noch mehrere, bis es endlich dem Ravaillac gelang, ihn zu ermorden. Dieser erlitt seine Strafe, die er für ein Märtyrerthum ansah.

In seiner Regierung ward Heinrich von den grossen Männern, Cardinal Offat, Cardinal dú Perron und Súlly, unterstützt.

Gleich nach seinem Tode ward von den Landständen ein Gesetz vorgeschlagen, daß keine geistliche Macht Könige absetzen und die Unterthanen von dem Eide der Treue lossprechen könne. Dieses Gesetz ward von der Geistlichkeit verworfen; der Grund war, daß, wenn ein König sich bey seiner Krönung zur katholischen Kirche bekannt hätte, man ihn doch wohl absetzen müßte, wenn er seine Gelübde bräche und eine andre Confession annähme.

Ludwig der Dreyzehnte, der Gerechte, (1610—1643) neun Jahr alt, Regentin Maria von Medicis, seine Mutter, deren Favoriten, Mareschall D'Ancre, (Conchini) und dessen Frau. Ersterer wird auf Luynes Anstiften ermordet; das Volk zerreißt den Leichnam; das

Par-

Parlament hat die Niederträchtigkeit, den Ermordeten zu verdammen, und dessen Wittwe als eine Hexe zu verbrennen. Der Mörder, ein Officier, wird Mareschall; ein Mensch, der auf Luynes ein Pasquill macht, wird gerädert. Dieser Luynes hatte die Gunst des Königs durch seine Geschicklichkeit, Lerchen zu baizen, erworben. Nach dessen Tode nahm der Kardinal Richelieu das Staatsruder, herrschte tyrannisch, demüthigte die Großen und erhob die königliche Gewalt zum völligen Despotismus, machte Künste und Wissenschaften blühen, und verfolgte mitunter die Protestanten, brauchte täglich 1000 Thaler zu seiner Haushaltung, und hinterließ dem Könige drey Millionen. Ludwig hatte schon in den ersten Jahren nach seiner Ernennung den Namen des Gerechten bekommen. Mit den Protestanten hatte er einige Kriege, und die berühmte Belagerung von Rochelle fällt in seine Zeit (1627 — 1629).

Ludwig der Vierzehnte (1643 — 1715), fünf Jahr alt, Gottes Geschenk und nachher der Große genannt. Die Regentin war Anna von Oestreich, des Königs Mutter, und Kardinal Mazarin, allmächtiger Minister. Er brauchte zu dem 30jährigen Kriege Geld, ersann allerley Auflagen; das Parlament setzte sich dawider, einige Räthe wurden arretirt, das Volk befreyte sie; es entstanden (1648) neue

Bar-

Barricaden; die ganze königliche Familie nebst den Truppen mußte Paris verlassen; sie zogen aber mit gewaffneter Hand wieder ein; dieser bürgerliche Krieg heißt La Fronde. Ludwig beendigt 1659 den Spanischen Krieg durch den Pyrenäischen Frieden. Er bekommt von England Dünkirchen (1662). — 1665 bis 1667 erobert er einen großen Theil der Niederlande, wird durch den Aachner Frieden und durch die Tripleallianz 1668 gezwungen, den größten Theil davon wieder heraus zu geben. 1670 vertrieb er den Herzog von Lothringen aus dem Herzogthum. 1672 bis 1678 eroberte er fast ganz Holland, verheerte es und machte 1678 den Nimwegischen Frieden. Indeß fiel Türenne 1674 in die Pfalz ein, und verheerte sie mit Feuer und Schwert. Der Churfürst sah aus seinem Fenster zu Mannheim auf einmal zwey Städte und fünf und zwanzig Dörfer in vollen Flammen. Elsaß und Lothringen wurden verheert.

1689 ward die Pfalz noch einmal verwüstet, nicht durch die Wuth der Soldaten, sondern auf Befehl des Hofes. Mitten im Winter, im Februar, erhielten die Einwohner Befehl das Land zu räumen; und nun wurden Mannheim, Heidelberg und alle Städte und Dörfer in Aschenhaufen verwandelt.

1685 hob er das Edikt von Nantes auf, und die Protestanten wurden schweren Verfolgungen ausgesetzt, 700,000 flüchten aus dem Reiche. 1682. 1683. 1688 läßt er Tunis, 1685 Tripoli, und 1684 Genua bombardiren.

1689 greift er die Niederlande und Großbritannien an; Spanien und Savoyen vereinigen sich mit seinen Feinden, und er macht den Ryswickschen Frieden 1697.

1701 entstand gegen Spanien und Oestreich der Spanische Successionskrieg. Karl der Zweyte von Spanien war nehmlich unbeerbt gestorben; zwey Kandidaten waren aufgetreten, Ludwigs Enkel, Philipp von Anjou, und Karl von Oestreich. Frankreich litt dabey großen Schaden, Philipp aber erhielt den Thron, und der Utrechter Friede 1713 machte endlich dem Kriege ein Ende. Während dieses Krieges erregten die Verfolgungen einen Aufstand der Protestanten in den Sevennen, die den Namen Camisards führten. Selbst in der katholischen Kirche entstanden große Streitigkeiten zwischen den Jesuiten, Molinisten, Jansenisten, die sehr heftig getrieben wurden.

Die Minister Mazarin, Fouquet ꝛc. verschwendeten zu ihren Vergnügungen und Angelegenheiten die Staatseinkünfte bey Millionen.

Die

Die Verschwendungen im Bauen zu Versailles, Marly und an andern Orten, an Jagden, Geschenken und Lustbarkeiten waren unsäglich; Ludwig hinterließ dem Staate eine Schuldenlast von ungefähr 3000 Millionen Livres.

Als einmal eine Magistratsperson in einer Rede an ihn die Worte brauchte: Der König und der Staat; unterbrach Ludwig den Redner und sagte: Der Staat, das bin ich. — Zu der Zeit des unglücklichen Krieges von 89, da es ihm an allen Mitteln fehlte, schlugen ihm die Minister neue Auflagen vor. Der König, der viel von der allgemeinen Noth gehört hatte, wurde unruhig. Le Tellier, sein Beichtvater, um ihn zu beruhigen, verschaffte ihm ein Gutachten von einigen Doctoren der Universität, welches entschied, daß alle Habe der Unterthanen dem Könige gehöre, und daß dieser nichts als das Seinige fodre, wenn er Abgaben nimmt. Dieser Ausspruch beruhigte ihn.

Ludwig der Funfzehnte, der Vielgeliebte, (1715 bis 1774) fünf Jahr alt. Herzog Philipp von Orleans regiert während dessen Minderjährigkeit despotisch; sein Liebling, der Kardinal Dubois, ein schändlicher Wollüstling und Wollustdiener, ist allmächtig. Der Schottländer Law betriegt durch eine Bank und eine vorgespiegelte Handlungsgesellschaft nach Mississippi (1717 bis 1720), und macht ganz Frankreich bestürzt.

Nach dem Dubois wurde der Herzog Ludwig von Bourbon, nach diesem der Kardinal Fleury Premierminister.

1738 erwirbt Ludwig Lothringen für die Garantie der pragmatischen Sanction Karls des Sechsten; sucht aber 1740 die Oestreichschen Erblande zu theilen, und schließt 1748 mit Maria Theresia den Aachner Frieden. — Der Graf Moritz von Sachsen erwirbt in diesem Kreege einen großen Ruhm.

1750 entsteht Krieg zwischen Frankreich und England, wobey ersteres viele Besitzungen verliert, 1757 auch Preußen angreift, und 1763 den Pariser Frieden macht.

1764 werden die Jesuiten aus Frankreich vertrieben, woran die Marquise de Pompadour und der Premierminister Herzog von Choiseul großen Antheil haben.

1762 läßt das Parlament zu Toulouse den unschuldigen Calas rädern.

1768 verhandeln die Genueser die Insel Corsica an die Franzosen, welche sie auch, nach langer Gegenwehr unter Anführung des braven Paoli, sich unterwürfig machen.

Der König hatte auch mit den Parlamentern viele Streitigkeiten. Die Parlamenter haben immer behauptet, sie wären Landstände oder Repräsentanten der Nation; die Könige aber

aber und die Minister wollten sie nur als Gerichtshöfe anerkennen. Erstere hatten von jeher das Recht ausgeübt, die königlichen Verordnungen gewissermaßen zu bestätigen durch das Registriren. Sie widersetzten sich häufig unter der Regentschaft des Herzogs von Orleans, und unter der Regierung Ludwigs des Funfzehnten. 1770 wurden durch ein Edikt ihre Freyheiten eingeschränkt. Einige, die sich nicht fügen wollen, wurden exilirt. Der despotische Kanzler Meaupou erreichte dadurch seinen Zweck.

Ludwig war ein schwacher Regent, der zu allem zu bringen war, und unter welchem die Minister das Volk nach Belieben tyrannisiren konnten. 1757 versuchte ein gewisser Damiens ihn zu ermorden weil der König mit der Geistlichkeit einen Streit hatte. Der Verbrecher ward auf eine grausame Art hingerichtet.

Ludwig der Sechzehnte (1774). Er schränkt auf Antrieb seines verdienstvollen Ministers, Grafen von Maurepas, den Mißbrauch der Lettres de Cachet ein, die an und für sich schon ein Mißbrauch sind. Diese Lettres de Cachet sind versiegelte Verbannungs- oder Verhaftsbefehle, vermöge welcher ein Mensch, ohne Urthel und Recht, ohne seinen Ankläger zu kennen, und ohne zu wissen warum er gestraft wird, auswandern oder in ein Staatsgefäng-

 niß

niß gehen muß. Diese abscheuliche Tyranney war schon lange gebräuchlich, und dieser Gebrauch ward von den Königen und Ministern als ein vollgültiges Recht angesehen. Der tugendhafte Kardinal Noailles wollte Ludwig den Vierzehnten bewegen, den Gebrauch aufzuheben; die Mad. de Mamtenon aber schrieb ihm, daß es ihm nichts helfen würde, weil man die Lettres de Cachet für nöthig und im Rechte gegründet hielte.

Die berühmtesten Minister waren Calonne, Türgot, Necker, St. Germain, Sartines. Die große Geschicklichkeit dieses letzteren bestand darin, daß er viele tausend Spionen in Frankreich und außerhalb besoldete.

Ludwig unterstützte die Nordamerikanischen Kolonien gegen das Mutterland heimlich, dann öffentlich, bekommt dadurch mit England Krieg 1778; macht Frieden zu Versailles 1783.

Die Schuldenlast war, des Lawschen Bankeruts (1720) ungeachtet, seit Ludwig dem Vierzehnten noch einmal so hoch gestiegen, und betrug ungefähr 6000 Millionen. Necker, der damalige Finanzminister, schlug eine Versammlung der Stände vor, welche auch wirklich den 5ten May 1789 zusammen kam, um Mittel zur Rettung des Staates zu finden, denn die jährliche Ausgabe überstieg um mehrere Millionen die Einnahme.

Das

Das Volk glaubte in dieser Nationalversammlung seine Rettung, seine Freyheit, ein Bild einer Republik zu sehen; patriotischer Freyheitssinn erwachte, und setzte das Volk in brausende Freudensbewegungen. Diese Unruhen wurden dem Hofe zu Versailles verdächtig, welcher Truppen um Paris zusammenrücken ließ; die Zufuhr ward gesperrt, starke Patrouillen gingen durch die Straßen der Stadt. Selbst die Garden und andre Französische Truppen wurden unzufrieden, weil man Deutsche und Schweizerische Regimenter, als zuverlässiger, hatte anrücken lassen. Da sie also auf das aufgebrachte Volk Feuer zu geben commandirt wurden, streckten sie das Gewehr, und sagten, sie wären auch Bürger, und gehörten zum dritten Stande, den man unterdrücken wollte. Einige wurden verhaftet; die Bürger aber sprengten ihre Gefängnisse und setzten sie in Freyheit.

Die Bürger in Paris besuchten fleißig das Palais Royal, hörten von ihren Rechten und von Freyheit sprechen, und diese neuen Ideen verursachten eine starke Bewegung in den Gemüthern.

Der König gab Neckern den Befehl sich zu entfernen, weil ihm dieser Minister als die Ursache der Volksbewegungen vorgestellt wurde. Den 12ten Julius erfuhr es das Volk, und ward dadurch aufs äußerste aufgebracht. Die grüne Kokarde ward aufgesteckt, man schrie: Tod oder Freyheit! und griff zu den Waffen. Der Prinz von Lambesc ließ Kavallerie aufziehn, welche die Haufen zerstreute und Feuer gab. Die Garde eilte den Bürgern zu Hülfe, und nahm Kanonen mit. Sie griffen die Deutschen Truppen im Lager an, wo ein paar Regimenter sogleich die Gewehre streckten.

Den 13ten und 14ten Julius bemühte sich die Nationalversammlung, den König dahin zu bringen, daß er Neckern wieder zurückriefe und die Truppen von Paris entfernte. — Umsonst. Als man es in Paris erfuhr, bewaffneten sich die Bürger, und da sie nicht Waffen genug hatten, holten sie welche aus dem Invalidenhause, und bemeisterten sich an eben dem Tage der Bastille. Den 15ten ward die Nachricht nach Paris gebracht, daß der König Befehle zum Rückzuge der Truppen gegeben hätte. Ein paar Tage nachher rief er Neckern wieder zurück, und mehrere Minister, die dem Volke mißfielen, nahmen ihren Abschied. Bald darauf, um die Ordnung wieder herzustellen, ernannte man Bürgermiliz.

Da nun also das Volk die königliche Gewalt ganz abgeworfen hatte, arbeitete die Nationalversammlung an einer neuen Constitution, welche auch im September 1791 nach vielen

Widersprüchen genehmiget und von dem Könige acceptirt wurde.

Der König wird dadurch zum bloßen Ausführer der Gesetze gemacht. Eine beständige Nationalversammlung hat die gesetzgebende Gewalt, und die bewaffneten Bürger, unter dem Namen der Nationalgarde, sind bereit, jede Anmaßung irgend einer Macht mit Gewalt zurück zu weisen. Der König bekommt ein Gewisses zu seiner Hofhaltung, und seine Einnahme wird mit der Einnahme des Staates nicht vermischt. Von dieser legen die Minister an die Nationalversammlung Rechenschaft ab. Das gesetzgebende Corps allein bewilligt und bestimmt die Auflagen, und entscheidet über Krieg und Frieden. Die Bürger, die Truppen, die Minister schwören der Nation, dem Gesetz und dem Könige die Treue, der König der Nation und dem Gesetz. Aller Geburtsadel, alle erblichen Titel sind aufgehoben, und es bleibt kein Unterschied unter den Bürgern des Staates als der, den Verdienste, Dienstleistungen und Aemter nothwendig erzeugen. Die geistliche Gewalt und die Oberherrschaft des Papstes sind vernichtet. Der Geistliche hat als Bürger dieselben Rechte und Pflichten als alle andern. Er darf heirathen; die Klöster sind zerstört; Protestanten, Ketzer, Juden haben die völligen Bürgerrechte und können zu allen Aemtern gelangen. Zünfte und Handwerkszwang und die

Monopolien sind abgeschafft. Der Bürger kann ohne Urthel und Recht von seinen Pairs nicht verhaftet werden. Die Bürger werden in den Waffen geübt; ein Schuster ist Kapitän, und der junge Prinz trägt unter dessen Commando die Muskete.

Hier ist ein Auszug von der Constitutionsakte die den 12ten September 1791 von dem Könige acceptirt wurde.

Die Constitution beruht auf folgenden Grundsätzen:

1. Die Menschen sind von Natur frey, und bleiben frey, und gleich an Rechten. Die bürgerlichen Unterscheidungen können nur auf den allgemeinen Nutzen gegründet seyn.

2. Der Zweck der bürgerlichen Verbindung ist die Erhaltung der Rechte des Menschen, nehmlich Freyheit, Eigenthum, Sicherheit und Widerstand gegen Unterdrückung.

3. Die Souverainetät ist wesentlich in der Nation

4. Die Freyheit ist das Vermögen, alles zu thun, was keinem andern schadet. Die Gränzen derselben können nur durch das Gesetz bestimmt werden.

5. Das Gesetz kann keine andre, als Andern nachtheilige Handlungen, verbieten.

6. Das Gesetz ist der Ausdruck des allgemeinen Willens; jeder Bürger hat das Recht, in

in Person, oder durch Repräsentanten, Theil an der Gesetzgebung zu nehmen 2c.

Alle Bürger haben nach ihren Talenten und Tugenden Anspruch auf die Aemter im Staate.

Alle Auflagen müssen unter Alle nach Verhältniß des Vermögens vertheilt werden.

Einerley Verbrechen wird, ohne Ansehen der Person, mit einerley Strafe belegt.

Jedermann kann frey reisen oder bleiben, sprechen, schreiben, sich zu einer Religionsparten bekennen, den Mächten Bittschriften überreichen, wie und wann er will.

Das Eigenthum ist unverletzlich.

Wer sich in Frankreich niederläßt und den Bürgereid ablegt, ist Bürger.

Bürger, die zu Gemeinden gehören, wählen ihre Municipalbeamten.

Die Souverainetät ist von der Nation unzertrennlich. Diese aber kann sie nur durch Uebertragung ausüben. Die gesetzgebende Gewalt ist in der Nationalversammlung; die ausübende Macht in den Händen des Königes; die richterliche verwalten die Richter.

Die Nationalversammlung wird alle zwey Jahre erneuert; sie besteht aus 745 Deputirten, die von der Nation erwählt werden. Sie stellen nicht ihre Distrikte, sondern die ganze Nation vor.

Die

Die königliche Würde ist in der königlichen Familie, männlichen Geschlechts, erblich. Die Person des Königes ist unverletzlich. Er regiert nur durch das Gesetz; er schwört, die Constitution zu erhalten; und wenn er diesen Eid widerruft, wird er angesehen, als wenn er der Krone entsagt hätte. Gleichfalls, wenn er die Nation mit den Waffen angreift. Er bekommt eine gewisse Einnahme, und ernennt darüber einen Administrator, der den Gläubigern des Königes haftet.

Der König ernennt die Minister. Keine Ordre von ihm kann ausgeführt werden, wenn sie nicht von einem Minister mit unterschrieben ist. Die Minister sind für alle Vergehen gegen die Nationalsicherheit und die Gesetze, für alle Eingriffe in das Eigenthum und die Freyheit der Einzelnen, wegen aller Verschwendung der öffentlichen Schätze verantwortlich; und keine vom Könige gegebene Ordre kann sie davon losmachen.

Die Nationalversammlung dekretirt die Gesetze, bestimmt die öffentlichen Ausgaben, die Auflagen, und die Art sie zu erheben, wovon sie sich Rechenschaft ablegen läßt; den Gehalt und Werth der Münzen; die Anzahl der Truppen, und deren Sold; die Vertheilung der Ehrenzeichen; die Ehrenbezeigungen an verdiente Männer nach deren Tode; beschließt Krieg, Frieden,

den, Tractaten mit fremden Mächten. Ihre Berathschlagungen geschehen öffentlich, und die Protokolle ihrer Sessionen werden gedruckt. Zu jeder gesetzgebenden Akte muß das Projekt dreymal, zu verschiedenen Zeiten, die wenigstens acht Tage Zwischenraum von einer zur andern haben, vorgelesen werden. Jedesmal wird deliberirt, aber nur zum drittenmale beschlossen. Bey jeder Berathschlagung müssen wenigstens zweyhundert Mitglieder gegenwärtig seyn.

Die Sanction des Königes giebt den Dekreten der Nationalversammlung Gesetzeskraft. Wenn er selbige verweigert, so wird das Gesetz nur bis zur nächsten Legislatur suspendirt. Wenn drey Legislaturen nach einander das Dekret in denselben Ausdrücken abfassen, so hat es Gesetzeskraft ohne den Willen des Königes.

Die höchste ausübende Gewalt ist ausschließlich beym Könige. Ihm gebührt die Bekanntmachung der Gesetze. Er nennt sich — Von Gottes Gnaden und durch das constitutionelle Gesetz, König der Franzosen. Er kann kein Gesetz machen.

Die Unteradministratoren in jedem Distrikte, und die Oberadministratoren in jedem Departement, werden vom Volke gewählt, auf bestimmte Zeiten, um unter Aufsicht des Königes die Verwaltung zu besorgen. Der König kann ihre Handlungen vernichten, sie in erforderlichem

Falle

Falle suspendiren, muß aber davon ans gesetzgebende Corps berichten, welches die Suspension bestätiget oder aufhebt.

Der König führt die auswärtigen Verhandlungen; und die Nationalversammlung bestätiget oder cassirt selbige.

Die richterliche Gewalt kann der König in keinem Falle ausüben. Die Justiz wird unentgeldlich verwaltet; das Volk ernennt die Richter auf bestimmte Zeiten; der König bestätiget sie. Sie müssen die Gesetze befolgen; können sie nicht erklären. In Criminalsachen werden die Bürger durch Geschworene gerichtet; die Instruction des Processes geschieht öffentlich. Bey den Tribunalen sind königliche Commissarien, welche darauf sehen, daß die Gesetze befolgt, und die Urtheile vollzogen werden.

Die öffentliche Gewalt vertheidigt den Staat und erhält darin die Ordnung; sie besteht in Truppen, und hülfsweise aus bewaffneten Bürgern, die in der Nationalgarde eingeschrieben sind. Die Bürger können sich niemals in Nationalgarden formieren und als solche handeln, als auf eine gesetzmäßige Requisition. Eben so die Linientruppen. Kein Agent der Macht darf anders, als auf Befehl des Gesetzes, in das Haus eines Bürgers dringen.

Spanien.

Ein großes, schönes Land, von 8500 Quadratmeilen, welches aber nicht sehr bevölkert ist, denn man rechnet kaum neun Millionen Einwohner. Es liegt zwischen zwey Meeren, dem Atlantischen und dem Mittelländischen. Die bekanntesten Flüsse sind der Minho, der Duero, der Tajo, die Guadiana, der Guadalquivir und der Ebro. Das Land ist gebirgig, die bekanntesten Bergketten sind die Pyrenäen und die Sierra Morena. Die vornehmsten Cap's oder Vorgebirge sind, im Atlantischen Meere das Cap Finisterrá (d. h. das Ende der Erde, weil man ehemals glaubte, hier hätte die Welt ein Ende), und im Mittelländischen das Cap Gibraltar oder Calpe.

Spanien begreift zwey Königreiche, die aber unter Einem König vereinigt sind, das Kastilische und das Arragonische.

Vor alten Zeiten zählte man 14 Königreiche und Provinzen, die noch auf den Charten deutlich sind, nemlich 1 Neucastilien, 2. Altcastilien, 3. Gallicien, 4. Asturien, 5. Biscaja, 6. Navarra, 7 Arragonien, 8. Catalonien, 9 Valencia, 10. Murcia, 11. Granada, 12. Andalusien, 13. Estremadura, 14. Leon. Jetzt aber ist das Land in 30 Provinzen abgetheilt.

I. Neu-

I. Neucastilien. Madrid, die Hauptstadt und Residenz am Bache Manzanares, hat 140,000 Einwohner, viele Kirchen, 72 Klöster, ein Inquisitionsgericht und einige Fabriken. Ueber den Bach, der manchmal kein Wasser hat, gehen zwey prächtige Brücken. Erst seit 1760 sollen Abtritte gebaut worden seyn, und ehedem dienten die Straßen statt derselben. — Toledo am Tajo, wo der Erzbischof und Primas von Spanien seinen Sitz hat, wo ein Inquisitionsgericht und eine Universität befindlich. Alcala de Henares, eine Universität. — Das Lustschloß Aranjuez. — La Mancha, eine Provinz; Calatrava, der Sitz eines Ritterordens.

II. Altcastilien. Burgos, die Hauptstadt; Soria am Duero, (ehemals Numanz), Segovia, mit den besten Tuchmanufakturen in Spanien; Escurial, ein Kloster mit den Begräbnissen der Könige und einem königlichen Schlosse, dessen Bau über 5 Millionen Dukaten gekostet haben soll.

III. Leon. Leon, die Hauptstadt; Astorga, Valladolid; Salamanca, die berühmteste Universität in Spanien.

IV. Asturien, (die dem Erbprinzen den Namen Prinz von Asturien giebt. Die königlichen Kinder alle heißen Infanten.) Oviedo, Santillana.

V. Gallicien. Sie hat die besten Häfen in Spanien, als Corunna, Ferrol. — San Jago di Compostella, mit einer Universität, einer Inquisition und einem Heiligen, nach welchem stark gewallfahrtet wird.

VI. Estremadura. Badajoz und Merida an der Guadiana; Alcantara, auch der Sitz eines Ritterordens, am Tajo.

VII. Andalusien, auch Niederandalusien, bestand ehemals aus drey Königreichen, Sevilla, Cordova und Jaen. Die Andalusischen Pferde sind berühmt; der Wein ist vortrefflich; die Wolle, wie überhaupt die Spanische durchgehends, ist die beste, die man kennt. Zur Zeit der Römer hieß dieses Land Bätica, und der Guadalquivir Bätis.

Sevilla, eine große, schöne Handelsstadt am Guadalquivir, mit einem Erzbischof, einer Akademie, einer Universität, einer Inquisition und neunzig Klöstern. 1400 ward hier die erste Thurmuhr in Spanien angebracht. — Cadix, auf einer Insel, der wichtigste Handelsplatz, Hafen und Festung. — Medina Sidonia; — Gibraltar, eine wichtige Festung auf dem Berge Gibraltar oder Calpe (gehört zu England seit 1704). Hier ist die Meerenge von Gibraltar zwischen Europa und Afrika, der Durchgang vom Atlantischen Meere ins Mittelländische.

Cordova; es hat dem Corduanleder seinen Namen gegeben.

Auf der nördlichen Gränze von Andalusien ist die Bergkette Sierra Morena, welche vor dem Jahre 1767 eine Wildniß war, die aber der Graf Olavides in eine volkreiche und fruchtbare Gegend umschuf; da er aber, um Einwohner zu haben, auch Ketzer ansetzte, wurde er von der Inquisition zum Gefängniß verdammt, und mußte in einem Kloster den Catechismus lernen (1778.)

VIII. Granada oder Oberandalusien. Granada, die Hauptstadt, eine von den größten in Spanien. — Malaga, woher der Malagawein, treibt gute Handlung.

IX. Murcia. Die berühmte alte Stadt Charthagena, mit einem Hafen.

X. Valencia. Auf der Küste sind Wachtthürme um die Seeräuber zu beobachten, welche von den Afrikanischen Küsten manchmal Einfälle thun. — Valencia, wo viele Seide gebaut und verarbeitet wird. — Alicante giebt den Alicantenwein.

Man sagt, daß die Weiber der Landleute in dieser Provinz nicht auf dem Felde arbeiten, daß sie aber auch dafür nicht mit ihren Männern am Tische sitzen dürfen, sonden hinter denselben stehen und ihnen aufwarten müssen.

XI. Catalonien. Man kann hier zweymal ernten; es wächst viel Wein. Man findet

det Marmor, Alabaster, allerley Metalle und warme Bäder. — Barcellona, ein Hafen. — Montserrate, mit einem Kloster und Einsiedeleyen. Tortosa, Lerida.

XII. Arragonien. — Sarragossa, am Ebro, eine Universität. Tarrazona.

XIII. Navarra, ganz gebirgig, mit 600 Salzquellen. Pamplona, die Hauptstadt.

XIV. Biscaja. St. Sebastian, ein Hafen und Handelsplatz; die Fasanen- oder Conferenzinsel; Bilbao, ein Hafen. Das Land ist gebirgig und unfruchtbar, giebt aber Eisen.

Hierzu gehört das Königreich Majorca, oder Malorca, wozu gerechnet werden:

1. Die Balearischen Inseln; a) die Insel Malorca, mit der Hauptstadt und Festung Palma; b) die Insel Minorca, wo Ciudadella, Port Mahon und das Fort St. Philipp befindlich. In Minorca werden Eicheln gegessen, das Brod wird nicht gesäuert. Man sagt, daß man sich bey Tische übergiebt, um von neuem zu essen, wie es auch ehemals bey den Römern geschah

2. Die Pythyusischen Inseln sind Iviza und Formentera.

Spanien hat noch Besitzungen in allen übrigen Erdtheilen.

Da die Spanier die ersten waren, die Amerika entdeckten, und dasselbe eroberten, so haben sie die wichtigen Silber- und Goldbergwerke stark genutzt und sind an Metallen sehr reich geworden. Da aber dadurch alles bey ihnen theuer geworden, und sie mit andern Kaufleuten die Preise nicht haben halten können, so daß deswegen, und wegen natürlicher Trägheit und Stolzes ihre Manufakturen fast ganz gefallen sind, so herrscht bey Unthätigkeit die größte Armuth im Lande; die mehresten rohen Produkte gehen aus dem Lande, und die Manufakturwaaren kommen von außenher. Spanien ist mit Bettlern überschwemmt. In dem großen, schönen Lande zählt man 139 Städte, und in dem Churfürstenthum Sachsen 210. Es sind aber in Spanien 3169 Klöster, 8 Erzbischöfe, 48 Bischöfe, 15 Inquisitionsgerichte, welche an 20,000 Familiares, d. h. Spionen oder Aufpasser haben, worunter Vornehme, Adliche und Grafen sind; 68 Stiftskirchen, und überhaupt ungefähr 250,000 Personen geistlichen Standes, die fast alle reichlich leben.

Spanien ist gut katholisch, oder muß es scheinen, weil sonst die Inquisition den Einwohnern die Wahrheit der Religion mit Gefängniß, Geldbuße, Geißlung oder dem Scheiterhaufen beweiset. Es werden manchmal, besonders in großen Landnöthen, um die Gnade Gottes zu erwerben, ganze Truppen Ketzer und Juden verbrannt und gestäupt, wobey andächtige Lie-

der

der gesungen, fromme Gebete und erbauliche Predigten gehalten werden. Der König ist zuweilen dabey zugegen, hat aber einen etwas niedrigeren Sessel als der Großinquisitor. Solche fromme und christliche Feyerlichkeiten heißen Auto da Fe.

Es sollen im Lande viele Blinde seyn. Die Kleidung der Spanier ist von der unsrigen sehr verschieden, ein kurzes Wams und ein Mantel; der Bettler selbst trägt einen Degen, und das schlechteste Gesindel redet mit vielen Komplimenten und Titeln zu einander.

Ehemals war jede Kirche ein Zufluchtsort für die Verbrecher; jetzt hat jede Stadt nur eine solche privilegierte Kirche, wo auch ein Meuchelmörder vor den Gerichten sicher ist.

Die Schafe, die hier bey Millionen gezählt werden, kommen das ganze Jahr hindurch in keinen Stall, und thun große Reisen.

In Madrid und andern großen Städten sind Stiergefechte ein Schauspiel. Die Stiere sind wild, und werden aus den Wäldern und Bergen Andalusiens geholt.

In Spanien sind die Grandes gewisse vornehme Herren, die einige Privilegien haben, als z. B. mit dem Könige mit bedecktem Haupte zu sprechen. Es sind drey Klassen derselben.

Die Etiquette ist so streng in Spanien, daß eine Königin einstens in ihrem Kamine, in Gegenwart vieler Leute, brennen mußte, weil kein Grand da war, der sie anrühren durfte.

Spanische Münzen.

Maravedis, 90 machen ohngefähr 8 Sächsische Groschen.
Real, ungefähr 3 Groschen.
Piaster, 1 Thaler 16 Groschen.
Pesos, 1 Thaler 8 Groschen.
Dukaten, 1 Thaler 12 Groschen.

Geschichte.

Spanien ist noch eher den alten gesitteten Völkern bekannt geworden, als Gallien, Germanien und Britannien. Sie nannten es Hesperien, d. h. der Abend; denn sie glaubten, daß hier die Welt, oder vielmehr die bewohnbare Erde ein Ende hätte, und daß die Sonne sich hier ins Meer senkte. Auch nannten sie es Iberia. Die Karthaginenser bauten hier schon etwa 500 Jahre vor Christi Geburt eine Stadt, Karthagena, oder das kleine Karthago; und vor den Karthaginensern holten schon die Tyrier aus Spanien Wolle, und machten daselbst Niederlassungen; unter andern zu Gades oder Cadix, Numantia ꝛc. Auch spricht die alte Geschichte schon von Sevilla, Cordua und andern.

Die

Die Karthaginenser eroberten und unterjochten einen großen Theil von Spanien, welches lange Zeit der Kampfplatz der Karthaginenser und Römer war, bis daß die Zerstörung von Karthago Spanien in die Hände der Römer fallen ließ, die Statthalter hinschickten, und Gold aus den Bergwerken zogen.

Der Druck verursachte manchen Aufstand; besonders vertheidigte sein Vaterland als ein Held ein Viriatus, ein berühmter Portugiese, der erst ein bloßer Hirte gewesen war. Als die Römischen Helden ihn nicht überwinden konnten, bestachen sie drey von seinen Vertrauten, die ihn ermorden mußten, und so ward den Römern der Sieg leicht.

Bey der großen Völkerwanderung fielen die Vandalen, Sueven und Alanen in Spanien ein, setzten sich fest und stifteten Königreiche.

Schon im zweyten Jahrhundert sollen die Spanier das Christenthum angenommen haben; im siebenten erwarb Gregor der Erste, der Große, dem Römischen Stuhle ein großes Ansehn über dieses Land.

636 giebt die Kirchenversammlung zu Toledo der Versammlung der Großen das Recht, einen König zu wählen, und der regierende König vertreibt die Juden aus Spanien; die Verbannung wird vom Concilium für ein ewiges

Gesetz erklärt. Die Juden setzten sich nachher zur Wehr; ein Concilium verdammte die Anführer, als Rebellen, zur Sklaverey.

Die Spanier sollen schon damals so eifrige Christen gewesen seyn, daß eine Armee sich an einem Sonntage niedermetzeln ließ, ohne sich zu wehren, um den Feyertag nicht zu entweihen. Man kann denken, wie viel Gewalt und Reichthum die Kirche bey solchen Gesinnungen des Volks an sich riß.

Zu Anfang des achten Jahrhunderts thaten die Mauren oder Araber von den Küsten von Afrika aus einen Einfall in Spanien, wo sie sich fest setzten, und die Königreiche Cordova Sevilien, Granada, Galicien, Arragonien, Valencia und Neucastilien stifteten. Auch waren die christlichen Besitzungen in verschiedene Königreiche abgetheilt, als Altcastilien, Navarra, Leon, Asturien und nachher Arragonien. Christen und Mauren, welche letztern Muhamedaner waren, hatten beständig Krieg mit einander, wobey die letzteren mit abwechselndem Glück, doch im Ganzen immer verloren, besonders gegen Alphonsus von Asturien (791 bis 835) und noch mehr gegen Alphons den Dritten, den Großen (867 910). Seine Härte und die vielen Auflagen, die er, um Krieg zu führen, erhob, machten seine Unterthanen rebellisch, so daß er von seinem Sohne des Throns entsetzt wurde.

758 ward in Asturien eine Verordnung gegen die Ehe der Priester gemacht, weil diese noch öffentlich mit ihren Weibern lebten.

Karl der Große machte einige Eroberungen in Spanien von den Arabern.

Im neunten Jahrhundert fingen die Araber in Spanien an die Wissenschaften, besonders die Philosophie, Mathematik und Arzneykunde zu treiben, und der Reichthum erweckte die Künste des Luxus. Die Christen lagen zu der Zeit in der tiefsten Unwissenheit.

In diesem ganzen Zeitraum und bis zur Vertreibung der Mauren und der Vereinigung Spaniens zu Einem Königreiche, kann man denken, daß Spanien in beständigen Kriegen begriffen war, sowohl unter den Parteyen einer Religion, als unter den beyden Religionen. Man rechne dazu die Unordnungen des Feudalsystems, die Anmaßungen und Streitigkeiten der Lehnsherren und Vasallen bey der Unbestimmtheit ihrer Rechte; die Bedrückungen des Volks und die daraus entstehenden Aufrühre; die Rohheit der Zeiten; den Mangel an Polizey und an Civilgesetzen; die Herrschsucht und Habsucht der Geistlichkeit; die Kabalen der Großen, die Verrätherenen und Verschwörungen, die Kriege der Verwandten um den Thron; so wird man sich einen Begriff von dem Zustande Spaniens machen können.

Die Geschichte rühmt von Almansor, Vicekönig von Cordua, einem Maurischen Reiche, (gestorben 998) einem Helden, daß er keinen Unterschied in Ansehung der Gerechtigkeit zwischen einem Muhamedaner und einem Christen oder Juden machte, und daß er in Bestrafung der Verbrechen und Belohnung der Tugend unabläßig gerecht war. Oftmals wurde ihm von seinen Truppen die Krone angeboten, er schlug sie aber jederzeit aus.

Das Volk war Sklav und bedrückt. Da aber der Adel in Arragonien sich gegen die Könige einen Anhang machen wollte, verwilligte er dem Volke manche Gerechtsame und verband sich mit demselben. Der König von Navarra und Arragonien, Sancho der Dritte, oder der Große, vermehrte das Ansehen des Adels (im Anfang des eilften Jahrhunderts.) Als, nach seinem Tode, sein Reich getheilt wurde, und Arragonien auf seinen natürlichen Sohn Ramiro fiel, mußte dieser vor seiner Krönung diese Gerechtsame bestätigen; und um solche zu erhalten, wurde ein Collegium verordnet, die Ricos Hombres, (die reichen Männer oder Großen) genannt. Bey der Krönung mußte der König mit bloßem Haupte vor dem Präsidenten niederknien, und den Eid ablegen. Indessen hielt dieser einen bloßen Degen mit der Spitze dem Könige auf die Brust und sagte ihm:

Wir,

Wir, die wir so viel sind, als ihr, wir erheben euch zu unserm Könige und Herrn, unter der Bedingung, daß ihr unsre Freyheiten und Gerechtsame erhaltet; sonst, nein. — Das Collegium hatte das Recht, den König vor sich zu fodern, ihn abzusetzen, wenn er sein eidliches Versprechen nicht hielt. Es erklärte die Gesetze, bestätigte die königlichen Edikte, oder wies selbige zurück. Es konnte jedes Verfahren des Königes aufhalten, zurücknehmen und die Waffen gegen den König aufbieten. Peter der Erste (1094) wollte sich dieser (wie die Geschichte sagt: erniedrigenden) Ceremonie des Eides nicht unterwerfen; sie ward ihm erlassen, dafür aber mußte er neue Gerechtsame einräumen; dieses Collegium ward endlich erst durch Philipp den Zweyten (im 16ten Jahrhundert) aufgehoben.

1109 ward, durch eine Erbtheilung Portugal von Spanien getrennt.

Vom 11ten bis 13ten Jahrhundert waren die Besitzungen der Mauren in so kleine Abtheilungen getheilt, daß es leicht war, Eroberungen über sie zu machen, und daß sogar das Cistercienser Kloster zu Kalatrava mit seinen Layenbrüdern die Stadt gegen die Mauren vertheidigte, woraus der Ritterorden von Kalatrava entstanden ist.

Die Absicht der christlichen Könige war immer dahin gerichtet, die Muhamedaner zu ver-

vertreiben, und den Adel zu demüthigen. Ferdinand der Dritte von Castilien (1228 bis 1252) mildert die Sitten, gab den Gesetzen Ansehen; die Großen, die in ihren Burgen zerstreut waren, lockte er an sich, und bändigte sie durch große Ehrenämter am Hofe und in der Armee, wovon er einige neue ersann. Er errichtete ein Obergericht zu den Appellationen.

Alphons der Zehnte, der Weise, des vorigen Sohn, beförderte die Wissenschaften; er ward 1257 von einigen Churfürsten zum Kaiser erwählt. Dieß stürzte ihn in einen weitaussehenden Krieg gegen den andern Kaiser, Conrad den Vierten; und diesen wiederum, weil er seine Unterthanen durch Auflagen drücken mußte, in einen Krieg mit seinen eignen Unterthanen; und er ward doch nicht Kaiser. Er verordnete, daß alle gerichtliche und öffentliche Verhandlungen in der Spanischen Sprache, statt der bisherigen Lateinischen, abgefaßt würden. Seine Lieblingswissenschaft war die Astronomie. Er starb 1284. Spanien verdankt ihm gute Gesetze, und die Astronomie die Alphonsinischen Tafeln, welche astronomische Tabellen sind.

Peter der Grausame (von Castilien 1350 bis 1369) ist ein so treuloser und blutdürstiger Tyrann, daß seine Unterthanen, unter der Anführung seines Bruders, Heinrichs von Transtamare,

stamare, sich empören, mehrere Jahre den bürgerlichen Krieg führen, und endlich, mit Hülfe des berühmten Französischen Feldherrn, Bertrand du Guesclin, den König überwinden, gefangen nehmen und tödten.

Johann der Zweyte (1407 bis 1454) wird als ein einjähriges Kind gekrönt. Seine Mutter wird Regentin. 1419 übernimmt Johann die Regierung, allein sein Liebling, Alvar von Luna, oder Graf Gormas, hat unumschränkte Gewalt. Die Herrschsucht dieses Günstlings und die Schwäche des Königes veranlassen einen Aufstand. Johann unterwirft sich der Entscheidung von fünf Commissarien, welche ihm auflegen, den Luna zu entfernen, der aber das nächste Jahr wieder kommt. Es entstanden seinetwegen mehrere Unruhen und bürgerliche Kriege; endlich ward er enthauptet. Es half aber dem Volke wenig, denn alle Favoriten und Minister waren raubsüchtige, blutdürstige und aufrührische Tyrannen, weil der König sie nicht im Zügel hielt. Johann fühlte das Elend, hielt die Regierung für die schwerste Bürde, wünschte, nicht König zu seyn, und wollte mehrmals abdanken; wurde aber jedesmal von seinen ehrsüchtigen Ministern davon abgehalten, weil diese einen festeren König fürchteten, unter welchem ihre Macht verloren gegangen wäre.

Hein-

Heinrich der Vierte, ein Wollüstling und nachlässiger Regent, stürzt das Land ins Elend und die schrecklichste Verwirrung, bis zu seinem Tode 1474. Da alles in Unordnung war, benutzte der Pöbel die Gelegenheit, um plündern zu können. Da die thätigsten und betriebsamsten Spanier die neue Christen waren, (d. h. Mauren und Juden, die sich hatten taufen lassen, oder deren Kinder; ein Unterschied, der noch jetzt bemerkt wird, denn die alten Christen thun sich darauf so viel, als auf einen alten Adel, zu gut, und genießen auch Vorrechte) so ward von der Unächtheit oder Unzuverlässigkeit ihres Glaubens ein Vorwand genommen, um sie zu verfolgen und zu plündern. Sie wurden also, zum großen Theil, erbärmlich niedergemetzelt.

Isabelle, Heinrichs Schwester, bestieg, nicht ohne Unruh und bürgerliche Kriege, den Thron von Castilien. Neben diesem Königreiche waren in Spanien, Portugall ungerechnet, das Königreich Arragonien, das von Navarra, und das Maurische zu Cordua. Isabelle heirathete Ferdinand, König von Arragonien, so daß diese beyden Reiche vereinigt wurden, 1479. Der erste Schritt von Wichtigkeit, den Ferdinand und Isabelle thun, ist, daß sie das Inquisitionsgericht 1480 einführen, welches das Land entvölkerte. Der Dominikaner Torquemada war

war der Stifter, und verbrannte mehr als 6000 Menschen in vier Jahren. Ferdinand bemächtigt sich der Großmeisterthümer der drey Ritterorden, wodurch er das Ansehn und die Macht der Krone sehr vermehrt, und den Adel schwächt. Um diese Zeit ward auch die heilige Hermandad gestiftet. Sie war zu Anfang ein Bündniß von Bürgern, um die überhandnehmenden Räuber zu vertilgen; nachher ward ein Theil davon unter den Waffen, als Scharwache zur Sicherheit der Policey, erhalten.

Die vorigen Könige hatten die Schätze des Staates und die Domainen der Krone an Lieblinge verschwendet, und den Großen freye Hand gelassen. Das Volk mußte dem Hofe alles ersetzen, und ward dazu von den Großen gedrückt, ohne klagen zu dürfen, weil niemand seine Klagen hörte. Ferdinand und Isabelle setzten Untersuchungscommissionen nieder, die das Volk hörten, die Mißbräuche einstellten, die Bedrükkungen ahndeten, und die verschwendeten Güter wieder an die Krone brachten. Isabelle arbeitete ganze Nächte hindurch mit ihren Ministern und Secretairen, und gab selbst öffentliche Audienzen. Viele Burgen der Großen wurden zerstört, um dem Lande Ruhe zu geben.

Die Könige ließen sich 1482 vom Papst das Recht geben, zu den hohen geistlichen Würden zu ernennen, welches ehemals die Stifter und Kapitel ausgeübt hatten.

Mehrere

Mehrere Jahre schon war Catalonien durch einen Aufruhr der Bauern beunruhiget worden, die man Auslösebauern nannte, weil sie, ohne eine Erlaubniß von ihren Gutsherrschaften mit Gelde zu lösen, weder über ihre Personen, noch über ihre Habe, noch über ihre Kinder verordnen konnten. Sie mußten allerley erniedrigende Dienste thun, allerley drückende Abgaben entrichten. Ferdinand schaffte diese Lasten gegen einen billigen jährlichen Zins ab, der um eine gewisse Summe abgekauft werden konnte (1486).

1488 wurde der Selbstschutz mit gewaffneter Hand auf einem Landtage untersagt.

1489 wurde nach einer hartnäckigen Gegenwehr Baza den Mauren abgenommen, und kostete den Castilianern an 20,000 Mann, wofür der König eine zerstörte Stadt und das Volk nichts bekam. Der Krieg mit den Mauren wurde heftig betrieben, und nach zehn Jahren des Blutvergießens wurde endlich das Königreich Granada ganz erobert, 1492. Die Mauren, denen man Religionsfreyheit versprochen hatte, mußten Christen werden, auswandern oder der Inquisition in die Hände fallen. Dieß that dem Lande großen Schaden, und erwarb dem Könige vom Papste den Titel des katholischen Königes.

1491 entsetzte Isabelle den Präsidenten und die Räthe der Canzeley, weil diese eine Appellation an den Papst hatten geschehen lassen.

1492 wurden auch die Juden, und mit ihnen Thätigkeit und Reichthum aus dem Lande vertrieben.

Um diese Zeit kam nach Spanien ein Genueser, Namens Christoph Columbus. Dieser Mann hatte aus seiner Naturkenntniß den Schluß gezogen, daß auf der andern Seite der Erde noch ein großes, bisher unbekannt gebliebenes Land seyn müsse, und erbot sich gegen Ferdinanden, es aufzusuchen. Er hatte seine Gedanken hierüber schon seinen Landsleuten eröffnet, und ihnen seine Dienste zur Entdeckung desselben angeboten, hatte aber kein Gehör erhalten. Ferdinand und Isabelle waren in dem Kriege mit Granada begriffen, konnten sich also auf keine neue Unternehmung einlassen. Der Papst hatte schon, vermöge seiner Allwissenheit, entschieden, daß der Begriff von einer neuen Welt eine Ketzerey wäre; und die Hofleute in Spanien, die sehr gelehrt und witzig waren, spotteten eines geringen Seemannes, der eine neue Welt entdecken wollte. Dieser ging nach Portugal zu Johann dem Zweyten, und ward abgewiesen; von da nach England zu Heinrich dem Siebenten, und hatte eben das Schicksal. Er kam nach Spanien zurück, wo die Eroberung von Granada bereits beendigt war, erhielt endlich drey kleine Schiffe, mit welchen er, nach einer Fahrt von siebenzig Tagen, mit großer Gefahr den 11ten November 1492 die erste Ame-

Amerikanische Insel, San Salvador, erreichte.

Die Spanier machten einige Eroberungen in Afrika, viele in Amerika, hatten viele Kriege wegen Neapolis, dessen Eroberung Ferdinand seinem Feldherrn Fernandez von Cordova, der große Feldherr genannt, verdankte, ihn aber aus Verdacht ganz zurücksetzte. 1515 vereinigte Ferdinand Navarra mit seiner Krone.

Columbus hatte die Ehre nicht, das entdeckte Land nach seinem Namen zu nennen. Man hatte ihm, selbst schriftlich, große Versprechungen gethan; keine ward erfüllt, und ein Statthalter in dem vom Columbus entdeckten Lande ließ ihn sogar einmal in Ketten von Amerika nach Spanien bringen.

Balboa, der das Südmeer entdeckte, ward nachher enthauptet.

Ferdinand hatte einen vortrefflichen Minister, den Kardinal Ximenes, einen Mann von geringer Herkunft. Er liebte ihn nicht, war aber dessen Hülfe bedürftig.

Isabelle war 1504 gestorben, Ferdinand starb 1516. Beyder Tochter Johanna, die einzige Erbin von Spanien, hatte Philipp der Erste, Erzherzog von Oestreich und Herzog von Burgund geheirathet. Sie hatte 1500 zu Gent Karln geboren, der, als seine Mutter wahnwitzig geworden war, seinem Großvater Ferdinand auf dem Spanischen Throne folgte

(in

(in seinem 16ten Jahre), obgleich Johanna bis 1555 lebte. Ximenes starb 1517.

Als Maximilian der Erste 1520 gestorben war, wurde Karl, unter dem Namen Karl der Fünfte, zum Kaiser erwählt.

Karl der Fünfte (1516 bis 1556) als Kaiser; als König von Spanien aber Karl der Erste. Seine Regierung ist eine der merkwürdigsten.

Karl, unter den Niederländern geboren und erzogen, war mit ihnen vertraut, nahm viele nach Spanien mit, wo er ihnen die vornehmsten Würden ertheilte. Sein ehemaliger Hofmeister, Kardinal Hadrian, der nachher Papst wurde, bekam die Stelle eines Premierministers, und als Karl nach Deutschland ging, wurde Hadrian gar zum Regenten des Reichs ernannt.

Dieß sowohl, als die Abwesenheit Karls, und mehrere Eingriffe, welche dieser in ihre Rechte that, brachten die Spanier, und besonders das Volk, zu einem fast allgemeinen Aufstande. Toledo war die erste unter den Städten unter Waffen, und Juan Padilla, nebst seiner Gemahlin Maria Pacheco, zeichnete sich durch Muth und Klugheit daselbst aus. Die Verschwörung wurde die Junta Santa, (die heilige Verbindung) genannt, ward aber nach und nach unterdrückt.

Die Franzosen hatten die Gelegenheit wahrgenommen, um Navarra für das Französische Haus der ehemaligen Könige von Navarra zu erobern. Bey der Belagerung von Pamplona durch die Franzosen, ward ein Spanischer Offizier unter den Belagerten, Ignaz von Loyola, schwer verwundet. Von Natur hatte er ein melancholisches, schwärmerisches Gemüth; die Schmerzen und die langwierige Kur vermehrten seine Schwärmerey, und da er während derselben zum Zeitvertreib viele Heiligenlegenden las, ward bey ihm der Eifer, den Heiligen nachzuahmen, lebendig. Er wollte also einen Mönchsorden stiften. Lange wollte der Papst die Erlaubniß dazu, und die Bestätigung der Ordensregel nicht ertheilen. Loyola aber drang endlich mit seinem Eifer, und mit dem Gelübde durch, seinen Orden zum unbeschränkten Dienste des heiligen Stuhls zu weihen (1540). So entstand der berühmte Jesuiterorden.

Die fünf Kriege Karls mit Frankreich haben wir in der Geschichte Deutschlands und Frankreichs gesehen.

Karl griff ohne großen Erfolg die Mauren in Afrika an. Kurz seine Eroberungssucht und die Unruhen in Spanien und Deutschland, verwickelten ihn in unaufhörliche Kriege.

Während seiner Regierung wurde der größte Theil von Amerika entdeckt; Cortez eroberte Mexiko, und Pizarro Peru. Magellan ent-

entdeckte den Weg nach Indien um Südamerika. Alle diese Entdeckungen und Eroberungen geschahen auf Kosten Einzelner, die noch dazu Ruhe und Leben aufopferten; die Regierung aber nahm den Nutzen für sich.

Als der mächtigste Monarch von Europa, wollte Karl auch einen vorzüglichen Titel haben, und war also der erste der sich Majestät nennen ließ. Seitdem haben alle Könige diesen Titel angenommen. Sehr bescheiden! denn die Römischen Kaiser hießen die göttlichen (divus).

1555 trat er die Spanische Krone seinem Sohne Philipp dem Zweyten, und 1556 die Kaiserwürde seinem Bruder Ferdinand dem Zweyten ab, und zog in das Kloster Jusse bey Placencia in Estremadura, wo er 1558 starb.

Philipp der Zweyte (1556 bis 1598) hatte die Königin Maria von England, Tochter Heinrichs des Achten geheirathet, die aber bald nachher starb. Den Abfall der Niederlande und die daher entstandenen Kriege haben wir in der Geschichte von Holland gesehen.

Er baute das berühmte Kloster und Schloß Escorial.

Man beschuldigt ihn des Todes seines einzigen Sohnes Don Carlos, der ein Wütrich gewesen zu seyn scheint, und seiner zweyten Gemahlin. Beyde starben 1568.

Philipp war ein so eifriger Katholik, daß er nicht allein die Protestanten in den Niederlanden schrecklich verfolgte, sondern auch die Moriscos, oder getauften Muhamedaner in Spanien, aufs schärfste quälte. Er ließ Verordnungen gegen sie ausgehen (1568), vermöge welcher sie ihre Waffen, Kleidung und Sprache mit den Spanischen vertauschen sollten. Die Bedrückung erregte einen Aufstand und bürgerlichen Krieg, in welchem viele tausend Mauren, und sogar Weiber, unbarmherzig niedergemetzelt wurden, und viele Christen fielen. Endlich 1570 brachte die Ohnmacht der Mauren Ruhe.

Don Juan von Oestreich, des Königs natürlicher Bruder, führt Philipps Kriege zur See gegen die Muhamedaner, schlägt sie bey Lepanto 1571, erobert Tunis 1573.

1581 erobert für Philipp der Herzog von Alba das Königreich Portugal, welches durch den Tod Heinrichs des Ersten ohne Erbfolge war.

Er hatte lange Zeit bey der Elisabeth von England um ihre Hand angehalten, war aber immer abgewiesen worden; diese hatte sogar den revoltirenden Niederländern unter der Hand Hülfe gegeben; er nahm sichs also vor, England zu erobern, welches ihm der Papst geschenkt hatte, und rüstete in dieser Absicht die berühmte Armada oder unüberwindliche Flotte aus (1588).

1588). Sie bestand aus hundert und dreyßig Schiffen. Es waren dabey ein Inquisitor und einige hundert Mönche, um die ketzerischen Engländer zu bekehren, oder für ihren Unglauben zu strafen. Einige Stürme und die Geschicklichkeit des Englischen Admirals, Franz Drake, zerstörten die Flotte gänzlich ehe sie England erreichen konnte. Spanien verlor dabey hundert Fahrzeuge, 25,000 Mann und 36 Millionen Geldes. Als Philipp dieß hörte, sprach er mit kaltem Blute: Ich hatte meine Flotte gegen die Engländer, nicht aber gegen die Stürme ausgerüstet. Gott sey gepriesen. — Andächtig genug! Wer war aber an diesem schrecklichen Unglück Schuld? Wenn ein Bürger einen Blumentopf auf sein Fenster setzt, so daß dieser fällt und einem Vorübergehenden verwundet, so wird er, und mit Recht, gestraft. Was soll man von dem sagen, der die Menschen zu Tausenden, ohne alle Nothwendigkeit, in die augenscheinlichste Gefahr stürzt? Es ist schrecklich, wie viel Blut die drey Könige, Ferdinand, Karl und Philipp vergossen haben!

Letzterer mischte sich in die Französischen Unruhen, zur Zeit der Ligue und Heinrichs des Dritten und Vierten.

Die Schätze von Spanien, Mexiko und Peru reichten nicht zu, die Leidenschaften dieses Einzigen zu sättigen. Er verlangte von den Ständen von Castilien eine sogenannte freywillige Gabe; sie gewährten ihm sechs und eine halbe Million. Zum Dank bewaffnete er 60,000 Mann stehender Truppen, die ihn zum unumschränkten Despoten machten.

Ein Staatssecretär, Anton Perez, wird wegen eines Verdachts der Untreue eingezogen, (1598) gefoltert, verurtheilt; entkommt, flieht nach Arragonien, welches sich seiner annimmt, und die Inquisition angreift. Arragonien wird überwunden und verliert seine Freyheiten.

Philipp der Dritte, des vorigen Sohn, (1598 bis 1621) schließt mit den vereinigten Niederlanden 1609 einen zwölfjährigen Stillstand, und vertreibt zugleich alle Moriscos oder Mauren, seine betriebsamsten Unterthanen, aus Spanien; läßt den Herzog von Larma, seinen Liebling und ersten Minister, willkürlich herrschen; dieser hat wieder einen Liebling, den Grafen von Calderone. Philipp nimmt an dem 30jährigen Kriege Theil, und hinterläßt Spanien in der größten Schwäche und Unordnung. Philipp klagte einstens über die Hitze des Feuers, das man in seinem Zimmer angezündet hatte; da aber der Bediente, der dieses Geschäft hatte, nicht zugegen war, und niemand anders das Feuer anrühren durfte, ward der König krank, und starb bald darauf.

Phi-

Philipp der Vierte, des vorigen Sohn, 16 Jahr alt, (1621 bis 1665). Sein Vater hatte ihm gerathen, die Minister zu behalten, die die Staatsangelegenheiten kannten; das erste was er that war, daß er diese abdankte, und dem Grafen Olivarez, seinem Liebling, der ein Jüngling war, unumschränkte Gewalt gab.

Philipp will einen Theil von Mayland erobern, aber vergebens; Catalonien und Andalusien wollen sich aus Mißvergnügen seiner Herrschaft entziehn; es kostet Blut sie unter dem Gehorsam zu erhalten. Portugal reißt sich aber los 1640, und Spanien hat noch einen Krieg mehr. Der König läßt es den Olivarez, oder Comte Duc entgelten; sein Nachfolger Luis Mendez de Haro kann aber dem zerrütteten Staate nicht helfen.

1648 muß Philipp beym Westphälischen Frieden die vereinigten Niederlande für eine unabhängige Republik anerkennen. Im Kriege gegen Frankreich und England verliert er Jamaika und Dünkirchen, und muß durch den Pyrenäischen Frieden 1659 den 25jährigen Krieg mit Frankreich enden, und dabey Roussillon und einen Theil der Niederlande abtreten. 1663 greift er Portugal an, wird zweymal geschlagen und stirbt 1665. Die Aussteuer der heiligen Jungfrau zu Montserrate kostete ihm über eine Million Kronen. Er hinterließ nicht einen Heller im Schatz.

Karl der Zweyte, des vorigen Sohn, vier Jahr alt (1665 bis 1700). Regentin war seine Mutter Maria Anna von Oestreich. Der Jesuit Neidhart, ihr Beichtvater und Günstling Großinquisitor, hat großen Einfluß. Dieser Priester war so eitel, daß er einst zu einem Grand sagte: Bedenken Sie, daß Sie für mich Ehrfurcht haben müssen, der ich alle Tage Ihren Gott in meinen Händen und Ihre Königin zu meinen Füßen sehe.

Die Triplealliang zwischen Holland, Schweden und Großbritannien gegen Ludwig den Vierzehnten rettete die Niederlande Spanien mußte aber doch beym Aachner Frieden 1668 manches einbüßen. 1677 bemächtigte sich Karl der Regierung, um nicht zu regieren; er machte Verse, Don Juan von Oestreich vertheidigte die Monarchie; als dieser aber gestorben war 1679, geschah nichts mehr. Der Herzog von Medina Celi war Premier-Minister und that auch nichts.

1680 feyerte der König seine Vermählung durch ein Auto da Fe, wo zwey und zwanzig Menschen verbrannt und sechzig gestäupt wurden. Räuber verheerten das Königreich Neapel, und der Vicekönig drückte das Land. Die Flibüstiers (Seeräuber) machten sich in Ame-

Amerika furchtbar, und ihr Anführer Morgan eroberte mehrere Spanische Besitzungen. — Der Vicekönig von Valencia läßt einen verbrecherischen Mönch verurtheilen; der Beichtvater des Königes reclamirt die geistlichen Freyheiten, darauf wird der Vicekönig abgesetzt.

Karl hatte kein Geld; er verkaufte die Würden eines Grands, eines Vicekóniges, eines Gouverneurs, um Geld zu bekommen.

Erdbeben in Neapel und Lima in Peru, und die Belagerung von Oran in Afrika 1687 vermehren noch das Unglück Spaniens.

Man sagt, daß Karl 1691 die Franzosen ungestört Bergen (Mons) erobern ließ, weil er glaubte, diese Stadt gehörte den Engländern. Als er 1700 starb, war nicht so viel Geld da, um die Beerdigungskosten zu bestreiten.

Er starb ohne Erben. In seinem Testament hatte er den Herzog Philipp von Anjou zum Nachfolger ernannt; allein Karl, Erzherzog von Oestreich, hatte auch Ansprüche, und beyde suchten ihre Rechte durch die Waffen geltend zu machen. Daraus entstand der große Erbfolge-Krieg. Von der einen Seite der mächtige und herrschsüchtige Ludwig der Vierzehnte; von der andern Kaiser Leopold, Großbritannien, Holland, Portugal und Savoyen. Spanien theilte sich unter beyde. Der Krieg dauerte bis

1713,

1713, und wurde durch den Utrechter Frieden beygelegt. Philipp behielt Spanien unter dem Namen Philipp des Fünften, verlor aber Mayland, Neapel, Sicilien, Sardinien, die Niederlande, Minorka und Gibraltar.

Philipp hatte die Villars, Vendome rc. ihr Leben für ihn wagen und ihm eine Krone erobern lassen; er ließ das Reich durch die Prinzessin von Orsini regieren; — (ein Beweis, daß die Könige aus Eifer für das Wohl der Menschheit, wider den Willen aller, Könige seyn wollen.) Die zweyte Gemahlin des Königes, Elisabeth von Parma, jagt sogleich bey ihrem Eintritt in Spanien die Prinzessin vom Hofe und vom Reiche. Der Kardinal Alberoni, erster Minister, hatte ihren Sturz zuwege gebracht. Alberoni, der allmächtig war, brachte ganz Europa, noch tiefer aber Spanien, in die äußerste Verwirrung, und führte mehrere unglückliche Kriege.

1724 trat Philipp seinem Sohne Ludwig die Krone ab, nahm sie aber wieder, als dieser 1725 starb. In eben dem Jahre geschah der Wiener Traktat, in welchem der Kaiser und der König endlich ihre ferneren Ansprüche aufgaben, die pragmatische Sanction Karls des Sechsten, das Erbfolge-Gesetz Philipps des Fünften und den Utrechter Frieden bestätigten. Es war der Baron Riperda, eigentlich ein Kaufmann, von Seiten

ten Spaniens, der diesen Tractat, mit Hülfe des Prinzen Eugens, zu Stande brachte. Riperda erhielt zur Belohnung die Würde eines Grands und Ministers, der er aber nicht gewachsen war.

Don Carlos, Philipps Sohn, wird König zu Neapel, im Jahr 1734.

Ferdinand der Zweyte oder Sechste, Philipps Sohn, (1746 bis 1759) setzte zwey Tage in der Woche aus, die Vorstellungen seiner Unterthanen anzuhören, führte Ordnung und Manufacturen ein, begünstigte die Künste und Wissenschaften, hinterließ einen ansehnlichen Schatz; und, was noch mehr ist, alle seine Unterthanen bedauerten seinen Verlust. Er hatte keinen Premierminister.

Sein Bruder, Karl der Dritte folgte ihm (1759 — 1788.) 1761 machte er mit Frankreich und Neapel die ewige Vereinigung der drey königlichen Bourbonschen Häuser, oder den Familienvertrag, wodurch er mit England und Portugal einen schweren Krieg bekömmt, und seine Unterthanen mißvergnügt macht.

1762 schränkte er die Inquisition ein, und ließ den Großinquisitor in Verhaft nehmen, dessen Stelle aber nicht lange unbesetzt blieb. 1768 zog die Inquisition einen Spanier ein, weil er am Freytage ein Huhn gegessen hatte. 1778 ward Olavides von ihr verhaftet und zu einem

sechs-

sechsjährigen Gefängniß in einem Kloster verdammt.

1767 wurden alle Jesuiten aus Spanien vertrieben, und ihre Güter konfiscirt.

Spanien und England gerathen in Krieg 1778. Frankreich nimmt Theil daran und belagert viertehalb Jahre lang Gibraltar, welches der brave Elliot, der schwimmenden Batterien unerachtet, behauptet.

Graf Aranda macht sich, als Premier-Minister berühmt; auch arbeiten an der Aufnahme des Landes der Prinz von Asturien und der Graf Campomanes.

Karl der Vierte, des vorigen Sohn, regiert seit 1788.

Portugal.

Ein kleines Königreich, von ungefähr 2000 Quadratmeilen, mit 2½ Millionen Einwohnern. Der Boden ist gebirgig, fruchtbar, bringt Wein, Oel, Reis: hat Schafzucht und Eisen.

Das berühmteste Vorgebirge ist Capo de St. Vincent. Die Flüsse kommen alle aus Spanien, nehmlich: Tajo, Guadiana, Mincho, Duero und Lima.

Es begreift doch zwey Königreiche, Portugal und Algarvien oder Algarbien.

Portugal hat fünf Provinzen 1. Entre Mincho e Duero, 2. Tra los Montes, 3. Beira, 4. Estremadura, und 5. Alem Tejo.

Estre-

Estremadura. — Lissabon, am Tajo, Hauptstadt und Residenz, Handelsplatz, Hafen, Festung; hat 200,000 Einwohner. Den 1sten Nov. 1755 entstand hier ein fürchterliches Erdbeben, welches in sieben Minuten einen großen Theil der Stadt zerstörte. Es sollen dabey 15,000, andre sagen 30,000 Menschen unter den Trümmern der Gebäude ums Leben gekommen seyn. Die Portugiesen hielten dieß Unglück für ein Zorngericht Gottes; um ihn wieder zu versöhnen, feyerten sie auf dem Schutt der Stadt, ein andächtiges Auto da Fe, in welchem sie mehrere Juden und Ketzer verbrannten.

Belem oder Bethlehem, ein königliches Schloß; — Santarem, mit einer Akademie; — Leiria, mit einer Universität; — Setubal, ein Hafen.

Entre Mincho e Duero. — Porto, woher der Wein dieses Namens, eine Handelsstadt; — Braga — Ponte de Lima, an der Lima, welcher Fluß ehemals Lethe hieß, und für einen Fluß der Unterwelt gehalten wurde, dessen Wasser die Vergessenheit bewirkte. — Caminha und Valenza.

Tra los Montes. — Braganza, der Stammort des königlichen Hauses.

Beira. — Coimbra, mit einer Universität und einer Inquisition.

Alem Tejo. — Evora, eine Universität.

Algarve.

Algarve. — Die Häfen Tavira und Faro.

Portugal hat in allen drey andern Welttheilen große Besitzungen.

Manufakturen, Künste und Fleiß sollen hier sehr fehlen. Man nimmt die Tücher aus England, vermöge der Navigationsakte von 1703, da man doch Wolle im Lande hat. Der Weinhandel war ehemals stärker als jetzt, und ein Monopol; seit 1781 ist er frey; man hat aber zum Vortheil des Kornbaues den Weinbau eingeschränkt.

Es giebt eine Menge Klöster, Kirchen, Parochien, Bisthümer, und in Flecken von 1500 Seelen fünf oder sechs Pfarreyen und ein paar Klöster.

Die Landarmee beträgt ungefähr 36,000 Mann; die Seemacht ist größer. Die Bauern machen eine Art von Landmiliz aus, die man 100,000 Mann stark schätzt. Der Militärstand steht in so geringer Achtung, daß Officiere oftmals bey dem hohen Adel in Hausdiensten stehen. Der Graf von Bückeburg, der in Portugal Generalissimus war, hatte einmal bey Tische hinter seinem Stuhle einen Major als Bedienten; ließ ihn aber sogleich neben sich setzen, als er den Stand desselben erfuhr.

Die Regierung ist monarchisch und unbeschränkt. Der Thron ist erblich, auch in weiblicher

licher Linie. Die königlichen Prinzen heißen Infanten, und der Thronerbe, Prinz von Brasilien.

Portugiesische Münzen.

Crusade ungefähr		16 gl.
Neue Crusade		20 gl.
Ein Dobra	21 Thl.	8 gl.
Ein Escudo	2 Thl.	16 gl.

Geschichte.

Portugal ist schon, als ein Theil von Spanien, bey den alten Völkern bekannt gewesen, und hieß Lusitanien. Man hat darin Bäder entdeckt, deren Pracht und Bauart anzeigen, daß sie von den Römern angelegt worden sind, und den Beweis geben, daß Portugal schon vor mehr als zwey tausend Jahren nicht allein bevölkert und reich, sondern auch mit Kultur und Künsten bekannt war.

Bis zum eilften Jahrhundert war Portugal eine Provinz von Spanien; 1095 aber machte es Heinrich von Burgund, Graf von Portugal, welcher Statthalter daselbst war, von der Spanischen Abhängigkeit los.

Sein Sohn Alphons der Eroberer, (1128) bis 1185) nimmt 1139 den Titel eines Königes an und setzt ein Erbgesetz fest. Er war gegen die

die Mauren siegreich, und verwilligte dem Papst einen Schoß.

Sancho der Erste des vorigen Sohn, (1185 bis 1212) verwaltete haushälterisch die Staatseinnahme, beförderte die Wissenschaften, und wollte die Macht der Geistlichkeit einschränken. Man nannte ihn den Bevölkerer. 1210 sprach ein Bischof den Bann über einige Personen aus dem königlichen Hause, weil sie Verwandte heirathen wollten.

1193 entstand Hungersnoth und Pest. Das Volk glaubte, es sey eine Strafe Gottes, wegen der unerlaubten Ehe einer Portugiesischen Prinzessin mit ihrem Vetter, dem König von Castilien und Leon, Alphons dem Neunten, und beyde Eheleute mußten sich trennen.

Alphons der Zweyte (1212 bis 1223) widersetzt sich dem Papst und der Geistlichkeit, welche letztere in die Criminaljustiz Einfluß haben, keine Gerichtsbarkeit anerkennen und keine Abgaben entrichten wollte: er fiel in den Bann und starb.

Sancho der Zweyte, mit der Mönchskutte (die er in seiner Kindheit getragen hatte) (1223 bis 1245) hatte mit der frechen Geistlichkeit Streit, war aber so schwach, daß seine Unterthanen ihn verachteten, und er keinen Schutz fand, als der Papst Innocens der Vierte ihn des Throns entsetzte. Er starb 1248.

Alphons

Alphons der Dritte, Bruder des letzteren, der Wiederhersteller (1245 bis 1279.) Er brachte Ordnung in die Regierung, ward in den Bann gethan, es schadete ihm aber nicht.

Dionysius der Gerechte, (1279 bis 1290) giebt Gesetze, befördert den Ackerbau, stiftet die Universität zu Coimbra, und rüstet die erste Portugiesische Flotte aus. Einige Geistlichen nahmen an einem Aufruhr Theil, der König ließ sie verhaften, und ward darüber in Bann gethan.

Alphons der Vierte (1324 bis 1357) untersagt durch ein Gesetz die Selbsthülfe. 1344 zerstört ein Erdbeben einen großen Theil von Lissabon.

Johann (1383 bis 1433) schwächt den Adel dadurch, daß er denselben vermag, ihm die Domainen-Stücke zu verkaufen, die der Adel in Händen hatte, wodurch dieser seine Vasallen verliert.

1432 werden Madera und die Azorischen Inseln vom Prinzen Heinrich entdeckt.

Johann verbesserte die Zeitrechnung, ließ das Justinianische Gesetzbuch (Codex) übersetzen, und verlegte die Residenz von Coimbra nach Lissabon.

Alphons der Fünfte (1433 bis 1481) war der erste König von Portugal, der eine Bibliothek in seinem Schloß anlegte. Er führte viele unnütze Kriege in Afrika und in Castilien. Die Goldküste in Guinea ward 1452 entdeckt.

Johann der Zweyte (1481 bis 1495) sucht die Großen zu schwächen. Es entsteht eine Verschwörung; der Herzog von Braganza wird hingerichtet, und der König ermordet mit eigner Hand den Herzog Jakob, beyde vom königlichen Geblüte.

Bartholomäus Diaz entdeckt das Vorgebirge der Stürme 1494, welches nachher das Vorgebirge der guten Hoffnung genannt wird.

Da die Portugiesen einen Weg nach Ostindien, und die Spanier nach Amerika gefunden hatten, und beyde alle Entdeckungen in Besitz nahmen, woraus Streitigkeiten erwuchsen, so gewährte der Papst beyden Kronen in Gnaden, als Oberherr der Welt, einer jeden, was sie entdeckt und erobert haben würde, zog aber, zur Vermeidung der Streitigkeiten, eine Linie (Demarkationslinie) von einem Pol zum andern durch das Atlantische Meer; gab den Portugiesen alles was ostwärts dieser Linie, und den Spaniern was westwärts liegt (1493) vergaß aber eine Linie auf der andern Seite, wo sie zusammenstoßen konnten, zu ziehn.

Ein Engländer sagte, das seltenste was er in Portugal gesehen habe, sey ein König, (Johann der Zweyte) der allen, dem aber niemand geböte.

Ema-

Emanuel der Große (1495 bis 1521) verjagt die Mauren und Juden aus Portugal, dem Könige Ferdinand von Castilien zu gefallen; läßt die Kinder derselben mit Gewalt taufen, worüber viele Väter in der Verzweiflung ihre Kinder selbst umbringen. Mehr als 20,000 Juden wurden in Lissabon durch den Pöbel erwürgt (1506).

Vasco de Gama segelt nach Entdeckungen und Eroberungen in Ostindien. Franz von Albuquerque, der größte Held und Eroberer von Indien, folgt ihm nach. Cabeal entdeckt Brasilien, und Ameri o erobert es, und giebt dem Welttheile seinen Namen.

Emanuel war aus Eroberungssucht gegen die Mauren in Afrika, und gegen die Indianer in beständigem Krieg. Einige Anfälle von Pest und Hungersnoth halfen das Land entvölkern. Die Geschichte sagt von ihm, er sey freygebig, gerecht, (das ist in einem Könige widersprechend) arbeitsam gewesen, habe alle Pflichten eines Königes treulich erfüllt, und seine Unterthanen wie seine Kinder geliebt. Seine Regierung ist die glänzendste Epoche von Portugal, aber nicht die glücklichste.

Johann der Dritte (1521 bis 1557) ist der erste König in Europa, der die Jesuiten aufnimmt. Er führt 1536 die Inquisition in

Portugal, und in Ostindien 1548 ein. Franz Xaver war als Missionär nach Ostindien 1540 gegangen.

1531 zerrütten Erdbeben einen grossen Theil von Lissabon und viele Städte, Flecken und Dörfer der Gegend. Die königliche Familie mußte unter freyem Himmel in Zelten wohnen. Der Tajo überschwemmte nachher einen ansehnlichen Theil des Königreichs.

Don Juan von Castro, Vicekönig von Indien, hatte einstens zu einer kriegerischen Expedition Geld nöthig, borgte zu Goa Geld und gab seinen Bart als Unterpfand, den er treulich auslössete.

Auf Johann folgte Sebastian (1557 bis 1578) ein dreyjähriges Kind, den die Jesuiten erzogen.

Endlich bestieg Heinrich, Oheim des Königes, Kardinal, der letzte vom königlichen Stamme den Thron, und starb 1580. Alba eroberte Portugal, welches nun bis 1640 eine Provinz von Spanien blieb, und unter dem Druck seufzte.

Der Herzog von Braganza reißt sein Vaterland los, ohne Mühe, und wird zum Könige von Portugal unter dem Namen Johann der Vierte ernannt (1640 bis 1656). Spanien, welches nicht Kraft oder Muth genug hat,

Por-

Portugal mit Gewalt zu unterjochen, spinnt eine gefährliche Verschwörung an, die aber entdeckt wird. Johann setzt sein Reich unter den Schutz der Jungfrau Maria. Der Krieg mit Spanien bricht aus, und geht in Indien mit den Holländern fort, welche Ceilan erobern.

Alphons der Sechste (1656 bis 1683) 13 Jahr alt. Durch die Verleumdungen der Jesuiten, wie einige sagen, oder wie andre behaupten, durch seinen Unsinn und seine Tyranney, wird das Volk aufgebracht. Er wird 1667 eingesperrt, und sein Bruder Don Pedro zum Regenten des Reichs ernannt.

Pedro der Zweyte (1683 bis 1706) sucht anfänglich in dem Erbfolgekrieg von Spanien sich auf diesen Thron zu schwingen.

Johann der Fünfte (1706 bis 1750). Er verschwendet große Summen an die Kirchen, geräth, wegen der Ernennung eines Kardinals, mit den Päpsten Innocenz dem Dreyzehnten, Benedict dem Dreyzehnten und Clemens dem Zwölften in Zwistigkeiten, bey welcher Gelegenheit er anfängt, die Inquisition einzuschränken. Benedict der Dreyzehnte befahl 1725 in dem Concilium zu Latran den Inquisitionsgerichten, den Beklagten die Anklagen mitzutheilen, damit sich diese vertheidigen können; und ihre Urthelssprüche dem königlichen Rath bekannt zu machen, und sie da bestätigen zu lassen, ehe sie selbige vollziehen. Demunerachtet wurden 1755 mehrere Menschen zu Lissabon in einem Auto da Fe verbrannt.

1748 ertheilt der Papst Benedict der Vierzehnte dem Könige von Portugal den Titel des Allergläubigsten, oder Allertreusten Königes. Johann beförderte die Wissenschaften, stiftet eine Akademie und legt dadurch den Grund zum Sturz der Jesuiten, die alle ächte Gelehrsamkeit von Portugal abzuhalten suchten, um die Nation desto leichter zu tyrannisiren.

Joseph Emanuel (1750 bis 1777).

1755 den 1sten November geschah das schreckliche Erdbeben, durch welches, wie durch die folgende Feuersbrunst, der ansehnlichste Theil von Lissabon und andre Orte zerstört wurden. Das Erdbeben wüthete gleichfalls in Afrika.

Die Jesuiten hatten in Paraguai eine wichtige Niederlassung, worüber sie mit Portugal in Streit geriethen und die Beichtstellen und den Zutritt bey Hofe verloren. Um sich zu rächen oder zu erhalten, machen sie gegen das Leben des Königs eine Verschwörung 1758 mit dem Herzog von Aveiro und der Familie Tavora. Letztere verlieren das Leben auf dem Blutgerüste. Die Jesuiten durfte aber der König, ohne die Erlaubniß des Papstes, nicht strafen, weil sie Geistliche waren, und erhielt auch diese Erlaubniß nicht. Den Malagrida, ein Haupt der Ver-

Verschwörung mußte er der Inquisition überliefern, die ihn, nicht als einen Mörder, sondern als einen Ketzer 1761 hinrichten ließ. Die Jesuiten wurden alle 1759 aus Portugal verbannt.

Joseph hatte den Grafen von der Lippe Friedrich Wilhelm Ernst zum Feldmarschall, und den berühmten Marquis von Pombal zum ersten Minister. Es geschehen manche Verbesserungen, und der König behauptete gegen die Kirche und den Papst seine Rechte.

Maria Francisca, seine Tochter (1777 bis jetzt) nimmt ihren Gemahl Pedro zum Mitregenten, der 1786 stirbt. Beyde sind große Mönchspatronen, lassen 1778 ein Auto da Fe halten, bauen Klöster, schicken Geld nach Rom, begünstigen die Exjesuiten. Pombal war gleich 1777 verabschiedet worden.

Italien.

Italien enthält nicht allein die große Halbinsel dieses Namens, sondern auch die großen Inseln Sicilien, Malta, Sardinien und Corsica, nebst kleineren Inseln. Man rechnet den Inhalt aller dieser Stücke zusammen auf 5170 Quadratmeilen, und die Bevölkerung auf 13,000,000.

Die Halbinsel liegt zwischen dem Mittelländischen und Adriatischen Meere, welches letztere

tere auch der Venetianische Meerbusen genannt wird. Die Meerenge Faro di Messina trennt sie von Sicilien. Die merkwürdigsten Flüsse sind die Tiber, Teverone, der Arno, die Etsch oder Adige, der Tessino, der Po. Unter den Seen, der Lucarner oder Locriner See.

Die Gebirge und Berge, die Alpen, wo der Montblanc der höchste Gipfel 14,670 Fuß hoch; die Apenninen, durch die ganze Länge der Halbinsel, und die Vulkane Vesuv und Aetna oder Gibello. Letzterer 10,630 Fuß hoch.

Die Halbinsel wird in Ober- Mittel- und Unteritalien getheilt.

Oberitalien begreift die Herzogthümer, Savoyen, Piemont, Montferrat, Mayland, Mantua, Parma, Piacenza, Guastalla, die Republiken Venedig und Genua, und einige kleine Fürstenthümer.

Mittelitalien, das Großherzogthum Toscana, den Kirchenstaat, die Republiken Lucca und St. Marino.

Unteritalien, das Königreich Neapel allein.

Oberitalien.

I. Staaten des Königes von Sardinien.

Savoyen, Piemont, Montferrat, ein Stück von Mayland und Sardinien.

Sa-

Savoyen ist gebirgig, liegt in den Alpen, wo Montblanc, St. Bernard, Cenis, die Gletscher oder Eisberge, mit furchtbaren Wegen. Das Land ist wenig fruchtbar, und kann seine Einwohner nicht nähren, weswegen viele auswandern. Brod und Fleisch sind selten, und es gehört wenig dazu, reich zu heißen.

Chamberi, die Hauptstadt, gering schmuzig. Aix mit warmen Bädern; Montmelian, Annecy.

Piemont, gebirgig aber fruchtbar, die Seide wird wild gewonnen und ist sehr gut. Auf dem Berge Viso entspringt der Po, der durch Oberitalien nach dem Adriatischen Meere fließt.

Turin, Residenz des Königs, hat 77,000 Einwohner, viele Kirchen und Klöster, eine Universität, eine Akademie, und Manufakturen. — Asti. Pignerol. Nizza. Man findet in den Thälern verschiedene Waldensische Gemeinen, die hier ruhig sitzen. Die Polizey in Turin taxirt alles, Hausmiethen, Vieh, Holz, Heu.

Der Sardinische Hof lebt sehr sparsam. Gewiß wird er einsehen, daß die Staatseinkünfte nicht dem Könige, sondern dem Volke gehören. Kein Edelmann darf ohne des Königs Erlaubniß reisen oder fremden Mächten dienen. Die Armee beträgt 20,000 Mann.

Montferrat ist fruchtbar. Casal, am Po, die Hauptstadt.

Mayn-

Mayland; Alessandria della Paglia, Vigevano am Tessino. Schöne Seen, Lago Maggiore und Lago die Como. Es ist ein fruchtbares Land, hat doppelte Ernte, Reis, Mais, Parmesankäse.

Sardinien, sehr fruchtbar. Cagliari, die Residenz des Vicekönigs.

Sardinische Münzen.

Pistolen, 4 Thaler 8 Groschen.
Suberdukaten, 1 Thaler 6 Groschen.

II. Oestreichische Staaten.

Diese Staaten sind der größte Theil von Mayland und das Herzogthum Mantua.

Mayland; Mayland, die Hauptstadt, reich und groß mit 119,000 Einwohnern. Como am Comosee; Marigano, Pavia am Tessino, Lodi Cremona, Casal am Po.

Mantua; Mantua, die Hauptstadt, in einem See; Gonzaga, der Stammort der ehemaligen Herzoge.

III. Staaten des Spanischen Infanten.

Diese Staaten sind die Herzogthümer Parma. Piacenza und Guastalla.

Noch im Jahre 1787 ward zu Parma ein neues Inquisitionsgericht niedergesetzt: zur Ehre Gottes, zur Beförderung des heiligen

gen Glaubens und der Seelen Seligkeit; den heiligen katholischen Glauben, ohne welchen niemand Gott gefällig werden kann, von allen ketzerischen Unsauberkeiten rein und unbefleckt zu erhalten: so sagt das Edikt des Großinquisitors. Es verbietet, ohne Genehmigung der Inquisition, Bücher zu drukken, Kupferstiche herauszugeben, mit Juden Umgang zu haben, ihnen am Sabbath, wo sie selbst kein Feuer machen dürfen, Feuer anzuzünden.

IV. Herzoglich Modenesische Staaten.

Modena; Modena, die Residenz, eine schöne Stadt mit 51 Kirchen und 30,000 Einwohnern. Das Land giebt im Wasser Steinöl.

Das Herzogthum Reggio; Reggio; Canossa, eine Festung, wo der Kaiser Heinrich der Vierte im Jahr 1077 drey Tage lang barfuß und im Hemde im Schnee im Hofe stand, ehe er vor den Papst Gregor den Siebenten gelassen wurde.

Das Herzogthum Mirandola; das Herzogthum Carrara 2c.

V. VI. Das Fürstenthum Monaco; das Fürstenthum Masserano.

VII. Die Republik Venedig.

Venedig, die Hauptstadt, hat 150,000 Einwohner, und ist auf lauter Inseln in den Lagunen ge-

gebaut, mit prächtigen Gebäuden und Brücken, dem Markusplatz, dem Arsenal und dem Carnaval.

Padua an der Brenta, hat 45,000 Einwohner, eine Akademie und Universität; Verona an der Etsch, mit einem Römischen Amphitheater. Brescia; Bergamasco.

Das Venetianische Friaul. — Udine.

Das Venetianische Istrien. — Capo d' Istria, Pola — einige Inseln.

Noch besitzt Venedig den größten Theil von Dalmatien, und einen Theil von Albanien.

Die Regierung ist aristokratisch, die Nobili machen den Souverain aus; die Bürger werden despotisch beherrscht; man darf von der Regierung weder mit Lob noch Tadel sprechen. Die Staatsinquisition wacht darüber und hat allenthalben Spione. Der Ausschuß aus dem Adel, welcher die Geschäfte besorgt, heißt die Signoria; an der Spitze ist der Doge, dessen Macht sehr eingeschränkt ist.

Die Nobili sind außerordentlich stolz, gehen schwarz gekleidet, viele sind bettelarm; alle drücken und behandeln den Bürger mit Insolenz.

In der Carnavalszeit geht alles in Maske; am Himmelfahrtstage ist ein Fest, weches man die Hochzeit des Doge mit dem Adriatischen Meere nennt.

Der Handel von Venedig ist groß; war aber noch viel größer vor dem funfzehnten Jahrhundert; denn ehe die Wege nach Ostindien um

Afrika

Afrika und durch Amerika entdeckt wurden, ging fast alle Handlung von Ostindien durch die Hände der Venetianer und Genueser.

Die Republik ist sehr alt, und ward schon im fünften Jahrhundert gegründet, als die Hunnen bey der großen Völkerwandrung die Bewohner Italiens vertrieben. Viele flüchteten hier in die kleinen Inseln, und legten gegen das neunte Jahrhundert die Stadt Venedig an.

Venetianische Münzen.

Doppia . .	3 Thl. 20 gl.
Zechino Ruspido . .	3 Thl. 8 gl.
Zechino di Venetia . .	2 Thl. 12 gl.
Dukato di Banco . . .	1 Thl.
Dukato Corrente . .	19 gl 10 Pfenn.
Scudo Veneto . . .	1 Thl. 8 gl.
Giulio	16 gl.

VIII. Die Republik Genua.

Das Land ist unfruchtbar, die Einwohner müssen das Getreide von Fremden kaufen; sie sind aber betriebsamer und kunstreicher, als die andern Italiäner.

Genua, die Hauptstadt, liegt amphitheatralisch auf dem unebenen Ufer des Meeres, hat 80,000 Einwohner, ist befestigt; es herrscht darin viel Armuth.

Die Regierung ist aristokratisch; der Doge ist nur zwey Jahr im Amte; die Edeln sind stolze Tyrannen; sie treiben Handlung. Künste, Wissenschaften werden wenig geachtet; im ganzen Gebiet ist keine Akademie, keine Universität.

Der Staat treibt das Monopolium mit allen Hauptbedürfnissen, Brod, Wein, Oel, Holz. Aberglauben und Mönche herrschen; Dolchstiche sind gemein.

Nach der Hochzeit dürfen Mann und Frau sich nicht beysammen im Publikum zeigen, ohne sich dem Spotte und den Mißhandlungen vom Pöbel auszusetzen.

Genuesische Münzen.

Piaster . . .	1 Thl. 4 gl.
Soldo	3 Pfenn.
Doppia	5 Thl.

Mittelitalien.

I. Die Republik Lucca. — Lucca nebst 150 Dörfern, zusammen 120,000 Menschen, fleißig in Ackerbau und Gewerben, frey, gleich, ruhig, weil der Staat klein ist.

II. Das Großherzogthum Toscana.

Eins der angenehmsten und fruchtbarsten Länder in Italien. — Florenz, am Arno, eine schöne Stadt, mit 80,000 Einwohnern, einigen Akademien. —

Pistoja;

Pistoja; Pisa am Arno, groß und volkleer, ob sie gleich im eilften Jahrhundert 150,000 Einwohner hatte; Livorno, wichtige Handelsstadt; Siena; mehrere Inseln im Tuscischen Meere.

Ehemals war das Land eine Republik, jetzt steht es unter der unumschränkten Macht der Großherzoge aus dem Oestreichischen Hause. Der Adel trieb ehemals Handlung und war reich; jetzt schämt er sich derselben, und ist arm.

Künste und Wissenschaften blühen hier. Die Mediceer begünstigten sie schon im funfzehnten Jahrhundert, und öffneten ihnen den Eingang in Europa.

Toscanische Münzen.

Piastrino	. . .	7 gl. 6 Pfenn.
Cavalato	. . .	6 gl. 8 Pf.
Pezza . $5\frac{3}{4}$ Lire	. . .	1 Thl. 5 gl.
Rupono d'ori	. .	8 Thl. 12 gl.

III. Der Kirchenstaat.

Rom, die Hauptstadt und Residenz des Papstes, die merkwürdigste Stadt in der Welt, sowohl in der alten als neueren Geschichte. Sie ward vor mehr als drittehalb tausend Jahren angelegt. Sie ist auf 12 Hügeln gebaut, hat 19 Thore, 82 Pfarrkirchen, 162,800 Einwohner, worunter 8468 Geistliche sind. Aus den

Ueberbleibseln des Alterthums sind hier zu bemerken, unter vielen Ruinen von großen Gebäuden, Triumphbogen, Bädern, Theatern, Tempeln, Obelisken und Grabmälern, das Colliseum, große Ruinen eines alten Amphitheaters, wo hundert tausend Zuschauer Platz hatten; das Pantheon, ein Tempel aller Götter, der noch ganz, und jetzt, unter dem Namen Maria Rotunda, eine Kirche ist; das Kapitol, ehemals eine Festung mit einem Tempel des Jupiters, jetzt ein Pallast, und ein Franziskanerkloster, welches die Engelsburg heißt; die Kloaken, zur Reinigung der Stadt, davon die Gewölbe so groß sind, daß ein Fuder Heu durchfahren kann; die Wasserleitungen, die zwölf Deutsche Meilen weit das Wasser nach Rom führen; die Landstraßen, worunter noch von dem Appischen Wege große Stücke übrig sind. Zu den neueren Gebäuden gehören der Vatican, oder Pallast des Papstes; die Peterskirche, die größte und schönste in ganz Europa, deren ganze Höhe 578 Fuß, die innre Länge 669 beträgt; der Hochaltar ist 80 Fuß hoch; die Laterankirche, als die Pfarrkirche des Papstes, und der Lateranpallast; der Pallast Monte Cavallo auf dem Quirinalischen Berge; der Farnesische Pallast; die Villa Borghese, u. a. m. Rom hat fast gar keine Manufakturen, wohl aber Klöster, Processionen, Segenssprüche, und ein Collegium zur

Aus-

Ausbreitung des Glaubens (de propaganda fide) welches man auch schlechtweg die Propaganda nennt.

Ferner sind merkwürdige Orte: Ostia, Frescati (Tusculum), Palestrina (Praeneste), Velletri, Tivoli (Tibur), Terracina.

In dem Patrimonium Petri bemerken wir Viterbo, Monte Fiascone, Civita Vecchia, die Landschaft Sabina, das Herzogthum Spoleto, Assisio, Orvieto, Perugia, die Mark Ancona; Loreto, wegen seiner Santa Casa sehr berühmt. Es ist nehmlich dasselbe Haus oder Hüttchen, in welchem die Jungfrau Maria zu Nazareth wohnte, und welches ein Engel in einer Nacht hierher brachte. Die Frömmigkeit und die vielen Wunder bringen hier der heiligen Jungfrau eine jährliche Einnahme von ungefähr 60,000 Thalern, die Kostbarkeiten ungerechnet. Das Herzogthum Urbino. Romagna; Ravenna, Rimini. Das Herzogthum Ferrara am Po. Bologna, eine große Stadt; in der Landschaft ist der Bononische Stein, welcher leuchtend gemacht werden kann.

Dem Papste gehörten ehemals in Frankreich, Avignon, mit der Grafschaft Venaissin, die er aber durch die neue Revolution verloren hat. — Im Königreiche Neapel hat er das

Herzogthum Benevento. Uebrigens gehört ihm, als Statthalter Gottes auf Erden, die ganze Welt. Er hat aber die Gnade gehabt, den Königen und Fürsten einen großen Theil davon zu überlassen, ja manchmal ansehnliche Erdstriche zu verschenken, ehe sie entdeckt wurden.

Der Papst hat ehedem von allen Ländern in der Christenheit eine Menge Geld gezogen. Er genoß, unter dem Namen Annaten, die Einnahme aller vocanten großen Pfründen, und einen Theil des ersten Jahres des Pfründners; er dispensirte einzig und allein von gewissen Gesetzen, vergab allein gewisse Sünden, alles fürs Geld; er verkaufte Vergebungen von begangenen und noch zu begehenden Sünden, fürs Geld; er bekam von gewissen Ländern, als Frankreich, England, Spanien, jährliche Summen. Freylich sind die Zeiten schlechter geworden, allein er bekommt noch ein Ansehnliches. Demunerachtet sind die Statthalter Gottes äußerst elend, weil sie zu viele geistliche Müßiggänger zu füttern haben. Denn es wimmelt hier von hohen Prälaten, von Priestern und Mönchen.

Der Titel des Papstes heißt: Seine Heiligkeit; und: heiliger Vater. Man küßt ihm die Füße; er nennt die Kaiser und Könige seine geliebten Söhne, und sich selbst einen **Diener der Diener Gottes.**

Sein

Sein Wappen ist ein Bischofsstab, nebst einer dreyfachen Krone und zwey Schlüsseln, welche die Herrschaft im Himmel und auf Erden bedeuten.

Die Kardinäle sind, nach dem Papste, die vornehmsten Geistlichen; sie wählen den Papst; sie sind seine Räthe, und machen mit ihm das Consistorium aus. Sie sind, unter dem Titel Legaten, die Gesandten des Papstes, werden Beschützer der Reiche genannt; sie tragen ein rothes Kleid und einen rothen Hut. Man giebt ihnen den Titel Eminenz.

Die Päpste sind von jeher mit Königreichen und Kaiserthümern, die sie nicht an sich reißen konnten, mit Ablässen, Segenssprüchen, Reliquien sehr freygebig gewesen. Sie haben, oder maßen sichs wenigstens an, die Oberherrschaft über Glauben und Kirchenregiment durch die ganze katholische Christenheit. Dafür daß die Heiden, Muhamedaner und Protestanten diese Oberherrschaft nicht anerkennen, sind sie auch in Ewigkeit verdammt. Der Papst macht auf Erden so viele Bischöfe, Erzbischöfe und Kardinäle, selbst bey den Ungläubigen, und im Himmel so viele Heilige als ihm beliebt.

Ueber die Sorge für die Kirche, die Seligkeit und den Himmel, vernachlässigen die heiligen Väter ihr weltliches Regiment und die Polizey.

lizey. Ihr Militärstand ist lächerlich; die Geistlichen bekleiden alle Aemter. Einige Verordnungen der Päpste sind merkwürdig. 1373. Verordnung: Die Statthalter im Kirchenstaate sollen Niemanden zwingen, ihnen ohne bare Bezahlung Holz, Wein rc. zu liefern. 1466. Sie sollen keine Geschenke nehmen, als Essen und Trinken auf drey Tage, bey Excommunikation. — Doch sind die Kardinäle ausgenommen. — 1523. Von allen Gütern, nicht nur der Fürsten, sondern auch der Kirchen und Kardinäle darf der dritte Theil besäet werden. — 1566 wird scharf verboten, mehr Korn aufzukaufen, als man für seine Familie braucht. — 1578 klagt der Papst, daß die Leute viel fremdes Salz, zum Nachtheil der Päpstlichen Kammer und zum großen Verderben ihrer Seelen, kaufen. — 1588 waren alle Aemter feil. — Es wird eine Menge Wachs an Kerzen verbrannt, und in ganz Italien wird kein Wachs gewonnen. — Die Meuchelmörder sind häufig, und jede Kirche ist ein unverletzlicher Zufluchtsort für Straßenräuber und Meuchelmörder. Auch genießen die Palläste der Kardinäle dieses heilsame Vorrecht.

Die Stunden in Rom werden von Sonnenuntergang bis wieder zum Sonnenuntergang mit 24 gezählt, so daß die Stunden nach den Jahreszeiten rücken.

Mün-

Münzen im Kirchenstaate.

Pistole . .	3 Thl.	14 gl.	
Scudo . .	1 .	6 .	
Testona . .	—	9 .	
Lira . .	—	4 .	6 pf.
Paolo und Giulio .	—	3 .	—
Bajocco . .	—	—	6 pf.

Geschichte des neueren Roms. *)

Es ist hier nur von der Macht der Päpste die Rede, die von bloßen Bischöfen sich zu Souverainen machten. Die Geschichte ihrer geistlichen Macht gehört zur allgemeinen Geschichte.

Die Bischöfe waren zu Anfang des Christenthums weiter nichts als Priester, die die Gemeinen unterrichteten und über die Sitten die Aufsicht führten; und da die Gemeinen aus wenigen armen Mitgliedern bestanden, waren auch die Bischöfe eben nicht vornehme Herren. In Rom war eine christliche Gemeine, folglich ein Bischof, der auch nur ein armer Priester war. Mit der Zahl der Christen wuchs auch das Ansehen der Bischöfe, und die Frömmigkeit der Andächtigen gewährte ihren Hirten ein Ansehen, wonach alle Menschen streben, wenn sie kön-

*) Die Geschichte des älteren siehe allgemeine Weltgeschichte.

können. Es war nicht Macht, nicht gesetzliches Recht, sondern bloße Autorität. In Rom war es eben so wie bey allen andern Gemeinen.

Dieß dauerte bis zum Constantin, dem sogenannten Großen, welcher 312 die christliche Religion annahm. Dadurch gewonnen nicht allein die christlichen Kirchen und folglich die Bischöfe großes Ansehen, sondern der Bischof zu Rom gewann vor allen andern den Vorrang, als der Bischof der Hauptstadt, der um den Kaiser war und über denselben viel vermochte. — Damit aber nicht zufrieden, suchte dieser bald sein Ansehen in Macht umzuschaffen, und folglich sah er sich nach rechtlichen Gründen um. Da entstand die Behauptung, die viele als ein Mährchen erklären, daß der Apostel Petrus der erste Bischof zu Rom gewesen sey; daß Petrus zum Haupt der Apostel von Christus ernannt wurde, und daß folglich der Papst, der Nachfolger des Petrus, das Haupt aller Bischöfe, Nachfolger der übrigen Apostel, vermöge eines göttlichen Rechtes sey.

Der Name Papst, welches einerley mit Pfaffe, Pope, Pape, oder Vater ist, war ehemals ein gemeinsamer Ehrentitel aller Geistlichen. Nachher maßten sich die Bischöfe den Titel Papst ausschließlich an. Allein schon in der großen Kirchenversammlung zu Nicea 325, theilten sich die sogenannten Patriarchen zu

Rom

Rom, Jerusalem, Alexandrien in die kirchliche Gewalt, und nahmen vorzugsweise den Titel Papst an, und der zu Rom unterschrieb sogar diesen Titel. Nachher nahm der Patriarch von Constantinopel, als Bischof der zweyten Residenz des Reichs, den Titel eines ökumenischen (d. h. allgemeinen) Patriarchen an, worüber der Papst zu Rom heftig zürnte. Endlich der Römische Bischof Hildebrand, sonst Gregor der Neunte (1227 — 1241) verordnete, daß nur Ein Papst in der Welt seyn sollte.

Diese geistliche Macht war noch nicht weltliche Oberherrschaft, bahnte aber zu derselben den Weg; Aberglauben von Seiten der Fürsten, günstige Gelegenheit, als Schwäche des Griechischen Kaiserthums, und List von Seiten der Päpste, vollendeten das Werk.

Aus hergebrachtem Rechte behaupteten die Griechischen Kaiser die Oberherrschaft über Mittelitalien; welche ihre Schwachheit aber und die Waffen der Westgothen, der Hunnen, der Heruler und zuletzt der Longobarden sehr zweifelhaft machten. Astolph oder Aistulph, König der letzteren eroberte Ravenna und das ganze Exarchat, 750. Pipin, König der Franken, soll dieses dem Päpstlichen Stuhl geschenkt haben; man bezweifelt aber die Eroberung sowohl als die Schenkung. Karl der Große eroberte Pavia 774, nahm den König der Longobarden, Desiderius, gefangen, und machte diesem Reiche ein Ende, so daß man nunmehr Rom vom Griechischen Kaiser für unabhängig hielt.

Darum aber gehörte es noch nicht dem Papste, wenigstens nicht als Souverain. Denn obgleich der Papst Leo der Dritte den Fränkischen König, aus eignem Triebe, zum Kaiser (800) krönte, und ihm dadurch gleichsam die Herrschaft über Rom schenkte, so sahen sich doch die Kaiser noch lange Zeit nicht für Belehnte vom Papste, sondern als Obereigenthums-Herren von Rom an, dessen Nießbrauch sie dem Papst überließen. Und die Päpste, ob sie gleich die Herrschaft der Kaiser durch allerley Ränke einzuschränken und unwirksam zu machen suchten, nannten noch immer die Kaiser ihre Herren; handelten aber mehrentheils so, als wenn diese Herren ihr Recht nur durch die Krönung erhielten, welche Krönung nur durch den Papst geschehen konnte. — 828 ward der Past Gregor der Vierte vom Volke erwählt und vom Kaiser bestätiget.

1059 hielt Papst Nicolaus der Zweyte eine Kirchenversammlung zu Rom, in welcher man schon die Wahl der Päpste den Kardinälen ausschließlich beylegte, der Rechte des Kaisers, die man aber nicht bestimmte, unbeschadet, und wo man von Heinrich dem Vierten sagte: Heinrich,

rich, jetzt König, dereinst aber, geliebt es Gott, Kaiser, nach der Concession, die wir ihm ertheilt haben. Woraus schon erhellt, daß die Päpste, Kaiser zu ernennen, sich anmaßten.

Gregor der Siebente (1073 — 1085) ließ sich vom Kaiser Heinrich dem Vierten confirmiren; allein er versammelte ein Concilium 1075, in welchem der Bannfluch über jeden Geistlichen, der von einem Weltlichen die Investitur annähme, sowohl als über den investirenden Weltlichen, ausgesprochen wurde. So ward die Kirche von den Fürsten unabhängig. Man weiß, wie der Papst sich gegen Heinrich den Vierten im Jahr 1077 zu Canossa betrug.

Dennoch hatten die Kaiser weder auf das Recht der Investituren, noch auf die Oberherrschaft von Italien Verzicht gethan. Zu den Zeiten Innocenz des Dritten und Kaiser Philipps 1199, sagte letzterer: Wenn ich nicht Herr in Rom bin, so ist mein Kaisertitel ein leerer Name.

Es entstanden aber darüber heftige Streitigkeiten, die lange Zeit Rom, Italien und das Deutsche Reich beunruhigten; zwey Parteyen, die Welfen, als Anhänger des Papstes, und die Gibellinen, als Anhänger der Kaiser, machten sich schon in der Mitte des zwölften Jahrhunderts berühmt. Diese stammten von den Hein-

Heinrichen von Weiblingen, oder Gibelingen, aus welcher Familie viele Kaiser waren, als Heinrich der Dritte, Vierte, Fünfte. Das Haus Welf von Altorf verpflanzte sich durch eine Heirath in Italien in das Haus Este, und es stammen daher die Herzoge von Modena, Braunschweig und Hannover. Diese Factionen dauerten bis ins funfzehnte Jahrhundert.

Durch ein Vermächtniß an Gregor den Siebenten schenkte Mathilde, Gräfin von Toscana, dem Päpstlichen Stuhle alle ihre Länder, die Papst Pascal der Zweyte im Jahre 1115 in Besitz nahm; welche aber die Streitigkeiten mit dem Deutschen Reiche vermehrten, weil die Kaiser mit Mathilden verwandt, und mehrere Stücke der Länder aus ihrer Verlassenschaft Reichslehen waren.

Die Kreuzzüge (1095 — 1270) welche die Aufmerksamkeit des ganzen Abendlandes auf Palästina lenkten, gaben den Päpsten Gelegenheit, ihre Gewalt immer mehr zu erheben.

1305 ließ der Papst Clemens der Fünfte sich in Avignon krönen, berief die Kardinäle dahin, und schlug hier seine Residenz auf immer auf, worüber Rom und Italien sehr klagten. Avignon gehörte dem Könige von Neapel, als Grafen von Provence; 1348 kaufte es aber Clemens der Sechste der Königin Johanna von Neapel ab. Diese Versetzung der Residenz ver-

verminderte sehr die Macht der Päpste in Rom 1378 verlegte Gregor der Eilfte die Residenz wieder nach Rom, nach einem Zwischenraume von 73 Jahren.

Demungeachtet rechnet man von 1346 und Clemenz dem Sechsten die Souverainetät der Päpste in Rom; Karl der Sechste in der Hofnung, Kaiser zu werden, erkaufte die Gunst des Papstes mit der Verzichtleistung auf die Gerechtsame des Reiches über Rom.

Indeß der Papst in Avignon war, wußte ein gewisser Rienzi 1347, durch Sonderbarkeit, die Aufmerksamkeit des Volkes auf sich zu lenken, ihm durch die Begriffe von Freyheit Vertrauen abzugewinnen, und die Oberherrschaft, unter dem Titel eines Tribuns, an sich zu reißen. Sein Stolz und seine Eitelkeit machten ihn bald verächtlich und verhaßt, so daß er vom Volke zerrissen wurde.

Als Gregor der Eilfte in dem Jahre 1378 gestorben war, wollten die Italiäner einen Italiäner, und die Franzosen einen Franzosen zum Papste haben, in der Hoffnung den heiligen Vater in ihrer Mitte zu behalten. Sie vereinigten sich in der Wahl Urbans des Sechsten, der aber sogleich durch seinen Stolz alle Parteyen beleidigte. Die mehresten Kardinäle verließen Rom, vereinigten sich zu Anagni, mehrere Fürsten traten ihrer Partey bey, und

es

es wurde zu Fondi ein Gegenpapst, Clemens der Siebente, der zu Avignon residirte, gewählt. So entstand die große abendländische Kirchenspaltung 1378. Jeder Papst sprach über seinen Gegner den Bannfluch; jede Partey verfolgte die andre.

Um dem Uebel ein Ende zu machen, ward 1409 zu Pisa eine große Kirchenversammlung gehalten, welche die damaligen Gegenpäpste, Benedict den Dreyzehnten zu Avignon, und Gregor den Zwölften zu Rom, beyde absetzte und Alexander den Fünften wählte. Da aber die beyden ersten das Concilium verwarfen, kehrten sie sich an die Absetzung nicht, und so hatte man statt zweyer Päpste drey, folglich noch ärgere Zerrüttungen.

Nach dem Tode Alexanders des Fünften ward Johann der Dreyundzwanzigste auf den Päpstlichen Stuhl erhoben.

1414 ward zu Costnitz ein neues Concilium versammelt, welchem der Kaiser Sigismund selbst beywohnte. Johann Huß ward verbrannt, die drey Päpste abgesetzt, und ein neuer Papst, Martin der Fünfte erwählt; er residirte in Rom.

1431 ward zu Basel ein neues Concilium versammelt. Es drang darauf, daß das Costnitzer Dekret, welches den Papst dem Concilium unterwirft, Gesetzeskraft haben sollte. Darauf trennte es der Papst Eugen der Vierte.

Das

Das Concilium setzte ihn ab, und ernannte einen neuen Papst, Felix den Fünften, wodurch die Spaltung von neuem ausbrach; bis daß endlich 1477 der Tod Eugens den Unruhen und der Kirchenspaltung ein Ende machte.

Nun arbeiteten die Päpste unablässig an der Ausdehnung ihres Gebiets. Der tyrannische Papst Alexander der Sechste befestigte die Engelsburg 1503, um die Stadt Rom zu zügeln, die immer, ihrer ehemaligen Größe eingedenk, auf Unabhängigkeit Anspruch machte. Dessen Sohn, der berüchtigte Cäsar Borgia, Herzog von Valentinois, brachte viele Herrschaften an sich, mit Hülfe des berühmten Machiavels, seines Sekretärs.

Die Reformation durch Luthern that zwar der geistlichen, nicht aber der weltlichen Macht des Papstes Abbruch.

1526 machte der Papst Clemens der Siebente ein Bündniß, die Heilige Ligue genannt, mit den Venetianern, Milanesern, und Heinrich dem Siebenten von England, wozu noch Franz der Erste von Frankreich treten sollte, gegen den Kaiser Karl den Fünften. Der Kaiser war thätiger als seine Feinde. Seine Truppen nahmen Rom mit Sturm 1527 ein, den Papst gefangen, plünderten die Stadt; indeß Karl, um die Frömmigkeit der Fürsten nicht gegen sich zu reitzen, Freudenfeste einstellte, Gebete

bete und Processionen zur Befreyung des Papstes verordnete, und vorgab, jene Expedition sey ohne sein Wissen und Willen geschehen.

1781 that Pius der Sechste eine Reise nach Wien, um die Gunst Josephs des Zweyten zu gewinnen; er ließ an der Austrocknung der schädlichen Pontinischen Sümpfe arbeiten, ist aber nicht zu seinem Zweck gekommen. Er lebt jetzt noch.

Man zählt, den Apostel Petrus und Pius den Sechsten mit eingerechnet, 236 Päpste.

Unteritalien.

Die Staaten des Königes von Neapel und Sicilien oder von beyden Sicilien. Beynah 5,000,000 Einwohner.

I. Neapel.

Es ist fruchtbar, heiß, bringt vortrefflichen Wein. Die Landschaft ist überaus schön. Man theilt es in vier große Hauptstücke, 1. Terra di Lavoro, 2. Abruzzo, 3. Apulien, und 4. Calabrien, die wieder in zwölf Landschaften abgetheilt werden.

Terra di Lavoro. — Neapel, die Residenz und Hauptstadt, an einem Meerbusen mit 380,923 Seelen, 107 Kirchen, 149 Klöstern, 130 Kapellen, einigen Fabriken und wenig Handlung. Der Vulcan Vesuv, 3700 Fuß hoch,

hoch, hat furchtbare Ausbrüche, verursacht gewaltige Erdbeben und ergießt große Ströme von Lava. — Der See Averno, (avernus in der alten Fabel, als ein Höllensee berühmt.) — Die untergegangenen und mit Lava bedeckten Städte Herculanum und Pompeji. Ueber der ersten steht Portici, mit einem königlichen Schlosse. Der See Agnano, wo das Wasser zuweilen in die Höhe sprudelt. Am Ufer desselben ist die Grotta del Cane (Hundesgrotte) worin einige Zoll hoch über der Erde die Luft so schweflig ist, daß man darin erstickt. Auch die Schwitzbäder, Gewölbe, aus welchen ein heißer Dunst steigt. Solfatara, ein mooriges Thal, woraus Dampf steigt, und dessen Boden schwankend ist. Puzzuolo, ehemals eine berühmte Stadt (Puteoli), jetzt ein Flecken. Die Sybillenhöle (Grotta di Sybilla Cumana.) — Grotta del Monte di Pausilippo, ein durch den Berg gehauner gewölbter Weg. — Nola; — Capua, am Flusse Volturno. Monte Cassino, ein Kloster, das Stammhaus des Benedictinerordens, 530 gestiftet. Fondi, Gaeta ꝛc. Der Lucrinische See; die Insel Capri (Capreae.)

Salerno, am Meere. Die hiesige Schule der Philosophie und Arzeneykunde ist durch die Araber berühmt geworden. Im Jahr 1100 ward hier ein berühmtes medicinisches Werk in

Lateinischen Versen herausgegeben. Taranto (Tarentum), wo die Tarantel, und woher der Name des Tarentinischen Meerbusens. Lecce; Brindisi, ehemals ein berühmter Hafen; Canne (Cannae), Bari.

Calabrien ward 1783 durch ein Erdbeben zum großen Theile verwüstet. — Cosenza, Reggio, Simori (Sybaris), Cotrona (Croton oder Crotona).

Sicilien.

Durch die Meerenge Faro di Messina von Neapel getrennt, wo die berüchtigten Meerstrudel Scylla und Charibdis befindlich. Es hat vortrefflichen Boden. — Palermo, die Hauptstadt und Krönungsort mit 140,000 Einwohnern. Girgenti; Messina, (1783 vom Erdbeben ganz zerstört.) Catania, am Fuß des Vulcans Aetna oder Monte Gibello; gerade über den Trümmern des alten Catania, welches ein Lavastrom bedeckt hat. — Syracus, mit einen Hafen.

Man rechnet im Königreiche Neapolis 100,000 Personen geistlichen Standes, die fast alle gut leben, und keine Abgaben bezahlen. Man zählt über 6000 Rechtsgelehrte, worunter viele große Einnahme haben sollen. Wissenschaften, Handel und Manufakturen werden sehr mäßig getrieben. Bürger und Bauern

leben

leben in der Armuth, bezahlen schwere Abgaben. Salz ꝛc. sind Monopolien. Das Lotto trägt der Regierung jährlich 271,000 Dukaten. Mordthaten sind häufig. In Neapel allein wurden im Jahr 1785 bey der Obrigkeit 560 Todtschläge angegeben, ohne die verschwiegenen. Man rechnet 40,000 Lazeroni; das sind Leute ohne Gewerbe und Vermögen, die fast nackend gehen, auf den Straßen wohnen und schlafen, von Früchten leben, wenn sie nichts anders haben; als Tagelöhner, Boten, und, wenn sie bezahlt werden, als Meuchelmörder dienen, obgleich noch andre Banditen dieß Geschäft versehen. Die Lazaroni machen unter sich eine Art von Gilde aus. Kaum wird ein Meuchelmord bestraft; allenfalls setzt die erste Kirche den Mörder in Sicherheit. — Da die Richter von Sporteln leben, sind die Processe langwierig und kostbar. Die Andacht ist hier aufs höchste gestiegen. In Neapel hat man das vertrocknete Blut des heiligen Januarius, das jährlich fließend gemacht wird. Das heißt ein Wunder, worüber man mit Glokkengeläute und Kanonen seine Freude bezeigt. Das Gesinde ist schlecht und diebisch; die Damen beschäftigen sich mit Putz und Vergnügungen. — In Neapel wird die berüchtigte Aqua Tofana bereitet, ein langsam tödtendes Gift. Die Bettler überschwemmen die Städte und das

Land. Viele Mönche können weder lesen noch schreiben.

In Calabrien befindet sich Manna, welches für den König von den Unterthanen gesammelt werden muß, worüber diese ihre eignen Geschäfte versäumen; sie bekommen vier Groschen täglich. Es werden hier viele Sardellen gefangen, wir bekommen aus Italien Citronen, Pomeranzen und andre feine Früchte.

Corsica, ist gebirgig. — Corte, ein Flecken; Bastia, die Hauptstadt. Ehemals war es ein unabhängiges Königreich, ward aber 806 von den Genuesern erobert; niemals waren die Corsen ruhig unterthan; 1735 wurden sie aufrührisch und erklärten 1736 den Baron Theodor Neuhof, aus Westphalen, für ihren König, der bis 1743 regierte. Indeß überwältigte Frankreich die Insel. Demungeachtet haben die Corsen, unter der Anführung des Generals Paoli, sich noch immer vom Joche frey erhalten. Man findet hier noch patriarchalische Geradheit, Unwissenheit und Rohheit.

Sicilische Münzen.

Pezzo di Otto	11 gr. 3 pf.
Taro	2 gr. 3 pf.

Malta, gehört den Malteserrittern. — Valetta, die Hauptstadt; Malta, beyde mit Häfen.

Ge-

Geschichte von Italien.

Bis zur Völkerwanderung war Italien der Sitz des Abendländischen Kaiserthums, welches die Gothen zerstörten; Dieterich, der König derselben, eroberte ganz Italien, und stiftete das Ostgothische Reich daselbst 489, dessen Hauptstadt Verona war. Dieses zerstörten aber die Griechischen Kaiser 552, und regierten Italien durch einen Exarchen zu Ravenna, so daß Italien, als eine Provinz, das Exarchat genannt wurde.

568 eroberten die Longobarden Oberitalien und stifteten das Longobardische Königreich.

750 eroberte Astolph, König der Longobarden, Mittelitalien, und machte dadurch dem Exarchat zu Ravenna ein Ende, so daß nur Unteritalien dem Griechischen Kaiserthume übrig blieb. Doch behielten die Griechischen Kaiser ihre Titel und Ansprüche auf das Exarchat.

754 eroberte Pipin das Exarchat, und 774 Karl der Große Pavia, und nahm den Desiderius, König der Longobarden, gefangen, wodurch dieses Reich ein Ende nahm.

800 wird Karl zu Rom als Kaiser, und dadurch zum Souverain von Italien gekrönt. So wird das Abendländische Kaiserthum wieder erneuert, und Italien kommt mit Deutschland in Verbindung zum großen Unglück beyder.

830 setzen sich die Araber in Neapel und Sicilien fest, und behaupten über 100 Jahre lang in Sicilien die Königswürde. Die Päpste fangen an auf die richterliche Herrschaft ihres Bisthums und des Exarchats Ansprüche zu machen.

1016 erobern die Normänner Neapel und Sicilien, und vertreiben die Araber und Griechen.

Die Factionen der Welfen und Gibellinen, das abnehmende Ansehen der Kaiser und die wachsende Macht der Päpste geben zur Entstehung verschiedener Staaten Gelegenheit. Der Kirchenstaat, Neapel, Sicilien, Sardinien, Corsica, Venedig, Genua und einige Städte machen sich vom Kaiser unabhängig. Die Lombardey und Toscana bleiben mit dem Reiche in Verbindung und werden als Lehen angesehen, und sind zum Theil noch Deutsche Reichslehen.

Geschichte von Neapel und Sicilien.

Justinian, der Griechische Kaiser, eroberte es von den Gothen, durch seinen Feldherrn Narses 554; dann kamen die Araber 842; dann die Normänner 1016; so daß es fast beständig von dem übrigen Italien unabhängig blieb.

1130 belehnte, wer weiß aus welchem Rechte, der Papst Anaclet der Zweyte den Roger damit, und krönte ihn zum Könige von Neapel und Sicilien. Seitdem wird bis auf den heutigen Tag dieses Königreich als ein Lehen des

des Römischen Stuhls angesehen, wofür der König als Lehnswaare jährlich dem Papste einen Zelter (ein Pferd) präsentirt.

1192 erobert Kaiser Heinrich der Sechste das Königreich, dessen Nachfolger bis zu Konrad dem Vierten es behalten. Dieser stirbt 1254, hinterläßt nur einen minderjährigen Sohn, Konradin; Manfried, Kaiser Friedrichs des Zweyten Sohn, ist Regent. Der Papst, der das kaiserliche Haus nicht so nah um sich haben will, ruft Karln von Anjou, Bruder Ludwigs des Neunten von Frankreich, den Clemens der Vierte 1265 krönt. Karl besiegt den Manfried, welcher in der Schlacht bleibt. Konradin will sein Erbe erobern, wird geschlagen, gefangen, und 1269 auf Antrieb des Papstes, als ein Rebell, nebst vielen Deutschen Herren, enthauptet.

Nach diesem Morde suchte Peter, König von Arragonien, Ansprüche auf Neapel vor, wie solche Ansprüche zu seyn pflegen. Karl ward von seinen Unterthanen geliebt und verehrt, also war ihm mit offner Gewalt nicht beyzukommen. Deswegen spannen die Navarenser eine Verschwörung mit dem Procida in Sicilien an. Vermöge derselben wurden den 30. März 1282, bey der Vesperglocke die Franzosen ermordet, und Sicilien dem Neapolitanischen Königreiche entrissen. Dieser Meuchelmord ist es, was man

 die

die Sicilianische Vesper nennt. Sicilien war nun zuweilen ein eignes Königreich, zuweilen eine Provinz von Arragonien.

1501 bis 1504 erobern Ferdinand der katholische von Spanien und Ludwig der Zwölfte von Frankreich Neapel, und theilen es unter sich. Letzterer wird von jenem bald darauf verdrängt.

1647 Empörung des Masaniello. Neapel wird auf einige Monate eine Republik.

1707 während des Spanischen Erbfolgekrieges erobert Oestreich Neapel und behält es, beym Utrechter Frieden 1713. Sicilien kommt mit dem Königstitel an Savoyen.

1717 bis 1720 erobert Philipp der Fünfte Sicilien, muß es an Oestreich abtreten, und Savoyen bekommt dafür Sardinien, welches weit weniger beträchtlich ist.

1734 erobern Spanien, Frankreich und Sardinien das Königreich Neapel und Sicilien; der Spanische Infant Karl bekommt es, und dieses wird das dritte Königreich in den Händen des Bourbonischen Hauses.

1767 werden die Jesuiten aus dem Königreich vertrieben; in dem ersten Jahre der Regierung Ferdinands des Vierten 1782 wird die Inquisition aufgehoben.

Der Thronerbe führt den Titel eines Prinzen von Calabrien.

Geschichte von Sardinien.

Von den Karthaginensern kam die Insel an die Römer, an die Vandalen, an die Griechischen Kaiser im fünften Jahrhundert. Die Araber erobern sie 670. Im Jahr 1004 schenkte dieselbe der Papst Johann der Achtzehnte dem, der sie den Arabern abnehmen würde. Die Pisaner und Genueser eroberten sie. Friedrich der Zweyte vereinigt sie mit dem Reiche, Bonifaz der Achte schenkte sie nebst Corsica Jacob dem Zweyten von Arragonien gegen einen jährlichen Tribut, 1295. 1708 erobern sie die Engländer für Kaiser Karl den Sechsten. 1717 erobert sie Spanien wieder und muß sie an Savoyen abtreten.

Geschichte von Savoyen.

Ehemals das Land der Allobrogen, geht von den Karthaginensern zu den Römern, den Burgundern, den Franken über; wird 879 ein Theil des Königreichs Arelat. 1050 wird es eine besondre Grafschaft. 1504 fangen die Streitigkeiten zwischen Spanien und Frankreich wegen Savoyen an, und das Land wird zerrüttet. Ehemals gehörte ein Theil der Schweiz zu Savoyen. 1602 versucht Karl Emanuel der Große, in der Nacht Genf zu überfallen, wird aber von den Bürgern zurück geschlagen.

Victor Amadeus der Zweyte (1675 bis 1730) macht sich durch Klugheit und Tapferkeit berühmt, hat in den Unruhen, während Ludwigs des Vierzehnten Regierung viel zu leiden; verliert fast alle seine Staaten im Spanischen Erbfolgekrieg, bekommt sie aber wieder, und Sicilien dazu mit dem Königstitel, bey dem Utrechter Frieden 1713. Für Sicilien aber nachher Sardinien 1720.

1730 tritt er seinem Sohne Karl Emanuel dem Dritten die Krone ab, bereut es, will sie wieder ergreifen, und wird darüber von seinem Sohn in Verhaft gesetzt.

Karl Emanuel (1730 bis 1773) läßt, zur Beförderung der Handlung, einen Kanal und neue Wege machen; erläßt gegen die aus Frankreich geflüchteten Hugenotten strenge Befehle 1752; endigt 1754 den Streit mit Genf, gegen Abtretung einiger Dörfer; publizirt 1770 ein neues Gesetzbuch, das Corpus Carolinum.

Victor Amadeus der Dritte (1773 bis jetzt) sucht den Titel, Vater des Vaterlandes, zu verdienen.

Geschichte von Venedig.

Der Staat ward fast eben so gleich frey, als er gegründet ward. Die Oberhäupter hießen Tribunen; da diese aber unter einander uneinig waren, wählte das Volk 697 ein einziges Oberhaupt unter dem Titel eines Doge oder Her-

Herzogs. Das Volk behielt die gesetzgebende Macht, der Adel bekam die richterliche, und der Doge die ausführende.

1000 begaben sich einige Städte von Dalmatien unter den Schutz der schon mächtigen Venetianer, um sich vor den Arabischen Seeräubern zu sichern. Von daher schreibt man die Ceremonie des Bucentaurs.

Besonders stiegen durch die Kreuzzüge der Reichthum und die Macht der Venetianer sehr hoch; wodurch sie aber in Händel und Krieg mit den Pisanern und Genuesern verwickelt wurden.

Die Dogen machen Versuche, ihre Macht zu erweitern; der Doge Vitali Michieli wird darüber 1172 vom Volke ermordet. Die Regierungsform wird geändert; das Volk verliert einen Theil seiner Freyheit, und der Doge wird eingeschränkt; die Versammlung der Nobili bekommt die höchste Gewalt. Kurz darauf wird die ältere Ceremonie der Vermählung des Doge mit dem Meere feyerlicher eingerichtet.

Zu Anfang des dreyzehnten Jahrhunderts erobern die Venetianer viele Inseln des Mittelländischen Meeres, besonders Candia, und reißen den ganzen Handel der Levante und Ostindiens an sich.

Im vierzehnten und funfzehnten erweitern sie ihre Herrschaft in der Lombarbey.

Die

Die Entdeckung der Wege nach Ostindien und Amerika stürzt die Handlung und Macht der Venetianer.

1508 verlieren sie durch die Ligue von Cambrai einige Besitzungen in Italien, 1571 die Insel Cypern, 1669 auch Candia gegen die Türken.

1618 machte der Spanische Gesandte, Marquis von Bedmar, eine Verschwörung, um Venedig unter Spanische Herrschaft zu bringen. Das Vorhaben ward entdeckt und vereitelt.

1769 wurden die geistlichen Güter mit solchen Auflagen belegt, wie die weltlichen.

Geschichte von Mayland.

Unter den Unruhen der Welfen und Gibellinen machte sich Mayland frey, und ward eine Reichsstadt, ohne dem Kaiser unterthan seyn zu wollen. Zwey Familien, Torre und Visconti kämpften mit einander und zerrütteten den Staat. Matthäus Visconti machte sich zum Herrn des Landes, und ward 1310 von dem Kaiser Heinrich dem Siebenten zu seinem Statthalter in Mayland ernannt; warf aber bald die Unterthänigkeit ab, und machte sich zum Souverain; verheirathete seine Tochter mit einem Französischen Prinzen, woher die Ansprüche Frankreichs auf Mayland kommen.

1447 wählen die Mayländer den Franz Sforza zum Herzog. Es folgt eine unabsehliche Reihe von Kriegen mit Frankreich. Franz der Erste von Frankreich erobert es 1515. Kaiser Karl der Fünfte vergiebt es als ein Lehen, und nachher seinem Sohne Philipp dem Zweyten von Spanien. Frankreich kann sich nie wieder behaupten. Im Spanischen Erbfolgekriege kommt es an das Haus Oestreich, und bleibt durch den Utrechter Frieden demselben.

Geschichte von Toscana.

Das Land ist schon lange vor Christi Geburt unter dem Namen Etrurien bekannt gewesen. Seine Schicksale waren bis auf Karln den Großen die nehmlichen, als der andern Italiänischen Lande.

Karl der Große ließ Toscana durch Statthalter regieren, die nachher Herzoge oder Markgrafen hießen. Der letzte war Welf der Sechste, Herzog von Baiern, der, weil er keinen Erben hatte, 1160 das Herzogthum dem Kaiser Friedrich dem Ersten verkaufte. Die Städte waren indessen mehrentheils Reichsstädte oder Republiken; Florenz zeichnete sich aus.

Diese verbanden sich größtentheils 1197 gegen das Deutsche Reich. Pisa blieb dem Kaiser treu. Daher die Faktionen der Welfen und Gibellinen.

Indeß

Indeß erhob sich in Florenz durch Handlung und Reichthum das Haus Medicis über alle andern, 1434 wurde der Vorzug desselben sichtbar. Es waren nehmlich in Florenz beständige Streitigkeiten zwischen den Vornehmeren und dem Volke gewesen, die oftmals in offne Gewaltthätigkeiten ausgebrochen waren. Das Haus Medicis, welches zum Bürgerstande gehörte und reich und mächtig war, erhielt eben dadurch die Gunst des Volks. Ein paar Mediceer wurden zu der Würde eines Gonfaloniers erhoben; und so wuchs das Ansehen dieses Hauses. Cosmus von Medicis, Sohn des letzten Gonfaloniers, war ein Mann von großem Verstande und vieler Güte; allein die Partey der Großen wußte es dahin zu bringen, daß er verhaftet wurde, und nach langer Unentschiedenheit, ob er zum Tode verurtheilt werden sollte, mußte er 1434 das Land räumen. Da ihn aber das Volk liebte, ward er bald zurückgerufen und mit Ehrenbezeigungen empfangen. Er machte sich durch seine Freygebigkeit viele Freunde, und begünstigte endlich auch die Großen; so daß er einigermaßen als das Haupt der Republik angesehen wurde. Auf seinem Grabmale nannte man ihn den Vater des Vaterlandes.

Lorenz, sein Enkel, beförderte noch thätiger, als Cosmus, die Wissenschaften. Die Pazzi machten gegen ihn und seinen Bruder Julian

Julian eine Verschwörung. Dieser ward in der Kirche ermordet, Lorenz kam mit einer Wunde davon; das Volk ermordete die Verschworenen und interessirte sich noch mehr für die Medicis.

Johann, ein Sohn des Lorenz, wird 1513 Papst, unter dem Namen Leo des Zehnten, und hebt die Familie noch mehr.

Lorenz, Enkel des ersteren Lorenz, und Sohn des verjagten Peter, verheirathet seine Tocher Catharina mit Heinrich dem Zweyten von Frankreich. Es ist die berüchtigte Catharina von Medicis, die an der Bluthochzeit Antheil hatte.

Alexander, dessen Sohn, that auf die Freyheit offnere Angriffe, und ward aus Florenz 1527 verjagt. Allein Papst Clemens der Siebente, aus dem Mediceischen Hause, brachte es bey dem Kaiser Karl dem Fünften dahin, daß er Florenz belagerte, weil es einen unruhigen Bürger vertrieben hatte, es einnahm, und den Alexander zum Herzog 1531 ernannte. Alexander war lasterhaft, und doch fand er Unterstützung.

Papst Pius der Fünfte erhob die Herzoge 1569 zu Großherzogen. Der Kaiser Maximilian der Zweyte bestätiget den Titel 1575.

1718 ward Toscana durch die Quadrupelallianz für ein männliches Lehen des Deutschen

schen Reiches erklärt. 1739 kam es an den Herzog von Lothringen Franz Stephan: dann an Peter Leopold, welcher sich durch ein vortreffliches Criminalgesetz berühmt, und durch seine menschenfreundliche Regierung bey seinen Unterthanen beliebt macht. Er wird 1790 Deutscher Kaiser und übergiebt Toscana seinem zweyten Sohne Ferdinand.

Geschichte von Genua.

Das Land ist ein Theil des alten Ligurien. Nach den Longobarden ward es von Grafen des Deutschen Reichs regiert. Während der Kreuzzüge bekam es große Reichthümer, und bildete sich im zwölften Jahrhundert zu einem Freystaat. Das Volk wählt die Consuln.

Die Genueser machen Eroberungen und bemeistern sich sogar der Stadt und des Hafens Caffa. Sie haben mit den Venetianern einen Krieg von 130 Jahren, der sich 1381 durch die Schwächung von Genua endiget. Der Staat war auch innerlich nicht in Ruhe, die Regierungsform war bald aristokratisch, bald demokratisch, und es bedurfte des Mayländischen und Französischen Schutzes. Schutzherren sind Herren. Die Genueser wurden der Franzosen überdrüssig, und erschlugen 1409 die Französische Besatzung; und jagten sie 1460 aus der Stadt.

Ludwig

Ludwig der Zwölfte erobert Genua 1499; auch Karl der Fünfte 1522. Franz der Erste beleidigt den Helden von Genua, Andreas Doria, der die Franzosen vertreibt, sein Vaterland befreyt, oder vielmehr unter eine Aristokratie bringt, und einen zweyjährlichen Dogen bestellt. Doria wird beneidet; Graf Fieschi macht eine Verschwörung gegen ihn, kommt aber in dem Augenblick der Ausführung um (1547.) Die Corsen rebelliren 1746. Genua verkauft 1768 seine Rechte über diese Insel an Frankreich.

Alte Geographie.

Italien ward von den Römern in Italien und Gallien diesseits der Alpen, (das Cisalpinische Gallien,) eingetheilt. Das Meer gegen Norden hieß das Adriatische, und das gegen Mittag das Tyrrhenische Meer; der Meerbusen unten bey Calabrien, hieß der Tarentinische.

Der Po hieß Padus und Eridanus; der Rubico ist in der Geschichte Cäsars berühmt.

In der Gallia Cisalpina, (nachher Lombardey, jetzt Oberitalien):

Ligurien, das jetzige Genuesische Gebiet, wo Nicäa, Alba Pompeja, 2c.

Um den Po, südwärts, Placentia am Flusse Trebia; Ravenna, eine Römische Kolonie.

Nördlich vom Po, der Fluß Ticinus, Cremona, Mediolanum (Mayland), Mantua, Verona, Adria, Patavium (Padua), Aquileja, Tergeste (Triest), die Halbinsel Istrien.

In dem eigentlichen Italien war Groß-Griechenland (Calabrien), Etrurien oder Tuscien (Toscana), Ligurien, Umbrien (Spoleto), Latium, Campanien, Samnium, (Terra di Lavoro), Apulien, Japygia (das Ende oder die Halbinsel von Apulien), Lucanien.

In Etrurien: die Stadt Pisae, mit einem Hafen an der Mündung des Arno; Florentia, Tarquinii, Clusium (Chiusi), Sena (Sienna), Cortona am Trasimenischen See (Lago di Peruga), und Perusia; der Trajanische Hafen; die Stadt Veji, Falerii, wo die Falisci.

In Umbrien: die Städte Pisaurum, Senogallia, Urbinum.

Die Sabiner wohnten zwischen den Flüssen Tiber, Anio und Nar. Städte Amiternum, Cures, Autemnae, Fidenae, (beyde letzten gaben Völkerschaften ihren Namen). Der heilige Berg, wo das unzufriedene Volk sich lagerte, ist nahe am Flusse Anio. Der Fluß Allia ist wegen einer Niederlage der Römer bekannt.

Die Picentes wohnten im Agro Piceno (die Mark Ancona). Städte, Ancona, Asculum.

In der Nachbarschaft wohnten die Marsen, die Aequi; bey letzteren bemerken wir die Städte, Algidum (am Berge Algido), Corbio.

Latium, anfänglich sehr eingeschränkt, dehnte sich nach und nach aus. Die Hauptstadt Rom; Portus Romanus oder Augusti, ein Hafen an der Mündung der Tiber; Ostia, die erste Römische Kolonie; Laurentum, Lavinium, Ardea, die Hauptstadt der Rutuler; Astura, die Pontinischen Sümpfe, Aricia, Tres Tabernae (drey Wirthshäuser), Forum Appii, Alba Longa, Velitrae, Tusculum (Frescati) Gabbii, Praeneste (Palestrina), Tibur (Tivoli), Artena, den Volsciern zugehörig; Terracina, Amiclae, Cajetae, Formiae, Minturnae, Fundi, im Caecubischen Gebiete, dessen Weine berühmt waren; Anagnia, die Hauptstadt der Herniker. Die Ausonen wohnten in der Gegend von Benevento.

Campania, (Campagna di Roma,) wo Vulturnus (Fluß und Stadt), Cumae (wo die Sybille, Misenum (Vorgebirge, Stadt und Hafen); Bajae; die Seen Avernus und Lucrinus; Puteoli, mit einem Hafen und Meerbusen (Pozzulo), Neapolis, Herculanum, Pompeji, das Land Falernus mit berühmten Weine; die Stadt Capua, Nola, Atella.

Die Picentiner; ihre Hauptstädte waren Picentia und Salernum (Salerno).

In dem Samnitischen Gebiete: Aufidena, Treventinum, Benaventum, Caudium, wo die Furcae Caudinae.

Ein Theil von Apulien hieß Daunia, wo Canusium, Cannae, Venusia, Acherontia.

In Calabria oder Messapia, Tarentum, Brundusium.

In Lucanien, Velia und Elia, am Flusse Hales, der in den Eleatischen Meerbusen fällt; Palinurus (ein Hafen und Vorgebirge); Sybaris, (nachher Thurium) Heraklea, Metapontum, Marsicum.

Zwischen Lucanien und dem Sicilischen Meere wohnten die Bruttier (Brutti), die merkwürdigsten Orte sind: Temesa, Terina, Vibo (oder Hipponium), Scylla, ein hoher Felsen am Vorgebirge Scylläum; die Stadt Rhegium; das Vorgebirge Leucopetra; Locri, eine Stadt; Croton oder Crotona, Numistro, der Fluß Acheron.

Wie weit Groß-Griechenland sich erstreckt habe, weiß man nicht genau; es umfaßte die Griechischen Städte von dem Tarentinischen bis ans Sicilische Meer, und einen Theil von Sicilien.

Die berühmten Römischen Wege waren große gebahnte und gepflasterte Straßen; wovon noch große Ueberbleibsel vorhanden sind. Die merkwürdigsten sind: der Appische; er ging

von

von Rom nach Brundusium; der Flaminische, durch Etrurien und Umbrien bis an die Stadt Ariminum; der Amelische, von Ariminum bis Aquileja; der Aurelische, von Rom nach Pisa; der Lateinische, von Rom nach Casino.

Sicilien hieß auch Trinacria; die drey Vorgebirge heißen Pelorum, Pachynum und Lilybaeum. Die Städte sind Messana, vorher Zankle, späterhin Mamertum, an der Meerenge, wo der Strudel Charybdis, den die alten Schiffer sehr fürchteten, weil sie in der Schifffahrt nicht so geschickt waren als die heutigen, die hier ohne alle Gefahr durchzukommen wissen. — Taurominium; die Felsen der Cyclopen, Catana, Hybla; die Laestrigones, welche Menschenfresser gewesen seyn sollen; die Stadt Megara, Syracusa, die Quelle Arethusa. Die Stadt Agrigentum, Lilybaeum; der Berg und die Stadt Eryx, Panormus, Himera mit warmen Bädern.

Asien.

In diesem grossen Erdtheile finden wir 1. die Asiatische Türkey, 2. das Asiatische Rußland, 3. die Asiatische Tartarey, 4. Georgien, 5. Arabien, 6. Persien, 7. Ostindien, 8. Japan, 9. China. Die Geographie ist nunmehr sowohl als die Geschichte nicht so bestimmt und so detaillirt, wie wir sie in Europa gehabt haben.

I. Die Türkey.

Sie besteht aus 1. Natolien, 2. Syrien, 3. Mesopotamien, 4. Türkisch Georgien, 5. Turkomannien oder Türkisch Armenien. — Die berühmtesten Flüsse sind: der Euphrat oder Phrat, der Tigris, (nach ihrer Vereinigung heissen beyde Shal-al-Arab), der Halys oder Kisel-irmak, der Meander, der Fasch oder Phasis, der Oront, der Jordan, der Granicus.

Die Seen: der Benischer, das todte Meer, der See Genezareth, oder das Meer von Tiberias. — Meerengen, von Constantinopel und der Hellespont. — Meere, das schwarze Meer, Mare di Marmora, Archipel, Mittelländische Meer. — Gebirge und Berge,

der

der Taurus, Libanon und Antilibanon, Olymp. — Der Boden an manchen Orten ist fruchtbar, an andern sandig, felsig und morastig. — Die Luft ist heiß, der Samum, ein Wind, erstickt und verbrennt plötzlich diejenigen, die er trifft. Auch sind Erdbeben und Pest nicht ungewöhnlich.

Anadoli.

Anadoli, (Natolien, die Levante, der Orient, das Morgenland), ehemals Kleinasien. Wir bemerken Burscha (Prusa), Smyrna, die vornehmste Handelsstadt in der Levante; Pergamo, wo das Pergament vor etwa 2000 Jahren erfunden ward; Lapseck (Lampsacus), Sard (Sardes), Ephesus, Kiutahya, die Hauptstadt von Natolien; Ismid (Nicomedia), Isnik (Nicea), wo die erste allgemeine Kirchenversammlung 325 gehalten wurde, und die Verfolgungen unter den Christen ein gesetzliches Ansehen bekamen. Miles (Miletus), Angora (Ancyra), durch die Angorische Ziege, die das sogenannte Cameelhaar giebt, berühmt. Sinnop (Sinope). Die Landschaft Caramanien; Cogni (Iconium), Ladikio (Laodicea), Kaisaria (Caesarea Cappadociae), Tarsus, Siwas (Sebaste), Tarabosan (Trapezunt), ein kurzes Kaiserthum während der Kreuzzüge. Tripoli, Cerasonte, woher die Kirschen kommen. —

Die Insel Cypern ist bergig und sumpfig, giebt Diamanten, Asbest, Cypressen, Rosenholz, (eigentlich Rhodusholz).

Im Alterthume waren hier die Landschaften Mysien, (wo Pergamus).

Phrygien oder Troas, wo Dardanum, Abydus am Hellespont, Troja, der Berg Ida; Die Flüsse Meander, Simois, Scamander, Nauthus; die Städte Calossae, Antiochia.

Die Landschaft Galatia oder Gallogräcia (wo Ancyra).

Die Landschaft Lydia, wo Lydia, Sardes, der Fluß Pactolus, wegen seines Goldes berühmt; Tyatira, Philadelphia.

Die Landschaften Aeolien, Dorien, Jonien. (wozu die Insel Lesbos, Smyrna, Colophon, Ephesus, Halicarnassus, Priene, Miletus).

Die Landschaften Carien, Lycien, Pamphilien, Pisidien, (wo Antiochia).

Die Landschaft Lycaonien, (wo Iconium).

Die Landschaft Pontus, (wo Amysus, der Fluß Thermodon, Cerosonte, Trapezus (Trapezunt), Cabira.

Die Landschaft Cappadocia, wo Tyana, Nazianzum, Nissa (ein andres als Nicea).

Die Landschaft Cilicia, wo Antiochia (ein andres) Philadelphia, Seleucia, der Fluß Cydnus.

Die Städte Issus, Alexandria, Tarsus.

Syrien.

Syrien.

Soria. Hier fehlt es an Holz, man brennt Kuhmist, hat Ziegen mit sehr dicken Schweifen; es befindet sich hier die Hyäne und und der Tschakal. Die Menge der Heuschrekken ist groß, sie werden aber auch gegessen.

Haleb oder Alep, die Hauptstadt, ist sehr groß, enthält 200,000 Einwohner; die Fenster der Häuser sind alle nach den Höfen zugekehrt, auf den Straßen sieht man nur kahle Mauern. Zwischen hier und Alexandretta werden Tauben als Boten gebraucht.

Antakia (Antiochia), am Orontes, wo die Anhänger Jesu den Namen Christen zuerst bekamen. Es giebt mehrere Städte dieses Namens. — Das Kloster des heiligen Simeons des Styliten, dessen Heiligkeit darin bestand, daß er von 423 bis 460 auf einer hohen spitzen Säule stehend sein Leben zubrachte. Samosata, die ehemalige Hauptstadt von Commagene.

Tripoli (in Syrien) oder Tarablüs gegen den Libanon, durch seine Cedern berühmt, und dem Antilibanon, zwischen welchen Coelesyrien liegt.

Hier wohnen in einer kleinen Landschaft in den Gebirgen die Assassiner oder Assissiner, Nachkommen, wie man vermuthet, der Arsaciden, ihr Oberhaupt wird der Alte vom Berge genannt. Dieß Volk soll jetzt nicht mehr existiren.

Laodicea, woher schöne Baumwolle, Apamea, Said (Sidon), Sur (Tyrus), Markab, der Hauptsitz der Sabäer oder Johannischristen. — Das Drusenland.

Damask (Damascus), eine große Fabrik- und Handelsstadt; die Damascener Degenklingen sind berühmt. — Balbek (Heliopolis).

Hier ist Palästina, welches das ehemalige jüdische Land und das Land der Philister enthält.

Erstes hieß Canaan, das gelobte Land, wo Carmel, der Oelberg, der Berg Nebo, Quarantania und Tabor. Der Boden ist felsig, mehrentheils unfruchtbar; der Fluß Jordan ist ein Waldstrom, im Sommer fast trocken. Jetzt ist beynahe nur das einzige Jerusalem auf den Bergen Zion und Morija noch merkwürdig. Im Alterthume finden wir:

In Galiläa, (Caesarea Philippi), Dan, Gaba, Acra (Ptolemais, Jean d'Acre), noch jetzt berühmt, Genesareth mit dem See; Tiberias mit dem Galiläischen Meere; Cana, Nazareth, Nain, Chorazin, Cäsarea (Stratonsthurm genannt). Es woren die Stämme Dan, Naphthali und ein Theil von Manasse.

In Samarien, (die Stämme Ephraim und Manasse). Samaria (Sebaste) am Berge Garizim, und dem Berge Hebal gegenüber; Bethoron, Bethel, Saron, Antipatris, der Berg Gelboa.

In Judäa, das todte Meer, wo Sodom und Gomorrha; Jerusalem (Aelia Capitolina, Salem, Solyma), Bethlehem, Emaus, Jericho, Hai, Bethel, Hebron, Ramah, noch jetzt eine ansehnliche Handelsstadt; Gabaon, Bethsemes, Bersabe.

In Perea und Trachonitis, Bethsaida, Gadera, Gergesa, Pella, Ramoth, Gilead, Jabes rc.

In dem Lande der Philister, Gath, Azol, Ekron, Ascalon, Gaza, Joppe, Lyda.

In Syrien waren ehemals Commagene, Seleucis oder Antiochene, wo Larissa; Palmyrene, wo Palmyra, Apamea; Decapolis, (die Zehnstädte).

Mesopotamien.

Zwischen dem Euphrat und Tigris. Darin Diarbekir, wo Diarbekir, Nesibin, Edessa, Charan, Mosul.

Georgien.

Ehemals Tauris, Colchis, jetzt Mingrelien und Carduel; die Tscheremissen, (ein Volk), die Städte Jmirette und Kosak. Das Gebirge

Gebirge Kaukasus. Es theilt sich in Türkisch und Russisch. Die Weiber sind sehr schön, werden häufig verkauft; die Einimpfung der Blattern hat hier ihren Anfang genommen, um die Mädchen schön zu erhalten.

Armenien. Turcomannien.

Oder Türkisch Armenien, (ehemals Chaldäa, Babylonien und Assyrien). Es ist ein Theil von Armenien. — Die Städte: Erzerum, Arbel, Bagdad am Tigris, Bassora, zwey wichtige Handelsstädte.

Persisch Armenien, wo auch der Sultan Heraclius am Berge Ararat. Die Stadt Erivan.

Im Alterthume sind zu bemerken, in Chaldäa, Seleucia babylonia, die vornehmste im Parthischen Reiche; Babylon am Euphrat. In Assyrien, Ninive, Ctesiphon, Arbela, Apollonia. In Medien, Cyropolis, Tygrane, Ecbatana, Arsacia, Hekatonpylos, Hyrcanien.

Manches ist hier anders als in Europa. Die Dächer in Bassora sind platt, und man geht darauf spazieren. Die Sandwüsten, ohne Wasser, ohne Pflanzen, sind unabsehbar, und betragen mehrere Tagereisen. Kameele und Dromedare, deren Vaterland hier ist, helfen dem Menschen aus der Noth. Es sind aber hier Löwen, Tiger, Pantherthiere, Bären und

Wölfe

Wölfe in Menge. Darzu kommen die räuberischen Horden der Araber, so daß man nur in Caravanen von mehreren Tausenden, und wohl bewaffnet reisen kann.

II. Asiatisches Rußland.

Es macht den ganzen nördlichen Theil von Asien aus, und erstreckt sich von der Wolga bis an Kamtschatka und zum östlichen Ocean, über 800 Deutsche Meilen, in einer Breite von beynah 400. Es enthält 242,400 Quadratmeilen, ist also größer als ganz Europa; hat aber nicht so viele Einwohner, als die Hälfte von Deutschland. Ungeheure Strecken sind unbebaut und unbewohnt, oder nur mit einzelnen Wohnungen oder geringen Hirtenhorden bestreut.

Die vornehmsten Flüsse sind: die Wolga, Ufa, Samara, Ural oder Jaik; der Oby oder Ob, mit dem Tom, Irtisch, Jenisey, Lena, Amur rc.

Es ist in zwölf Statthalterschaften getheilt, wovon wir nur einige bemerken.

In der großen Tartarey: Kasan, Astrakan, Orenburg; in Siberien, Tobolsk und Irkutzk; die Statthalterschaft Kaukasien.

Kasan an der Wolga, ehemals ein Tartarisches Königreich, welches 1552 von dem Czar Iwan Wasiliowitsch erobert wurde. Ehedem hieß es Bulgarien; ein Khan einer der hiesigen Horden, Namens Temir Lan, (Tamermerlan) machte sich durch seine Siege berühmt, und baute die Stadt Kasan. Er besiegte den Türkischen Kaiser Bajazet 1393 und nahm ihn gefangen.

Die Straßen von Kasan sind mit Balken belegt, statt des Pflasters; die Stadt hat 50 Kirchen und 12 Klöster, und treibt gute Handlung, führt Seife und Leder aus, hat Tuchfabriken und gute Schulen. Es fehlt an Holz; in der Gegend sind große Steppen (d. h. wüste und unfruchtbare Gegenden.) In der Wolga werden Störe gefangen, woraus der Caviar gemacht wird, und Hausen, deren Blase der feinste und stärkste Leim ist.

Die Bewohner der Gegend, Tartaren, Mordwinen, Tschuwaschen, Tscheremissen, Wotjäken, haben besondre Gebräuche. Die Häuser der Tschuwaschen liegen auf Hügeln zerstreut, die Thüren nach Morgen gerichtet, wie in unsern Kirchen die Altäre. Sie scheinen Heiden zu seyn, denn sie haben Hausgötzen, vor welchen sie ihre Gebete verrichten, und opfern Thiere. Sie ziehn viele Bienen, und machen sich aus dem Honig ein berauschendes Getränk. Die Tartaren aber ziehn die saure Milch vor.

Ekatarinenburg, Sitz des Oberbergamtes über alle Bergwerke in Siberien; es sind noch überall viele Städte, die aber uns nicht merkwürdig sind, in den verschiedenen Gegenden.

Astra-

Astrakan oder Astrachan, eine ansehnliche Handelsstadt an der Wolga, und nah am Caspischen Meere, von 70,000 Einwohnern. Die Gegend ist an Reglisse fruchtbar, bringt durch Anbau eine Menge Melonen und Gurken, wovon die Landleute leben; die Luft ist im Sommer sehr heiß. Seide wird viel gewonnen, deren Manufaktur ein Monopolium der Krone ist. Der Berg Boyda hat unter den Kalmucken, Verehrern des Dalai Lama, eine Art von Heiligkeit, und es geht niemand vorbey, ohne ein Opfer, Geld, und wenn er das nicht hat, ein Stück vom Kleide, von den Stiefeln, etwas Pferdehaare ꝛc. daselbst niederzulegen. Der Berg enthält eine Menge Versteinerungen, wozu die Körper nur im Meere gelebt haben können. 1669 bis 1673 machte sich ein Rebell, Stenka Rasin, hier berühmt, und schlug mehrmals Russische Truppen, ward aber endlich in Moskau geviertheilt. — Den Tartaren ist es hier untersagt, Handlung zu treiben. Die Vielweiberey ist ihnen erlaubt.

Kislar, eine Festung, an der Gränze von Persien, in einer großen Steppe ohne Holz.

Orenburg, auch an den Ufern des Caspischen Meeres, welches über 150 Meilen lang, und 30 bis 50 breit ist, und viele Seekälber hat, aus deren Fett Seife gekocht, und deren Felle stark gebraucht werden. — Orenburg, die

die Hauptstadt, am Fluß Ural oder Jaik, in einer ungeheuern Wüste, ist einer von den Orten, wohin Verbrecher verwiesen werden, wozu ein großes Arbeitshaus da ist. Sie treibt Handlung, und es kommen Karavanen dahin. Man findet ansehnliche Kupferbergwerke, mit Ueberbleibseln aus dem Alterthume, welche beweisen, daß das Land ehemals von policirten Völkern bewohnt war. In dem Lande sind die Kirgisen wegen ihrer vortrefflichen Hammel, und die Baschkiren wegen ihrer Pferde merkwürdig. Am Jaik wohnen Kosaken, denen ein Oberhaupt vom Hofe ernannt wird, die aber unter einander eine demokratische Regierungsform haben. Sie treiben Handlung, sind reinlich, gesittet, reich, aber faul und den Vergnügungen ergeben, so daß sie wohl nicht lange ihre Freyheit behaupten werden. — Auch findet man hier Kalmucken, die von den Mongolischen Tartaren abstammen, arbeitsam, friedfertig und wohlthätig sind. Sie sind Nomaden (d. h herumziehende Hirten), die in tragbaren trichterförmigen Hütten wohnen. Sie haben eine Menge Pferde, genießen die Stutenmilch; die Reichen haben Kameele. Auch diese sind Verehrer des Lama, und weisen ihren Priestern in den Horden den besten Platz an. Die Mädchen schminken sich. Löffel und Gabeln haben sie nicht, eben so wenig als Stühle. Sie waschen kein Tischgeschirr, sondern wischen es nur ab. Die

Fürsten

Fürsten der Kalmucken, die nicht unter Russischer Hoheit stehen, herrschen unumschränkt, verstümmeln ihre Unterthanen an Nase und Ohren nach Belieben, nur dürfen sie sie nicht tödten. In ihren Gesetzbüchern, (wenn sie Gesetzbücher haben) sollen für die größten Verbrechen erklärt seyn, die Feigheit der Fürsten, der Mangel an Ehrfurcht gegen die Priester, der Vatermord, der Diebstahl. Die Strafen sind fast alle an Vermögen, wovon der Fürst den größten Theil bekommt. Auch Leibesstrafen können losgekauft werden. Todesstrafe ist bey ihnen nicht. Sie brauchen die Feuerprobe. Die Geistlichkeit ist von Abgaben frey, und bezeigt dem Fürsten keine Unterwürfigkeit; der Fürst aber bezeigt seinem Oberlama (Oberpriester) die tiefste Ehrfurcht.

Siberien ist ein großer Strich Landes, von uncultivirten Völkern bewohnt. Erst gegen die Mitte des 16ten Jahrhunderts eroberten es die Russen, und machten es uns bekannt.

Tobolsk, eine Provinz an den Flüssen Oby, Jenisey und Irtisch. Tobolsk, die Hauptstadt, am Irtisch, Handelsstadt und Festung. Zu dieser Provinz gehört die große Insel Nova Zembla. — Jeniseisk am Jeniseyfluß.

Irkutzk. — Irkutzk, die Hauptstadt, am Irkut, die vornehmste Handelsstadt in Siberien. —

Jakutsk, an dem Flusse Lena. Ochotzk. — Die Halbinsel Kamtschatka; wo ein Feuerspeyender Berg und ein Fluß gleiches Namens, Bolcheretzk, der Hauptort am Penschinzkischen Meerbusen; der Petropawlowska Hafen.

In Siberien ist noch die Statthalterschaft Kolywan; wo Kolywan und Beerskoi. — Ostrog am Obyflusse; Tomsk, die zweyte Hauptstadt von Siberien, am Tom, mit großer Handlung.

Die Kurilischen Inseln zwischen Kamtschatka und Japan; die Aleutischen Inseln; die Fuchsinseln.

Die Statthalterschaft Kaukasien enthält den Kuban, eine neue Eroberung am Flusse Kuban.

In Siberien werden die kostbarsten Pelzwerke gefunden, Marder, Zobel, Hermelin, weiße, schwarze, Kreuzfüchse, Gold- und Silberbergwerke in Kolywan. Die Einwohner von Tomsk hingen ehemals sehr stark an ihren Gebräuchen, und bezahlten lieber 50 Rubel jährlich, als daß sie sich den Bart abnehmen ließen. Uebrigens geht der Bart die Regierung so wenig, als die Religion an. Wenn die Altgläubigen einen Andersgläubigen bewirthen müssen, werfen sie, sagt man, alle Geschirre, die letzterer gebraucht hat, entzwey. Sie sollen auch gegen Viehseuchen keine Mittel brauchen, weil ihre Vorfahren keine gebraucht haben.

Auf

Auf beyden Ufern des Oby wohnen die Ostiaken, die sich nur mit Fellen kleiden, und alle ihre Geschirre aus Baumrinde machen: ein Messer, eine Axt gelten bey ihnen für Reichthum. Sie trinken das Blut der Thiere, die sie erlegen, warm; tauchen ihr Fleisch in Thran; spannen Hunde vor die Schlitten. Väter heirathen ihre Töchter, und Brüder ihre Schwestern. Der Mann kauft seine Frau von ihrem Vater. Sie leben von der Jagd. Viehzucht und Ackerbau sind ihnen unbekannt. Sie sind äußerst faul und unwissend; die Jahre zählen sie nach dem Schnee; sind aber redlich und halten unverbrüchlich ihr Wort. Geburt, Rang und Stand kennen sie nicht. Haben öffentliche Hausgötzen; die Hausväter machen sie, sind Priester und Zauberer.

Der See Baikal oder das heilige Meer, im Irkutzkischen, hat an 80 Meilen Länge und 8 Breite. Hier wohnen die Tungusen; einige leben von Rennthieren, andre von der Jagd, und noch andre vom Fischfange. Ihre Wohnungen heißen Jurten; es ist eine Art von Zelten.

Im Irkutzkischen sind die Koräken oder Koriäken, wovon die Westlichen Rennthiere, die Oestlichen aber nur Hunde vor den Schlitten zu spannen haben. Hier sind auch die Lamuten, die Tschukschis, die Jakuten.

Das Meer (Eismeer genannt) ist fast beständig mit Eis bedeckt, und noch weiß man nicht, daß ein Seefahrer durchgekommen sey, ob es gleich viele versucht haben. Die äusserste Landspitze der Tschuckschis ist von Amerika durch die Cooksstraße getrennt. Die Bären, besonders die weißen, sind in allen diesen Gegenden furchtbar; die Einwohner wissen sie aber zu überwältigen. Man findet in Siberien den Erbsenbaum; auch einen Magnetfelsen, bey Ekatharinenburg.

Der Meerbusen zwischen Kamtschatka und dem festen Lande heißt der Penschinskische Meerbusen. Kamtschatka ward 1696 bis 1711 von den Russen erobert. Der Pelzhandel ist wichtig und ein Monopolium der Krone. Kaum sind 4000 Menschen auf dieser 120 Meilen langen Halbinsel. Aus Kamtschatka geschehen Auswandrungen von Ratzen zu Haufen von mehreren hundert tausend, die immer gerade nach Westen ziehn, und sich durch nichts aus dem geraden Wege vertreiben lassen. Die Seehunde sind so häufig, daß sie ganze Sandbänke und Klippen bedecken, und manche sind so groß wie die stärksten Ochsen. Seebiber giebt es so viele, daß das Meer auf der Ostseite von Kamtschatka den Namen des Bibermeeres führt. Die Balge dieser Thiere sind kostbar. Die Kamtschatalen sind äußerst unwissend, unreinlich, kämmen sich niemals, lieben den

den Müßiggang, Gesang und Tanz, haben keinen Gruß, schätzen sich höher als andre Menschen, als die Russen, die über sie herrschen, und glauben sich die glücklichsten Bewohner der Erde. Ihre Wohnungen sind Gruften in der Erde, mit einem Dache von Rasen, in welchem ein Loch statt des Schornsteins und des Fensters dient. Statt eiserner Werkzeuge, welche ihnen die Russen erst mittheilten, wußten sie Knochen zu brauchen. Die Hunde ziehn den Schlitten, und sind die einzigen Hausthiere.

Im Alterthume waren alle diese ungeheuren Landesstrecken unbekannt.

III. Die Asiatische Tartarey oder Große Tartarey.

Große Steppen mit einigen fruchtbaren Strichen untermischt. Flüsse sind Syndarja (Iaxartes), Gihon (Oxus), Kuban ꝛc. Das Kaspische Meer. (Der Kaukasus, Imaus oder Mustag. Die Produkte sind Honig, Seide, Tabak, Wein, Safran, Reis, Baumwolle, Hanf, Flachs, Getreide, Krapp, Rhabarber, Eisen.

Die Tartarey besteht aus verschiedenen kleinen Staaten, theils demokratischen und theils aristokratischen, theils unter mehr oder minder beschränkten Chanen. Sie wird in die Kaukasische oder Westtartarey und in die Oestliche getheilt.

In der Westtartarey im Norden des Kaukasus, die man auch zuweilen Tschirkassien oder Circassien nennt, sind Kubascha, Derbent, Schirvan und einige schlechte Oerter. Ueberhaupt kann man hier keine große namhafte Städte suchen, da die mehresten Tartaren Nomaden sind, und das Land überhaupt wenig bevölkert ist.

In der Osttartarey sind das Land Chorasan wo die Stadt Schiwa, Mankischlak, mit einem Hafen am Kaspischen Meere; die Usbeckstartaren; die Kirgisen, eine Horde von 30,000 Kriegern; das Turkestan, mit der Stadt Turkestan; Taschkent, ein wichtiger Handelsplatz an Kanälen. Die Bucharey, Buchara, die Hauptstadt, Samarkand, Tamerlans Residenz.

Diese Gegenden, besonders am Kaspischen Meere, hießen im Alterthume Scythien.

IV. Arabien.

Gewässer: der Euphrat, das Arabische Meer, der Arabische Meerbusen, oder das rothe Meer, der Persische Meerbusen, die Meerenge Babelmandel, die Erdenge Suez. — Brennende Hitze, Sandwüsten, der Samum. — Produkte: Manna, Reis, Wein, Zucker, Kaffee (hier einheimisch) Balsam, Weihrauch, Senesblätter. Thiere: wilde Esel, Kameele, Büffelochsen, Löwen, Tiger, Strauße. Metalle und

und Mineralien außer Gold. — Man pflegt es in das Wüste, Peträische (von der Stadt Petra und nicht von dem Felsen so genannt) und Glückliche Arabien (welches doch auch seine Wüsten hat), zu theilen.

Das Wüste Arabien; die Wüste Syrien, die Wüste Dschesira, die Wüste Irak, 2c. Städte: Katif oder Elkatif, den Inseln Baharem gegen über; es werden Perlen gefischt, Lachsa, eine große Stadt.

Mecca, der Geburtsort Muhameds, mit der Kaaba; dieß Wort bedeutet zweyerley: 1. einen schwarzen Stein, der an der Thür der Kapelle, auch 2. Kaaba genannt, liegt. Alle Muhamedaner sollen wenigstens Einmal in ihrem Leben diesen heiligen Ort besuchen; können aber auch einen andern für sich hinschicken. Kein Christ darf näher als eine Tagereise hinzukommen. Die Kapelle ist mit prächtigen gestickten Zeugen gegen das Wetter gedeckt.

Medina, (eigentlich Medinat al Nabi, d. h. Stadt des Propheten), Muhameds Begräbnißort, der auch von Andächtigen fleißig besucht wird. Hierher flüchtete Muhamed 622, als er aus Mecca vertrieben wurde; hier gründete er seine Religion und sein Reich (das Kaliphat). Seine Flucht wird Hegira oder Hedschrah genannt, und von derselben fangen die Muhamedaner ihre Zeitrechnung an.

Dsjida oder Gedda, ein wichtiger Handelsplatz mit einem Hafen.

Das Peträische Arabien. — Die Berge Sinai, Horeb, der Catharinenberg oder Mosesberg. Orte: Tor, ꝛc.

Das Glückliche Arabien, oder Jemen, Yemen — Mocha, eine berühmte Handelsstadt, woher der beste Kaffee seinen Namen hat. Zebid, mit einer Muhamedanischen Akademie; wie auch Damar; Maskat, eine Handelsstadt ꝛc. Aden desgleichen. — Die Insel Socotora.

Die Araber theilen sich, in Ansehung der Lebensart, in zwey Nationen, die festsitzenden Araber, die ihre Niederlassungen in Städten und Dörfern haben, und die umherziehenden oder Beduinen. Die Häupter werden Scheik, Scherif und Emir genannt, Titel, welche auch alle Nachkommen Muhameds, ob sie gleich zuweilen Tagelöhner oder Küchenjungen sind, führen. Letztere sollen so große Vorrechte haben, daß kein Fürst sie zum Tode verurtheilen darf, und daß kein Feind sie angreift. Auch bekommen diese Titel die Magistratspersonen, die Gelehrten ꝛc. — Der Türkische Großsultan macht auf die Oberherrschaft über einen großen Theil von Arabien, besonders über Mecca und Medina, Anspruch; wird aber nicht für den Oberherrn anerkannt.

Die

Die Beduinen sind besonders gastfrey, plündern aber auch manchmal ihre Gäste nachher; überhaupt sind sie große Räuber. Sie machen Brod von Hirse, den sie zwischen Steinen reiben, weil ihnen jede Art von Mühle, selbst die Kaffeemühle unbekannt ist, und backen es auf einem Feuer von Kuh- oder Kameelmist, in Gestalt dünner Kuchen. Sie impfen ihren Kindern die Blattern ein. Der Aberglaube und geheime Künste sind unter ihnen sehr gemein.

Die Araber sind Muhamedaner von verschiedenen Sekten, die sich eben so andächtig hassen, als die christlichen Parteyen untereinander. An einigen Orten in Arabien wird eine Mordthat durch den Tod des Mörders bestraft, an andern überläßt man es dem Gutdünken der Verwandten des Ermordeten, sich mit ihm auszusöhnen, oder ihn sich ausliefern zu lassen, oder die Rache durch einen Zweykampf mit dem Mörder zu nehmen. Die Familien nehmen sich ihres Mitgliedes an, und es entstehen daraus langwierige Fehden.

Man erzählt von einigen Fürsten im glücklichen Arabien, (welches schon glücklich zu heißen verdient, wenn dieß wahr ist,) daß sie ein Handwerk treiben, und von dem Ertrag desselben leben, ohne von den Einkünften des Staates etwas für sich zu verwenden. Es giebt aber auch welche, die nichts thun als kostbar essen, trinken und den Vergnügungen nachjagen.

Im Alterthume ward Arabien eben so wie jetzt eingetheilt.

Im Peträischen war Petra die Hauptstadt der Nabatäer. Die Midianiter, die Agareni um den Berg Sinai (der Agar heißt), von welchen die Saracenen abstammen sollen. Die Moabiter; Phara, Pharan oder Paran; Kades, Sin, Eziongeber, Moca, Bostra, Dia ꝛc.

Im Wüsten; Städte, Rabba, (bey den Ammonitern) Gerasa ꝛc.

Im Glücklichen; die Sabäer (Saba), die Stadt Nysa ꝛc.

In Arabien werden Europäische Münzen gebraucht.

Larin, ohngefähr 6 Groschen.

Geschichte Muhameds und des Kaliphats.

Nach Muhamed folgen Abubeker, Muhameds Schwiegervater; Omar, Othman, Ali, Muhameds Schwiegersohn.

Ali war unbesonnen genug, sogleich alle vornehme Staatsbedienten abzusetzen, und dadurch nicht allein diese, sondern auch die Familie Muhameds zu beleidigen. Selbst Muhameds Wittwe verschwor sich wider ihn mit dem Hause Omar. Es kam zwischen beyden Parteyen zu öffentlichen Kriegen, und die Feindschaft, in welche man die Religion mischte, hat seit dem fortgedauert, so daß lange Zeit in den Moscheen der

der Omiaden Bannflüche gegen die Aliden gesprochen wurden. Dieß geschah im Jahre 37 der Hedschra.

Die Kaliphen hatten schon große Eroberungen gemacht; die Omiaden errichteten ein Kaliphat zu Damascus in Syrien, nachher in Egypten, wo sie bis 139 der Hedschra regierten, von den Abassiden vertrieben wurden; einer von den Omiaden errichtete ein Kaliphat in Spanien, welches bis 414, im Jahr Christi 1032 oder 1035 dauerte.

Die Aliden herrschten in Medina; versetzten aber mehrmals den Sitz des Kaliphats; der zweyte Abasside baute Bagdad 145 der Hedschra und verpflanzte dahin seinen Thron. 655 der Hedschra (1276) eroberten die Tartaren diese Stadt und machten dem Kaliphat ein Ende.

Die Fatimiten, welche von Ali und Fatima, Muhameds Tochter, herzustammen vorgaben, errichteten sich 296 Hedsch. (9 8) einen Kaliphenthron in Afrika, wo sie über die Barbarey, Numidien und Mauritanien herrschten, und Egypten eroberten; er dauerte bis 567 der Hedschra.

Unter den Kaliphen blühten Künste und Wissenschaften, die Zahlen, die wir zum Rechnen brauchen, wurden von den Arabern erfunden, oder von den Indianern durch die Araber erborgt.

V. Persien oder Irak.

Gewässer: es hat allerdings viele Flüsse, deren Namen aber nicht eben berühmt sind. Meere: das Kaspische, das Persische, welches durch die Straße Ormus mit dem Persischen Meerbusen verbunden ist. Die vornehmsten Produkte des Landes sind Seide, Pferde, Porcellanerde, Naphta, Perlen, die bey der Insel Ormus ehemals häufiger als jetzt gefischt wurden. Persien ist in den letzten Zeiten sehr zerrissen worden; viele Schachs und Statthalter haben gesucht, sich von dem Gehorsam loszumachen. (Der Monarch heißt Sophi oder Schach.) Der Prinz Heraclius hat sich in Schirwan und Armenien behauptet, und die Russische Kaiserin hat die Erlaubniß erhalten, Festungen in den nördlichen Provinzen Persiens anzulegen.

Die Religion und Sitten in Persien sind ziemlich dieselben, die wir schon in der Türkey gesehn haben; nur daß die Perser von einer andern Sekte, als die Türken sind; sie bekennen nehmlich die Lehre des Ali, und die Türken die des Omar.

Persien ist in mehrere Provinzen eingetheilt:

Ispahan, die Hauptstadt des ganzen Reichs, eine große und prächtige Stadt wo die besten Baumwollenfabriken sind. — Kaschan, wo die

die schönsten Seidenzeuge verfertigt werden. — Kom, eine große und ansehnliche Stadt.

Khorasan, ist eine Provinz, die oft genannt wird.

Kandahar, gleichfalls, mit der Hauptstadt gleiches Namens.

Kerman oder Caramanien, mit der Hauptstadt gleiches Namens.

Larisan, mit der berühmten Handelsstadt Gambron, oder Bender-Abas und Abuschar, Hauptniederlagen der ostindischen Waaren.

Farsistan, (Persis) wo Schiras am Flusse Bandemir; in der Handlung berühmt.

Kurdistan. — Persisch Armenien, unter dem Fürsten Heraclius: hier das Gebirge Ararat; Erivan.

Schirwan, unter dem Prinzen Heraclius, wo Schamachie, Derbent; die Naphtaquellen bey Baku.

In der Nachbarschaft der Provinz Manzanderan wohnen die Kadscharen, ein freyes gesittetes Volk, das keinen Oberherrn anerkennt. Das einzige freye Volk, außer einigen herumziehenden Tartarischen und Arabischen Horden, in dem ganzen großen Asien.

Die Inseln Bacharein und Ormus sind zu bemerken.

Das Schauspiel soll in diesem Lande erfunden worden seyn.

Man

Man findet hier, besonders in Caramanien, noch Nachfolger der alten Magier, die das Feuer, als das Bild der Gottheit, verehren; sie werden Gueber, auch Gauern, auch Parsis genannt. Zoroaster wird für den Stifter dieser Religion gehalten; das Buch, in welchem sie gelehrt wird, heißt der Send- oder Zend-Avesta; der Sadder ist ein Auszug davon.

Persische Münzen.

Abassi	3 gl.	8 Pfenn.
Mamoudi	1 Thl.	10 gl.
Toman	7 Thl.	14 gl.

Im Alterthume waren diese Gegenden unter den Namen Persien, Assyrien und Medien berühmt.

Hyrcanien am Hyrcanischen (Caspischen) Meere. — Bactriana an dem südlichen Ufer des Oxus; — Bactria oder Oriaspä, Hauptstadt. Sogdiana zwischen den Flüssen Oxus und Jaxarte, wo Maracanda (Samarcand), ein Alexandrien (es giebt sehr viele.) Parapamisus, wo Susia. Gedrosia, wo die Ichtyophagen (Fischesser) waren, die für sehr rauhe Barbaren gehalten wurden. — Dieß alles wird noch zu Assyrien gerechnet.

Persien. — Persepolis, eine schöne Residenzstadt, die Alexander der Große in der Trunkenheit

kenheit anzündete. — Der Fluß Araxes. — Die Landschaft Elymais. — Die Landschaft Susiana. — Susa, Residenz der alten Persischen Könige, am Flusse Coaspes, dessen Wasser so schön seyn sollte, daß, wie man sagt, die Könige kein andres tranken, auch selbst auf Reisen nicht. Der Tigris wurde hier Pasitigris genannt.

VI. Ostindien.

Man benennt mit diesem Namen die ganze große Strecke Landes zwischen Persien und China, nebst den beyden Halbinseln diesseits und jenseits des Ganges und den Inseln im Indischen Meere von Ceilan bis zu den Philippinen. Ungefähr 70,000 Quadratmeilen.

Gewässer. — Meere: der Bengalische und Cambojische Meerbusen. Flüsse: der Indus, der Ganges. Berge: das Gebirge Mustag in Norden, das Gebirge Gate auf der westlichen Halbinsel, und viele andre.

Auf dem festen Lande ist Indostan oder Hindostan, und Bengalen.

Hindostan.

Es begreift viele Landschaften, worunter die merkwürdigsten sind:

1. Das Land der Patanen, eines alten kriegerischen Volks in den Gebirgen, welches einen

Theil

Theil von Kandahar, Kabul und Kaschemir besitzet. Ihr mächtigster Fürst ist Timur Schach, König von Kandahar, gewesen.

2. Das Land der Seiks, eine aristokratische Republik, deren Fürsten unter einander ein Bündniß zu ihrer gegenseitigen Erhaltung mit einander gemacht haben.

3. Das Land Auda oder Uda, dessen Nabob ein Vasall der Engländer ist.

4. Benares; Benares am Ganges, wo eine Indische Akademie und Wallfahrt.

5. Delhi, der einzige kleine Rest vom großen Reiche des Moguls, wo die verwüstete Stadt Delhi, seine Residenz.

6. Agra, die ehemalige Hauptstadt von ganz Indostan und Residenz des Moguls; ungeheuer groß, mit unermeßlichen Reichthümern, einem goldnen Throne mit Perlen und Edelgesteinen besetzt. Am Schlosse soll ein Thor gewesen seyn, wodurch nur Große, nicht aber Geringere gehen durften.

Bengalen.

Noch vor kurzem war es das reichste Land in Indien; gegenwärtig ist es durch schlechte Staatsverwaltung verarmt und öde. Man rechnet gewöhnlich auch dazu die Provinz Bahar, einen Theil von Orissa und Benares, die sämtlich der Englischen Ostindischen Compagnie gehören.

Calc-

Calecutta, an einem Arme des Ganges, die Residenz des Englischen Generalgouverneurs; hat seit 1784 eine gelehrte Gesellschaft; treibt eine große Handlung; hat 600,000 Einwohner.

Chandernagor, eine Französische Niederlassung; und mehrere andre, theils Fabrik- und Handelsstädte. — Die Landschaft Visapour oder Bisnapore.

Das Land Bahar, welches zum Theil den Maratten gehört: Patna am Ganges, die Hauptstadt.

Das Land Orissa, zum großen Theil den Maratten gehörig: — Jaggrenat, mit einer uralten berühmten Pagode.

Die Halbinsel diesseits des Ganges.

Die westliche Küste heißt die Malabarische, vom Cap Delhi bis zum Cap Comorin; die östliche zwischen Madura und Golconda die Küste Coromandel. Ehemals ward die westliche Küste in die Landschaften Decan, Visapour, Canara, Cananor, Calicut, Cranganore, Cochin, Travancore eingetheilt; die östliche in Tanjore, Madure, Carnatic, Golconda. Jetzt theilt man die Halbinsel in 1. das Marattenland, 2. Golconda, 3. Mysore, oder das Reich des Tippo-Saib, Nachfolgers des berühmten Hyder-Allys; 4. die

Nabobschaft Carnatic oder Arcot, verschiedene kleine Staaten und Europäische Besitzungen.

Das Marattenland. Die Maratten, ehemals eine bloße Räuberbande, haben durch Eroberungen ein Reich gegründet, welches einen großen Theil von Indostan und von Decan enthält. Ein Monarch beherrscht sie, und hat unter sich viele große Vasallen. Wäre er bey den ersten Schritten zu seiner Größe unglücklich gewesen, so hätte er unter Henkershänden sterben müssen. Jetzt verehrt und lobpreiset man ihn. Die jetzigen Paischwa, (so heißen diese Monarchen) sind aus einer Familie der Braminen, deren einige die Regierung an sich gerissen haben.

Punah, die Hauptstadt; — Visapour, Amadabad, ehemalige Hauptstadt von Guzurate. Unter den Vasallen verdienen folgende Fürsten bemerkt zu werden; der Rajah von Guzurate, und der von Orissa.

Golconda; der Landesherr ist Nizam (König) von Golconda, und Subah, (Vicekönig) von Decan. — Hyderabad, die Hauptstadt, Golconda u. s. w.

Mysore, das mächtigste Reich nächst den Maratten; seit 1760 regierte es Hyder-Aly, der Sohn eines bloßen Generals in dem Reiche Mysore, der 1760 seinen Regenten vom Throne verjagte. Durch Kühnheit und Habsucht angefeuert, und von allen Banden der Gerechtigkeit befreyt,

befreyt, stiftete er ein großes Reich. Es gehören dazu folgende Landschaften.

1. Die Landschaft Mysore, wo Seringapatnam, Mysore, Bangalore.

2. Die Landschaft Coimbettore, wo die Stadt gleiches Nämens.

3. Die Landschaft Calicut, oder das Land des Samorins; Calicut, mit mehreren Europäischen Factoreyen, einige andre Städte und mehrere kleine Fürsten.

4. Die Landschaft Cananor, wo auch mehrere kleine Fürsten.

5. Die Landschaft Canara; Bisnagore, Malangore 2c.

Die Nabobschaft Carnatic oder Arcot, von den Engländern sehr abhängig; Arcot, Gingi, Tanjore, Tritchinapoli, Madure, wo die Kallor, ein wildes räuberisches Volk.

Cochin, wo Cranganore; Travancore, mit mehrern kleinen Herrschaften.

Englische Besitzungen: Madras, eine große wichtige Handelsstadt. Masulipatnam; Bombay, von 140,000 Einwohnern mit großer Handlung; Surate, noch größer und wichtiger, 600,000 Einwohner; Tallicher.

Französische: Pondicheri, der Hauptsitz, und einige andre Orte.

Holländische; Palliacate, Cochim und andre mehr, die nicht berühmt sind.

Portugiesische: Goa, auf einer Insel, mit einer Inquisition; Diu, Daman.

Dänische: Tranquebar, mit einer lutherischen Mission und verschiedenen Comptoiren.

Die Halbinsel jenseit des Ganges.

Das Königreich Assham oder Asshem. — Die Reiche, Ava und Pegu; Städte, Martaban und Aracan.

Das Reich Siam; Juthia, die Hauptstadt; wozu die Halbinsel Malacca oder Malaya, deren Einwohner Malayen heißen. Die Holländer haben die Halbinsel zum größten Theile in Besitz, besonders die Hauptstadt Malacca.

Siamesische Münzen.

Sie sind nicht geprägt, sondern werden bloß nach dem Gewicht geschätzt.

Lyan, Kupfer, wird zu 1 Thl. 1 gl. oder nach andern zu 2 Thl. 3 gl. geschätzt.

Muscheln, Cauris genannt, deren 7 oder 8 einen Pfennig gelten.

Tical, Gold, etwa 20 Thl. (Silber) 1 Thl.

Das Reich Tonquin, ein wichtiges Reich. Kacho, die Hauptstadt.

Das Reich Kochinchina, dem Sinesischen Kaiser zinsbar.

Das Reich Cambodia oder Camboja, von Cochinchina abhängig.

Das

Das kleine Reich Ponthiamas, von einem Sinesischen Kaufmann in diesem Jahrhundert gestiftet.

Die Inseln.

Die Maldivischen Inseln, ungefähr 12,000, zum Theil unbewohnt.

Ceylan, 1730 Quadratmeilen groß; der einzige Ort, woher Zimmt kommt, weil die Holländer, denen es gehört, die Zimmtbäume allenthalben zu zerstören gesucht haben. Auch sind hier die größten Elephanten. Eine Bergkette, deren höchster Gipfel Pico de Adam. Die Bewohner der Gebirge haben gegen die Holländer ihre Freyheit behauptet. Die wichtigsten Städte der Holländer sind Trinconomale, Columbo, Jefnapatnam 2c.

Die Sundischen Inseln, Borneo, Java und Sumatra.

Borneo, die größte Insel in Asien, von 14,250 Quadratmeilen. Sie ist unter mehrere Sultans oder Rajahs vertheilt. Die Holländer haben einige kleine Besitzungen. Das Innre ist gebirgig; sie giebt Gold, Diamanten, Perlen, Pfeffer, Kampfer, Drachenblut (ein Gummi), Ebenholz, Eisen, Kupfer, Bezoar, Wachs, Reis, Bambusrohr, Baumwolle, Ambra, Betel.

Java, 2400 Quadratmeilen, hohe Gebirge, Vulcane, Erdbeben; bringt Kaffee, Cocosnüsse, Brodfrucht, Pisang, Ananas, Vogelnester,

nester, Spanisches Rohr, Indigo, Areka, Tabak, hat Rhinocerosse, Affen, Tiger, Zibethkatzen, Schlangen, Crocodille. Die Könige der Insel sind von den Holländern sehr abhängig. Merkwürdig sind:

Bantam, Jakkatara, Batavia, die größte Holländische Besitzung mit 140,000 Seelen.

Sumatra wird von der Insel Java durch die Meerenge Sunda, und von Malacca durch die Meerenge von Malacca getrennt. Sie hat 8062 Quadratmeilen, hohe Bergketten, worunter der Berg Ophir gerade unter der Linie 13,842 Fuß, und ein Vulcan 1377 Fuß hoch zu bemerken sind. Seen, Erdbeben, Pferde, die von den Einwohnern gegessen werden; allerley Ostindische Früchte; mehrere größere und kleinere Staaten, viele Malayen. Achem, ein wichtiges Reich; einige Englische und Holländische Niederlassungen. Die Insel Banca mit großen Zinnbergwerken. Das Fort Marlborough gehört den Engländern.

Die Insel Celebes oder Macassar, 4275 Quadratmeilen. Die Holländer besitzen die Hauptstadt Macassar, das Castel Rotterdam, und mehrere Comptoirs.

Die Moluckischen oder Gewürzinseln; die vornehmsten sind Ternate, Tidor, Gilolo, Amboina, Timor, die Bandaischen Inseln. Sie haben ungesunde Luft, Sümpfe, feuerspeyende Berge,

Berge, Erdbeben; dagegen aber Cocosnüsse, Sago, Muscatennüsse und Gewürznägelein. Alle stehen unter der Oberherrschaft der Holländer, ein Theil sind das Eigenthum derselben.

In Ternate haben die Holländer Malayo und Orange.

Zu Amboina werden seit 1683 die Nägelein einzig und allein gefunden. Hauptcomptoir Victoria. — Die Bandainseln allein haben Muskatennüsse und Muscatenblüthen.

Die Sulah- oder Jaloinseln, haben ihren eignen Sultan; die Spanier handeln hier, und man findet die vorzüglichsten Röhre, Apfelsinen, Campher, wilde Schweine, Elephanten rc. Die Einwohner treiben Seeräuberey und Handlung mit den Sinesen und Spaniern.

Mindanao oder Magindanao, 2400 Quadratmeilen, gehört seinem Sultan und den Spaniern.

Die Philippinischen oder Manilischen Inseln gehören dem König von Spanien. Manila oder Luzon, die größte, wo Manila, die Hauptstadt, worin ein Erzbischof, zwey Schulen und ein Inquisitionsgericht. Die Handlung ist gering und geschieht nur durch die Gallionen, dieß sind Spanische Schiffe, welche alle Jahr einmal von Acapulco in Mexico nach Manila segeln. Es wird hier nichts fabricirt. Die Calamianischen Inseln werden auch hierzu gerechnet.

Die Carolinischen oder Neuphilippinischen Inseln.

Die Marien- oder Marianeninseln, oder auch die Ladronischen Inseln, oder der Lazarusarchipelagus, gehören auch den Spaniern, die zu Guam einen Statthalter haben.

Indianische Münzen.

Pagode, (Gold) 36 Fanams, ohngefähr 3 Thl.

Fanam, ohngefähr 2 gl.

Rupie, ohngefähr 18 gl.

Lack — oder Lack Rupien, 100,000 Rupien oder 75,000 Thaler.

Die bey einigen Inseln genannten Produkte und Thiere sind, einige ausgenommen, in den meisten Theilen von Indien zu finden, von woher die Europäischen Nationen das holen, was ihnen vortheilhaft scheint. Die Handlung von Ostindien ist vom höchsten bekannten Alterthume her. Sie ging durch Arabien und Egypten; nach Europa gelangten die Ostindischen Waaren durch die Levante, wohin die Araber sie durch das rothe Meer brachten. Die Venetianer und Genueser holten sie aus Smyrna, Alexandrette, Cairo u. a. m. und vertheilten sie an die Europäischen Nationen. Dieß dauerte bis gegen das Ende des 15ten Jahrhunderts.

Als aber Vasco de Gama endlich 1498 den lange vergeblich gesuchten Weg nach Indien um Afrika gefunden hatte, nahm die Handlung einen

einen andern Gang; die Levante, Egypten, Arabien, Venedig und Genua sanken; die Portugiesen und Spanier trieben die Handlung mit Indien unmittelbar, und die Holländer, Engländer, Franzosen, Dänen und andre folgten ihnen nach einander.

Diese Umwälzung des Handels kostete unsäglich viel Blut; die Portugiesen suchten nicht allein die Eingebornen zu unterjochen, um Niederlassungen zu gewinnen, sondern sie mußten auch die Araber und andern Muhamedaner vertreiben, die ihnen auf alle Weise hinderlich zu seyn trachteten. Nach den ersten Eroberungen mußten sie sogenannte Rebellionen dämpfen, die Angriffe der Eingebornen abwenden und zurückschlagen, und sich vor den Holländern, Engländern und andern schützen. Kurz, es verloren Millionen Menschen das Leben.

Den Europäern gelang es, nach vielen Kriegen die mehresten Einwohner zu unterjochen oder zum Frieden und zu Handelstractaten zu zwingen, und mit einander einige Vergleiche zu machen. Handlungscompagnien in Amsterdam und London zählen unter ihren Unterthanen Indische Könige, und Kaufleute führen Krieg und beherrschen ganze Staaten, zehnmal größer als ihr Vaterland.

Als Eroberer, Könige und Kaufleute herrschen sie, nicht um zu regieren, nicht um der Völker willen, um Frieden, Sicherheit, Ueberfluß im Lande zu schaffen und zu erhalten, sondern um Vortheile zu ziehen. Die Einwohner müssen Tribute und Abgaben bezahlen, für nichtswürdige Preise dienen und arbeiten, ihre Producte alle den gebietenden Comptoiren liefern, mit keinem andern Handlung treiben; ihre Producte sind nach dem Belieben des Käufers taxirt.

Die souverainen Fürsten oder Handlungsgesellschaften in Europa drücken die Indianer; sie müssen aber dort Gouverneure, Armeen und Kriegesschiffe halten. Die Gouverneure sind meistens eigenmächtige Tyrannen, die noch mehr drücken; die Soldaten drücken, die Contoristen drücken, ihre Bedienten drücken; kurz fast ganz Indien seufzt unter der ärgsten Sklaverey.

Religion und Sitten.

Der Mogul unterhielt mehr als 200,000 Mann Truppen, und gab selbst seinen Säbeln prächtige Namen, als: Ueberwinder der Welt; Eroberer der Erde; wie die Kinder ihre Puppen Königinnen und Prinzessinnen nennen. In seinen Ställen waren 12,000 Pferde, 500 Elephanten, deren vornehmster Capitän hieß, und eine prächtige Bedienung hatte.

Der Souverain war Universalerbe aller Diener des Hofes und des Staates. Den Ministern durfte man sich ohne Geschenke nicht zeigen. Jeder Stadtmagistrat mußte dem Monarchen

chen von allem dem, was in der Stadt und in den Häusern vorging, von den häuslichen Zänkereyen, von den nächtlichen Zusammenkünften rc. Nachricht geben. — Er ist ein Muhamedaner, und die Großen des Reichs sollen es auch seyn.

Wenn der Mogul, Freytags, nach der Moschee geht, werden vorher die Straßen sorgfältig besprengt. Einige Reiter jagen voraus, um das Volk aus dem Wege zu jagen, zwey oder drey hundert Mann Wache begleiten ihn; er reitet auf einem prächtig geschmückten Elephanten, und über ihm trägt man einen Baldachin oder Himmel, um ihn vor der Sonne zu schützen. Wenn er nicht reitet, tragen ihn acht Mann auf einem Throne; die Großen umgeben ihn. Je prächtiger der Aufzug des Monarchen, desto elender ist das Volk. Das ist hier und überall so.

Er ist nunmehr ein sehr kleiner Fürst; es giebt aber noch kleinere in Indien. Ein einziges Kaperschiff kann ein paar solcher Könige ein und absetzen.

In Siam ist es ein Verbrechen, den Namen des Königes zu nennen, nach seiner Gesundheit oder seinem Leben zu fragen. Alles was in dem Palaste vorgeht, ist ein heiliges Geheimniß. Der König hat große Schätze, das Volk aber, und selbst die Großen sind arm.

Der

Der König verschenkt seine Unterthanen zu Sklaven auf die ewige Nachkommenschaft, und verpönt seine Schenkungen mit dem Fluch Gottes und ewiger Höllenstrafe.

Die Strafen sind, besonders in Siam, grausam. Der König läßt sie selbst durch seine Wache, die er immer bey sich hat, vollziehn. Stockprügel sind die geringsten; kleine Vergehen bestraft man mit Abhauen der Beine, Abbrennen der Aerme, Säbelhieben in den Kopf, Zähne ausschlagen, den Mund aufschlitzen oder zunähen, Rohrspitzen unter die Nägel stecken, und dergleichen mehr.

Dem Könige gehört alles. Wenn sein Unterthan einige Thaler gesammelt hat, und selbige nicht sorgfältig versteckt, lassen Se. Majestät sie wegholen. Es giebt sich auch selten jemand die Mühe, etwas zu sammeln oder für die Zukunft zu arbeiten.

Die Handwerker hüten sich, geschickt zu werden, damit sie nicht zeitlebens für den König als Sklaven arbeiten müssen. Der König allein treibt die Handlung. Um seine Waaren los zu werden, befiehlt er zuweilen, daß die Eltern ihre Kinder vor dem bestimmten Alter kleiden.

Wenn ein Siameser in seinem Garten schöne Früchte hat, bezeichnen sie die Soldaten, welche zur Untersuchung der Gärten abgeschickt werden. Diese Früchte gehören nun dem Könige, der Inhaber muß dafür stehen, und schwerer

Strafe

Strafe gewärtig seyn, wenn etwas davon verloren geht.

Der Mensch ist sogar ein Sklave der Thiere. Der König hat eine Menge Elephanten, die ihm unnütz sind, die er aber aus Eitelkeit hält. Viele derselben haben prächtige Titel und führen die Benennungen der höchsten Würden im Staate. Die schlechtesten haben funfzehn Sklaven zu ihrer Bedienung. Sie gehen, wenn es sie gelüstet, in die Felder und Gärten der Unterthanen, niemand dürfte es wagen, die Thüre vor ihnen zuzumachen; das einzige Rettungsmittel ist, daß man sich bey dem Führer durch ein Geschenk loskauft.

Die gangbaren Münzen sind, außer den Europäischen, kleine Cylinder von Metall, in Gestalt eines Ringes; auch **Cauris**, eine besondre Art Muscheln.

Gefundene Sachen behalten die Siameser nicht, sagt man; demunerachtet stehlen sie.

Die Siameser geben nicht zu, daß einer von ihren Verwandten bettle; die Betteley verunehrt den Bettelnden und die ganze Familie; nur die heiligen Talapoinen nicht.

Das Alter wird geehrt, und der Stand steht ihm nach, wenn er nicht sehr verschieden ist.

Zur Stiftung einer unverbrüchlichen Freundschaft trinken die Siameser aus derselben Schale zusammen; soll sie noch enger seyn, so kosten sie wechselseitig ihr Blut. Ein Gebrauch der alten

Scy-

Scythen und andrer Völker. Demungeachtet betriegen sich zuweilen die Freunde.

Die Siameser sind Freye und Sklaven. Ueber letztere gebietet der Herr nach Willkühr, nur nicht bis auf das Leben. Die Unterthanen müssen sechs Monat im Jahre für den König arbeiten. Die andern sechs Monate rauchen sie Tabak; die Hausarbeit, den Feldbau, die Handlung, die Besorgung der Bedürfnisse überlassen sie den Weibern, Müttern und Töchtern.

Sie verbrennen die Leichname, und verwenden darauf viele Kosten. Die Talapoinen sind dabey sehr geschäftig. Wer will, trauert. Um den Seelen der Verstorbenen, und den Lebendigen vor den Spukereyen der Seelen, Ruhe zu verschaffen, wird letzteren Speise und Trank aufs Grab gelegt, besonders aber den Talapoinen Almosen gegeben, welche, wie die Priester sich rühmen, die Sünden der Lebendigen und der Todten tilgen zu können.

Der Mann ist unumschränkter Herr über Weib und Kind, und kann sie verkaufen; nur die Hauptgemahlin ist davon ausgenommen; diese kann er nur wegjagen.

Die Indianischen Weiber verbrennen sich auf dem Leichnam ihres Mannes.

Die Indianer sind nicht tapfer; ein Degen jagt sie in die Flucht. Wenn sie ja ins Feld müssen, so sind sie nur darauf bedacht, Sklaven

ven zu machem; die Armeen vermeiden einander, verheeren die Felder; wenn sie auf einander stoßen, feuern sie in die Luft, und nehmen bald die Flucht. Solche Menschen sind zur Sklaverey geboren. Hyder-Ally und die Maratten haben aber bewiesen, daß diese Feigheit nicht allgemein ist.

Die Siameser führen ihre Rechtshändel schriftlich. Den Parteyen wird dreymal ein gütlicher Vergleich vorgeschlagen. Das Gesetz wird bey dem Spruche jedesmal vorgelesen; man weiß es aber zu biegen; und überdieß entscheidet der Statthalter des Königes, auf die bloße Relation des Processes, ohne selbige zu untersuchen.

In Criminalfällen braucht man die Feuer und Wasserprobe, und die durch die Talapoinen gesegneten Pillen. Wer diese bey sich behält, hat Recht Auch werden Kläger und Beklagter den Tigern vorgeworfen. Kommen beyde um, so haben beyde Unrecht; denn der Hof, der sie in die Gefahr setzte, kann ja niemals Unrecht haben.

Die Indianer beladen ihre Ohren mit Gehängen, und die Weiber ihre Arme mit Ringen; die Vornehmen bemalen sich den Leib nach ihrem Range, das Volk dürfte es nicht thun. Schwarze Zähne sind bey ihnen eine Schönheit; deswegen kauen sie beständig Areka, d. h. Betelstelsnüsse in gewisse Blätter eingeschlagen und mit Kalklauge gebeitzt, den sie in Dosen bey sich führen, und einander präsentiren. Den Bart zupfen sie sich aus, die Nägel schneiden sie niemals ab. — Fußtapeten dürfen sie nicht brauchen, wenn sie selbige nicht vom Könige bekommen haben. Ihre Töpfe sind von Holz und dienen nur Einmal, sagt man. Sie nehmen dazu holes Holz.

Die Blasebälge der Indianer sind hölzerne Röhren, in welchen ein Mensch mit einem Stempel auf und nieder fährt; demungeachtet haben sie Schmieden.

Die Reichen schicken ihre Kinder in Schulen. Diese werden schon im sechsten oder achten Jahre verlobt.

Die Equipagen sind eine Art von Kutschen, mit Ochsen bespannt, oder Palankins, die von Männern auf den Schultern getragen werden.

Die Häuser der Reichen sind groß und bequem, in Zimmer abgetheilt, mit Terrassen auf den Dächern. Die Mauern sind von Leim, mit einem Virniß von Kalk und Kuhmist, Kräutersaft, Milch, Gummi und Zucker überzogen. Wo Steinbrüche sind, hat man steinerne Häuser. Das Volk baut mit Leim und Stroh, und deckt mit Schilf, ohne Schornstein, Keller, Treppe und Geschoß, ohne Fenster in den Oeffnungen, ohne Riegel oder Schloß an den Thüren.

Nach

Nach der Lehre der Braminen sind die Indischen Nationen in vier Volksklassen, die sie Casten nennen, eingetheilt. Die erste ist die der Braminen, welche die Priester, die Gelehrten und Rechtsgelehrten im Volke sind; dann kommen die Soldaten, welche, auf der Küste Coromandel, Rajahs, und auf der Malabarischen, Nairs genannt werden, und eine Art von Adel ausmachen: dann die Kaufleute; endlich die Handwerker und Ackerleute. Diese Stände dürfen sich nicht durch Heirathen vermischen; es darf auch niemand von einer Caste zur andern übergehen, und ein andres Handwerk, als das seines Vaters lernen und treiben. Noch giebt es eine fünfte Klasse, vielleicht ein besondres Volk, die Parier oder Theers, oder auch Puliaten, welche die schmutzigsten Geschäfte besorgen. Sie werden so verachtet und verabscheut, daß ein Indianer durch die Berührung derselben sich verunreinigt glaubt, und sich vom Kopf bis zu den Füßen wäscht. Sie müssen die andern Menschen meiden, wohnen in abgelegenen Winkeln der Städte. Man soll sie ungestraft mißhandeln und sogar tödten können.

Zu Benares ist die Universität der Braminen.

Die Braminen sind die Nachfolger der alten Bramanen oder Brachmanen, die ihren Namen von einem Gotte Brama oder Visnou haben, dessen Priester alle diese sind. Unter ihnen

Ihnen waren Andächtige, die, um recht fromm zu seyn, nackt gingen, in Einöden lebten, oder ihre Tage in wunderlichen Stellungen zubrachten. Diese hießen Gymnosophisten. Der Indus und der Ganges haben immer bey allen in großem Ansehen gestanden. Ein Bad in diesen Flüssen oder in dem Wasser derselben, reiniget die Seelen von den Sünden und versichert ihnen die Seligkeit. Auch ist es sehr heilsam, in der Todesstunde einen Kuhschwanz in der Hand zu halten.

Die Lehre und die Ceremonien sind von dem höchsten Alterthume her immer dieselben geblieben. Das heilige Buch der Braminen ist der Vedam, in einer alten, dem Volke unbekannten, heiligen Sprache geschrieben, die man Sanscrita nennt.

Sie verehren auch einen gewissen Butta, bey den Siamesern Sammona — Codom, der durch 550 Verwandlungen gegangen seyn soll.

Sie lehren die Metempsychose, oder Seelenwandrung von einem Körper in den andern; daß man den Körper durch Arbeit abhärten müsse, wenn man tugendhaft seyn will. Sie hielten von jeher ihre Wissenschaften vor dem Volke geheim, um es desto besser nach Gefallen führen zu können. Sie verachteten den Tod und verbrannten sich selbst manchmal lebendig.

dig. Sie essen kein Fleisch und tödten kein Thier, weil man nicht wissen kann, sagten sie, ob man nicht seinen Vater schlachtet und isset, dessen Seele dieses Thier bewohnen mag.

In den Calamianischen Inseln büßen die Sünder ihre Vergehen dadurch, daß sie sich mit den Gegenständen derselben aufwägen, die sie den Priestern schenken, wie die Reisenden erzählen. Wer nichts hat, giebt wenigstens seine Haare.

Die Talapoinen sind eine Art von Mönchen oder Einsiedlern, die bloß von Früchten, oder auch von Gewürme, Fliegen rc. leben. Beten ist ihr einziges Geschäft.

Die Lehre der Braminen in der Arzneykunde ist ganz vernünftig: nehmlich, daß ein Fiberkranker keiner Nahrung bedarf; die beste Arzeney das Fasten ist; man dem Kranken nichts schädlicheres als Brühe geben kann; Blut nur in dem äußersten Nothfall lassen muß, wenn man eine Entzündung oder Raserey besorgt. Von der innern Beschaffenheit des Körpers wissen sie nichts, weil sie sich scheuen würden, einen Körper zu öffnen.

Sie glauben, die Erde sey flach und dreyeckig, sieben Geschoß über einander hoch. Bey den Siamesern ist sie am Ende mit einer Mauer umgeben, worauf alle Geheimnisse der Natur geschrieben und erklärt sind.

Die Siameser lehren, daß nur in ihrem Welttheile Müh und Leiden sind; in den drey andern ist alles in Ueberfluß, ohne alle Müh und Uebel; dagegen aber können die begünstigten Einwohner weder Barmherzigkeit noch irgend eine Tugend ausüben, kein Verdienst erwerben, und nie zur Heiligkeit gelangen; weswegen sie denn auch wünschen, wenn sie wieder geboren werden, in ihrem Welttheile zu leben.

Die Geographie von Indien war im Alterthume sehr unbedeutend. Der Ganges hieß Phison. Der Theil Indiens, diesseits des Ganges ward in Parapamisus und Arachosia getheilt. Da war eine Stadt, Nysa, die Nation der Massageten, der Fluß Hydaspes, die Landschaft Taxila, das Königreich des Porus, die Stadt Bucephala, die Gangariden (ein Volk) die Oxydraken.

Jenseits des Ganges, die Anthropophagen, oder Menschenfresser; Ophir, wo Salomo sein Gold holte; von welchem Ophir man nicht weiß, wo es liegt.

VII. Japan.

Das Japanische Reich besteht aus drey großen Inseln Niphon, Schimo, Xicoco, vielen kleinen und einem Theile der Kurilischen Inseln. Die Luft ist mehrentheils im Winter streng, und im Sommer heiß; der Boden steinig,

nig, aber durch den Fleiß der Einwohner ziemlich fruchtbar. Man findet Vulcane; Stürme und Wasserhosen sind auf dem Meere von Japan häufig.

Das Land ist unter viele kleine Fürsten getheilt, die aber unter der Oberherrschaft des Kaisers stehen. Ehemals war der Dayro, oder Dairi, eine Art von Papst, zugleich Hoherprister und weltlicher Souverain; jetzt hat er fast seine ganze Macht verloren.

In der Insel Niphon ist Miaco oder Macao, Residenz des Kaisers.

In der Insel Ximo, Nangasaki, wo die Holländer, die einzige Europäische Nation, die hier handeln darf, zur Handlung anlanden.

Auch von der Halbinsel Corea gehört ein Theil zum Japanischen Reiche.

Vormals hatten die Europäer alle hier Verkehr, und selbst waren hier Jesuiten als Missionaire. Es wurde im 16ten Jahrhundert von einem Portugiesischen Schiffe entdeckt, daß der Sturm dahin verschlug. Die Missionaire erregten so viele Zänkereyen, und verhielten sich so herrschsüchtig, daß der Kubo (oder Kaiser) 1638 die Portugiesen, Kaufleute und Missionaire, nebst dem Christenthum, mit Gewalt aus seinem Gebiete vertrieb. Die Holländer, welche mäßiger schienen, sich nicht für Christen ausgaben, und sogar gegen die Portugiesen dienten, wurden nur auf die Insel Nangasaki eingeschränkt 1641. Man sagt, sie müssen auf ein Kreuz treten; sobald sie ankommen, werden sie eingesperrt, ohne mit irgend jemand, als mit den bestellten Commissionairen zusammen zu kommen; alle Waffen, und selbst das Ruder des Schiffes, werden in Sicherheit gebracht, und die Holländer selbst mit Härte und Verachtung behandelt. Die Europäer, die sonst überall herrschen, kriechen hier.

Die Regierung ist immer monarchisch und erblich gewesen. Der Dairi genoß beynah göttliche Verehrung und Gehorsam. Er mußte die Erde nicht mit der Spitze des Fußes berühren, die Sonne war nicht würdig, seine Scheitel zu bescheinen; daher mußte er getragen und bedeckt werden. Alle Theile seines Körpers sind heilig, und man muß ihm seine Haare, Nägel und Bart im Schlafe gleichsam abstehlen. Niemand darf, bey Strafe, daß der Mund ihm schwellt, aus dem Geschirr essen, das der Dairi braucht, und welches alle Tage zerschlagen und mit neuem vertauscht wird.

Allein im 15ten Jahrhundert entriß ihm einer seiner Generale die weltliche Macht; und ließ ihm die Verehrung die der Kaiser ihm noch immer leistet. Alle fünf oder sechs Jahre besucht er ihn mit großem Gepränge, und huldigt ihm einigermaßen.

Der

Der Adel ist auch hier von dem Bürgerstande unterschieden, und zeichnet sich durch die Tracht aus.

Die Japaneser treiben Künste, worin sie sehr geschickt seyn sollen; sie haben Wissenschaften und Bibliotheken. Sie mahlen nur Vögel, Thiere und Naturprodukte, nicht menschliche Gestalten.

Pracht geht bey Großen und Reichen, und die Reinlichkeit bey allen, sehr weit.

Der Ehrtrieb ist bey ihnen groß; Beleidigungen sind ihnen unerträglich; sie rächen sich aber und zeigen ihren Muth dadurch, daß sie sich selbst den Bauch aufschlitzen.

Ihre Religion ist dreyerley. Der Sintos ist die älteste. Sie erkennt einen Gott, die Unsterblichkeit, verehrt Untergötter und große Männer, gebietet Freude. Der Budsdoismus hat dieselben Grundlehren, ist aber finster, fanatisch, ein Feind der Fröhlichkeit. Auch haben einige die Lehre des Confucius. Die Lehrbücher der Moral für die Jugend sind in Versen geschrieben.

VIII. China.

China, Sina oder Tsina. Seine Größe 69,000 Quadratmeilen, ohngefähr 150 Millionen Einwohner, 1839 Städte, worunter viele noch mehr Menschen als Paris oder London enthalten

halten sollen. Viele Kanäle, worunter besonders der königliche Kanal; 765 Seen. Das Land ist durch den Fleiß der Bewohner allenthalben fruchtbar.

Es wird in 18 Gouvernements eingetheilt, die vornehmsten Provinzen sind:

Pe-Tcheli, wo Peking, die Hauptstadt und Residenz, die außer den Vorstädten 5 Deutsche Meilen im Umfang hat. Man findet hier, neben den Tempeln des Confucius, Russische, katholische Kirchen und Klöster, Moscheen, eine Akademie der Wissenschaften, eine astronomische und eine medicinische Gesellschaft, eine Sternwarte ꝛc.

Kiangnang, wo Nanking, ehemalige Residenz, hat über eine Million Seelen, und einen porcellänenen Thurm. — Canton, mit der Stadt gleiches Namens, und eine Menge andrer. — Noch die Insel Macao, den Portugiesen gehörig; die Insel Formosa — wo viele feuerspeyende Berge.

China ist von der Tartarey durch eine große Mauer getrennt, um sich vor den Einfällen der Tartaren zu schützen. Vor etwa 2000 Jahren ward sie erbaut, sie hat 300 Meilen Länge, 20 bis 25 Fuß Höhe und ist so breit, daß 5 bis 6 Pferde neben einander darauf gehen können. Eine Million Soldaten sollen sie besetzt haben. Sie hat nichts geholfen.

Zum

Zum Reiche gehört noch ein großer Theil der Tartarey, die Mongoley nehmlich, wo der Fluß Amur, der See Kokonor, die Kalkasmogolen zu bemerken sind. Dann die kleine Bucharey, wo die Halbinsel Corea, die Eluten oder Kalmucken, und der Tibet oder Tangut.

China ist in vieler Rücksicht merkwürdig. Die überflüssige Bevölkerung macht, daß man hauptsächlich auf die Nahrung sehen muß, daß man auf den Feldern selten einen Baum zu sehen bekommt; am wenigsten aber werden unnütze Prachtgärten angelegt; auch Weinberge sind äußerst selten, um die Kornfelder nicht zu schmälern. Selbst die Hügel und Berge sind in Terrassen abgetheilt und mit Gemäuer befestiget, um zum Ackerbau tüchtig zu seyn, und nur die ganz untauglichen Berge werden mit Bäumen bepflanzt. Alle Jahr, oder zum Antritte der Regierung, muß der Kaiser einige Furchen mit dem Pfluge ziehn, und alle Großen des Hofes nach ihm. Demunerachtet erzeugt ein Mißwachs nicht selten einen blutigen Aufstand.

China hat keinen Nachbar, der es mit Krieg beunruhigen könnte.

Die Eltern behalten ihr Lebenlang eine große Autorität über ihre Kinder, wenn auch diese zu hohen Ehrenämtern gelangen.

Die Einwohner sind in zwey Klassen getheilt, der Adel und das Volk; zu ersten gehört die kaiserliche Familie, die Mandarinen und die Gelehrten. Die Mandarinen sind von verschiedenen Klassen, und werden aus allen Ständen dazu ernannt. Ein Ackermann, der sich durch Fleiß und Geschicklichkeit ausgezeichnet hat, bekömmt vom Kaiser diesen Titel zur Belohnung. Diese Unterscheidungen sind nur in der kaiserlichen Familie und unter den Nachkommen des Confucius, ihres Gesetzgebers, erblich.

Die Künste, Wissenschaften, Astronomie ꝛc. sind bey den Chinesern außerordentlich alt, nach ihrer Rechnung über 5000 Jahre, denn die Chineser rechnen viel weiter hinaus als wir. Sie sollen schon vor 3000 Jahren die Magnetnadel (den Compaß) gekannt haben. Demungeachtet sind sie in keinem Stücke so weit als die Europäer. Die Ursachen davon sind 1) daß sie von keinem fremden Volke Nachricht haben und Kenntnisse erborgen; 2) daß sie, aus großer Verehrung ihrer Vorfahren, es nicht wagen, etwas an den Einrichtungen derselben zu ändern, oder hinzuzusetzen; 3) daß ihre Schrift, ohne Buchstaben, so daß jedes Wort sein eignes Zeichen hat, ungefähr zwänzig Jahre zum Lesenlernen erfordert.

Schon lange vor uns sollen sie Pulver und Schießgewehr gehabt haben. Mit dem Porcellan ist das gewiß, dieses ist in China erfunden worden.

Die

Die Ceremonien und Höflichkeiten der Chineser sind übertrieben, und alle durch Gesetze bestimmt, auch ist ein besondres Tribunal darüber bestellt. Eine Einladung zur Mahlzeit muß schriftlich und zu dreymalen geschehen. Auf dem Dorfe ists eben so wie am Hofe.

Die Chineser sind sanftmüthig, treu, gemäßigt in ihrem Betragen. Sie machen sich aber keine Schande daraus, einen Fremden zu betriegen.

In Peking sollen 3,000,000 Menschen wohnen. Um Ordnung zu erhalten haben Tag und Nacht über 50,000 Mann Wache, die jede Streitigkeit sogleich, allenfalls mit Peitschenhieben, hemmen. So bald es finster ist, muß alles zu Hause seyn, die Straßen werden mit Barrieren gesperrt, und niemand, als im dringenden Nothfall, durchgelassen. Die Polizey weiß, wie man sagt, alles, was in den Häusern vorgeht. Sie hat also viele Spionen.

Der kaiserliche Pallast hat über eine Meile im Umfange. Die Façaden glänzen von Vergoldung, Lackirung und Malereyen. Jedes Thor hat drey Portale, wovon das mittelste nur für den Kaiser geöffnet wird. Kein Verstümmelter, Gebrechlicher oder Bettler darf in den Pallast kommen, damit seine Majestät durch die Leiden der Menschheit in ihrem Wohlbehagen nicht gestört werden.

Zu den eigenthümlichen Produkten China's gehört vornehmlich der Thee, auch ist der Talgbaum merkwürdig. Rhabarber ist häufig, die Seide ist vortrefflich ohne Kultur.

Das Reich ist erblich und die Macht des Kaisers unbeschränkt.

Die Großen kennen keine andre Religion, als die Anbetung eines Gottes, unter dem Namen Tien. Das Volk hat seinen Aberglauben, seine Bonzen. Confucius lebte etwa 550 Jahre vor Christi Geburt, er lehrte Moral, und wird noch immer für den größten Philosophen in China gehalten. Fo, oder Fo-hi, ist der Religionsstifter und der Götze des Pöbels. Seine Priester, Bonzen genannt, sind eine Art von Mönchen, die von Almosen reich werden, weil sie das Almosen an sie für die verdienstlichste Handlung ausgeben. Sie behängen sich mit Ketten, sitzen auf Nagelspitzen, die sie nachher als Heiligthümer verkaufen; das thun sie um die Sünden des Volkes zu büßen.

Es soll in China der Gebrauch seyn, daß wenn ein Reicher eine Strafe verdient hat, er einen Armen, der sich freywillig dazu dingen läßt, für sich zur Erleidung der Strafe stellen könne.

Die Einwohner von Tibet haben gleichfalls den Fo zu ihrem Gott angenommen, und nennen ihn La; ja sie haben das Glück, ihn in eigner Person in ihrem Dalai Lama unter sich

zu

zu haben; denn Fo lebt unter einer körperlichen Gestalt in dem Dalai Lama beständig fort. Diesen nennt man den ewigen und den himmlischen Vater. Er lebt beständig eingesperrt, niemand darf sein Gesicht sehen, welches daher immer bedeckt ist. Wer ihm aufwartet, fällt auf die Erde nieder und küßt ihm die Füße. Er erwiedert keinen Gruß. Alles was ihn berührt, alles was zu seiner Person gehört oder gehört hat, ist heilig; selbst der Unrath aus seinem Leibstuhl wird als Reliquien ausgetheilt, verehrt, eingefaßt und um den Hals als Schmuck getragen.

1234 eroberten die Tartaren aus der benachbarten Mongoley China, ohne sich die große Mauer abhalten zu lassen, unter der Anführung des berühmten Chengis-Khan, und beherrschten es bis 1368, da die Tartarischen Kaiser, welche die Minister für sich herrschen ließen, und nur nach Vergnügungen strebten, das Reich verloren. Allein 1644 eroberten sie es wieder, und haben sich bis jetzt behauptet.

Die Europäer durften ehemals allenthalben in China wohnen und handeln; jetzt dürfen sie nicht weiter gehen als Canton, weil sie sich schlecht verhalten haben.

Afrika.

Afrika.

Afrika ist ein großes Stück Land von 530,000 Quadratmeilen. Vor Alters kannte man davon nur Egypten, einige angränzende Länder, und die Küste am Mittelländischen Meere; gegen das Ende des funfzehnten Jahrhunderts lernten die Europäer alle Küsten desselben kennen; das Innre des Landes ist uns aber bis jetzt noch unbekannt.

Egypten.

Die Luft ist warm, der Samum wüthet auch hier. Egypten hat mit Holland einige Aehnlichkeit, indem es die Menschen erst bewohnbar machen mußten, ehe sie darin leben konnten. Das Land ist ein ziemlich schmaler Streifen zwischen zwey Reihen Bergen, den der Nil ganz durchfließt. Es regnet niemals, oder richtiger zu sprechen, äußerst selten. Das Land wird also nur durch die Ueberschwemmungen des Nils bewässert, welche alle Jahre gegen den Julius anfangen und gegen das Ende Septembers aufhören. Die Ernte geschieht im April und May. Also mußten die Einwohner ihre Städte hoch bauen, Kanäle zum Abfluß machen, und allerley Anstalten treffen, um die Ueberschwemmung

mung in Schranken zu erhalten, und die Felder in der dürren Zeit zu wässern. Auch gruben sie den berühmten See Möris, der vier bis fünf Deutsche Meilen im Umfang haben soll.

Diese Werke mußten alle vor Jakobs Zeiten, nehmlich vor ungefähr 4000 Jahren schon fertig seyn, indem die Bibel und die Geschichte uns Egypten schon als ein mächtiges Reich schildern. Es muß in der That sehr alt seyn, denn so viele Künste, als zu solchem Wasserbau gehören, wird man schwerlich in ein paar Jahrhunderten erfinden.

Egypten wird noch, wie in dem höchsten Alterthume in Ober, Mittel- und Unteregypten eingetheilt. Letzteres besteht hauptsächlich aus 3 Inseln, welche die Arme des Nils bey ihrer Theilung und dem Ausfluß machen.

In Niederegypten, Städte: Alexandria, eine große Handelsstadt. Hier war ehemals die größte und berühmteste Bibliothek, welche ungefähr um die Zeit Christi von den Königen, den Ptolomäern, zusammen gebracht wurde. Auch stifteten diese Könige die erste Akademie oder Gesellschaft von Gelehrten, welche durch Pensionen in den Stand gesetzt wurden, sich ganz den Wissenschaften zu widmen. Die Bibliothek ward im siebenten Jahrhundert durch den Kaliphen Omar, der Egypten eroberte, verbrannt, indem er die Bäder damit heitzen ließ. Die

Stadt

Stadt ist nachher bald unter den Arabern der Hauptsitz der Wissenschaften geworden. — Rosette, Damiate, zwey Handelsstädte, die Insel Pharos mit ihrem Leuchtthurme, sind berühmt.

Mittelegypten: Kairo, (Kahira, oder auch Großkairo,) eine Handelsstadt am Nil, von 200,000 Seelen; die Landenge Suez.

Egypten steht zwar großen Theils unter der Oberherrschaft des Türkischen Kaisers; allein sein Ansehen gilt wenig, und der übrige Theil steht unter unabhängigen Arabischen Scheiks.

Die Egypter dulden Juden und Christen von allen Confessionen.

Das Nilpferd (oder Hippopotamus), das Crocodill, der Ichneumon und der Ibis (eine Art Storch), und unter den Pflanzen der Papyrus (oder die Papierstaude), sind merkwürdig.

Die Sitten sind dieselben als in der Türkey, in Syrien ꝛc.

In dem Alterthume waren berühmt: in Oberegypten, damals Thebais (oder die Thebaide), die Stadt Thebe (mit hundert Thoren). Die Ueberbleibsel sollen noch lange Denkmäler einer großen Pracht gewesen seyn.

In Mittelegypten: Memphis, wo der berühmte Tempel des Stiers Apis war, wo jetzt Cairo gebaut ist. Hier waren und findet man

man noch zum Theil berühmte Wunderwerke der Kunst, als ungeheure Obelisken mit Inschriften; die drey großen Pyramiden, die noch stehen, am Fuß 2640 Fuß im Umfang, die Höhe 402 Fuß; den Labyrinth, einen ungeheuren Pallast; den See Möris, das vernünftigste unter allen diesen Werken.

In Niederegypten: Pelusium und Canopus (jetzt Rosette und Damiate); Heliopolis, wo ein berühmter Sonnentempel; Sais, mit der bezweifelten Inschrift eines Tempels, in welcher die Gottheit von sich selbst spricht: „Ich bin alles was ist, was war und seyn wird, noch hat niemand den Schleyer, der mich deckt, gehoben.“ — Alexandrien ward von Alexander dem Großen gebaut. Die Egyptischen Mumien sind zu bemerken.

Nubien.

Ein fast ganz unbekanntes Land an beyden Ufern des Nils. Im Alterthume war hier ein berühmter Tempel des Jupiter Ammons.

Das Königreich Barca.

Mit der Hauptstadt gleiches Namens, gehört den Türken, ist wenig bekannt.

Die Barbarey

So wird zuweilen die Küste von Afrika, von Egypten an bis an die Meerenge von Gibraltar ge-

genannt, sie enthält die Reiche Algier, Tunis Tripoli und das Kaiserthum Fez und Marocco. Die drey ersten stehen unter dem Schutz des Türkischen Kaisers, haben ihre unumschränkten Deys, die von den Türkischen Soldaten erwählt werden. In Algier ist der Dey jedesmal auch Pascha; in Tripolis und Tunis ist dem Dey ein Pascha von Türkischer Seite entgegen gestellt.

Tripoli oder Tripolis, die Hauptstadt des Staates nebst einigen andern Städten.

Tunis, ~~die Hauptstadt,~~ mit 300,000 Einwohnern, Handlung und Manufakturen. Zu diesem Staate wird gemeiniglich das Land Biladulgerid mitgerechnet.

Algier, die Hauptstadt und Festung mit 170 Moscheen und einer katholischen Kirche. Die Franzosen besitzen im Lande Bastion de France mit dem Hafen La Calle; die Spanier Oran und Masalquivir.

Das Kaiserthum Fez und Marocco geht bis an das Cap Blanc, (das weiße Vorgebirge). Das Land ist gut und fruchtbar, nur schlecht cultivirt. Der Staat besteht aus drey Haupttheilen; 1. dem Königreich Fez, 2. dem Königreich Marocco, und 3. dem Königreich Sus. Hierzu kommen noch Tafilet 2c. 7425 Quadratmeilen.

Städte

Städte: Fez mit 70,000 Seelen, über 200 Herbergen und ansehnlichen Fabriken; Mekines oder Mequinez, ehemalige Residenz des Kaisers; Sale, Tanger, Tetuan; den Spaniern gehören Ceuta, Velez de Gomera und Peronde Velez.

Marocco, die Residenz des Kaisers, mit 20,000 Einwohnern.

Alle diese Staaten treiben Seeräuberey, vornehmlich auf dem Mittelländischen Meere; man nennt die Kaper Corsaren. Die Einwohner heißen Mauren. Die Pferde aus der Barbarey werden sehr geschätzt. Löwen sind nicht selten, sollen aber vor dem Menschen fliehen.

In Marocco sind die Europäischen Münzen gangbar.

Im Alterthume war hier die Landschaft Cyrene, die Syrten, Carthago, Numidien, Mauritanien.

In Cyrene bemerken wir Cyrene, eine Stadt; den Altar der Philenen an der Gränze; Barce, Ptolemais, Arsinoe, Apollonia, mehrentheils Griechische Pflanzstädte.

Die Syrten sind Sandwüsten im Lande und Sandbänke mit Klippen im Meere; es sind zwey, die große und die kleine. Bey letzterer war Neapolis, wo jetzt Tripolis. Bey den Alten war Tripolis eine Landschaft von drey Städten. Hier sind in der alten Fabel die Lotophagen berühmt. Ihr Name bedeutet

Lotoesser; der Lotos war, heißt es, eine so angenehme Frucht, daß man Vaterland und Verwandten darüber vergaß, wenn man sie nur gekostet hatte.

Carthago, eine berühmte Handelsstadt und mächtige Republik an der kleinen Syrte, wo jetzt Tunis liegt. Utika, eine große Stadt. Dieß Land war das eigentliche Afrika, oder Klein Afrika.

Numidien, ungefähr das heutige Algier bis an den Ocean. Die Numidier waren als Reiter und Krieger berühmt; sie sollen ohne Sattel und Zügel geritten haben. Mauritanien, woher der Name der Mauren, war ein Theil von Numidien, wo jetzt Algier ist. An der Meerenge, welche die Meerenge des Herkules hieß, Abila, jetzt Ceuta. Dieses und Calpe in Europa hießen die Säulen des Herkules, und wurden als das Ende der Welt angesehen. Hinter Abila war die Mauritania Tingitana. Hier ist der Berg Atlas, von welchem man sagte, er trüge den Himmel.

In dem Innern von Afrika kannten die Alten, aber sehr dunkel und unbestimmt, folgendes:

Aethiopien (Mohrenland), welches sie in die Gegend von Nubien und Abyssinien setzten. Hier sollte ein Volk ohne Kopf gewesen seyn, man nannte es Blemmien. Auch Troglodyten, (d. h. Höhlenbewohner), die Schlan-

Schlangen und rohes Fleisch aßen. Die Garamanten, Getulien, die Atlanten, um den Atlas, Lybien sind in der alten Geschichte bekannte Völker und Landschaften.

Die glücklichen Inseln waren Inseln im Ocean; man glaubt, daß die Canarischen Inseln unter diesem Namen verstanden wurden.

Von der Insel Atlantis, die im Atlantischen Meere gelegen gewesen seyn soll, weiß man nicht, was es ist. Einige glauben sogar es sey Amerika, was aber sehr zweifelhaft ist.

Eben so wenig weiß man, wo eigentlich die Gorgaden, der Sitz der Gorgonen, seyn sollen.

Sarah, oder die Wüste.

Ein weitläuftiges, wenig bekanntes, aber so weit man es kennt, größtentheils ebnes, sandiges und sehr heißes Land, ungefähr 600 Meilen lang, 100 breit, das, den sichersten Nachrichten zufolge, kaum drey mäßige Flüsse bewässern. Die Europäer holen daher Goldstaub, Häute, Straußfedern, Sklaven. Man findet hier Löwen, die aber, weil sie den Menschen nicht kennen, weit muthiger seyn, und sich so leicht nicht, wie die in der Barbarey, verjagen lassen sollen. Man sagt, sie seyen hier so groß wie ein mittelmäßiges Pferd. Leoparden, Kameele und Affen sind häufig. Das weiße Vorgebirge, das Vorgebirge Boia,

 dor,

dor, der Französische Hafen Portendic, und die Französische Insel Arguin, sind zu bemerken. Die Einwohner sind Nomaden.

Senegambia.

Die Küste am Atlantischen Meere zwischen den Flüssen Senegal und Gambia oder Gambra, wird zuweilen zu Nigritien gerechnet. Allein die Einwohner sind nicht alle schwarz. Der Gambia heißt auch Niger. Das Grüne Vorgebirge ist merkwürdig.

Hier sind Elephanten, Strauße, Büffel, Crocodille, ungeheure Schlangen, Papagaien, Honig und Wachs, Ebenholz, Ananas, Tabak, Indigo, Manioc, Goldstaub und gediegen Gold, Kupfer, Eisen, Ambra, 2c.

Die bekanntesten Landschaften sind: Fulien, Hoval, Siratik, Damel, Bursali, Galam 2c. Die Franzosen hatten hier St. Louis 2c. welches sie den Engländern 1763 überlassen haben; sie haben noch das Fort Senegal 2c.

Die vornehmsten Völkerschaften sind die Fulier, Jaloffer Mandingos und die Kanga. Sie sind nicht alle Neger, und haben nicht alle wollige Haare.

Ausgeführt werden, Sklaven, (seit 200 Jahren, jährlich ungefähr 100,000) Thierfelle, Elfenbein, Gummi, Gold, Baumwolle, Straußfedern, Ambra.

Nigri-

Nigritien.

An beyden Seiten des Nigers, wo noch die Flüsse, Cassamanza, und Rio Grande. Reiche, Tombut, Ghama, das mächtigste.

Guinea.

Gebirge: Sierra Leona (das Löwengebirge) das Vorgebirge Gonsalva.

Die Seeleute rechnen zu Guinea das ganze Land vom Senegal bis ans schwarze Vorgebirge; eine Strecke von 800 Deutschen Meilen, woher die Sklaven geholt werden, und welche deswegen auch die Sklavenküste heißt.

Flüsse: Sierra Leona, Benin, Volta. Auf den Bergen liegt Schnee. Der Wind Harmatan ist gefährlich. Man bemerkt die Goldküste, Elfenbeinküste, die Sklavenküste, wo Juida Benin, Königreiche; die Pfefferküste. Die Dänen, Franzosen, Engländer, Holländer und Portugiesen haben hier Niederlassungen.

Niederguinea oder die Küste Congo.

Flüsse: Zaire oder Congo. Reiche: Loango, Kongo, Benguela, Angola, Matamba 2c. Die Portugiesen haben hier Niederlassungen. Die hohen Mondberge sind tief im Lande.

Sitten und Gebräuche.

Die Gegenden um den Senegal, besonders aber die kleine Insel Gorea, ein nackender Fels, sollen die heißesten Flecke auf der Erde seyn. Die Bewohner sind alle äußerst unwissend, roh, und nunmehr durch die Räubereyen der Europäer wüthend gemacht, oder völlig stumpf geworden. Sie bauen ein wenig Reis, leben übrigens sehr mäßig, und vom Fischfange oder einigem zahmen Geflügel. Was ein jeder braucht, macht er selbst.

Die Arabischen Kaufleute bringen durch das Innre des Landes Pferde, wofür sie Sklaven eintauschen, zwölf bis funfzehn für ein Pferd. Die Europäer kaufen Sklaven für Branntewein, Glaskorallen, Nägel, Spiegel, Messer, Scheren ꝛc.

Die Azanaghi tragen, wie man sagt, ein Tuch um Mund und Nase, weil sie diese Organen für unreinlich halten; und essen niemals in jemandes Gegenwart.

Hier soll ein Handel von Goldstaub gegen Salz getrieben werden, ohne daß die Käufer und Verkäufer einander zu sehen bekommen. Münze ist in der ganzen Gegend nicht; man tauscht, oder bezahlt mit Muscheln, die Cauris heißen, oder Betelsnüssen.

Die

Die kleinen Könige dieser Gegend sind stolz. Vor dem einen muß man sich nackend au ziehen; sich die Länge lang auf die Erde werfen, und den Kopf mit Staub bestreuen.

Ein andrer, der keine weitere Einnahme hat, läßt sich von seinen Großen Geschenke bringen, lebt übrigens von Raub, überfällt Nachbaren und Unterthanen, macht sie zu Sklaven, um seine Felder zu bauen, und läßt sich von seinen 30 oder 40 Weibern füttern.

Ein dritter nimmt das Geschenk an, welches ihm ein Unterthan mit dem Hause eines Andern macht; der Besitzer muß räumen, und kann allenfalls zur Vergeltung dem Könige, mit dem Hause des Gebers, ein Gegengeschenk machen. Freylich ist das Geschenk nicht ansehnlich. Die Häuser sind Leimhütten, in der Gestalt eines Backofens, ohne Thür und Fenster.

Diesem großen Könige gab man ehemals nach seinem Tode seine liebsten Weiber und besten Sklaven mit; d. h. man begrub sie lebendig mit seinem Leichnam.

Die Strafe der Verbrechen besteht darin, daß der Verbrecher sammt seiner ganzen Familie, als Sklav, für die Rechnung seiner Majestät, verkauft wird. Die Gerechtigkeit wird streng gehandhabt.

Unter den Jaloffen darf nur der König und die königliche Familie sich die Nacht mit einem Schleyer vor den Mücken decken. Wer das thäte, oder sich auf eine Matte setzte, worauf eine fürstliche Person gesessen hat, würde zum Sklaven verkauft werden. Ein andrer zieht durch die Dörfer seines Gebiets, (Städte muß man hier nicht suchen), und läßt sich von seinen Unterthanen füttern. Wer sich darüber beklagt, wird als Sklave verkauft.

Ein andrer König schoß denjenigen, der ihm mißfiel, todt; und wenn er eine Lustfahrt zu Wasser machte, schoß er zum Zeitvertreib auf Menschen und Kähne. Er machte sich oftmals dieß Vergnügen.

Die Mandingoer Herren halten Sklaven, die ihren Reichthum ausmachen und es leidlich haben. Um Sklaven zum Handel zu bekommen, schicken sie Soldaten, welche ein Dorf umzingeln, und so viel Einwohner nehmen, als sie brauchen. Die Kinder werden in Säcke gesteckt; den Erwachsenen legt man einen Knebel in den Mund, damit sie nicht schreyen. Wenn die Angegriffenen die Räuber gefangen nehmen und sie beym Könige verklagen, so läugnet dieser seinen Befehl, und läßt die Soldaten, als Verbrecher, zu Sklaven verkaufen; diejenigen aber, welche die Soldaten gefangen hatten, da diese überwältigt wurden, werden auch verkauft, weil sie durch ihre Gefangennehmung Sklaven geworden waren.

Ein König in Guinea hat, wenn er Audienz giebt, einen Vorhang vor sich, damit seine Unterterthanen nicht sein Gesicht sehen, und die Großen liegen beständig vor ihm auf den Knieen, und schleichen, auf seinen Wink, auf dem Bauche näher heran.

Dem Dahomay dürfen seine Unterthanen bey Audienzen nicht näher als zwanzig Schritte kommen, und müssen auf der Erde liegen bleiben. Wenn sie ihn sprechen wollen, küssen sie die Erde. Um ihm einen Spaß zu machen, fressen einige Lustigmacher so viel rohes Korn vor seinen Augen, daß sie gemeiniglich bald an einer Unverdaulichkeit sterben; das ist Sr. Majestät ein angenehmes Schauspiel. Der Hof des Pallastes ist mit Menschenschädeln gepflastert, und dient als Gefängniß. Hier liegen die Verbrecher in Ketten unter freyem Himmel vor aller Menschen Augen.

Es ist bey Lebensstrafe verboten, in Gegenwart des Königes den Tod zu nennen. Dennoch muß er sterben, und sobald sein Tod bekannt ist, hält sich das ganze Volk für frey und gesetzlos, und begeht allerley Ausschweifungen. Das elende Volk kennt also keine Ordnung als die Sklaverey.

Der Liebling des Königes hat sonderbare Vorrechte; der König schlägt ihm keine Bitte ab; es ist ihm erlaubt, auf dem Markte alles zu nehmen, was ihm gefällt; er bezahlt keine Abgaben, braucht nicht das geringste zu thun;

wenn

wenn aber der König stirbt, muß er sich mit ihm begraben lassen.

Wenn der König ißt, darf niemand zugegen seyn, und wenn er trinkt, darf man ihn bey Lebensstrafe nicht ansehen: ein Hofbedienter giebt ein Zeichen, jedermann fällt auf die Erde, und der den Becher reicht, giebt ihn rücklings. Ein Kind des Königes erwachte einst in dem Augenblick, da sein Vater trank; der Oberpriester merkte es; das Kind ward auf der Stelle ermordet, und mit dessen Blut der Rock des Königes besprengt, um das Verbrechen und das Unglück zu tilgen.

Der König von Loango giebt Regen und trockne Witterung, und nimmt die Bitten seiner Unterthanen um diese Gnade an. Auch ihn darf man weder essen noch trinken sehen, selbst Thiere müssen dieß Verbrechen mit dem Leben büßen. Die Ueberbleibsel seines Tisches rührt niemand an; sie werden in die Erde verscharrt.

Bey den Anzikos ist der Gebrauch, die Kriegesgefangenen und Sklaven zu schlachten, und deren Fleisch auf dem Markte feil zu haben; zuweilen bieten sich Unterthanen an, ihrem Könige statt eines Bratens zu dienen.

Die Neger gehen meistens nackend. Die Reichen tragen eine Art von baumwollenem Hemde; die Weiber machen das Zeug; die

Stücke

Stücke sind nur sechs Zoll breit, weil man hier die Kunst, breitere Gewebe zu machen, nicht versteht.

Ein Negervolk schneidet seinen Feinden den Kopf ab, und hängt die Haut desselben an seine Thür, als ein Siegeszeichen. Sie ersäufen, erhenken, erstechen oder stürzen sich selbst um geringe Ursachen. Sie verkaufen Vater, Sohn Bruder um Branntewein. Bey den Leichenbegängnissen wird tapfer geschmauset. Es wird Gummi Arabicum, und eine Art von Brod hier gegessen. Ins Grab wird Speise und Trank gelegt.

Die Neger vergiften ihre Pfeile, und essen ohne Schaden das Fleisch der damit erlegten Thiere. —

Der Bräutigam muß dem Vater die Braut abkaufen, und sie mit Gewalt erobern.

Die Fulier sind Nomaden, bauen aber um ihre Läger ein wenig Reis, Tabak rc. Gemeinsame Hülfe ist Sittte, Zänkereyen und Unredlichkeit unerhört; ein Beweis, daß die Menschen nicht böse sind, und daß der Zustand der rohen Natur nicht ein beständiges Raufen und Morden ist. Sie sind tapfer, und ihre Nachbaren wagen es nicht leicht, sie anzugreifen.

Bey den Mandingoern thut die Braut sogleich bey ihrem Eintritt die Hausarbeit. Die Frau darf mit dem Manne und in seiner Gegenwart nicht essen. Es giebt Völker, wo die

Weiber

Weiber ihre Männer knieend bedienen. Die Weiber bestellen die Küche, das Haus, das Feld, spinnen, weben, holen Holz und Wasser. Die Männer sitzen, plaudern, schmauchen, schmausen, zechen; dabey jagen ihnen die Weiber die Fliegen ab.

Sie haben Dichter, welche fürs Geld die Ruhmbegierigen loben. Sie sollen reich werden; sind aber verachtet, und bekommen kein ehrliches Begräbniß, weil man glaubt, daß sie mit dem Teufel in Bündniß stehen.

Die Neger behängen ihre Personen, ihre Häuser und Vieh mit Grisgris, kleinen Büchsen, mit geheimnißvollen Zettelchen von den Priestern beschrieben und eingeweiht, die vor allen Krankheiten und Wunden ein sichres Verwahrungsmittel oder eine unfehlbare Arzeney sind. Nur vor dem Feuerrohre der Europäer schützen sie nicht, weil die Europäer die Zauberey besser als die Negerpriester verstehen.

Der Mumbo-Jumbo ist ein Popanz, von den Männern erfunden, um die Weiber in Respekt zu erhalten. Der vermeintliche Teufel prügelt die Weiber derb ab, die ihren Männern zur Klage Veranlassung geben. Er geht, wie alle Geister, nur bey der Nacht.

Die Priester halten genau zusammen, schützen einander vor Armuth und Sklaverey, lassen keinen

keinen andern, als ihre Kinder, zum Priesterthum gelangen, machen und verkaufen die Grisgris. Die Vornehmsten fallen vor ihnen auf die Knie und bitten um ihren Segen.

Südwärts von der Gambia sollen eine Menge Affen die Felder ausplündern, und dabey Schildwachen ausstellen. Auch findet man den Ourang-Outang, welcher sich zähmen und zum Dienst abrichten lassen soll. Die Zibetkatze giebt den Moschus; große Schlangen rauben Hühner, Ziegen und wohl gar Menschen.

Die Fettischschlangen werden verehrt. Der Pelican oder die Löfflgans; eine Art Falken, die ein Reh zwingen; ein Habicht, der Kinder raubt; ein Geyer, der den Leuten das Fleisch aus der Schüssel holt, sind, wenn die Berichte der Reisenden Glauben verdienen, hier merkwürdig. Unter den Fischen nennen wir den Hayfisch, den Sägefisch, das Einhorn, oder den Narval, und den Krampffisch.

Unter einem Volke in Guinea pflegen die Weiber eine Menge Schlüssel an ihrem Gürtel zu tragen, ob sie gleich manchmal weder Kasten noch sonst etwas zu verschließen haben. Die Leute besorgen bey ihrer Lebenszeit die Bedürfnisse zu ihrer Beerdigung, weil sie glauben im Himmel desto besser aufgenommen zu werden, je prächtiger sie darin einziehen.

Wenn das Volk bey seinen Fettischen schwört, kann man zuverlässig darauf rechnen; weil

weil es glaubt, es würde, bey einem Meineide, sogleich des Todes seyn. Hätte man es gelehrt, sein Wort und die Treue so hoch als seine Fetische zu achten, und die Folgen des Betruges einzusehen; so würde man es durch Wahrheit eben so weit, als durch den Betrug gebracht haben. Die Wahrheit würde ewig bestehn; das Vorurtheil aber wird es abwerfen, sobald es die Augen aufthut. Wodurch wird man es dann zur Redlichkeit anhalten?

Der Adel auf der Goldküste treibt allein Handlung, und ist allein reich; seine Zahl beträgt 40 oder 50. Das übrige Volk ist elend, nackend, dient, und verkauft sich wohl ums Brod.

Man kann aber, für etwa acht Thaler Kanzeleygebühren, von dem König den Adel kaufen. Der König befiehlt bey der Ceremonie dem Meere, die Kähne des neuen Edelmanns zu respektiren, und gießt, um des Meeres Gunst zu gewinnen, eine Flasche Branntewein hinein.

Wenn ein Gläubiger eine Schuld einklagen will, muß er vor allen Dingen dem König ein Geschenk von etlichen Unzen Goldes geben, und den dritten Theil der Schuldfodrung niederlegen. Wenn die Schuld für richtig anerkannt wird, muß der Beklagte die Leistung bey dem Haupte des Königes beschwören, und es wird ihm ein Termin gesetzt. Uebergeht er denselben, ken, so bezahlt er Strafe; der Kläger muß aber neue Geschenke bringen. Der insolvente Beklagte wird als Sklave verkauft.

Zauberey, das Ausplaudern der Staatsgeheimnisse, und die Desertion eines Sklaven werden mit dem Tode bestraft.

Unter dem Dahomay werden immer einige Kriegesgefangene den Fettischen geopfert; die andern werden zu Sklaven gemacht. Der Fürst bezahlt den Soldaten ein gewisses für jeden Gefangenen und für jeden Feindeskopf. Zum Opfer wählt man immer die ältesten, als die klügsten, die am mehrsten Meutereyen anzetteln könnten. Vielleicht, weil man sie nicht so gut verkaufen würde.

Jeder Soldat hat in den Feldzügen einen Jüngling bey sich, den er anlehrt.

Auf der Goldküste verfuhren die Portugiesen sehr tyrannisch. Sie legten auf die Produkte des Landes und auf die Fischerey schwere Auflagen; sie zwangen die Einwohner und selbst die Könige, ihnen ihre Kinder zur Bedienung zu überlassen; sie gaben, für den ihnen beliebigen Preis, nur die Waaren, die sie los seyn wollten. Wenn das Gold der Neger nur im geringsten vermischt befunden wurde, wurde der Käufer, auch wenn er von der königlichen Familie war, mit dem Tode bestraft. Alle Waaren, welche die Neger von andern Völkern kauften, wurden konfiscirt. Die Holländer vertrieben die Portugiesen, und machtens eben so.

Die Neger sind stolz, sehen keinen Menschen an, reden mit keinem Niedrigern, als um ihm Schweigen zu gebieten. Gegen die Weisen sind sie kriechend.

Sie sind räuberisch; Erziehung haben die Kinder gar nicht. Die Verlassenschaft eines Mannes kommt nie an seine Wittwe; ein Anverwandter nimmt alles hin.

Die Hunde verlieren in Guinea alle ihre Eigenschaften, Wachsamkeit, Muth und Treue; man hält sie nur Herdenweise, als Schlachtvieh.

Es giebt hier eine kleine Art Dammhirsche, in der Größe eines Mopses. Die Tiger sind sehr furchtbar und in großer Menge.

Von einem andern Volke wird erzählt, daß sie sehr viele Complimente machen; die Weiber liegen vor ihren Männern, die Kinder vor dem Vater, die Geringeren in Gegenwart der Vornehmern auf der Erde, stehen nur auf Befehl auf, und kriechen auf dem Bauche weg. Gleiche begrüßen einander auf den Knieen. Wenn ein Vornehmerer nieset, fallen die Geringeren auf die Erde und wünschen ihm Wohlergehn.

Der Reichthum besteht in der Menge der Kinder, weil sie selbige verkaufen.

Der älteste Sohn erbt die Nachlassenschaft des Vaters sammt dessen Weibern, seine Mutter allein

allein ausgenommen. Diese fürchten den Tod so sehr, daß sie den Namen desselben nicht aussprechen. Sie haben Priester und Orakel, die niemals Unrecht haben; denn wenn ihre Prophezeihung nicht eintrifft, so haben die Laien es selbst durch ein Versehen oder Vergehen verschuldet.

Einst fraß ein Schwein eine Fettischschlange, die es beunruhiget hatte; die Priester, die dieß erfuhren, wirkten beym Könige ein Todesurtheil gegen alle Schweine im Lande aus; und dieß Urtheil wurde, aller Vorstellungen der Besitzer ungeachtet, zum großen Theile vollzogen. Die Fettischschlangen haben Tempel und Altäre, und die Laien dürfen nich unmittelbar, sondern nur durch den Mund der Priester, ihre Anliegen anbringen, und den Segen der Gottheit empfangen.

Der Oberpriester wird, als der Vertraute der Gottheit, mehr als der König geehrt. Seine Würde ist erblich. Es sind auch Priesterinnen, die von ihren Männern knieend bedient werden, und über dieselben gebieten.

Manchmal thun die Weiber des Königes Häschers- und Henkersdienste. Es wird ihnen leicht, da niemand sie bey Lebensstrafe anrühren darf.

Auf Mord und Verführung der königlichen Weiber liegt Todesstrafe. Andre Verbrechen werden mit Gelde, zum Vortheil des Fiscus,

 gebüßt.

gebüßt. Das Vergeltungsrecht wird geübt. Der König, sagen einige, verkauft zuweilen seine Weiber als Sklavinnen.

Die Neger zu Loango sind der Meinung, daß wenige Menschen eines natürlichen Todes sterben, sondern aus andrer oder eigner Schuld, vornehmlich aber aus Zauberey, das Leben einbüßen.

Sie brauchen Ordalien. Der Beklagte trinkt einen geweihten Trank, oder läßt einen Sklaven in seinem Namen trinken; besteht dieser die Probe nicht, so kann der Herr noch selbst den Versuch machen. Die Stellvertretung bey der Strafe findet aber nicht Statt, und kein Reichthum oder Ansehen rettet den Schuldigen.

Um die Todten desto kräftiger beweinen zu können, nimmt man Spanischen Pfeffer in die Nase.

Es soll auch hier ein rauhes, nacktes Volk seyn, das keinen König hat.

Die Küste der Kaffern, oder das Kaffernland.

Die südlichste Spitze desselben heißt das Cap oder das Vorgebirge der guten Hoffnung; der Tafelberg, und das Gebirge Lupata; die Tafelbay, und die heftigen Stürme sind hier zu bemerken.

Die

Die Holländer haben hier wichtige Niederlassungen, Comptoire und Kolonien, die die armen Eingebornen sehr drücken. Das Cap ist felsig und unfruchtbar, das Innre des Landes aber sehr ergiebig. Hier wächst, aus Deutschen Weinstöcken vom Rheine, der berühmte Capwein. Es finden sich allerley wilde und reißende Thiere, die wir in Afrika schon bemerkt haben; es kommen noch dazu Rhinozerosse, Giraffen, das Stinkthier, Zebras, wilde Pferde und Esel, Leoparden, Büffel, Strauße, Phasanen, Pfauen und Cachelots.

Die Capstadt, und einige Kolonien, meistens zerstreut.

Gegen Morgen sind Terra de Natal, Sofala, der heil. Geistfluß, mit Gold, Elfenbein, Ambra, Honig und Wachs.

Das Cap ward 1493 von den Portugiesen entdeckt, und ist seitdem der Weg nach Ostindien.

Die Holländer haben sich die Hottentotten, die südlichste Kafferische Nation, unterwürfig gemacht, die ihre Trägheit aber weniger als die Neger brauchbar macht. Sie brauchen auch Malayen, die aber nicht zuverlässig sind, und manchmal ihre Herren ermorden, und mit Standhaftigkeit die ihnen wohlbekannte Strafe erleiden. Viele freygelassene Neger bewohnen mit den Holländern die Stadt, wo die Sitten äußerst schlecht seyn sollen; weil sie durch die Verbrecher, welche das Mutterland zur Strafe hieher schickt, verderbt werden.

Die Sklaven stehn unter dem Schutz der Gesetze, und können bey den Richtern gegen ihre Herren wegen Mißhandlungen klagen. Die Verbrecher werden auf die Robbeninsel, zwey Meilen von der Küste geschickt.

Die Hottentotten sind träge, unwissend, schmutzig, aber gutmüthig und moralischer Empfindungen empfänglich. Die Kaffern sind thätiger, kühner und lassen sich nicht so gut brauchen. Alle sind Hirten. Die unter den Holländern wohnen, haben zum Theil ihre Geradheit verloren. Die Hottentotten sind gefräßig und unmäßig, wenn sie Ueberfluß haben; behelfen sich aber ohne Müh beym Mangel mit etwas Honig, einigen Heuschrecken, einem Stück Leder von ihren Schuhen, und wenn sie gar nichts haben, schnüren sie den Bauch ein, oder schlafen. Sie beschmieren sich den Leib mit Fett, und pudern sich dann mit einem rothen Pulver. Körbe wissen sie so fein und dicht zu flechten, daß sie die Milch ihrer Herden darin halten. Die Kinder gehen nackt, die Erwachsenen tragen eine Schürze, und unter den Schultern ein Hammelfell: um den Hals, Arm und Beine, Schnüre und Korallen. Sie verlassen ihre Kranken nicht.

Aerzte

Aerzte sind auch hier, die wenig verstehen, doch aber leichte Wunden kuriren; die Kranken tragen geduldig ihre Leiden, ohne durch Klagen Mitleiden zu erregen. Stände und Priester sind den Hottentotten unbekannt; sie haben übrigens eine Art von Haupt, der aber nichts befiehlt.

Sofala ist an Gold sehr reich, man sagt, es sey das Ophir des Salomo.

Monomotapa und Monoemugi.

Wenig bekannte Länder, wo die Portugiesen einige Niederlassungen haben, und das Gold in großer Menge seyn soll.

Die Küste Mosambique, Zanguebar, Ajan und Adel.

Zu bemerken sind: der Kanal von Mosambique, die Portugiesische Festung Mosambique, und andre Niederlassungen, das Cap Guardafu, die Portugiesischen Städte Melinde und Mombaza, die Stadt Adel oder Aden.

Abyssinien.

Auch zuweilen Ethiopen genannt; eine große, wenig bekannte Strecke Landes mit einem Despoten, dem Priester Johannes genannt. Keine Städte; die Einwohner sind Nomaden. Nordwärts ist die Küste Abex.

Afrikanische Inseln.

Gegen Osten: Admiranten- oder Schellesinseln; die Komorischen Inseln; Madagascar, ehemals Lorenzinsel; von 10,500 Quadratmeilen; mit mehreren Königen, Metallen, Edelgesteinen, Baumwolle rc.

Die Mascarenischen Inseln, gehören Frankreich, wo Bourbon oder Mascarenha, mit einem furchtbaren Vulcan: Isle de France, mit Port Louis und Federharz.

Gegen Westen: Helena, Englisch, mit dem Fort James.

Ascension, Portugiesisch, unbewohnt, mit einem Hafen.

Guineainseln; St. Thomas, Portugiesisch, hat Zucker.

Die Inseln des grünen Vorgebirges; sie gehören den Portugiesen, geben Salz, Ziegenhäute, Baumwolle, Schildkröten und Zuckerrohr. Die vornehmsten sind St. Jacob, die Feuerinsel, Bonavista, St. Vincent, St. Antonio. Man findet hier den Flamingo, einen rothen Vogel; grauen Ambra, dessen Fischerey der Hof sich vorbehält, wovon aber Fische und Vögel eine große Menge verzehren.

Die wichtigste ist St. Jago (Jacob), wo die Hauptstadt Ribeira. Auf der Feuerinsel ist ein Vulcan.

Die Bewohner gehen fast nackt, und sammeln nicht einmal die häufige Baumwolle.

Madera, die wichtigste aller Portugiesischen Inseln hat 60,000 Einwohner, giebt Zukker, Wein ꝛc. Die Einwohner sind fast schwarz; zu Funchal, der Hauptstadt, ist ein Statthalter und ein Erzbischof. Sie ward zu Anfang des 15ten Jahrhunderts zuerst entdeckt. Die Arbeiter in den Weinbergen sind äußerst arm und mäßig; der Mord ist gemein, weil jede Kirche eine Freystatt ist, und vornehmlich weil Bedrükkung herrscht. Die Leichname der Ketzer werden ins Meer geworfen.

Porto Santo hat eine Stadt gleiches Namens.

Die Canarischen, sonst Glücklichen Inseln, wozu auch von einigen Madera gerechnet wird, sind durch ihren vortrefflichen Zucker und durch die Canarienvögel berühmt. Sie gehören Spanien. Die wichtigsten sind: Canaria, mit der Hauptstadt Palmas, wo der Gouverneur; Teneriffa, mit dem bekannten Berge Pico, ehemals ein Vulcan, 10,452 Fuß hoch; Ferro; Palma, mit einem Vulcan. Sie wurden 1430 entdeckt.

Die Einwohner sollen, in ihrem rohen Zustande alles gemein gehabt, und die Erde mit Kuhhörnern umgegraben haben; sie kannten den Gebrauch des Feuers nicht, folglich kein

 Metall;

Metall; lebten in Höhlen, vergossen kein Menschenblut, waren Hirten. Sie sollen doch einen König und Waffen, (Steine, Stangen) gehabt haben. Nun sind Klöster da.

Die Azorischen Inseln: Terceira, St. Maria, Pico, St. Miguel rc. Die Hauptstadt Angra ist auf Terceira. St. Miguel die volkreichste, wo Delgada mit 2000 Häusern. Sie gehören Spanien, leiden Erdbeben und Vulcanenausbrüche.

Amerika.

Amerika besteht aus zwey grossen Stücken, Nord- und Südamerika, welche in der Mitte durch die Landenge Darien oder Panama verbunden sind.

Der östliche Ocean heißt das Atlantische Meer, oder die Nordsee; der westliche die Südsee, oder auch das Stille Meer.

Nordamerika.

Es enthält Grönland, die Hudsonsbayländer, Neuland, Canada, Neuschottland, den Nordamerikanischen Freystaat, Florida, Louisiana, Neumexico, Californien, Mexico oder Neuspanien und Westindien, oder die

die Mittelamerikanischen Inseln im Mexicanischen Meerbusen.

Grönland.

Ohne alle Erdfrüchte, fast beständig mit Eis und Schnee bedeckt; Winternächte von zwey Monaten, wo Mond, Sterne und Nordlichter erleuchten. Wallfische, Seehunde, andre Fische, einige Vögel, weiße Bären, Füchse, Biber, sind alles was die Natur hier erzeugt. Man findet auch Asbest. Es gehört Dänemark, welches hier einige Niederlassungen hat, besonders ist die Brüdergemeine Neuherrenhut zu bemerken, wie auch die Straße Davis und die Diskobay.

In dem Eskimoischen Meere sind einige Inseln, und im Norden Spitzbergen, das nördlichste bekannte Land.

Seit 1721 haben die Dänen, auf des Pfarrers Egedens zudringliches Anhalten, das Land besucht, wo dieser Eifrer das Christenthum predigte. Das Meer ist im Winter zugefroren, aber nach demselben schwimmen noch lange ungeheure Eisberge umher, die manchmal weiße Bären tragen. Das Meer bringt eine große Menge Treibholz, ganze Bäume, Birken, Elsen, Weiden, Tannen und Fichten ans Ufer; man weiß nicht woher diese kommen. Die Stürme im Winter erschüttern und zerreißen die Hütten.

Die

Die Grönländer haben kein andres Hausthier, als den Hund, den sie an den Schlitten spannen, und essen. Sie wissen Seehunde, Wallfische und weiße Bären zu fangen, die ihre Nahrung sind. Das Fett, oder der Thran des Seehundes ist ihnen das Oel zur Lampe, und ein köstlicher Trunk; die Haut ist ihr Kleid, bedeckt ihr Zelt, ihren Kahn; die Knochen sind ihre Nadeln, Bohrer ꝛc. die Sehnen ihr Zwirn zum Nähen.

Der Grönländer ist klein, schmutzig, friedfertig, sorglos. Wer etwas hat, theilt es mit dem, der nichts hat, ohne für den andern Tag zu sorgen. Wer nichts hat, verzehrt seine Kleider und Schuhe, oder hungert geduldig einige Tage, bis er etwas fängt. Er giebt lieber nach, als daß er sich zankt, schwerlich aus Moralität, vermuthlich aus Trägheit, weil er die Ruhe für das höchste Gut hält.

Die Weiber essen mit den Männern nicht, erscheinen auch nicht bey Gastmählern; sie thun alle Arbeit, bauen das Haus und Zelt. Der Mann fischt, macht seinen Kahn und seine Waffen. Wer ein Messer hat, gilt für reich. Alle Winter wird ein neues Haus gebaut, weil das alte gemeiniglich einstürzt; im Sommer wohnt man in Zelten; zwey, drey Familien wohnen in Einem Hause, d. h. in einem Loche, ohne Schornstein, mit Fenstern von Fischdärmen: jede

jede hat ihre Rasenbank, ihren Heerd und ihre Lampe. Häute theilen die Wohnungen ab. Nun haben die Dänen manche Verändrung gemacht, und die Eingebornen etwas Brod, grobes Tuch und einige eiserne Instrumente kennen gelehrt, nebst einigen Begriffen von Christenthum. Sie holen daher Fuchsbälge, Seehundsfelle und Thran.

Könige, Obrigkeiten waren bey ihnen unbekannt; ihre Versammlungen bey Festen waren ihre Tribunäle, die wenig zu thun hatten. Von Eigenthum wußten sie nichts, jeder baute und fischte, wo er wollte. Wenn jemand etwas in Besitz genommen, oder auch nur mit Auflegung eines Steines bezeichnet hat, nimmt es niemand weg Die Streitigkeiten bey der Fischerey werden nach gewissen Herkommen entschieden. Wenn ein Schuldner stirbt, so sind seine Schulden bezahlt. Die Nachlassenschaft, Kahn und Zelt gehören dem ältesten Sohne, oder einem andern, der keine hat; denn doppelt darf niemand Kahn und Zelt haben; dabey muß der Erbe für Wittwe und Waisen sorgen. Diejenigen aber, die keinen Fürsorger haben, bleiben hülflos. Die Grönländer sollen doch auch rachsüchtig und neidisch seyn, und ihre Leidenschaft mit dem Tode des Feindes sättigen.

Sie haben böse Dämonen, und Priester oder vielmehr Zauberer, Angekoks genannt, die mit den

den himmlischen und höllischen Mächten in vertrautem Umgange stehen, Erscheinungen haben, Waffen besprechen, Geister bannen, Krankheiten heilen, und für alles gut bezahlt werden.

Die Grönländer zählen bis 20 haben aber nur 5 Zahlen.

Spitzbergen, ist, so weit wir es kennen, fast nur ein großer Eisfels, wo man noch keine Einwohner gesehen, aber doch Löffelkraut und Ranunkeln antrifft.

In diesen Meere werden die Wallfische gefangen, die den Thran, Wallrath und Fischbein geben. Von diesen Meeren kommen auch die Heringe zu unermeßlichen Haufen im Junius und Julius, nach den Europäischen Küsten.

Hudsonsbayländer.

Labrador und Neuwales, wo Niederlassungen der Engländer; Yorkfort, Main, eine Brüdergemeine seit 1771. Der Boden ist kahl und bergig; gibt Marienglas, Asbest, Eisen, Kupfer, Schwefel, Krystall, Erdbeeren, Johannisbeeren, Rennthiere, Pelzwerk, Kabliau, Wallfische, Biber, Labradorstein.

Die Einwohner sind unabhängig, Eskimos ꝛc. sind den Grönländern etwas ähnlich; lieben eben so sehr ihr schreckliches Vaterland, kleiden sich mit Fellen, machen sich Brillen von Holz oder Elfenbein, mit einer kleinen Spalte, um sich vor der Blendung des Schnees zu schützen. Die Männer halten ihre Weiber in ehrfurchtsvoller Entfernung, essen und trinken mit denselben nie; tödten ihre alten Eltern; sind der Liebe und Achtung fähig; leichtsinnig, wegen der künftigen Noth unbekümmert; thun Reisen von mehreren hundert Meilen im Winter, ohne Zelt, ohne Herberge, ohne Mantel; schlafen im Schnee; vor Hunger fressen sie zuweilen Weib und Kind auf. Sie sind fast die einzigen Amerikanner, die einen Bart haben. Sie verbrennen die Leichname, geben ihnen Tabak und Waffen mit.

Neufoundland, Neuland, Terra Nova.

Eine rauhe, unfruchtbare Insel 2030 Quadratmeilen groß, vor dem Meerbusen Lorenzo. Engländer, Franzosen und die Nordamerikanischen Freystaaten haben hier wichtige Fischereyen, besonders an Kabliau, an der Grünen Bank, Wallfischbank, Petersbank, und Großen Bank. Es sind einige unbeträchtliche Niederlassungen da.

Die Isle Royale, oder Cap Breton, wo die Häfen Louisburg, und Port Toulouse.

Canada.

Größe 35,800 Quadratmeilen. Flüsse: Lorenzfluß, Niagara, mit einem berühmten Wasserfalle; Mississippi, Ohio. Seen: der Ober-

Obersee, enthält 1800 Quadratmeilen, Mitschingansee, Huronensee, Eriesee, Ontoriosee, enthält 580 Quadratmeilen, die alle mit einander in Verbindung stehen.

Die Luft ist kälter als in den Europäischen Ländern von gleicher Polhöhe; doch ist am Ohio und Mississippi der Sommer so warm, daß der Weinstock, zwar nicht häufig, wild wächst. Hin und wieder findet man fruchtbares Land. Gebirge sind: das Endlose Gebirge, das Allegany Gebirge, das Apelachische oder Blaue Gebirge.

Ein Theil von Canada, Neufrankreich genannt, gehörte ehemals den Franzosen, die es 1763 den Engländern abgetreten haben. — Quebec, am Lorenzflusse, eine Festung mit 14,000 Einwohnern, ist der wichtigste Platz.

Die merkwürdigsten Völkerschaften sind: die Irokesen, die Huronen, die Cherokesen, die Algonkiner.

Die Europäer holen daher Weitzen, Pelzwerk, Biber, deren Hauptsitz Canada ist, Muskus, Elendthier- Hirsch- und Rehfelle, Fischbein, Bibergeil, Holz.

Die Canadenser sind, wie fast alle Amerikaner, kupferfarbig, wozu vielleicht ihr Schmutz etwas beytragen mag; denn sie werden so weiß als wir geboren. Sie sind wohlgewachsen,

stark,

stark, geschickt, gesund. Man will sagen, daß sie seit ihrer Bekanntschaft mit den Europäern an ihren körperlichen Eigenschaften gelitten haben, was man dem Branntewein zuschreibt. Es sollen ganze Nationen verschwunden seyn. Die Nationen sind aber nicht volkreich.

Der auffallendste Zug ihres Charakters ist die Standhaftigkeit in Erduldung körperlicher Schmerzen, worin sie sich von Kindesbeinen an freywillig üben sollen. Ihre Jagden und Reisen von mehreren hundert Meilen, mit wenigem Vorrath und keiner Herberge, sind eine gute Veranlassung sich abzuhärten. Dabey sind sie sanft, nachgebend, friedfertig, ernsthaft; ihre Grundsätze sind, daß ein Mensch vom andern nichts fodern kann; daß man niemand beleidigen muß, der nicht zuerst beleidigt hat.

Sie haben von sich eine hohe Meinung, sind Sklaven der Menschenfurcht, leichtsinnig, unbeständig, gegen die Europäer argwöhnisch, verrätherisch, wenn es ihren Nutzen betrifft, versteckt, und ihre Rache erbt auf Kindeskind fort. Der Fremden und Hülfsbedürftigen nehmen sie sich gern an; sollen aber ihre Kranken todtschlagen und den Säugling mit der todten Mutter begraben, weil sie ihn nicht zu erhalten wissen.

Einige Völker drücken den Kopf der neugebornen Kinder platt, andre spitz, andre rund. Sie halten diese Gestalten für schön.

Die verschiedenen Völker haben verschiedene Regierungsformen. Jedes Dorf hat zwar ein Oberhaupt; in den mehresten aber kann dieses, ohne die Aeltesten nichts entscheiden. Bey einigen müssen die Häupter dem Volke Geschenke machen, bey andern bezahlt das Volk seinem Anführer Abgaben. Auch giebt es eine Art von Adel, besondre Familien, die sich mit den übrigen nicht mischen, die eine Art von Wappen, ein Thier zu ihrem Zeichen führen. Auch scheint hin und wieder Despotismus eingeschlichen zu seyn.

Man sagt, daß bey den Huronen die Weiber die Obermacht führen; das ist nicht wahrscheinlich.

Sie haben keinen Begriff von Criminalgerechtigkeit. Sie sagen: der Mensch ist frey, und niemand hat das Recht, seine Freyheit einzuschränken. (Das scheint nicht Huronisch zu seyn.) Selbst ihre Kinder strafen die Eltern niemals. Doch sollen sie die Zauberer mit dem Tode strafen. Vermuthlich aus Furcht.

Unter ihren Kriegesgefangenen suchen sie einige aus, um die Stelle ihrer gefallenen Mitbürger zu ersetzen; und wenn diese von dem Weibe und den Kindern des Verstorbenen angenommen werden, so treten sie in alle Rechte ihres Vorwesers. Sie sollen mehrere Götter und böse Dämonen anerkannt, ein andres Leben,

Vor-

Vorbedeutungen, Träume und göttliche Offenbarungen geglaubt haben.

Bey den Huronen und Irokesen können die Gatten, wenn sie wollen, sich trennen. Bey andern schneidet der Mann dem Weibe die Nase ab, wenn es ihm davon läuft. Auf die Erziehung der Kinder, und zu ihrer Wartung wird keine Mühe verwandt. Darum werden sie auch gesund, stark und geschickt. Die Kinder sollen sehr ehrgeitzig seyn.

Einige Völker bauen das Feld (das thun dann die Weiber), andre leben von der Jagd oder Fischerey. Einige machen Brod von Mais, Zeuge von einer gewissen Rinde. Ehe die Europäer sie mit dem Eisen bekannt machten, hatten sie zu Werkzeugen nichts als Steine, wovon sie sich doch Aexte zu machen wußten.

Die Jagden sind äußerst beschwerlich, mehrere hundert Meilen weit, durch Schnee, Sümpfe und Wälder, dauern einige Monate, und manchmal verhungern die Jäger dabey.

Der Krieg ist das wichtigste Geschäft der Canadenser, und kommt oft; denn sie ziehn nicht allein in eignen Angelegenheiten, sondern geben auch Nachbaren Hülfe. Wenn sie aufgefodert werden, geht mit, wer da will. Nach den Berichten, ist der Grund zum Kriege die Rache derer, die in einem vorhergegangenen erschlagen worden sind. Die Hausgötter, Manitous genannt, werden mit ins Feld genommen.

Der größte Ruhm des Anführers ist die Ersparung des Blutes seiner Truppen; daher sind alle Angriffe Ueberfälle, besonders wenn man glaubt, daß der Feind schläft. Demungeachtet ist jede Partey gegen Ueberfälle, ganz ohne Vorsicht. Die Hauptabsicht geht dahin, Gefangene zu bekommen, die, wenn sie nicht vom Volke zu den Ihrigen aufgenommen werden, nach schrecklichen Martern unvermeidlich sterben, und den Siegern zum Gastmahle dienen müssen. Die Schlachtopfer singen und trotzen dabey, und machen sich eine Ehre daraus, die Qualen standhaft zu erdulden; wenn einer Schmerz oder Angst blicken läßt, wird er von den Siegern als unwürdig sogleich todt geschlagen. Die Krieger aber peinigen die Gefangenen nicht, das thun nur die Weiber und Kinder.

Neuschottland.

Es heißt auch Acadien, hat ungefähr 2000 Quadratmeilen, mit langem Winter, wenig fruchtbarem Boden, Waldungen und starker Viehzucht. Es gehört England, welches Holz und und Fische, besonders Stockfisch daher holt.

Halifax, die Hauptstadt, mit 12000 Einwohnern und einem Hafen: Neubraunschweig, Lüneburg, Schelburne ꝛc.

Der Nordamerikanische Freystaat.

Eine große Strecke Landes an der Küste von 43,000 Quadratmeilen. Flüsse: Mississippi, Hudsonsfluß, Delawar, Connecticut. Gebirge: die Apalachischen.

Der Staat besteht aus dreyzehn Provinzen:

1. Neuhampshire, (1560 Quadratmeilen, 82,000 Einwohner). Portsmouth, die Hauptstadt; Waldungen, Viehzucht, Biber, Elendthiere.

2. Massachusetsbay, (460 Quadratmeilen, 900,000 Einwohner). Boston, die Hauptstadt, mit 25,000 Einwohnern, und großer Handlung. Cambridge, eine Universität. Neuplymouth 2c.

3. Rhodeisland, (80 Quadratmeilen, 60,000 Einwohner). Viehzucht und Ackerbau. Newport, Providence 2c.

4. Connecticut, (246 Quadratmeilen, 200,000 Einwohner). Bley, Eisen, Kupferbergwerke. Newhaven, eine Universität.

5. Neuyork, mit der Langeninsel und Staateninsel, (2000 Quadratmeilen, 206,000 Einwohner). Neuyork oder Neuamsterdam), eine wichtige Handelsstadt; seit 1765 ist hier eine Gesellschaft der Künste, des Ackerbaues. Albany, Barrington 2c.

6. Neujersey, (317 Quadratmeilen, 130,000 Einwohner). Wein, Eisen Kupfer.

Porth-Amboy, die Hauptstadt. Trenton, am Delawarfluß. Elisabethtown.

7. Pensylvanien, (2148 Quadratmeilen, 350,000 Einwohner). Flachs, Hanf, Pferde, Schafe und Schweine, ursprünglich aus Europa; Eisen, Marmor. — Philadelphia, am Delawar, die vornehmste Handelsstadt, und der gewöhnliche Sitz des Congresses, mehr als 30,000 Einwohner, eine Universität, eine Akademie und mehrere gelehrte Gesellschaften; Chester, Lancaster, Bethlehem, Euphrat ꝛc.

8. Delawar, (35,000 Einwohner), Newcastle, die Hauptstadt.

9. Maryland, an der Chesapeakbay, (517 Quadratmeilen, 220,700 Einwohner, ohne die Neger), Tabak; Annapolis, Baltimore.

10. Virginien, (5300 Quadratmeilen, 600,000 Einwohner), Tabak, Holz, Indigo. Williamsburg, die Hauptstadt ꝛc.

11. Nordcarolina, (1160 Quadratmeilen, 200,000 Einwohner, ohne die Neger). Newborn, die Hauptstadt; Willmington, Brunswig.

12. Südcarolina (1160 Quadratmeilen, 170,000 Einwohner, ohne die Neger), Reis, Seide, Wein, Indigo, Hypecacuanha, Sassaparilla und andre medicinische Kräuter. Charlestown, die Hauptstadt ꝛc.

13. Georgien, (930 Quadratmeilen), Savannah, am Flusse Savannah.

Die Einwohner des Freystaates bestehen aus Engländern, Franzosen, Deutschen, Amerikanern und Negern, zusammen 3,150,060. Die Nachkommen der Europäer in ganz Amerika heißen Creolen; die von Europäern und Negern, Mulatten; von Europäern und Amerikanern, Mestitzen.

Die Regierung ist, der Größe des Landes ungeachtet, demokratisch; die dreyzehn Provinzen schicken ihre Deputirten zum Generalcongreß, welcher die allgemeinen Angelegenheiten besorgt. Die höchste Gewalt in den Provinzen üben aus: der Gouverneur, das Unterhaus (oder Assembly), das Oberhaus (oder Senat). In Georgien und Pensylvanien hat das Unterhaus allein die Regierung.

Geschichte.

Der Grund zu den Amerikanischen Kolonien wurde unter Elisabeth von England zum Behuf der Handlung auf Kosten der Unternehmer gelegt. Der Ritter Raleigh machte die ersten Versuche ohne Erfolg in Virginien, ob er gleich dieses Land benannte, und von Elisabeth 1584 eine schriftliche Zusicherung des Eigenthums und der Oberherrschaft dieses Landes, nebst der Freundschaft und Bundesgenossenschaft mit England erhielt, unter dem einzigen Vorbehalt, daß die Krone den fünften Theil der edeln Metalle, die man dort gewinnen würde, bekommen sollte.

Jacobs des Ersten despotische Regierung bevölkerte die Kolonie mit allen denen, die Freyheit in den Wüsteneyen Amerika's suchten.

Es entstand in England eine Nordamerikanische Handlungsgesellschaft, welche, wie alle ihres Gleichen, sich eine Art von Souveränität über die Kolonieen anmaßte. Die Unzufriedenheit der Kolonisten aber, die sie nicht unterdrükken konnte, bewog die Gesellschaft 1621 den Kolonien eine freye und von ihr unabhängige gesetzgebende Macht zu gewähren. Jacob der Zweyte brachte sogleich die Kolonien um dieses Recht und Cromwell unterjochte sie vollends.

Unter dem Könige Karl dem Zweyten, 1681 stiftete Wilhelm Penn die Kolonie Pensylvanien, und die Stadt Philadelphia (d. h. Bruderliebe). Er war ein Quäker, und zog viele Quäker dahin, die noch jetzt dort ihren Hauptsitz haben. Der Ursprung dieser Sekte ist folgender:

Georg Fox, der Sohn eines Webers, geboren 1624, trieb selbst seines Vaters Handwerk, allein die damaligen Religionsgährungen wirkten so stark auf ihn, daß er anfing die Bibel zu studieren, dann zurück zu legen, weil er meinte, eben sowohl als die Apostel und Propheten, den Geist Gottes zu haben oder empfangen zu

können.

können. Gegen 1660 fing er an zu predigen, und eine Menge Proseliten zu machen, deren Grundsatz es war, das Christenthum in seine ursprüngliche Reinheit zu restituiren. Alles was an der Kleidung Zierrath heißen konnte, ward verbannt, die Gemeinschaft der Güter ward eingeführt, um die Gleichheit der Menschen herzustellen, ward jedermann, und selbst der König, mit Du angeredt, und jede Verbeugung, jede Höflichkeitsbezeigung abgeschafft. Priester, Taufe und Abendmahl und alle kirchlichen Gebräuche wurden, als vollkommenen Christen unnütz, verworfen. Ihr Eifer ging bis zu Krämpfen, weswegen man ihnen den Spottnamen **Quäker**, (d. h. Zitterer) beylegte.

Von dieser Sekte war, dem Aeußeren nach, Wilhelm Penn. Viele loben ihn als einen Menschenfreund, der nur das Glück der Menschen und seiner Kolonisten suchte. Allein die näher beleuchtete Geschichte scheint ihn zu einem listigen Ehrgeitzigen herabzusetzen, der nichts als Reichthum und die Erhebung seiner Familie zur Absicht hatte.

Dem sey wie ihm wolle, Penn zog eine Menge Quäker und allerley Religionsverwandte in seinen neuen Staat, weil er jeder Religionspartey freye Uebung und Bürgerrechte gewährte. Karl der Zweyte hatte ihm das Eigenthum von Pensylvanien und die gesetzgebende Macht, unter der einzigen Bedingung zugestanden, daß seine Gesetze den Gesetzen Englands nicht widersprächen, und sich selbst verpflichtete, Pensylvanien nie anders, als durch eine Parlamentsakte, mit Zustimmung des Eigenthümers der Provinz und der Versammlung derselben, mit Abgaben zu belegen.

Alle Kolonien hatten bey ihrer Stiftung ähnliche Rechte, als Virginien und Pensylvanien bekommen. Sie wurden aber von Englaud wenig geachtet.

Kaum war Karl der Erste enthauptet, als das Parlament, welches in die königlichen Rechte getreten war, sich der Souveränität über die Kolonien anmaßte, und 1650 eine Akte publicirte, wodurch es denselben allen Handel mit andern Nationen untersagte. Karl der Zweyte bestätigte diese Akte.

Diese Anmaßungen gingen immer weiter. Zu einer Zeit, wo die Einwohner Britanniens mit schweren Abgaben belastet waren, trugen die Kolonien nach Verhältniß noch mehr, und ihre Handlung war so beschränkt, daß sie von einer Provinz zur andern Steuern bezahlen mußten. In dem Kriege 1756 bis 1763 standen sie dem Mutterlande kräftig bey, und steckten sich in eine Schuldenlast von 10 Millionen Pf. Sterling, woraus der Hof nur ihre Kräfte und Bereitwilligkeit zum Tragen ersahe; man schloß, sie seyen zu mächtig und man müsse sie einschränken;

ken; man belastete sie mit neuen Abgaben, es gingen aus dem Parlamente die berühmte Stempelpapierakte, die Schreibepapierakte, die Glas- Färbe- und Theeakten. Die Amerikaner widersetzten sich mit Standhaftigkeit, warfen das Stempelpapier zu Hampton in Virginien bey seiner Ausladung ins Feuer. Das Parlament widerrief alle seine Akten, und nahm nur eine kleine Auflage vom Thee, mehr um das Recht zu behaupten, welches man schon ausdrücklich zum Grunde gelegt hatte, als des Ertrages wegen. Die Amerikaner merkten die Absicht, nahmen den Thee nicht an, und bezahlten die Auflage nicht.

1773 um einen Versuch zu machen, schickte England nach Amerika mehrere Schiffsladungen Thee, die es, weil eben der Thee häufig war, und um die Amerikaner zu blenden, ihnen wohlfeiler ließ, als sie es durch die Contrebande haben konnten; nur mußte die Auflage bezahlt werden, die nachher Gesetzeskraft gehabt hätte. Zu Boston ward der Thee ins Meer geworfen; zu Neuyork und Philadelphia ließ man die Schiffe nicht in den Hafen einlaufen.

Der Druck der Kolonien ging so weit, daß sie mehrere Bedürfnisse nicht selbst fabriciren, sondern aus dem Mutterlande holen, und weit theurer, als sie selbige aus dem Lande oder sonst woher hätten bekommen können, bezahlen mußten. Der berühmte Minister Pitt, sagte ein-

einstens im Parlamente mit dürren Worten: „Wenn Amerika sichs unterstände, einen Strumpf oder einen Hufnagel zu machen, würde ich es die ganze Macht Englands fühlen lassen."

Dieß alles machte die Amerikaner auf die Erhaltung ihrer Rechte bedacht, so daß alle Provinzen 1773 eine regelmäßige Correspondenz, durch einen dazu eingesetzten Ausschuß, stifteten; 1774 aber einen Generalcongreß aller Provinzen zu Philadelphia anordneten; und alle Bürger die Waffen ergriffen, Compagnien und Regimenter formirten, um auf jeden Fall bereit zu seyn. 1775 ward Georg Washington, ein Deputirter von Virginien, von dem Generalcongreß einstimmig zum Oberbefehlshaber aller Truppen der Provinzen ernannt; weil er schon 1756 bis 1763 Beweise seiner kriegerischen Fähigkeiten gegeben hatte. Dem Generalcongreß, Ausschüssen, Volksversammlungen, und dem General ward eine unumschränkte Gewalt anvertraut, die aber keiner brauchte; denn eine bloße Empfehlung reichte zu, jedermann gehorchte pünktlich; und wenn einige die Pflicht vergaßen, so war ihre Strafe, die Bekanntmachung ihres Vergehens. Furchtbare Strafe; denn dadurch waren sie fast von der Gesellschaft ausgeschlossen.

Vir-

Virginien war die erste Provinz, welche sich von der Verbindung mit England lossagte, 1776 und sogleich folgten ihr die übrigen.

1768 waren einige Kriegesschiffe und Regimenter in Boston gelegt worden, welche Erbitterung erzeugten; nachdem der Thee ins Meer geworfen worden, ward die Stadt und der Hafen 1773 gesperrt; alle Kolonien eilten aber mit Mannschaft und Mundvorrath zu Hülfe. 1774 wurden die Kolonien durch eine förmliche Parlamentsakte für Rebellen erklärt, und der Krieg brach aus. Das erste Scharmützel geschah den 19ten Aprill 177 bey Concord, ohne eigentliche Kriegeserklärung, wodurch aber der offne Krieg seinen Anfang nahm.

Er währte sieben Jahre hindurch. Den Amerikanern fehlte es an Geld, an Kriegeszucht und Erfahrung; sie hatten es mit Engländern und Canadensern und mit Königlichgesinnten aus ihrer eignen Mitte zu thun; die Eingebornen von Amerika thaten auch einige Einfälle, ein Theil von Washingtons Armee rebellirte, und der Oberste Arnold ward zum Verräther; die Verfechter der Freyheit wurden fast überall geschlagen; demungeachtet verloren der Congreß und die Feldherren nicht den Muth, und wollten auf keine Vorschläge Englands hören, wenn nicht ihre Unabhängigkeit zum Grunde gelegt würde. 1780 bekamen sie von Frankreich, und nachher auch von Spanien Hülfe. Endlich ward 1783 der Pariser Friede gemacht, und die Freyheit der Amerikanischen Kolonien anerkannt.

Die Männer, welche sich bey dieser Revolution berühmt machten, waren: Franklin, Washington, Hankock, Gates, Arnold (der Verräther), und La Fayette.

Die Quäkergemeine hat mehrentheils ihren Negern die Freyheit gegeben.

Florida.

Eine große Halbinsel in Ost- und Westflorida getheilt, gehört Spanien. St. Augustin und Pensacola, die wichtigsten Städte, von allerley Europäern bewohnt. Die Apalachiten, ein Volk Eingeborner, die überhaupt nicht zahlreich sind. Häute, Indigo, Sassafras, Reis, Perlen, werden ausgeführt. Das merkwürdigste Produkt aber ist die Vanille. Die Colibris sind hier und in Canada häufig.

Louisiana.

Am Mexicanischen Meerbusen, und dem Ausflusse des Mississippi, wo Neu-Orleans die Hauptstadt, gehört Spanien; doch sind die Eingebornen, die Natches, Illineser, Missouris, mehrentheils unabhängig. Die mehresten

resten Kolonisten sind Franzosen, welche durch den berüchtigten Law hierher verführt wurden.

Die Natches tödten eine Menge Menschen bey dem Begräbniß ihres Oberhauptes, und legen sie dann mit seinem Leichnam in eine Gruft.

Neumexico und Californien.

Gehören Spanien. Flüsse: Riogrande, Rio del Nort; der rothe Fluß in Californien; der Purpur See oder Mar Vermejo. Produkte: Silber, Krystall, Smaragde, Wein, Holz, Vieh, Ackerfrüchte, Schildkröten, Fische, Perlen, Schlangen. Die Jesuiten haben wichtige Niederlassungen in Californien. Wir bemerken: Sonora in Neumexico; Neualbion, Cookshafen (seit 1778) mit Vulcanen. Die Californier bohren sich den Knorpel zwischen den Nasenlöchern durch, und hängen allerley Kleinigkeiten darein, wie auch in die Ohren.

Mexico oder Neuspanien.

Am Mexicanischen Meerbusen; gehört Spanien; hat Gebirge, Vulcane, Moräste, Erdbeben. Produkte: Mais, Gummi, Kopal, Peruvianischer Balsam, Guakholz, Zucker, Cochenille, Campecheholz, Cacao, Honig, Tabak, Flachs, Baumwolle, Cocosnüsse, Coltbris, Papagayen, viel Gold und Silber, Marmor, Perlen, Edelgesteine. Es sind noch viele eingeborne

borne Völkerschaften unabhängig, die nehmlich, welche die Spanier nicht erreichen können.

Wir bemerken, Guadalaxara, mit 30,000 Einwohnern und einer Universität; Mexico, die Hauptstadt, mit einem Erzbischof, einer Universität und 150,000 Einwohnern; Acapulco, Vera Cruz, Tlascala; die Halbinsel Jucatan mit Campeche und der Campechebay; die Hondurasbay; Guatemala, St. Salvator, St. Jago, Conception. Künste und Wissenschaften blühen hier nicht.

Mexico war, als die Spanier es entdeckten, eine große Stadt und die Hauptstadt eines großen Reichs, dessen Oberherr despotisch herrschte, und viele Fürsten und Provinzen unter sich hatte. Der Pallast war ein großes prächtiges Gebäude mit zwanzig großen Thoren, die Mauern waren mit Marmor und Jaspis belegt. Der Kaiser hatte mehrere Palläste, viele Hofnarren, Zwerge, Bucklige ꝛc. Die mehresten Häuser in der Stadt aber waren klein, niedrig, ohne Fenster, weil der Kaiser nicht wollte, daß gemeine Bürger wie die vornehmen Herren wohnten.

Mehr als dreytausend Fürsten (Caciquen) und Vornehme wohnten in Mexico.

Montezuma, der eben regierte, als Cortez nach Mexico kam, bemühete sich den Glanz seines Hofes zu erhöhen, führte neue Ceremonien ein, vermehrte die Anzahl seiner Bedienten, und schloß alle Personen von niederer Herkunft vom

vom Hofe aus; die innre Wache bestand aus Edelleuten, die von den entferntesten Provinzen kommen mußten, um auf die Wache zu ziehn. Er aß immer allein; zweyhundert Schüsseln wurden aufgetragen.

Die Einkünfte der Krone waren von den Bergwerken, dem Salze, dem Tribut der unterjochten Völker, der dritte Theil des Verdienstes eines jeden Ackermannes und Handwerkers, die Geschenke des Adels.

Der Regent versprach bey seiner Thronbesteigung, Regen zur rechten Zeit zu geben, die Flüsse nie austreten zu lassen, die Felder nie mit Unfruchtbarkeit zu schlagen ꝛc.

Montezuma stiftete Ritterorden, und das größte Glück war, seine Gnade zu erlangen.

Die Großen nahmen die Titel, **Menschenhauer, Blutvergießer** ꝛc. an.

Der vornehmste Abgott der Mexicaner war Vitzliputzli, der Gott des Krieges. Ihm wurden eine Menge Menschen, vornehmlich Kriegsgefangene, geopfert, deren Fleisch die Priester und das Volk verzehrten. Die Priester und Tempel waren reich.

Die Mexicaner kannten zwar die Buchstaben nicht, wußten aber die Zeichenschrift zu brauchen. Sie hatten Schulen für die Jugend, abgesonderte Handwerke und Künste, und etwas von den Wissenschaften. Der Adel trieb kein Gewerbe. Eine Art von Posten zum Dienste des

des Kaisers gingen durchs ganze Land. Eisen hatten sie nicht; Thiere wußten sie, außer einigen kleineren, nicht zu zähmen. In ihrer Handlung rechneten sie nach Cocosnüssen; Münzen hatten sie nicht.

Tlascala war ein Freystaat. Montezuma wollte es erobern, konnte aber nicht; die Tlascalaner verboten in ihrem Gebiete den Gebrauch der Baumwolle, des Salzes, des Goldes und des Cacaos, weil ihr Land dieß alles nicht lieferte und sie es von Mexico holen mußten. — Aus Rache halfen sie dem Cortez Mexico erobern.

Dieser Cortez segelte 1519 von Cuba nach dem festen Lande mit 617 Mann, um Mexico zu erobern, welches viele Millionen Unterthanen hatte. Als er gelandet war, ließ er seine Schiffe zerschlagen, um seinen Leuten den Rückzug abzuschneiden. Anfänglich hatte er mit den Tlascalanern harte Gefechte, machte aber nachher mit ihnen einen Bund. Dieses tapfre Volk war ihm eine große Hülfe; die Spanier bezahlten aber bald seine Dienste mit der Sklaverey. Schon Cortez wollte sie mit Gewalt zu Christen machen. Dieser kam in die Stadt Mexico, und um sich Sicherheit zu verschaffen, nahm er den Montezuma gefangen. Die Mexicaner griffen die Spanier an, welches verursachte, daß dem Kaiser Fesseln an die Füße gelegt wurden. Nach der Hinrichtung der Anführer aber, als wenn es Rebellen gewesen wären, wurden ihm die Ketten

wieder

wieder abgenommen. Als Cortez einmal auf eine Expedition aus Mexico zog, griff das Volk die übrigen Spanier an. Einmal mußte er sogar aus der Stadt weichen; endlich aber eroberte er sie ganz, richtete schreckliche Verwüstungen an, ließ den jungen Kaiser Guatimozin, den Nachfolger des Montezuma, nebst einem seiner Minister auf glühende Kohlen legen, um von ihnen zu erfahren, wo sie ihre Schätze verborgen hatten, und erfuhr es demungeachtet nicht. Cortez erbaute die Stadt mit neuer Pracht.

Westindien oder die Amerikanischen Inseln.

Zuweilen werden sie alle zusammen Antillen, oder auch Zuckerinseln genannt, weil eine große Menge Zucker hier gebaut wird. Man theilt sie in große und kleine Antillen.

Große Antillen sind:

1. Cuba, die größte, gehört Spanien, wo Havanna mit einem Hafen, einem Bischof, einer Universität und 26 Klöstern.

2. Jamaica, Englisch, giebt Mahagonyholz, Kaffee, Baumwolle, Ananas rc. hier sind Portroyal, Kingston rc. Im Innern ist eine Negerrepublik.

3. Hispaniola oder St. Domingo, Spanisch und Französisch.

4. Portorico, Spanisch.

 Kleine

Kleine Antillen, oder Caraibische Inseln. — Wozu

1. Die eigentlichen Caraiben; worunter wir Eustach, Holländisch; St. Christoph, Englisch, mit einem Schwefelberge; Antigoa, Englisch; Guadeloupe, Französisch; Martinique, Französisch, mit vielen Kaffeeplantagen; St. Vincent, Englisch, durch ihren Tabak berühmt, der Hauptsitz der Caraiben oder Cannibalen; Barbados, Englisch, durch ihren Sklavenmarkt berühmt; Tabago, Französisch, hat Tabak ihren Namen gegeben; Trinidad, Spanisch; Margarita; die Holländische Insel Curassao rc. bemerken.

2. Die Bahamainseln, oder Lucayschen, über 500, meistens unbewohnt. Merkwürdig sind Bahama, Lucaya, San Salvador, die erste wo Columbus anlandete.

3. Die Bermudischen Inseln, oder Sommerinseln; St. George, die größte. Hier ist ein Wallfischfang.

Die Cannibalen sind so fürchterlich nicht, als man sie sich zu denken pflegt; sie verzehren freylich ihre Kriegsgefangenen, wie viele Amerikaner, sind aber dabey gut, gastfrey. Leichtsinn und Unbesonnenheit sind ihre Charakterzüge; ihre einzige Sorge geht auf das Gegenwärtige, ohne an die Zukunft zu denken.

Der Zustand der Neger auf den Zuckerinseln ist erbarmenswürdig, sie werden wie das Vieh gekauft, gefüttert, zur Arbeit getrieben, geprügelt, mißhandelt, und von jedem neuen Herrn mit einem brennenden Eisen gezeichnet. Hin und wieder aber lernt man gegen sie Menschlichkeit, hin und wieder wissen sie durch Widerstand ihre Fesseln zu brechen, Rache zu nehmen, und ihren Herren Lehren der Vorsicht zu geben. Sie müssen sich an den meisten Orten ihre Bedürfnisse durch den Anbau eines kleinen Ackers selbst verschaffen, wozu sie keine andre Zeit als den Sonntag und die Stunden der Mahlzeit und der Ruhe haben. Auch nehmen sie sich oftmals aus Verzweiflung das Leben.

Südamerika.

Dazu gehört Terrafirma oder Neugranada, Guiana, das Amazonenland, Peru, Brasilien, Paraguai, Chili, Patagonien oder Magellanienland, Feuerland und einige andre Inseln.

Terrafirma, nebst der Landenge Darien.

Flüsse: Darien und Oronoko; See Maracaibo; Produkte, edle Metalle und Steine, Perlen, allerley Gewächse von Werth, Brasilienholz, oder Sandelholz. Schädliche Thiere, Mosquitos, Alligators, Caimans, Scorpionen, blutsaugende Fledermäuse (Vampirs). Die Luft ist sehr ungesund.

Spanisch; Santa Fe, Popajan, Carthagena mit 25,000 Einwohnern.

Darien oder Panama, wo Portobello; Panama, am Flusse gleiches Namens.

Die Perlenfischerey ist sehr wichtig; aber wegen der Seeraubthiere äußerst gefährlich. Hier findet man Albinos, Menschen, die weiß wie Kreide sind, und ein lichtes Haar auf dem ganzen Leibe haben. Man hält dieß für eine Krankheit, so wie bey den Kakerlaken in Ostindien. Sie sind schwach, haben blöde Augen, die das helle Licht nicht vertragen.

Guiana.

Flüsse: Oronoko, Amazonenfluß, oder Maranon. Die Produkte wie in Darien; gehört 1. Spanien; 2. Holland, die Landschaft Surinam, wo Paramaribo, Amsterdam rc. 3. Frankreich; 4. Portugal; 5. seinen freyen Eingebornen, worunter eine Republik von Negern entstanden ist, die man Waldneger oder Maroneger nennt.

Der Oronoko ist an Schildkröten so reich, daß die Bewohner seiner Ufer einen Theil des Jahres davon und von den Eyern derselben leben. Er überschwemmt seine Ufer so gewaltig, daß die Einwohner sich 20 Fuß von der Erde auf Bäumen Hütten bauen müssen. Diese machen Brod aus dem Marke eines Palmbaumes.

Die Surinamische Kröte oder Pipa, die ihre Jungen in Zellen in ihrem Rücken brütet, ist berühmt. Hier ist das Eldorado hergefabelt worden.

Es scheint das Amerika sich in Leiden, wie Europa in Gewaltthätigkeit, geübt hat. Auch hier am Oronoko ist es Sitte, die Kriegsgefangenen auf das schmählichste zu peinigen, und die Qualen mit Trotz zu ertragen. Wie bey den alten Germaniern die Krieger Beweise der Tapferkeit geben mußten, um Anführer zu werden, müssen sie hier Proben der Geduld und Standhaftigkeit im Leiden bestehen. Sechs Wochen lang muß der Bewerber um diese Ehre fasten; alle Tage geben ihm die Hauptleute eine Menge Peitschenhiebe, die Stücken von der Haut reißen. Nach diesem beschüttet man ihn über den ganzen Leib mit großen Ameisen, dann zündet man Feuer unter ihm an, und bey allen diesen Prüfungen würde die geringste Aeußerung des Schmerzes ihn der Würde und der Ehre verlustig machen.

Der Mancinellenbaum mit schönem Holz und Früchten ist voll von gefährlichem Gifte. Man findet Pecaris, den Armadill, das Faulthier, den Philander, die Klapperschlange, den Tausendfuß.

Das Amazonenland.

Es ist wenig bekannt; die Portugiesen haben einige Niederlassungen darin.

Peru.

Fluß: Lima; See: Titicaca; Gebirge: die Cordilleras oder Anden, das höchste bekannte Gebirge auf Erden. Der höchste Gipfel derselben ist der Chimborasso, 19,985 Fuß hoch. Es sind auch Vulcane da. Es gehört Spanien.

Peru ist durch seinen Reichthum an Gold und Silber berühmt; auch hat es andre Metalle, Platina, (d. i weißes Gold,) Magnet, Edelgesteine, Baumwolle, Zucker, Cacao, Wein; das wichtigste aber ist Quinquina, oder die Chinarinde; eine Baumrinde, die eine vortreffliche stärkende Arzeney und das beste Mittel gegen das Fieber ist. Auch findet sich hier elastisches Harz eine Art Schafe, Viguna genannt, und die Pacos oder Lama, eine Art Cameele, welche die Peruaner zu zähmen und zu brauchen ßten.

Quito, die höchste Ebne auf Erden, mit der Stadt Quito, wo Handlung, Manufakturen, ein Bisthum und eine Universität befindlich.

Lima, an der Lima, die Hauptstadt von Peru, wo Handlung, Manufakturen, ein Vicekönig,

könig, ein Erzbischof, eine Universität und ein Inquisitionsgericht. Es hat 54,000 Einwohner.

Cusco, ehemalige Residenz der Incas oder Fürsten des Landes.

La Plata, eine große Stadt mit einer Universität und einem Erzbischof.

Potosi, 25000 Einwohner und berühmte reichhaltige Silbergruben.

Die Felder um Lima werden mit Wasserleitungen gewässert, weil es hier fast gar nicht regnet. 1746 wurde die Stadt durch ein Erdbeben fast ganz zerstört; 74 Kirchen und mehrere tausend Häuser wurden umgestürzt.

Die alten Incas, die für Göttersöhne gehalten wurden, hatten das Land policirt. Der erste, ihr Gesetzgeber, Manco Capac und seine Frau Mamma Ocllo, waren Kinder der Sonne. Die Peruaner hatten es in allerley Künsten und in einigen Wissenschaften ziemlich weit gebracht, allein der Druck der Spanier soll sie nunmehr ganz stumpfsinnig gemacht haben. Ihre Bücher waren Bündel von Schnüren, mit verschiedenen Knoten, die sie Quipos nannten.

In den Gebirgen, wo noch viele freye Eingeborne sind, weil die Spanier sie nicht erreichen können, soll noch ein Abkömmling von dem Incas herrschen; die Spanier nennen ihn einen Rebellen. Die Inquisition drückt das Land schrecklich. Die Pfarrer bedrücken ihre Gemei-

 nen,

nen, die Polizey die Städte, die Richter die Parteyen; selbst die Negersklaven sehen mit Verachtung auf die Eingebornen, und reiben sich an ihnen.

Peru ward im Jahr 1525 von Pizarro entdeckt, und von ihm mit einigen hundert Mann, durch ähnliche Grausamkeiten, wie Mexico, erobert.

Brasilien.

Flüsse: Amazonenfluß, Rio de la Plata (oder Silberfluß). Die Bay Allerheiligen. Produkte: Gold, Silber, Diamanten und andre Edelgesteine, Wallfische, Fernambukholz, Alaun, Spießglas, Vitriol und allerley Metalle. Es gehört Portugal, doch nur die Küste; im Innern sind die Eingebornen frey

Rio Janeiro, die Hauptstadt; die Dreyeinigkeits- oder Ascensions-Insel; San Salvador an der Allerheiligenbay, ehemalige Hauptstadt; Villarica, die Topinambour, eine Völkerschaft.

Merkwürdige Thiere: der Tapiraussa, auch Tapir oder Anta, eine Art von Esel; der Tamanoua, der Ameisenbär, Affen, eine Riesenschlange 2c.

Die Brasilianer essen Eydexen, Kröten, Schlangen und ihre Kriegsgefangnen.

Para-

Paraguay.

Flüsse: La Plata, Paraguay. Produkte: das Paraguaykraut, eine Art Thee, Ypecacuanha, Seide, Wachs, Pataten, Tabak, Goldsand. Portugiesisch und Spanisch.

Buenos Ayres, die Hauptstadt am Plataströme, mit einer Akademie; San Sacramento, Assumtion, am La Plata; Villarica. Die Guaranis, eine Völkerschaft; die Abiponer, ein nomadisches Volk.

Am merkwürdigsten ist hier der Jesuitenstaat, oder das Missionenland, wo dieser Mönchsorden eine Souveränität errichtet hatte, wie in Californien. Sie haben die Einwohner policirt, zu den Arbeiten gebildet, und zu ihren Sklaven gemacht. Den wichtigen Alleinhandel mit dem Paraguaykraute haben die guten Väter an sich gebracht. Auch wird Tabak und Baumwolle gebaut.

Chili.

Produkte, nebst den gemeineren, Lapis Lazuli, Salz, Salmiak, Galmey, Frauenglas, (oder Marienglas) Türkisse, mineralische Wasser. Gehört Spanien.

Conception, eine Festung; die Insel Juan Fernandez. Völkerschaften: Araucos, Molluchen,

luchen, welche frey, den Spaniern furchtbare Nachbarn sind, und keine Könige haben.

Patagonien oder Magellanienland.

Ein rauhes, gebirgiges, kaltes Land an der Magellanischen Straße oder Meerenge. Lange Zeit hat man sich die Patagonier als ungeheure Riesen von zwölf Fuß und drüber geträumt; es sind nur große und wohlgewachsene Menschen, die träge, roh und furchtsam sind. Fischerey und Jagd sind ihre Gewerbe und ihre Nahrung.

Feuerland.

Eine Insel an der Magellanischen Straße; ein öder mit Schnee bedeckter Felsen, dessen Bewohner, nach den Berichten der Reisenden, die stumpfsten Menschen auf dem Erdboden sind. Die südlichste Spitze heißt das Cap Horn, und die Meerenge zwischen dieser Insel und der Staateninsel, die Straße Le Maire. Die Pescherais, ein Volk.

Die Falklandsinseln

Oder auch die Malouinischen Inseln oder Pepysinseln. Unbewohnte Residenzen der Penguins und Meergänse; deren Buchten mit Seehunden von allerley Art angefüllt sind; es werden Wallfische gefangen und Thran gewonnen.

Neugeorgien und Sandwichland.

Eis und Schnee, wenig Kräuter, ob sie gleich nicht höher nach dem Pole zu als Königsberg, und nicht so hoch als Petersburg oder Stockholm liegen.

Die Südländer oder Australien, auch Südindien.

Neuholland, Neuguinea, Neubritannien und Neuhannover, die Admiralitätsinseln, Neucaledonien, Neuseeland, Neuhebridische Inseln, Charlotteninseln, die Freundschaftlichen Inseln, die Harveysinseln, die Gesellschaftsinseln, Sandwichsinseln rc.

Neuholland hat 143,000 Quadratmeilen, die Einwohner sind äusserst roh, gehn völlig nackt, wissen sich aber Kähne von Baumrinde, Netze und Stricke zu machen; haben Wurfspieße mit Spitzen von Fischgräten, Aexte von Stein, brauchen einen Stock, Steine zu schleudern.

Neuguinea, oder das Land der Papous. Die Einwohner sind glänzend schwarz, mit kraussen Haaren, wie die Neger, kriegerisch Hat Brodfrucht, Cocos- und Platanenbäume.

Neuseeland. Die Einwohner bauen das Land, verfertigen allerley Kunstarbeiten, wohnen in in Dörfern, die sie befestigen, und bekleiden sich. Sie werfen ihre Todten ins Meer, essen Hunde, die sie in Backöfen braten, verzehren ihre Kriegsgefangenen. Selleri und Sauerampfer wachsen wild; es ist hier eine Pflanze, welche die Indianer wie Hanf zu bereiten wissen. Neuseeland ward 1642 von einem Holländer van Diemen entdeckt.

Die Gesellschaftsinseln; die bekanntesten, Tahiti, Huaheine, Otaha, Ulietea 2c.

Nach Cooks Berichten findet man hier das sanfteste Klima, die mildesten Sitten, ein angenehmes unschuldiges und freyes Leben; einige Kunstfertigkeiten, Verschiedenheit der Stände, Königswürde, Weichlichkeit, Dieberey 2c. — Die größten Ehrenzeichen des Adels sind lange Nägel und Müßiggang. Die Strafgerechtigkeit hängt von dem Beleidigten ab.

Geschichte der Entdeckung von Amerika.

Der erste Gedanke, der zu dieser Entdekkung veranlaßte, war, wahrscheinlich, einen Weg gerade nach Ostindien zu finden, um die Handlung dahin unmittelbar treiben zu können.

Christoph Columbus, aus Genua, von einer Schifferfamilie gebürtig, ein Mann von vielen Kenntnissen und noch größerem Nachdenken, vermuthete, daß auf jener Seite der Erdkugel sich doch auch ein Land finden müßte, und er fühlte in sich Muth und Kraft genug, es zu entdecken.

Er eröffnete seinem Vaterlande seine Gedanken und Entwürfe, und bot ihm seine Dienste an; welches aber ihm kein Gehör gab, und ihn für einen Schwärmer hielt. Niemals haben die Genueser sich auf viele Wissenschaften eingelassen; und der Papst hatte entschieden, daß, Antipoden glauben, eine Ketzerey sey.

Columbus ging mit seinen Vorschlägen zu Johann dem Zweyten von Portugal, der ihn gnädig anhörte, das Projekt, zur Prüfung, dem Bischof von Ceuta, und zwey gelehrten jüdischen Aerzten übergab; die aber, weil sie selbst einen andern Plan zur Entdeckung eines Weges nach Indien gemacht hatten, den Plan des Columbus verwarfen.

Von da wandte sich dieser nach Spanien an Ferdinand und Isabellen 1484. Er genoß eine ehrenvolle Aufnahme, und sein Plan ward dem Beichtvater der Königin vorgelegt. Seine Hochwürden nahmen es dem elenden Schiffer sehr übel, daß er ein Land entdecken wollte, welches die weisen Vorfahren nicht entdeckt hätten; und also mußte er abziehn.

Columbus suchte einige Großen zu bereden, schickte seinen Bruder nach England mit Aufträgen an Heinrich den Siebenten. Allein alles vergebens.

Endlich nach Beendigung des Mauernkrieges gelang es dem Columbus doch bey Isabellen durchzudringen. Man verwilligte ihm Schiffe und Mannschaft; er sollte Hochadmiral und Unterkönig in allen Meeren, Inseln und Ländern seyn, die er entdecken würde. Er und seine Nachkommen sollten den zehnten Theil des Gewinnes aus allen diesen Ländern haben. So segelte er den 3ten August 1492 mit drey kleinen Schiffen ab.

Seinen Gefährten ward schon in den ersten Tagen der Schiffahrt Angst; nach drey Wochen ward das Murren allgemein; man wollte den Anführer ermorden. Mit vieler Mühe erhielt dieser noch eine dreytägige Frist, und erreichte endlich den 11ten October die Insel San Salvador.

Die Goldbleche an den Zierrathen der Eingebornen machten den Spaniern Muth, sie entdeckten Hispaniola, Cuba ꝛc.

Da war nun der große Schritt gethan, welcher der Handlung, den Wissenschaften, der Habsucht einen neuen gewaltigen Schwung geben, und so viele Tausende zur Schlachtbank führen sollte. Der Entdecker selbst ward ohne sein Verschulden, für alle die Leiden bestraft, die er unwissentlich auf die Menschheit gebracht hatte.

Die erste unselige Folge seiner Entdeckung war der Tausch zweyer tödtlicher Uebel, welche die beyden Welten gegen einander auswechselten. Europa gab Amerika die Blattern, und Amerika vergalt sie mit der venerischen Seuche.

Da die Portugiesen gegen Osten einige Entdeckungen gemacht hatten, und mehrere suchten, und da diese, sowohl als die Spanier ihre Entdeckungen als ein Eigenthum betrachteten, so ließen beyde sich von dem Papste ihre Entdeckungen schenken, und dieser, Alexander der Sechste, der schändlichste Tyrann und Wollüstling, zog zwischen den Besitzungen beyder Völker die berühmte und lächerliche Demarcations- oder Gränzlinie durch das Atlantische Meer, von Norden nach Süden.

Amerika war, zur Zeit der Entdeckung, mit Waldungen und Sümpfen besetzt; die trägen Einwohner nahmen mit wenigem vorlieb, und wußten wenig mehr zu erlangen, als was die Natur von selbst ihnen darbot. Sie bauten ein wenig Mais, suchten Cassavawurzel, jagten und fischten. Das Gold, welches sie gediegen im Sande fanden, sammelten sie, um sich damit zu schmücken; die reichhaltigen Gruben aber hatten sie nicht angerührt. Was hätte es ihnen auch geholfen? Die Europäer brachten bald große Veränderungen zu Stande. Durch den Anbau, durch Ausrottung der Wälder,

Austrocknung der Sümpfe, Einschränkung der Flüsse, verbesserten sie den Boden, und machten das Klima milder. Dafür aber entvölkerten sie die Erde. Ihre meuchelmörderischen Waffen, die den schwachen und nackten Eingebornen unbekannt, und folglich schrecklich waren, richteten grausenvolle Verwüstungen an.

Was aber vielleicht noch mehreren das Leben kostete, war die schwere Arbeit, wozu die Spanier die Amerikaner zwangen, und welche diese als das ärgste Uebel scheuten, weil sie dazu keine Kräfte und noch weniger Uebung hatten. Auf den Feldern, besonders aber in den Bergwerken, erlagen und starben unter der Last die Armen haufenweise, und Betrübniß und Verzweiflung beschleunigten den Tod. Die Verzweiflung ging so weit, daß die Indianer die Sorge für Nahrungsmittel aufgaben, die Maniocwurzeln ausrissen, um die Spanier zugleich mit auszuhungern.

Die Entdeckung, Eroberung und Verwüstung erstreckte sich nach und nach über ganz Amerika; die Inseln, Mexico, Panama und Peru waren die ersten, die auch am mehresten zu leiden hatten.

Ein Mönch, Bartholomäus de Las Casas, verwandte sein ganzes geistliches Ansehen, sowohl bey den Eroberern, als auch beym Spanischen

nischen Hofe, um den Bedrückungen und Verwüstungen Einhalt zu thun, oder selbige zu mildern. Allein seine Bemühungen waren meistens fruchtlos.

Was die Blutbäder noch vermehrte, war der unsinnige Eifer, unter diesen Völkern das Christenthum zu verbreiten. Bey den mehresten Expeditionen, wie, z. B. bey der von Peru, war ein Mönch die Hauptperson. Der Mönch, das Brevier in der einen, und das Kreuz in der andern, redete die Fürsten und das versammelte Volk an; legte ihnen die Grundsätze des Christenthums vor, erklärte ihnen die Schenkung des Papstes, und die daraus fließenden Rechte des Königes von Spanien, und beschloß mit einer Ermahnung an die Zuhörer, sich der Herrschaft Sr. Majestät, als ihres rechtmäßigen Herrn, zu unterwerfen, und den christlichen Glauben anzunehmen. Weigerten sie sich dessen, so nannte man sie Rebellen, Gotteslästerer, und sprach gegen sie das Bluturtheil aus; man griff sie mit Feuer und Schwert an, machte sie zu Sklaven ꝛc. Dieß Verfahren war den Abenteurern von Spanischen Theologen und Rechtsgelehrten vorgeschrieben worden.

Amerigo Vespucci, der nach Amerika segelte, als Columbus es schon entdeckt hatte, genoß die Ehre, diesem Welttheile seinen Namen zu geben, als wenn er es entdeckt hätte.

Der glänzende Erfolg von Columbens Unternehmungen zog ihm den Haß und den Neid vieler niederträchtigen Seelen zu, die jede Veranlassung nützten, oder sich Veranlassungen machten, ihn bey Hofe anzuschwärzen. Endlich gelang es ihnen so weit, daß Ferdinand, der dem Genie, dem Muth, den Gefahren des Columbus den Besitz eines großen Welttheils verdankte, diesem großen Manne einen Richter in Hispaniola nachschickte, um die Sachen zu untersuchen. Indeß kam Columbus mit einer Menge Goldes nach Spanien, und der Neid mußte vor dem Golde schweigen.

Bald ward er, in der Abwesenheit des Columbus, wieder laut; 1500 ward dem Columbus ein neuer Richter nach Hispaniola bestellt; der mit der Macht versehen ward, wenn er die Anklagen gegründet fände, den Columbus aller seiner Würden zu entsetzen, und sich selbst damit zu bekleiden. Der Richter kam; sein erstes war, Besitz von Columbens Hause zu nehmen, sich zum Admiral und Oberbefehlshaber zu ernennen, den Columbus ungehört und ungesehen, obgleich dieser sich stellte, gefangen zu nehmen, in Ketten zu legen, und so nach Spanien zu schicken.

Der Capitän des Schiffes, das ihn transportirte, hatte nicht sobald den Hafen verlassen, als er mit Ehrfurcht Columben die Fesseln abnehmen wollte. Dieser aber ließ es nicht zu. —

Die

Die Fesseln entehrten Columben nicht, wohl aber den Bovadilla. So hieß sein strenger Richter.

Der König und die Königin schämten sich des Betragens ihres Abgeordneten; ließen den Columbus in Freyheit setzen, dem Bovadilla die Würden abnehmen, die aber Columbus, des Contrakts ungeachtet, nicht wieder bekam, obgleich Columbus darauf drang. Ferdinand erklärte seine Versprechungen für ausschweifend und unvorsichtig, weil die Entdeckung zu groß und wichtig war. Eben deswegen aber war er dafür desto mehr schuldig.

Columbus that demungeachtet noch eine Reise, in welcher er viel auszustehen hatte; und starb zu Valladolid den 20sten May 1506.

Ende des zweyten Bandes.

www.ingramcontent.com/pod-product-compliance
Lightning Source LLC
LaVergne TN
LVHW092112300926
849161LV00002B/118
9783112674253